KB206794

이 책을 펴고 있는 그대를 환영합니다.

밑줄을 긋고
형광펜을 칠하고
메모를 하고
틀리고 맞고를 반복할 그대

쿵.쿵.쿵
알아가는 즐거움으로
심장이 벅차게 뛰기를

이 책을 펴고 있는 그대를 응원합니다.

BETTER CONTENT BETTER LIFE

통합과학1 721제

WRITERS

강태욱 고대사대부고 교사
채규선 경기북과학고 교사
서오일 이화여고 교사
김대준 방산고 교사
김연귀 혜원여고 교사
이진우 (전)노원고 교사

COPYRIGHT

인쇄일 2025년 3월 24일(1판3쇄)
발행일 2024년 11월 15일

펴낸이 신광수
펴낸곳 ㈜미래엔
등록번호 제16-67호

중고등개발본부장 하남규
개발책임 오진경
개발 박윤경, 제정화, 문지혜, 강지수, 박수아

디자인실장 손현지
디자인책임 김기욱
디자인 바이차이

CS본부장 장명진

ISBN 979-11-7311-138-9

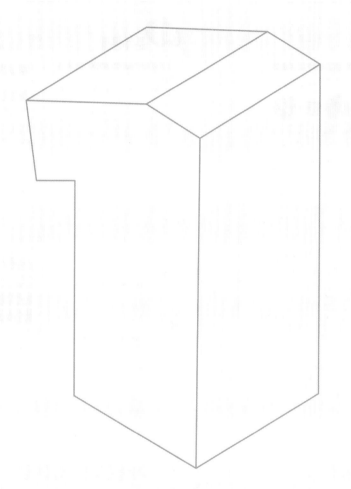

기 출 분 석 문 제 집

1등급 만들기

통합과학1
721제

Mirae N 에듀

Structure&Features 구성과 특징

핵심 개념 정리

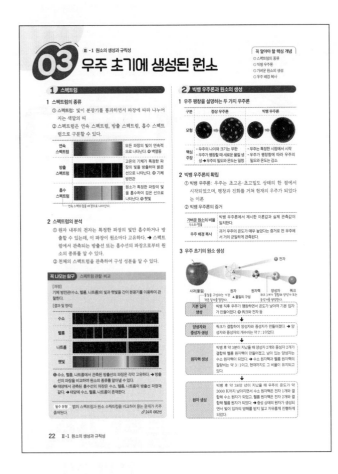

1등급 만들기 **3단계 문제 코스**

1등급 만들기 내신 완성 3단계 문제를 풀면 1등급이 이루어집니다.

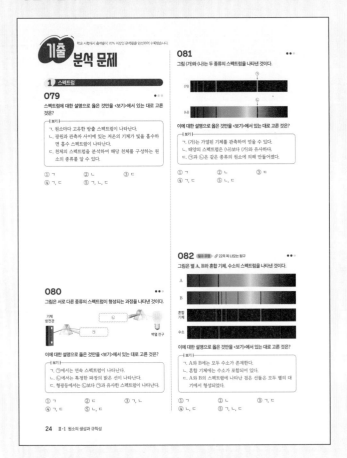

시험에 자주 나오는 **핵심 개념 파악하기**

학교 시험에 자주 나오는 개념과 자료를 일목 요연하게 정리하여 핵심 개념을
빠르게 파악할 수 있도록 구성하였습니다.

꼭 나오는 자료 시험에 자주 나오는 자료만 엄선하여 분석하였습니다.
꼭 나오는 탐구 시험에 자주 나오는 탐구만 엄선하여 분석하였습니다.

개념 확인 문제 중요한 개념을 완벽히 이해했는지 문제를 풀어 바로 확인할
수 있습니다.

STEP 1 기출 문제로 실전 감각 키우기

기출 분석 문제 —————

기출 문제를 유형별로 분석한 후 출제율이 70 % 이상인 문제를 선별하여
수록하였습니다. 문제를 풀며 실전 감각을 키울 수 있습니다.

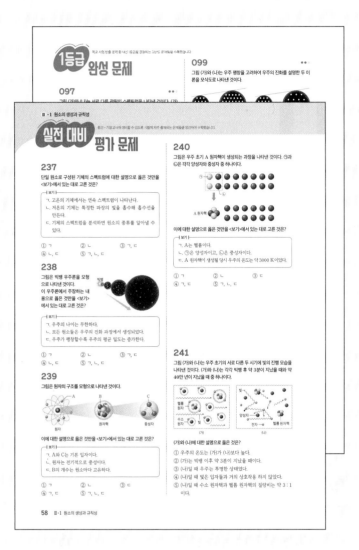

STEP 2 · 1등급 문제로 실력 향상시키기

완성 문제

응용력을 요구하거나 통합적으로 출제된 어렵고 낯선 문제들을 선별하여 수록하였습니다. 특히 1등급을 결정짓는 서술형 문제를 집중 학습할 수 있습니다.

STEP 3 · 마무리 문제로 최종 점검하기

 평가 문제

단원별로 시험에 출제될 가능성이 높은 문제를 수록하여 실제 학교 시험에 대비할 수 있습니다. 또한 수능 맛보기 문제를 통해 수능 감각을 익힐 수 있도록 구성하였습니다.

알찬풀이로 · 핵심 다시 파악하기

문제별 자세한 풀이와 오답 피하기를 통해 문제 풀이 과정을 쉽게 이해할 수 있습니다.

자료 분석 하기 필수 유형 자료의 분석과 첨삭 설명을 제시하였습니다.

개념 더하기 시험에 자주 나오는 핵심 개념을 다시 한번 정리하였습니다.

서술형 해결 전략 서술형 문제를 해결할 수 있는 단계적 전략을 제시하였습니다.

Contents
차례

I
과학의 기초

II
물질과 규칙성

1 원소의 생성과 규칙성

2 자연의 구성 물질

III

시스템과 상호작용

교과서 단원 찾기 Search

5종 통합과학1 교과서의 단원 찾기를 제공합니다.

1등급 만들기에서 교과서 단원 찾는 방법

❶ 내가 가지고 있는 교과서의 출판사명과 공부할 범위를 확인한다.

❷ 1등급 만들기에서 해당 쪽수를 찾아 공부한다.

I

과학의 기초

학습하기 전 꼭 알아야 할 핵심 개념이 무엇인지 확인하고, 어려운 개념은 ☑ 표시해 놓고 반복 학습하세요.

01 과학의 기본량

☐ 규모   ☐ 거시 세계와 미시 세계

☐ 기본량   ☐ 유도량

02 측정 표준과 현대 문명

☐ 측정과 어림   ☐ 측정 표준

☐ 신호와 정보   ☐ 아날로그와 디지털

I 과학의 기초

01 과학의 기본량

꼭 알아야 할 핵심 개념
- 규모
- 거시 세계와 미시 세계
- 기본량
- 유도량

1 시간과 공간

1 시공간과 규모

① **규모**: 자연 현상이 일어나는 시간과 공간의 크기 범위를 의미한다.

시간 규모			
나이	평균 수명	평균 수명	1회 진동
100억 년	15년	120일	$\frac{1}{9192631770}$초
안드로메다 은하	고양이	적혈구	세슘
지름	평균 몸길이	지름	원자 반지름
62 kpc (킬로파섹)	0.6 m	7×10^{-6} m	260 pm (피코미터)

$\llcorner$ 1 kpc=약 3.1×10^{19} m
공간 규모
$\llcorner 10^{-12}$ m

② **거시 세계와 미시 세계의 측정**: 물체나 현상의 규모에 따라 큰 규모의 거시 세계나 아주 작은 규모의 미시 세계로 나누기도 한다.

➡ 규모에 따라 적절한 방법으로 측정하고, 규모에 맞는 단위로 나타낸다.

구분	거시 세계의 크기 측정		미시 세계의 크기 측정	
예	태양계 천체까지의 거리	건물의 높이	세포의 크기	원자의 크기
측정 방법	우주 망원경 등	레이저 자 등	광학 현미경 등	전자 현미경 등
단위	AU (천문단위) 등	m(미터) 등	μm (마이크로미터) 등	nm (나노미터) 등

$\llcorner$ 지구와 태양 사이의 거리가 1 　　 $\llcorner 10^{-6}$ m $\llcorner 10^{-9}$ m

2 시간의 측정
보통 주기적으로 반복되는 현상을 시간 측정에 이용한다.

① **과거의 시간 측정**: 태양의 위치나 달의 모양 변화 같은 천체의 주기적인 현상으로 하루, 한 달, 일 년 등을 측정했다.

② **현대의 시간 측정**: 세슘 원자시계로 몇백만 분의 1초 단위까지 정밀한 시간을 측정한다. 세슘 원자에서 나오는 빛의 진동수가 9192631770 Hz인 것을 이용해 만든 시계

3 길이의 측정
보통 기준 척도를 정해서 길이 측정에 이용한다.

① **과거의 길이 측정**: 신체나 일정한 길이의 막대 등을 이용해 길이를 측정했다. 빛의 속력이 일정함을 이용해 빛이 반사되어 돌아온 시간을 재서 길이 측정

② **현대의 길이 측정**: 전자 현미경, 레이저, 위성 위치 확인 시스템(GPS) 등을 이용해 다양한 규모의 길이를 측정한다.

2 기본량과 단위

1 기본량
여러 가지 물리량 중에서 가장 기본이 되는 물리량으로, 단위는 국제단위계(SI)를 따른다.

시간	길이	질량	전류
s(초)	m(미터)	kg(킬로그램)	A(암페어)

온도	물질량	광도
K(켈빈)	mol(몰)	cd(칸델라)

① **기본량 확립 과정**

미터법 제정	1799년 프랑스 왕립과학아카데미가 제안한 길이, 질량에 관한 단위계가 표준으로 제정

↓

국제미터 협약 체결	1875년 시간, 전류, 온도, 광도, 물질량이 추가되어 7개의 기본량으로 확립

↓

국제단위계 확립	1960년 국제도량형총회에서 7개의 기본량을 바탕으로 국제단위계가 확립

② **기본량의 의의**: 자연 현상을 탐구하는 방법을 개발하는 데 기초가 되었고, 그 과정 및 결과를 다른 과학자들과 소통하는 데 활용해 과학 발전에 도움이 되었다.

2 유도량
기본량을 조합해 유도하는 물리량으로, 단위는 기본량의 단위를 조합하여 사용한다.

예

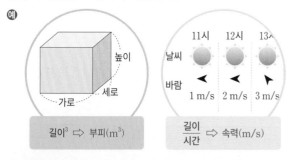

길이³ ⇨ 부피(m³)

길이/시간 ⇨ 속력(m/s)

꼭 나오는 자료 　기본량과 유도량의 종류와 단위

❶ **기본량**: 여러 가지 물리량 중 가장 기본이 되는 물리량

시간	길이	질량	전류	온도
s(초)	m(미터)	kg(킬로그램)	A(암페어)	K(켈빈)

❷ **유도량**: 기본량을 조합해 유도하는 물리량

속력	넓이	부피	밀도	힘
m/s	m²	m³	kg/m³	kg·m/s²

필수 유형 　기본량과 단위를 연결하거나, 기본량을 조합한 유도량을 묻는 문제가 출제될 수 있다. 　🔗 10쪽 019번

8 I 과학의 기초

개념 확인 문제

| 001~003 | 다음은 시간과 공간의 크기 범위 및 측정에 대한 설명이다. ( ) 안에 들어갈 알맞은 말을 쓰시오.

001 ( )은/는 자연 현상이 일어나는 시간과 공간의 크기 범위를 의미한다.

002 원자나 전자와 같이 매우 작은 규모를 ( ) 세계라고 한다.

003 오늘날에는 ( ) 원자시계를 이용해 시간을 매우 정밀하게 측정할 수 있다.

| 004~008 | 다음 중 거시 세계에 해당하는 것에는 '거', 미시 세계에 해당하는 것에는 '미'를 쓰시오.

004 첨성대의 높이는 약 9.51 m이다. ( )

005 혹등고래의 몸길이는 15 m에 가깝다. ( )

006 안드로메다은하의 지름은 약 62 kpc이다. ( )

007 원자핵은 양성자와 중성자로 이루어져 있다.( )

008 빛이 단일 수소 분자를 통과하는 데 걸리는 시간은 약 10^{-19}초이다. ( )

009 표는 기본량과 단위를 나타낸 것이다. ( ) 안에 들어갈 알맞은 말을 쓰시오.

기본량	시간	길이	(㉠)	온도
단위	s	(㉡)	kg	(㉢)

| 010~013 | 기본량과 유도량에 대한 설명으로 옳은 것은 ○표, 옳지 <u>않은</u> 것은 ×표 하시오.

010 기본량마다 표준이 되는 단위가 있다. ( )

011 속력은 길이를 시간으로 나눈 물리량이므로 기본량에 해당한다. ( )

012 기본량 중 질량과 길이를 이용해 밀도의 단위를 유도한다. ( )

013 넓이와 부피는 같은 기본량으로부터 유도할 수 있다. ( )

1 시간과 공간

014
●○○○

다음은 시간 측정에 대한 설명이다.

> 과거 사람들은 (㉠) 같은 천체 현상을 이용해 시간을 측정했다. 현대에는 (㉡)을/를 이용해 정밀한 시간을 측정한다.

이에 대한 설명으로 옳은 것만을 <보기>에서 있는 대로 고른 것은?

| 보기 |
ㄱ. ㉠에 해당하는 현상으로 태양의 위치, 달의 모양 변화 등이 있다.
ㄴ. ㉡에 해당하는 것으로 세슘 원자시계가 있다.
ㄷ. ㉠, ㉡은 자연 현상의 규모에 관계없이 시간을 측정하는 데 적절한 방식이다.

① ㄱ ② ㄷ ③ ㄱ, ㄴ
④ ㄴ, ㄷ ⑤ ㄱ, ㄴ, ㄷ

015
●○○○

그림 (가), (나)는 각각 수소 원자와 태양계의 일부를 간략하게 나타낸 것이다.

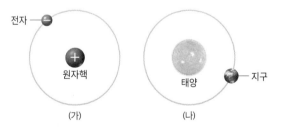

이에 대한 설명으로 옳은 것만을 <보기>에서 있는 대로 고른 것은?

| 보기 |
ㄱ. (가)에서 원자의 크기는 위성 위치 확인 시스템(GPS)을 이용해 측정한다.
ㄴ. AU(천문단위)는 (나)에서 거리 단위로 적절하다.
ㄷ. (가)와 (나)를 탐구할 때에는 동일한 측정 방법을 사용해야 한다.

① ㄱ ② ㄴ ③ ㄷ
④ ㄴ, ㄷ ⑤ ㄱ, ㄴ, ㄷ

016

그림은 공간 측정에 대한 세 학생 A, B, C의 대화를 나타낸 것이다.

옛날에는 신체의 일부를 이용해 길이를 측정하기도 했어.

현대에는 레이저를 이용해 정밀한 길이를 측정하기도 해.

현대에 이르러서도 지구의 크기처럼 매우 큰 규모의 길이를 측정하는 방법은 없어.

학생 A   학생 B   학생 C

옳게 설명한 학생만을 있는 대로 고른 것은?

① A   ② C   ③ A, B
④ B, C   ⑤ A, B, C

---

2 기본량과 단위

017

기본량과 유도량에 대한 설명으로 옳지 <u>않은</u> 것은?

① 전압은 기본량에 해당한다.
② 기본량의 단위는 국제단위계(SI)를 따른다.
③ 유도량은 기본량을 조합하여 나타낼 수 있다.
④ 온도는 기본량으로, 단위로 K(켈빈)을 사용한다.
⑤ 밀도는 기본량 중 질량과 길이를 이용해 유도할 수 있다.

018

그림은 야구 경기에서 투수가 던진 공의 빠르기를 알려 주는 장치이다.

이 장치가 알려 주는 물리량을 정의하기 위해 필요한 기본량만을 <보기>에서 있는 대로 고른 것은?

┤ 보기 ├
ㄱ. 길이   ㄴ. 질량   ㄷ. 시간

① ㄱ   ② ㄷ   ③ ㄱ, ㄴ
④ ㄱ, ㄷ   ⑤ ㄱ, ㄴ, ㄷ

● 바른답·알찬풀이 2쪽

019 필수 유형 🔗 8쪽 꼭 나오는 자료

그림은 국제도량형총회에서 정한 기본량의 일부와 그 단위를 나타낸 것이다.

시간   ㉡   ㉢   전류   온도

㉠   m   kg   A   ㉣

이에 대한 설명으로 옳은 것만을 <보기>에서 있는 대로 고른 것은?

┤ 보기 ├
ㄱ. ㉠에 알맞은 단위는 s(초)이다.
ㄴ. 밀도는 ㉡과 ㉢으로부터 유도해 나타낼 수 있는 유도량이다.
ㄷ. ㉣에 알맞은 단위는 K(켈빈)이다.

① ㄱ   ② ㄴ   ③ ㄷ
④ ㄴ, ㄷ   ⑤ ㄱ, ㄴ, ㄷ

---

020 서술형

그림은 다른 나라에 있는 세 학생 A, B, C가 나눈 대화를 나타낸 것이다.

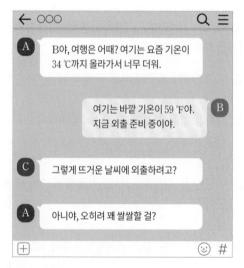

A: B야, 여행은 어때? 여기는 요즘 기온이 34 ℃까지 올라가서 너무 더워.

B: 여기는 바깥 기온이 59 ℉야. 지금 외출 준비 중이야.

C: 그렇게 뜨거운 날씨에 외출하려고?

A: 아니야, 오히려 꽤 쌀쌀할 걸?

A와 C의 의견이 충돌하게 된 까닭을 이 대화에서 다루고 있는 기본량을 이용해 설명하시오.

1등급 완성 문제

● 바른답·알찬풀이 4쪽

I

021

●● ●

다음은 모르포 나비의 날개에 대한 설명이다.

> 그림 (가)와 같이 모르포 나비의 날개는 ㉠파란색으로 보인다. 하지만 날개에는 파란색 색소가 없다. 전자 현미경을 이용하면 그림 (나)와 같이 ㉡독특한 구조를 볼 수 있다. 이 구조 때문에 ㉢빛이 날개에 들어오는 방향에 따라 반사하는 빛의 색이 달라진다. 따라서 모르포 나비의 날개는 보는 위치에 따라 파란색 외의 색으로 보이기도 한다.

(가)

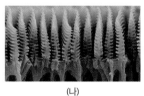

(나)

이에 대한 설명으로 옳은 것만을 <보기>에서 있는 대로 고른 것은?

┤ 보기 ├
- ㄱ. ㉠은 거시 세계에서 나타난 현상이다.
- ㄴ. ㉡은 미시 세계를 탐구하는 방법으로 관찰한 것이다.
- ㄷ. ㉢은 거시 세계만을 탐구해 알아낸 사실이다.

① ㄱ　　　　② ㄴ　　　　③ ㄱ, ㄴ
④ ㄴ, ㄷ　　　⑤ ㄱ, ㄴ, ㄷ

022 ☆신유형

●●●

그림은 화석을 통해 알아낸 지질시대 해양 생물 과의 수 변화를 나타낸 것이다.

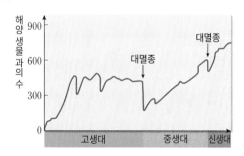

이에 대한 설명으로 옳은 것만을 <보기>에서 있는 대로 고른 것은?

┤ 보기 ├
- ㄱ. 대멸종은 거시 세계 규모의 현상이다.
- ㄴ. 가로축은 기본량 중 길이를 나타낸다.
- ㄷ. 미시 세계를 측정 및 탐구하는 방법만으로 얻은 결과이다.

① ㄱ　　　　② ㄷ　　　　③ ㄱ, ㄴ
④ ㄴ, ㄷ　　　⑤ ㄱ, ㄴ, ㄷ

023

●●●

그림 (가), (나)는 각각 일상생활에서 사용하는 단위인 피트(ft)와 인치(in)를 나타낸 것이다.

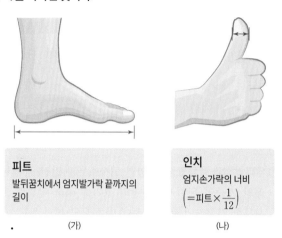

피트
발뒤꿈치에서 엄지발가락 끝까지의 길이

(가)

인치
엄지손가락의 너비
$\left(=피트 \times \dfrac{1}{12}\right)$

(나)

이에 대한 설명으로 옳은 것만을 <보기>에서 있는 대로 고른 것은?

┤ 보기 ├
- ㄱ. 인치는 국제단위계(SI)에 속한다.
- ㄴ. 피트는 유도량의 단위이다.
- ㄷ. 피트를 이용해 상자의 부피를 나타낼 수 있다.

① ㄴ　　　　② ㄷ　　　　③ ㄱ, ㄴ
④ ㄱ, ㄷ　　　⑤ ㄱ, ㄴ, ㄷ

✎ **서술형 문제**

024

●●●

그림은 어떤 자동차의 정보를 나타낸 자료이다.

차량 앞뒤 길이
4.64 m

중량
1555 kg

배기량
1598 mL

CO_2 배출량
133 g/km

타이어 지름
17인치

이 자료에 표시된 정보 중 유도량을 2가지 찾고, 그 유도량을 정의하기 위해 필요한 기본량을 각각 설명하시오.

02 측정 표준과 현대 문명

I 과학의 기초

꼭 알아야 할 핵심 개념
○ 측정과 어림
○ 측정 표준
○ 신호와 정보
○ 아날로그와 디지털

1 측정과 측정 표준

1 측정 적절한 도구와 단위를 사용해 어떤 대상의 질량, 길이, 부피, 온도 등의 물리량을 재는 것

2 측정 표준 어떠한 양을 측정하는 기준으로 쓰기 위해 단위를 정의하고, 그 값을 확인할 수 있는 기기, 방법, 체계를 정한 것

① 우리 생활과 측정 표준: 원활한 의사소통과 안전, 공정한 거래의 기준이 된다.(예 신발의 크기를 mm 단위로 표기, 사용한 전력량의 측정 표준에 따른 요금 부과 등)

② 산업 및 과학과 측정 표준: 다양한 국가, 산업, 기업이 협업하는 개발이나 연구에 유용하게 활용된다.(예 발사체를 개발할 때 시간, 길이, 질량 등의 측정 표준을 활용 등)

꼭 나오는 자료 ① 측정 표준 활용 사례

소리의 세기는 dB(데시벨)이라는 단위로 측정하며, 이를 이용해 각종 소음 규제의 기준으로 활용한다.

미세 먼지의 농도를 μg/m³라는 단위로 측정하며, 그 결과를 통해 공기의 질을 판단한다.

여러 기관이 함께 참여하는 연구를 할 때에는 길이, 질량, 시간 등의 측정 표준을 따라야 안전하고 정확하게 진행할 수 있다.

사용한 전력량을 Wh(와트시)라는 단위로 표준에 따라 측정하며, 전력량 사용 요금 기준에 맞춰 전기 요금을 부과한다.

> **필수 유형** 측정 표준을 활용하는 사례에 관해 묻는 문제가 출제될 수 있다.
> 🔗13쪽 037번

3 어림 어떠한 양을 추정해 근삿값을 얻는 것

① 어림을 하기 위한 조건

어림할 양과 관련한 측정 경험	논리적 추론	어림과 관련한 자료나 정보

예 내 키가 1.6 m이므로 이 건물 한 층의 높이는 2.5 m 정도일 것이다. 따라서 10층인 이 건물의 높이는 25 m 정도일 것이다.

② 어림이 필요한 경우

• 측정이 불가능할 때(예 공룡의 무게 어림)

• 측정 도구를 선택할 때(예 적절한 용량의 플라스크 선택)

• 대략적인 실험 결과를 예상하고, 측정을 통해 알아낸 값이 합리적인지를 판단할 때

2 디지털 정보와 현대 문명

1 신호와 정보

① 신호: 자연계에서 생긴 변화가 빛, 소리, 열, 힘, 압력, 지진파 등 여러 가지 형태로 전달되는 것

② 정보: 신호를 측정하고 분석해 쓸모 있는 자료로 만든 것

2 아날로그 신호와 디지털 신호

디지털 기기에서는 주로 0과 1로 표현

구분	아날로그 신호	디지털 신호
정의	물리량이 연속적으로 변하는 신호	물리량이 불연속적인 값으로 나타나는 신호
특징	자연계에서 발생하는 대부분의 신호는 아날로그이다.	저장, 전송, 분석, 편집이 용이하다.

3 센서 자연계의 아날로그 신호를 감지하여 전기 신호로 변환하는 소자나 장치 아날로그 신호를 감지해 디지털 신호로 변환하는 센서도 있다.

① 센서의 종류: 가속도 센서, 광센서, 온도 센서, 소리 센서, 초음파 센서, 압력 센서, 이온 센서 등

② 센서를 이용하는 예

• 자동차 앞뒤 범퍼에 있는 초음파 센서는 장애물에서 반사되어 나오는 초음파를 감지한다.

• 비접촉식 체온계에 있는 광센서는 온도 측정 대상으로부터 나오는 적외선을 감지한다.

꼭 나오는 자료 ② 센서와 신호의 변환

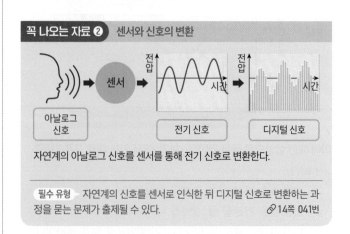

자연계의 아날로그 신호를 센서를 통해 전기 신호로 변환한다.

> **필수 유형** 자연계의 신호를 센서로 인식한 뒤 디지털 신호로 변환하는 과정을 묻는 문제가 출제될 수 있다.
> 🔗14쪽 041번

4 디지털 정보와 현대 문명 정보를 디지털로 변환하는 기술을 정보 통신에 활용하면서 디지털 정보에 기반한 현대 문명의 변화와 혁신이 일어나고 있다.

● 바른답·알찬풀이 5쪽

개념 확인 문제

| 025~027 | 다음은 측정과 어림에 대한 설명이다. (   ) 안에 들어갈 알맞은 말을 쓰시오.

025 적절한 단위와 도구를 사용하여 어떤 대상의 물리량을 재는 활동을 (   )(이)라고 한다.

026 어떤 양을 측정하는 기준으로 쓰기 위해 단위를 정의하고, 측정하는 방법 등을 정한 것을 (   )(이)라고 한다.

027 (   )은/는 현재 알고 있는 정보를 이용해 그 양을 대략적으로 가늠하고 추론하여 근삿값을 얻는 과정이다.

| 028~030 | 측정 표준에 대한 설명으로 옳은 것은 ○표, 옳지 않은 것은 ×표 하시오.

028 측정 표준은 과학 발전을 방해한다.   (   )

029 측정 표준은 의료, 안전 분야와 관련이 없다. (   )

030 측정 표준을 이용하면 신뢰할 수 있는 결과를 얻을 수 있다.   (   )

031 표는 아날로그 신호와 디지털 신호를 설명한 것이다. (   ) 안에 들어갈 알맞은 말을 고르시오.

㉠(아날로그, 디지털) 신호	㉡(아날로그, 디지털) 신호
물리량이 ㉢(연속적, 불연속적)으로 변하는 신호로, 자연계에서 발생하는 대부분의 신호는 이에 해당한다.	물리량이 ㉣(연속적, 불연속적)인 값으로 나타나는 신호로, 저장, 전송, 분석, 편집 등에 용이하다.

| 032~035 | 신호와 센서에 대한 설명으로 옳은 것은 ○표, 옳지 않은 것은 ×표 하시오.

032 정보는 신호를 측정하고 분석해 쓸모 있는 자료로 만든 것이다.   (   )

033 디지털 신호는 물리량이 연속적으로 변하는 신호이다.   (   )

034 인간의 감각으로 감지할 수 없는 신호는 센서를 이용해도 감지할 수 없다.   (   )

035 현대 문명은 디지털 신호를 이용한 정보 통신 기술을 기반으로 한다.   (   )

학교 시험에서 출제율이 70% 이상인 문제들을 엄선하여 수록했습니다.

1 측정과 측정 표준

036
● ○ ○

측정과 어림에 대한 설명으로 옳은 것만을 <보기>에서 있는 대로 고른 것은?

┤보기├
ㄱ. 정확하고 일관성 있는 측정을 하려면 적절한 도구와 단위를 사용해야 한다.
ㄴ. 측정을 통해 알아낸 값이 합리적인지 판단할 때 어림값을 사용하기도 한다.
ㄷ. 어림을 할 때에는 논리적인 추론이나 자료를 근거로 하지 않고 직관에 의존해야 한다.

① ㄱ   ② ㄴ   ③ ㄱ, ㄴ
④ ㄱ, ㄷ   ⑤ ㄴ, ㄷ

037 필수 유형 ⟋ 12쪽 꼭 나오는 자료 ❶
● ● ○

다음은 건축물에서 측정 표준을 활용하는 사례에 관한 글이다.

• (가): 새로 지은 건물에서는 새집 증후군을 예방하기 위해 건물에서 발생하는 화학 물질의 농도를 규제하여 관리한다. 즉, 어떤 물질의 농도가 특정 값 이하이면 안전하다고 판단하는 것이다.
• (나): 아파트를 지을 때는 층간 소음 차단 성능이 일정 기준을 통과하도록 해야 한다. 이때 (㉠) 측정 표준으로 정하여 층간 소음 차단 성능을 검사한다.

이에 대한 설명으로 옳은 것만을 <보기>에서 있는 대로 고른 것은?

┤보기├
ㄱ. (가)에서 정할 측정 표준에는 측정할 물질의 농도 단위를 포함해야 한다.
ㄴ. ㉠에는 '소음의 단위만을'이 적절하다.
ㄷ. 현장의 특수성을 고려하여 측정 표준을 예외로 적용해 사용할 수도 있다.

① ㄱ   ② ㄷ   ③ ㄱ, ㄴ
④ ㄱ, ㄷ   ⑤ ㄱ, ㄴ, ㄷ

038

측정 표준을 활용한 사례로 적절한 것만을 <보기>에서 있는 대로 고른 것은?

┤ 보기 ├

ㄱ. 다양한 단어를 이용하여 자연의 아름다움을 묘사한다.
ㄴ. 발사체의 부품을 만들 때 국제단위계의 단위를 사용한다.
ㄷ. 전력량계로 측정한 사용 전력량에 따라 전기 요금을 부과한다.

① ㄴ   ② ㄷ   ③ ㄱ, ㄴ
④ ㄴ, ㄷ   ⑤ ㄱ, ㄴ, ㄷ

2 디지털 정보와 현대 문명

039

신호와 정보에 관한 설명으로 옳지 <u>않은</u> 것은?

① 자연계의 신호는 대부분 아날로그 신호이다.
② 자연계에서 발생하는 신호 자체가 곧 정보이다.
③ 신호는 자연계에서 일어나는 변화가 전달되는 것이다.
④ 아날로그 신호는 물리량이 연속적으로 변하는 신호이다.
⑤ 빛, 소리, 지진파와 같은 파동뿐만 아니라 힘, 냄새 등도 신호이다.

040 서술형

그림은 적외선 센서가 포함된 열화상 카메라로 건물의 단열 상태를 확인하는 모습을 나타낸 것이다. 열화상 카메라는 건물에서 나오는 적외선을 감지하여 디지털 정보로 변환한 뒤 화면에 나타낸다.

이 사례로부터 알 수 있는 센서의 유용성을 2가지 설명하시오.

041 필수 유형 🔗 12쪽 꼭 나오는 자료 ❷

그림 (가)는 어떤 악기 소리가 마이크를 통해 전기 신호로 변환된 것을 나타낸 것이다. 그림 (나)는 (가)의 신호를 디지털 신호로 변환한 것을 나타낸 것이다.

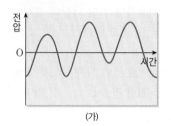 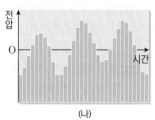

(가)   (나)

이에 대한 설명으로 옳은 것만을 <보기>에서 있는 대로 고른 것은?

┤ 보기 ├

ㄱ. 마이크는 센서의 역할을 한다.
ㄴ. 악기에서 나는 소리는 (나)와 같은 형태이다.
ㄷ. (나)는 (가)에 비해 전송, 분석에 용이한 형태이다.

① ㄱ   ② ㄴ   ③ ㄷ
④ ㄱ, ㄷ   ⑤ ㄱ, ㄴ, ㄷ

042

그림은 야구 경기에서 투수가 던진 공의 속력을 측정하는 장치인 스피드 건을 나타낸 것이다. 이 스피드 건은 공에 레이저를 쏜 뒤, 공에서 반사되어 온 레이저를 이용해 공의 속력을 측정한다.

이에 대한 설명으로 옳은 것만을 <보기>에서 있는 대로 고른 것은?

┤ 보기 ├

ㄱ. 던져진 공의 속력은 아날로그 신호이다.
ㄴ. 그림의 스피드 건에는 광센서가 포함되어 있다.
ㄷ. 그림의 스피드 건에서 아날로그 신호를 디지털 신호로 변환한다.

① ㄱ   ② ㄴ   ③ ㄱ, ㄷ
④ ㄴ, ㄷ   ⑤ ㄱ, ㄴ, ㄷ

1등급 완성 문제

학교 시험 빈출 문제 중 내신 1등급을 결정하는 고난도 문제들을 수록했습니다.

043 ☆신유형 ●●●

다음은 한 학생이 그림을 그린 뒤 이를 공유 플랫폼에 공유한 과정을 나타낸 것이다.

> 사실적인 그림을 그리기 위해 ㉠ 줄자로 집의 외부 크기를 미터(m) 단위로 잰 뒤 적당한 축척으로 종이에 그려 넣고, 집 뒤에 있는 ㉡ 나무의 크기를 가늠하여 그렸다. 그리고 물감에 물을 섞어 ㉢ 농도를 조절해 가며 색칠해 그림을 완성했다. ㉣ 디지털 카메라로 완성한 그림의 사진을 찍어 공유 플랫폼에 공유했다.

이에 대한 설명으로 옳은 것만을 <보기>에서 있는 대로 고른 것은?

┤보기├
ㄱ. ㉠~㉢ 중 측정에 해당하는 것은 ㉠, ㉡이다.
ㄴ. ㉠~㉢에서 측정하거나 어림한 값은 모두 기본량에 해당한다.
ㄷ. ㉣에는 광센서가 포함되어 있다.

① ㄱ   ② ㄴ   ③ ㄷ
④ ㄱ, ㄷ   ⑤ ㄱ, ㄴ, ㄷ

044 ●●●

다음은 물리량을 측정하는 기준에 관한 설명이다.

> 어떤 물리량을 측정하는 기준으로 쓰기 위해 단위를 정의하고, 이를 재현하는 방법과 체계를 정한 것을 (㉠)(이)라고 한다. (㉠)을/를 활용해 일상생활에서 신뢰할 수 있는 측정 결과를 얻고 (㉡)을/를 할 수 있다.

이에 대한 설명으로 옳은 것만을 <보기>에서 있는 대로 고른 것은?

┤보기├
ㄱ. '물 한 모금'이라는 표현은 ㉠을 활용한 예이다.
ㄴ. 여러 기관이 참여하는 연구에는 ㉠을 반드시 따라야 한다.
ㄷ. '원활한 의사소통과 공정한 거래'는 ㉡으로 적절하다.

① ㄴ   ② ㄷ   ③ ㄱ, ㄴ
④ ㄴ, ㄷ   ⑤ ㄱ, ㄴ, ㄷ

📝 서술형 문제

| 045~046 | 다음은 운동선수 A와 스포츠 과학자 B의 대화이다.

> A: 제 몸에 붙어 있는 이 장치들은 무엇이죠?
> B: ㉠ 심박수나 체온, 호흡과 같은 신체 신호를 인식하는 센서입니다.
> A: 신체 신호요?
> B: 네, 다양한 신체 신호를 수집해 운동 과정에서 당신의 상태를 ㉡ 스마트 기기 화면의 그래프로 관찰할 수 있습니다.
> A: 신기하군요.
> B: 네, ㉢ 센서가 신호를 인식해 실시간으로 제 ㉣ 스마트 기기로 무선 전송 해 준답니다.
> A: 그 결과를 분석해서 제 훈련 방법을 개선해 경기력을 높일 수 있는 거군요.
> B: 맞습니다. 이 결과는 A님께도 공유해 드릴 예정입니다. 또, 다양한 분야의 전문가들이 참여해 결과를 함께 분석하고 적절한 훈련 프로그램을 만들 것입니다. 그럼 가볍게 뛰기를 시작해 볼까요?

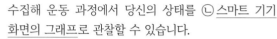

045 ●●●

㉠~㉣을 신호 변환 과정에 따라 순서대로 나열하고, 아날로그 신호를 디지털 신호로 변환해 주는 역할은 어느 장치에서 하는지 그 까닭과 함께 설명하시오.

046 ●●●

다음은 사람의 심박수, 혈압, 체온 등의 신체 신호의 측정 표준에 대한 설명이다.

> 심박수는 bpm, 혈압은 mmHg, 체온은 ℃와 같은 단위로 나타낸다. 그리고 이러한 수치는 심박계, 혈압계, 체온계와 같은 기기를 통해 측정해야 한다.

A, B의 대화를 토대로 하여 위와 같은 측정 표준이 필요한 까닭을 2가지 설명하시오.

중간·기말고사에 대비할 수 있도록 시험에 자주 출제되는 문제들을 엄선하여 수록했습니다.

047

다음은 인류의 시간 측정에 관한 설명이다.

> • 과거부터 사람들은 시간을 정확하게 측정하기 위해 노력해 왔다. 선조들은 오랜 관측을 통해 (㉠)을/를 만들어 시간을 측정했고, 오늘날에는 (㉡)을/를 이용하여 매우 정밀한 시간을 측정한다.
> • A: 1434년에 세종대왕이 명하여 제작된 시계로, 태양의 고도에 따라 영침의 그림자 길이와 위치가 변하는 것을 이용해 시간을 측정한다.
> • B: 세슘에서 나오는 특정 파장의 빛을 이용해 시간을 정밀하게 측정하는 시계이다.

이에 대한 설명으로 옳은 것만을 <보기>에서 있는 대로 고른 것은?

> | 보기 |
> ㄱ. A는 ㉠, B는 ㉡에 해당한다.
> ㄴ. B는 시간의 측정 표준에 포함된다.
> ㄷ. 지구상의 모든 지역에서 A를 이용해 시간을 정확하게 측정할 수 있다.

① ㄱ   ② ㄷ   ③ ㄱ, ㄴ
④ ㄴ, ㄷ   ⑤ ㄱ, ㄴ, ㄷ

048

그림은 다양한 범위의 자연 현상을 측정하는 도구를 나타낸 것이다.

(가) 해시계   (나) 디지털 자   (다) 전자 현미경

이에 대한 설명으로 옳은 것만을 <보기>에서 있는 대로 고른 것은?

> | 보기 |
> ㄱ. (가)를 이용해 언제 어디서나 시간을 측정할 수 있다.
> ㄴ. (나)에는 아날로그 정보를 디지털 정보로 전환하는 장치가 포함되어 있다.
> ㄷ. (다)는 거시 세계를 관측할 때 적절한 탐구 도구이다.

① ㄴ   ② ㄷ   ③ ㄱ, ㄴ
④ ㄱ, ㄷ   ⑤ ㄴ, ㄷ

049

미시 세계의 규모에 해당하는 것만을 <보기>에서 있는 대로 고른 것은?

> | 보기 |
> ㄱ. 고사리 화석의 크기와 질량을 측정한다.
> ㄴ. 물 분자를 이루는 산소 원자와 수소 원자 사이의 평균 거리를 관측한다.
> ㄷ. 반도체 제작 과정에서 나노미터(nm) 크기의 폭을 가진 반도체 회로를 만든다.

① ㄱ   ② ㄷ   ③ ㄱ, ㄴ
④ ㄴ, ㄷ   ⑤ ㄱ, ㄴ, ㄷ

050

다음은 전자 현미경에 대한 설명이다.

> 전자 현미경은 빛 대신 전자를 이용해 아주 작은 물체를 관측하는 장비이다. 전자를 매우 빠른 ㉠속력으로 가속하면 전자는 빛보다 짧은 ㉡파장을 갖는 파동이 된다. 이를 이용하면 작은 크기의 물체를 광학 현미경을 사용할 때보다 더 선명하게 관측할 수 있다.

이에 대한 설명으로 옳은 것만을 <보기>에서 있는 대로 고른 것은?

> | 보기 |
> ㄱ. ㉠을 나타내기 위해 필요한 기본량은 길이, 시간이다.
> ㄴ. ㉡은 기본량 중 길이로 나타낸다.
> ㄷ. 전자 현미경은 인간의 감각으로 직접 관측할 수 없는 작은 규모를 탐구할 때 적절한 도구이다.

① ㄱ   ② ㄷ   ③ ㄱ, ㄴ
④ ㄴ, ㄷ   ⑤ ㄱ, ㄴ, ㄷ

051

그림 (가)는 자동차 운전석에 있는 계기판 중 하나를, 그림 (나)는 도로 위에 있는 과속 단속 장비를 나타낸 것이다.

(가)   (나)

(가), (나)에서 공통으로 측정하는 물리량을 나타내기 위해 필요한 기본량을 모두 나열한 것은?

① 시간   ② 질량   ③ 길이, 시간
④ 시간, 질량   ⑤ 길이, 시간, 질량

052

그림은 인터넷에 '오늘 날씨'를 검색한 결과를 나타낸 것이다.

이에 대한 설명으로 옳은 것만을 <보기>에서 있는 대로 고른 것은?

┤ 보기 ├
ㄱ. ㉠은 국제단위계에서 온도의 기본 단위이다.
ㄴ. ㉡이 나타내는 물리량은 기본량 중 하나이다.
ㄷ. ㉢은 기본량 중 질량과 길이를 이용해 나타낼 수 있다.

① ㄱ
② ㄷ
③ ㄱ, ㄴ
④ ㄱ, ㄷ
⑤ ㄴ, ㄷ

053

그림 (가)는 어떤 기체 20 mL가 들어 있는 피스톤을 뜨거운 물에 넣어 둔 모습을 나타낸 것이다. 그림 (나)는 (가)에서 피스톤을 얼음물로 옮긴 뒤 시간이 어느 정도 지난 후의 모습을 나타낸 것이다.

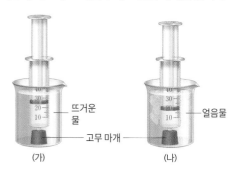

이에 대한 설명으로 옳은 것만을 <보기>에서 있는 대로 고른 것은?

┤ 보기 ├
ㄱ. 기체의 부피는 길이를 이용해 나타내는 유도량이다.
ㄴ. 피스톤 속 기체의 부피 변화는 미시 세계 규모의 현상이다.
ㄷ. (가)에서 (나)가 되는 동안 시간에 따른 기체의 부피 변화는 디지털 신호이다.

① ㄱ
② ㄷ
③ ㄱ, ㄴ
④ ㄴ, ㄷ
⑤ ㄱ, ㄴ, ㄷ

054

그림은 기본량의 측정 표준에 따른 국제단위계(SI) 중 일부를 나타낸 것이다.

이에 대한 설명으로 옳은 것만을 <보기>에서 있는 대로 고른 것은?

┤ 보기 ├
ㄱ. 밀도는 ㉠과 길이로 나타낼 수 있는 유도량이다.
ㄴ. ㉡에 알맞은 단위는 K(켈빈)이다.
ㄷ. ㉢에 알맞은 기본량은 시간이다.

① ㄱ
② ㄴ
③ ㄱ, ㄷ
④ ㄴ, ㄷ
⑤ ㄱ, ㄴ, ㄷ

055

다음은 일상생활에서 정보에 대한 설명이다.

(가) 스마트폰으로 촬영한 ㉠사진이나 영상을 사회 관계망 서비스(SNS)를 이용해 실시간으로 여러 사람과 공유할 수 있다.
(나) 한국도로공사 교통센터에서는 우리나라 주요 도로 곳곳에 있는 ㉡CCTV로 관측한 교통 흐름 정보를 실시간으로 분석한다. 이를 방송 매체와 스마트폰, 내비게이션 등에 실시간으로 제공하면, 사람들은 사고가 난 도로나 차량 흐름이 더딘 도로를 우회해 가기도 한다.

이에 대한 설명으로 옳은 것만을 <보기>에서 있는 대로 고른 것은?

┤ 보기 ├
ㄱ. ㉠의 정보는 아날로그 형태이다.
ㄴ. ㉡에는 광센서가 포함되어 있다.
ㄷ. (가)와 (나)에서 디지털 정보 통신 기술을 이용해 정보가 전달된다.

① ㄱ
② ㄴ
③ ㄱ, ㄷ
④ ㄴ, ㄷ
⑤ ㄱ, ㄴ, ㄷ

056

다음은 공의 운동을 관찰하고 기록한 내용이다.

기온이 25 ℃인 실험실에서 질량이 200 g이고 부피가 1000 cm³인 공이 직선 경로를 따라 일정한 속력으로 운동하여 2초 동안 10 m를 이동하였다. 관측한 정보를 이용하여 구한 물체의 운동 에너지는 2.5 J이다.

이 글에 나타난 기본량 중에서 물체의 운동 에너지를 나타내기 위해 필요한 기본량 3가지를 쓰시오.

057

다음은 자연계의 신호로부터 날씨 정보가 생성되는 과정을 순서 없이 나타낸 것이다.

(가) 기상 레이더, 해양 부표, 인공위성 등을 통해 기상 현상을 관측한다.
(나) 슈퍼컴퓨터로 수치 예보 모델을 적용하여 수집된 자료를 분석해 정보를 얻는다.
(다) 분석된 날씨 정보를 실시간으로 예보한다.
(라) 관측 자료를 기상 정보 통신을 통해 수집한다.

(가)~(라)를 순서대로 나열하시오.

| 058~059 | 그림은 비접촉식 체온계를 이용해 사람의 몸에서 나오는 적외선으로부터 체온을 측정하는 모습을 나타낸 것이다.

058

그림에 나타난 신호와 정보의 관계를 설명하시오.

059

비접촉식 체온계에 포함된 센서를 쓰고, 이 센서의 역할을 신호 변환과 관련지어 설명하시오.

060

그림 (가)는 소리굽쇠에서 나는 소리를 마이크를 이용해 전기 신호로 변환한 것이고, 그림 (나)는 (가)의 신호를 0과 1의 이진수 형태로 변환한 것이다.

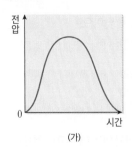
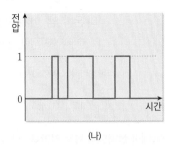

(가)의 신호에 비해 (나)의 신호가 갖는 장점을 2가지 설명하시오.

061

다음은 CCTV로 수집한 디지털 정보와 이를 저장 및 전송하는 것에 관한 글이다.

요즘에는 곳곳에 설치된 CCTV가 주변을 비추고 있다. CCTV는 광센서를 통해 수집한 신호를 디지털 신호로 변환하여 서버로 전송해, CCTV가 설치된 곳 주변 모습을 실시간으로 관찰할 수 있다. 이렇게 저장된 영상은 실종자를 찾거나 범죄를 수사하는 데 쓰이기도 하지만, CCTV로 촬영한 영상이 담긴 디지털 정보로 ⊙ 여러 가지 문제점이 생기기도 한다.

⊙에 알맞은 예를 2가지 설명하시오.

062

그림 (가)는 제임스 웹 우주 망원경을 나타낸 것이다. 그림 (나)는 육안으로는 볼 수 없지만 (가)에서 지구로 전송되어 온, 적외선 센서로 변환한 신호를 컴퓨터가 분석해 만든 멀리 떨어진 우주의 어느 지점의 모습을 나타낸 것이다.

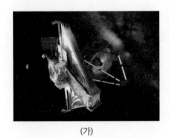

(가)   (나)

이로부터 알 수 있는 센서의 유용성을 2가지 설명하시오.

063

그림은 어떤 자동차 계기판의 모습을 나타낸 것이다. ㉠은 타이어 공기압을 표시하는 화면으로, 공기압은 타이어 속 공기의 압력이며, 압력은 단위 면적당 작용한 힘을 뜻한다. ㉡은 자동차 밖 온도를, ㉢은 자동차의 총 주행 거리를 표시하는 화면이다.

이에 대한 설명으로 옳은 것만을 <보기>에서 있는 대로 고른 것은?

┤보기├

ㄱ. 공기압은 기본량 중 힘과 넓이를 이용해 나타낸다.

ㄴ. ㉠~㉢ 모두 센서가 있어야 계기판에 표시할 수 있다.

ㄷ. ㉡, ㉢에서 사용한 단위는 모두 SI 기본 단위에 해당한다.

① ㄱ   ② ㄴ   ③ ㄱ, ㄷ
④ ㄴ, ㄷ   ⑤ ㄱ, ㄴ, ㄷ

064

그림은 눈금실린더를 이용해 액체의 부피를 47.0 mL로 측정한 모습을 나타낸 것이다.
이에 대한 설명으로 옳은 것만을 <보기>에서 있는 대로 고른 것은?

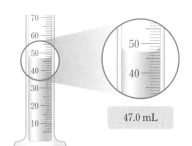

┤보기├

ㄱ. 측정한 부피는 기본량에 해당한다.

ㄴ. 측정 과정에서는 어림을 포함하지 않아야 한다.

ㄷ. 어림은 측정 경험을 바탕으로 수행하는 활동이다.

① ㄴ   ② ㄷ   ③ ㄱ, ㄴ
④ ㄱ, ㄷ   ⑤ ㄱ, ㄴ, ㄷ

065

다음은 물체의 운동에 관한 탐구 과정을 나타낸 것이다.

(가) 수레와 추의 질량을 측정했다.

(나) 그림과 같이 수평한 실험대에 수레와 추, 속력 센서 A, B를 설치한 뒤, 수레와 추를 가만히 놓았다.

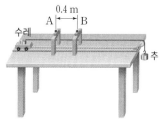

(다) 센서 A, B에 나타난 속력값을 측정했다.

(라) 수레가 A, B를 지날 때 운동 에너지 차이를 구하고, 이는 추가 수레에 한 일과 같다는 결론을 얻었다.

이에 대한 설명으로 옳은 것만을 <보기>에서 있는 대로 고른 것은?

┤보기├

ㄱ. 속력 센서는 측정한 결과를 디지털 정보로 변환하여 속력을 계산한다.

ㄴ. (다)의 결과는 길이와 시간으로 나타내는 유도량이다.

ㄷ. (라)에서 추가 수레에 한 일은 기본량 중 길이, 시간, 질량으로 나타내는 물리량이다.

① ㄱ   ② ㄷ   ③ ㄱ, ㄴ
④ ㄴ, ㄷ   ⑤ ㄱ, ㄴ, ㄷ

066

다음은 두 스피커에서 나는 소리를 측정하는 실험이다.

두 개의 스피커에서 동일한 진동수의 소리를 동시에 발생시키고, 소음 측정기로 소리의 세기를 측정한다.

이에 대한 설명으로 옳은 것만을 <보기>에서 있는 대로 고른 것은?

┤보기├

ㄱ. 스피커에서 발생하는 소리 신호는 디지털 신호이다.

ㄴ. 진동수는 기본량 중 시간을 이용해 나타낼 수 있다.

ㄷ. 소음 측정기에는 소리 센서가 포함되어 있다.

① ㄱ   ② ㄷ   ③ ㄱ, ㄴ
④ ㄴ, ㄷ   ⑤ ㄱ, ㄴ, ㄷ

세계 현대 음악계의 거장, 탄둔

탄둔(Tan Dun)은 『와호장룡』과 『영웅』 등의 영화 음악을 작곡하며, 2000년 아카데미 어워드 작곡상, 2002년 그래미 어워드 최우수 앨범상을 수상한 중국의 음악가입니다.

그는 젊은 시절 중국 후난의 농촌에서 무작정 바이올린 하나를 들고 미국행 비행기에 몸을 실었습니다. 미국에서 마땅한 거처도 수입도 없던 그는 흑인 바이올리니스트와 거리에서 연주를 하며 생활비를 벌었습니다. 거리 공연이지만 수익은 좋은 편이었습니다. 그는 공연 수익금을 모아 음악 대학에 진학하고, 음악 공부에 더욱 정진하여 음악가로서 실력을 발휘하기 시작했습니다.

유명인이 된 그는 자신과 함께 길거리 연주로 생활비를 벌던 예전의 친구를 우연히 만났습니다. 그 친구는 여전히 길거리 연주로 생계를 이어 가고 있었습니다. 그 만남에서 탄둔은 현실에 안주하지 않겠다는 각오를 다졌습니다. 그리고 오페라 『진시황제』를 작곡하고, 공연의 지휘도 직접 했습니다.

아시아 작곡가의 작품으로서는 최초로 뉴욕의 메트로폴리탄 오페라 극장에서 초연을 하게 된 『진시황제』는 2007년과 2008년 시즌 전석 매진이라는 신기록을 세웠습니다.

II
물질과 규칙성

학습하기 전 꼭 알아야 할 핵심 개념이 무엇인지 확인하고, 어려운 개념은 ☑ 표시해 놓고 반복 학습하세요.

03 우주 초기에 생성된 원소

1 스펙트럼

1 스펙트럼의 종류

① 스펙트럼: 빛이 분광기를 통과하면서 파장에 따라 나누어지는 색깔의 띠

② 스펙트럼은 연속 스펙트럼, 방출 스펙트럼, 흡수 스펙트럼으로 구분할 수 있다.

연속 스펙트럼		모든 파장의 빛이 연속적으로 나타난다. 예 백열등
방출 스펙트럼		고온의 기체가 특정한 파장의 빛을 방출하여 밝은 선으로 나타난다. 예 기체 방전관
흡수 스펙트럼		원소가 특정한 파장의 빛을 흡수하여 검은 선으로 나타난다. 예 햇빛

└─ 연속 스펙트럼을 배경으로 나타난다.

2 스펙트럼의 분석

① 원자 내부의 전자는 특정한 파장의 빛만 흡수하거나 방출할 수 있는데, 이 파장이 원소마다 고유하다. ➡ 스펙트럼에서 관측되는 방출선 또는 흡수선의 파장으로부터 원소의 종류를 알 수 있다.

② 천체의 스펙트럼을 관측하여 구성 성분을 알 수 있다.

꼭 나오는 탐구 스펙트럼 관찰·비교

[과정]

기체 방전관(수소, 헬륨, 나트륨)의 빛과 햇빛을 간이 분광기를 이용하여 관찰한다.

[결과 및 정리]

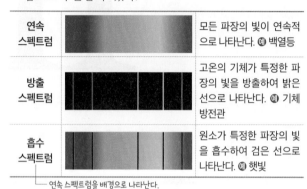

수소	
헬륨	
나트륨	
햇빛	

❶ 수소, 헬륨, 나트륨에서 관측된 방출선의 파장은 각각 고유하다. ➡ 방출선의 파장을 비교하여 원소의 종류를 알아낼 수 있다.

❷ 태양에서 관측된 흡수선의 파장은 수소, 헬륨, 나트륨의 방출선 파장과 같다. ➡ 태양에 수소, 헬륨, 나트륨이 존재한다.

필수 유형 별의 스펙트럼과 원소 스펙트럼을 비교하여 묻는 문제가 자주 출제된다. 🔗 24쪽 082번

2 빅뱅 우주론과 원소의 생성

1 우주 팽창을 설명하는 두 가지 우주론

구분	정상 우주론	빅뱅 우주론
모형		
핵심 주장	• 우주의 나이와 크기는 무한 • 우주가 팽창할 때 새로운 물질 생성 ➡ 우주의 밀도와 온도는 일정	• 우주는 특정한 시점에서 시작 • 우주가 팽창함에 따라 우주의 밀도와 온도는 감소

2 빅뱅 우주론의 확립

① 빅뱅 우주론: 우주는 초고온·초고밀도 상태의 한 점에서 시작되었으며, 팽창과 진화를 거쳐 현재의 우주가 되었다는 이론

② 빅뱅 우주론의 증거

가벼운 원소의 비율 수소와 헬륨	빅뱅 우주론에서 제시한 이론값과 실제 관측값이 일치한다.
우주 배경 복사	과거 우주의 온도가 매우 높았다는 증거로 전 우주에서 거의 균일하게 관측된다.

3 우주 초기의 원소 생성

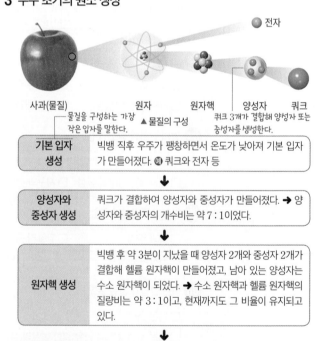

● 전자

사과(물질) 원자 원자핵 양성자 쿼크

물질을 구성하는 가장 작은 입자를 말한다.

▲ 물질의 구성

쿼크 3개가 결합하여 양성자 또는 중성자를 생성한다.

기본 입자 생성	빅뱅 직후 우주가 팽창하면서 온도가 낮아져 기본 입자가 만들어졌다. 예 쿼크와 전자 등

↓

양성자와 중성자 생성	쿼크가 결합하여 양성자와 중성자가 만들어졌다. ➡ 양성자와 중성자의 개수비는 약 7 : 1이었다.

↓

원자핵 생성	빅뱅 후 약 3분이 지났을 때 양성자 2개와 중성자 2개가 결합해 헬륨 원자핵이 만들어졌고, 남아 있는 양성자는 수소 원자핵이 되었다. ➡ 수소 원자핵과 헬륨 원자핵의 질량비는 약 3 : 1이고, 현재까지도 그 비율이 유지되고 있다.

↓

원자 생성	빅뱅 후 약 38만 년이 지났을 때 우주의 온도가 약 3000 K까지 낮아지면서 수소 원자핵은 전자 1개와 결합해 수소 원자가 되었고, 헬륨 원자핵은 전자 2개와 결합해 헬륨 원자가 되었다. ➡ 중성 상태의 원자가 생성되면서 빛이 입자의 방해를 받지 않고 자유롭게 진행하게 되었다.

꼭 나오는 자료 ❶ 빅뱅과 원소의 생성 과정

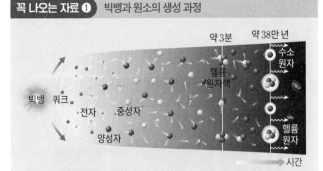

약 3분   약 38만 년

빅뱅 쿼크
전자   중성자
양성자
헬륨
원자핵
수소
원자
헬륨
원자
시간

❶ 약 138억 년 전에 빅뱅이 일어나 우주가 탄생하였고, 계속 팽창하면서 우주의 온도와 밀도가 낮아졌다.

❷ 원소의 생성 과정: 빅뱅 ➔ 기본 입자 생성 ➔ 양성자와 중성자 생성 ➔ 원자핵 생성 ➔ 원자 생성

❸ 우주에 가장 풍부한 원소: 수소와 헬륨 ➔ 거의 대부분 우주 초기에 생성되었다.

필수 유형 빅뱅 이후 우주에 입자들이 생성된 순서를 묻는 문제가 자주 출제된다.
⊘ 25쪽 087번

3 우주를 구성하는 원소

1 우주 배경 복사 빅뱅 후 약 38만 년이 되었을 때, 원자가 생성되었고 빛이 자유롭게 진행하게 되었다. 오늘날 이 빛이 약 2.7 K의 우주 배경 복사로 관측된다.

꼭 나오는 자료 ❷ 우주 배경 복사의 형성

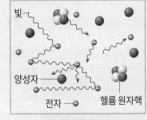

빛
양성자
전자
헬륨 원자핵

(가) 원자 생성 이전

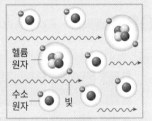

헬륨 원자
수소 원자
빛

(나) 원자 생성 이후

• (가): 빛은 전자와 끊임없이 상호작용 한다. ➔ 불투명한 우주
• (나): 빛이 전자와 충돌하지 않고 직진한다. ➔ 투명한 우주

필수 유형 우주 배경 복사가 형성될 당시 빛과 입자의 상호작용을 묻는 문제가 자주 출제된다.
⊘ 27쪽 093번

2 우주의 구성 원소

① 우주 전역에 분포하는 천체에서 방출되는 빛의 스펙트럼을 분석한 결과 우주는 수소 74 %, 헬륨 24 %, 기타 2 %로 이루어져 있다.

② 우주 초기에 생성된 수소와 헬륨은 별과 은하를 만드는 재료가 되었다.

헬륨 24 %
수소 74 %
기타 2 %
▲ 우주의 구성 원소(질량비)

개념 확인 문제

| 067~069 | 각 광원에서 관측되는 스펙트럼의 모습으로 가장 적절한 것을 골라 옳게 연결하시오.

067 기체 방전관 •

• ㉠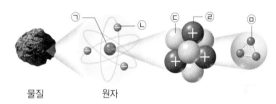

068 백열등 •

• ㉡

069 태양 •

• ㉢

| 070~072 | 빅뱅 우주론에 대한 설명으로 옳은 것은 ○표, 옳지 않은 것은 ×표 하시오.

070 우주는 매우 작은 한 점에서 시작되었다. (   )

071 우리 주변에 존재하는 모든 원소들은 빅뱅 직후에 형성되었다. (   )

072 우주가 팽창하더라도 새로운 물질이 계속 생성되어 밀도가 일정하게 유지된다. (   )

073 그림은 물질을 이루는 원자의 구조를 나타낸 것이다. ㉠~㉤은 각각 무엇인지 쓰시오.

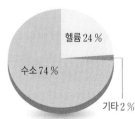

물질   원자

074 다음은 초기 우주에서 만들어진 입자들을 나타낸 것이다. 입자 (가)~(라)를 생성된 순서대로 나열하시오.

> (가) 전자   (나) 양성자
> (다) 수소 원자   (라) 헬륨 원자핵

| 075~078 | 우주를 구성하는 원소에 대한 설명으로 옳은 것은 ○표, 옳지 않은 것은 ×표 하시오.

075 우주에서 가장 풍부한 원소는 헬륨이다. (   )

076 우주에서 중성 상태인 원자가 등장한 시기는 빅뱅 후 약 38만 년이 지났을 때이다. (   )

077 우주에 존재하는 수소와 헬륨의 질량비는 약 7 : 1이다. (   )

078 천체에서 방출되는 빛의 스펙트럼을 분석하여 우주의 주요 구성 원소를 추론할 수 있다. (   )

학교 시험에서 출제율이 70% 이상인 문제들을 엄선하여 수록했습니다.

1 스펙트럼

079

● ○ ○

스펙트럼에 대한 설명으로 옳은 것만을 <보기>에서 있는 대로 고른 것은?

┤보기├

ㄱ. 원소마다 고유한 방출 스펙트럼이 나타난다.
ㄴ. 광원과 관측자 사이에 있는 저온의 기체가 빛을 흡수하면 흡수 스펙트럼이 나타난다.
ㄷ. 천체의 스펙트럼을 분석하여 해당 천체를 구성하는 원소의 종류를 알 수 있다.

① ㄱ   ② ㄴ   ③ ㄷ
④ ㄱ, ㄷ   ⑤ ㄱ, ㄴ, ㄷ

080

● ● ●

그림은 서로 다른 종류의 스펙트럼이 형성되는 과정을 나타낸 것이다.

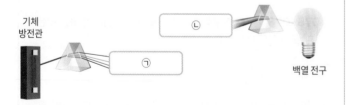

이에 대한 설명으로 옳은 것만을 <보기>에서 있는 대로 고른 것은?

┤보기├

ㄱ. ㉠에서는 연속 스펙트럼이 나타난다.
ㄴ. ㉡에서는 특정한 파장의 밝은 선이 나타난다.
ㄷ. 형광등에서는 ㉡보다 ㉠과 유사한 스펙트럼이 나타난다.

① ㄱ   ② ㄷ   ③ ㄱ, ㄴ
④ ㄱ, ㄷ   ⑤ ㄴ, ㄷ

081

● ● ○

그림 (가)와 (나)는 두 종류의 스펙트럼을 나타낸 것이다.

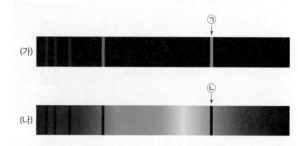

이에 대한 설명으로 옳은 것만을 <보기>에서 있는 대로 고른 것은?

┤보기├

ㄱ. (가)는 가열된 기체를 관측하여 얻을 수 있다.
ㄴ. 태양의 스펙트럼은 (나)보다 (가)와 유사하다.
ㄷ. ㉠과 ㉡은 같은 종류의 원소에 의해 만들어졌다.

① ㄱ   ② ㄴ   ③ ㄷ
④ ㄱ, ㄷ   ⑤ ㄴ, ㄷ

082 필수 유형 🖉 22쪽 꼭 나오는 탐구

● ● ●

그림은 별 A, B와 혼합 기체, 수소의 스펙트럼을 나타낸 것이다.

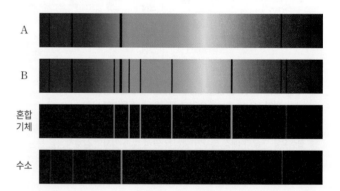

이에 대한 설명으로 옳은 것만을 <보기>에서 있는 대로 고른 것은?

┤보기├

ㄱ. A와 B에는 모두 수소가 존재한다.
ㄴ. 혼합 기체에는 수소가 포함되어 있다.
ㄷ. A와 B의 스펙트럼에 나타난 검은 선들은 모두 별의 대기에서 형성되었다.

① ㄱ   ② ㄴ   ③ ㄱ, ㄷ
④ ㄴ, ㄷ   ⑤ ㄱ, ㄴ, ㄷ

2 빅뱅 우주론과 원소의 생성

083
● ● ● ●

그림은 어느 우주론 모형을 나타낸 것이다.

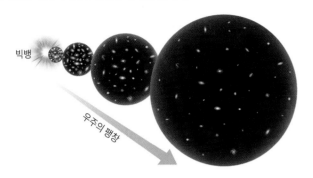

이 우주론에서 일정하다고 설명하는 물리량으로 옳은 것만을 <보기>에서 있는 대로 고른 것은?

┤보기├
ㄱ. 우주의 크기   ㄴ. 우주의 질량
ㄷ. 우주의 온도   ㄹ. 우주의 밀도

① ㄱ   ② ㄴ   ③ ㄱ, ㄹ
④ ㄴ, ㄷ   ⑤ ㄷ, ㄹ

084
● ● ● ○

빅뱅 우주론을 근거로 하여 원소가 생성되는 과정에 대한 설명으로 옳은 것만을 <보기>에서 있는 대로 고른 것은?

┤보기├
ㄱ. 우주에 존재하는 헬륨은 대부분 우주 초기에 생성되었다.
ㄴ. 우주 초기에 생성된 수소와 헬륨의 비율은 거의 비슷하였다.
ㄷ. 현재 우주에 존재하는 모든 종류의 원소는 빅뱅 직후에 생성되었다.

① ㄱ   ② ㄷ   ③ ㄱ, ㄴ
④ ㄴ, ㄷ   ⑤ ㄱ, ㄴ, ㄷ

085 📝 서술형
● ● ● ●

그림은 빅뱅 직후 입자가 생성되는 과정 중 일부를 나타낸 것이다. (가)와 (나) 시기에 생성된 입자에는 각각 어떤 것이 있는지 설명하시오.

| 빅뱅 | →(가) | 양성자
생성 | →(나) | 중성 원자
생성 |

086
● ● ● ○

그림은 물질을 이루는 원자의 구조를 나타낸 것이다.

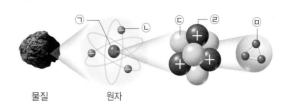

물질   원자

이에 대한 설명으로 옳은 것만을 <보기>에서 있는 대로 고른 것은?

┤보기├
ㄱ. ㉠과 ㉡ 사이에는 전기적인 인력이 작용한다.
ㄴ. ㉢과 ㉣은 모두 질량이 ㉡보다 크다.
ㄷ. ㉠~㉤ 중 더 이상 나누어지지 않는 입자는 ㉡과 ㉤이다.

① ㄱ   ② ㄷ   ③ ㄱ, ㄴ
④ ㄴ, ㄷ   ⑤ ㄱ, ㄴ, ㄷ

087 필수 유형 🔗 23쪽 꼭 나오는 자료 ❶
● ● ● ●

그림은 우주 초기의 진화와 물질의 생성 과정을 나타낸 것이다.

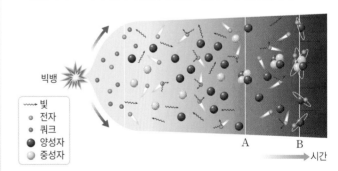

┤범례├
빛
전자
쿼크
양성자
중성자

A   B
→ 시간

이에 대한 설명으로 옳은 것만을 <보기>에서 있는 대로 고른 것은?

┤보기├
ㄱ. 헬륨 원자핵은 A 시기에 형성되었다.
ㄴ. 빅뱅~B 시기 동안 우주의 온도는 계속 낮아졌다.
ㄷ. B 시기 이후 빛과 원자들이 활발하게 상호작용 하기 시작하였다.

① ㄱ   ② ㄷ   ③ ㄱ, ㄴ
④ ㄴ, ㄷ   ⑤ ㄱ, ㄴ, ㄷ

088

• • •

그림은 헬륨 원자를 구성하는 입자들을 나타낸 것이다.

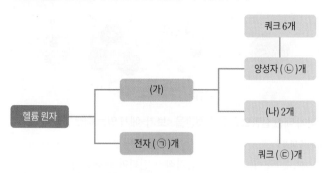

이에 대한 설명으로 옳은 것만을 <보기>에서 있는 대로 고른 것은?

| 보기 |
ㄱ. (가)는 +2가의 전하를 띤다.
ㄴ. 우주 초기에 (가)는 (나)보다 나중에 생성되었다.
ㄷ. ㉠+㉡+㉢=10이다.

① ㄱ   ② ㄷ   ③ ㄱ, ㄴ
④ ㄴ, ㄷ   ⑤ ㄱ, ㄴ, ㄷ

089

• • •

다음은 우주 초기에 생성된 입자를 순서 없이 나타낸 것이다.

| (가) 쿼크   (나) 양성자 |
| (다) 수소 원자   (라) 헬륨 원자핵 |

이에 대한 설명으로 옳은 것만을 <보기>에서 있는 대로 고른 것은?

| 보기 |
ㄱ. 입자의 생성 순서는 (가) → (나) → (라) → (다)이다.
ㄴ. (나)가 생성되었을 때 우주의 온도는 약 3000 K이었다.
ㄷ. (다)가 생성되었을 때 헬륨 원자는 거의 존재하지 않았다.

① ㄱ   ② ㄴ   ③ ㄱ, ㄷ
④ ㄴ, ㄷ   ⑤ ㄱ, ㄴ, ㄷ

090

• • •

그림은 우주 망원경으로 관측한 우주 배경 복사의 분포 지도를 나타낸 것이다.

이 자료에 대한 설명으로 옳은 것만을 <보기>에서 있는 대로 고른 것은?

| 보기 |
ㄱ. 빅뱅 우주론을 지지하는 증거이다.
ㄴ. 하늘의 모든 방향에서 관측된다.
ㄷ. A 영역과 B 영역은 온도 차가 3 K 이상이다.

① ㄱ   ② ㄷ   ③ ㄱ, ㄴ
④ ㄴ, ㄷ   ⑤ ㄱ, ㄴ, ㄷ

091

• • •

다음은 우주론의 발전 과정에서 이루어진 여러 가지 관측 결과를 나타낸 것이다.

| (가) 멀리 있는 외부 은하들이 우리은하로부터 멀어지고 있다. |
| (나) 펜지어스와 윌슨은 전파 망원경을 이용하여 2.7 K에 해당하는 복사 에너지를 최초로 발견하였다. |
| (다) 우주 전역에서 관측된 수소와 헬륨의 질량비가 약 3 : 1이다. |
| (라) 우주에는 수천억 개의 은하가 존재하며, 하나의 은하에는 수백~수천억 개의 별이 존재한다. |

(가)~(라)의 관측 결과 중 빅뱅 우주론의 증거에 해당하는 것만을 있는 대로 고른 것은?

① (가), (나)   ② (가), (다)   ③ (가), (라)
④ (나), (다)   ⑤ (나), (라)

3 우주를 구성하는 원소

092

그림은 빅뱅으로 시작된 우주가 시간에 따라 팽창하고 있는 모습을 나타낸 모식도이다.

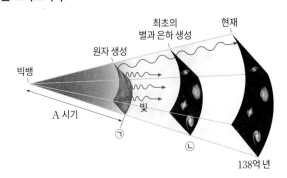

이에 대한 설명으로 옳은 것만을 <보기>에서 있는 대로 고른 것은?

┤ 보기 ├
ㄱ. A 시기에 헬륨 원자핵이 생성되었다.
ㄴ. ㉠일 때 수소와 헬륨의 개수비는 약 3 : 1이었다.
ㄷ. ㉡일 때 생성된 별에는 헬륨보다 무거운 원소가 거의 존재하지 않았다.

① ㄱ
② ㄴ
③ ㄱ, ㄷ
④ ㄴ, ㄷ
⑤ ㄱ, ㄴ, ㄷ

093 필수 유형 🔗 23쪽 꼭 나오는 자료 ❷

그림은 초기 우주 공간에 분포하고 있던 입자들의 종류를 나타낸 것이다.

이 시기에 대한 설명으로 옳은 것만을 <보기>에서 있는 대로 고른 것은?

┤ 보기 ├
ㄱ. 투명한 우주 상태였다.
ㄴ. 빅뱅 후 약 38만 년이 지났을 때이다.
ㄷ. 빛은 ㉠, ㉡, ㉢과 모두 활발하게 상호작용을 하였다.

① ㄱ
② ㄷ
③ ㄱ, ㄴ
④ ㄴ, ㄷ
⑤ ㄱ, ㄴ, ㄷ

094

그림은 현재 우주를 구성하는 원소의 질량비를 나타낸 것이다.
이에 대한 설명으로 옳은 것만을 <보기>에서 있는 대로 고른 것은?

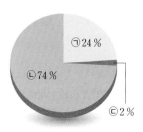

┤ 보기 ├
ㄱ. 원자 1개의 질량은 ㉠이 ㉡의 약 4배이다.
ㄴ. 사람의 몸에는 ㉠이 ㉡보다 많이 포함되어 있다.
ㄷ. ㉢에 속하는 원소는 대부분 우주 배경 복사가 형성되기 이전에 만들어졌다.

① ㄱ
② ㄷ
③ ㄱ, ㄴ
④ ㄴ, ㄷ
⑤ ㄱ, ㄴ, ㄷ

095

그림은 태양에 가장 풍부한 두 원소 (가)와 (나)를 모형으로 나타낸 것이다.

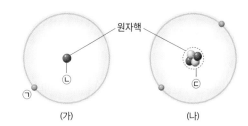

이에 대한 설명으로 옳은 것만을 <보기>에서 있는 대로 고른 것은?

┤ 보기 ├
ㄱ. 원자핵의 전하량은 (나)가 (가)의 4배이다.
ㄴ. 우주에서 입자가 등장한 시기는 ㉠ → ㉡ → ㉢의 순이다.
ㄷ. 태양에서 방출된 빛의 스펙트럼을 분석하여 (가)와 (나)의 질량비를 추정할 수 있다.

① ㄱ
② ㄴ
③ ㄱ, ㄷ
④ ㄴ, ㄷ
⑤ ㄱ, ㄴ, ㄷ

096 서술형

우주 전역에서 수소와 헬륨의 스펙트럼이 관측되는 까닭을 현재 우주의 물질 분포와 관련지어 설명하시오.

097

그림 (가)와 (나)는 서로 다른 광원의 스펙트럼을 나타낸 것이다. (가)와 (나)는 각각 나트륨등과 백열등 중 하나이다.

이에 대한 설명으로 옳은 것만을 <보기>에서 있는 대로 고른 것은?

┤보기├
ㄱ. (가)는 백열등이다.
ㄴ. 터널 내부에 주로 사용하는 노란색 전등은 (나)이다.
ㄷ. (나)에서 나온 빛을 저온의 나트륨 기체에 통과시키면 노란색 빛이 강해진다.

① ㄱ   ② ㄷ   ③ ㄱ, ㄴ
④ ㄴ, ㄷ   ⑤ ㄱ, ㄴ, ㄷ

098 ⭐신유형

다음은 어떤 흡수선이 만들어지는 과정을 나타낸 것이다.

(가) 연속 스펙트럼을 방출하는 어느 광원의 빛이 온도가 낮은 수소 기체를 통과한다.
(나) 수소 원자의 원자핵 주위에 있는 전자가 파장 L인 빛을 흡수한다.
(다) 빛을 흡수한 전자는 에너지 상태가 A에서 B로 바뀐다.
(라) 연속 스펙트럼에서 파장 L인 빛이 제거되어 어두운 흡수선이 만들어진다.

이에 대한 설명으로 옳은 것만을 <보기>에서 있는 대로 고른 것은?

┤보기├
ㄱ. 전자의 에너지 상태는 A가 B보다 높다.
ㄴ. 수소 기체를 헬륨 기체로 바꾸어도 파장 L의 흡수선이 만들어진다.
ㄷ. 수소 원자에서 전자의 위치가 B에서 A로 바뀔 경우 파장 L의 방출선이 만들어진다.

① ㄱ   ② ㄴ   ③ ㄷ
④ ㄱ, ㄷ   ⑤ ㄱ, ㄴ, ㄷ

099

그림 (가)와 (나)는 우주 팽창을 고려하여 우주의 진화를 설명한 두 이론을 모식도로 나타낸 것이다.

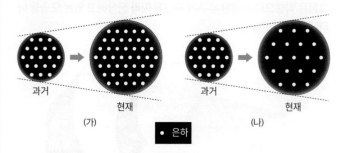

이에 대한 설명으로 옳은 것만을 <보기>에서 있는 대로 고른 것은?

┤보기├
ㄱ. (가)에서는 새로운 물질이 계속 생성된다.
ㄴ. (나)에서는 단위 부피당 은하의 개수가 감소한다.
ㄷ. 과거로 갈수록 우주의 온도가 높다고 주장하는 우주론은 (나)이다.

① ㄱ   ② ㄴ   ③ ㄱ, ㄷ
④ ㄴ, ㄷ   ⑤ ㄱ, ㄴ, ㄷ

100

그림 (가)와 (나)는 우주 초기에 헬륨 원자핵이 생성되는 과정을 입자 모형으로 나타낸 것이다.

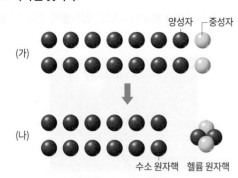

이에 대한 설명으로 옳은 것만을 <보기>에서 있는 대로 고른 것은?

┤보기├
ㄱ. 우주의 온도는 (가)일 때가 (나)일 때보다 높았다.
ㄴ. (가) → (나) 과정에서 우주 배경 복사가 형성되었다.
ㄷ. (가)일 때 양성자와 중성자의 질량비는 약 3 : 1이었다.

① ㄱ   ② ㄴ   ③ ㄱ, ㄴ
④ ㄱ, ㄷ   ⑤ ㄴ, ㄷ

101 수능 기출 변형 ●●●

그림 (가)와 (나)는 우주의 나이가 약 1만 년일 때와 약 40만 년일 때의 모습을 순서 없이 나타낸 것이다.

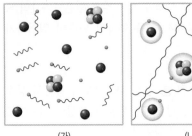 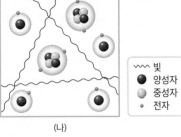

〰〰 빛
● 양성자
○ 중성자
· 전자

(가)   (나)

이에 대한 설명으로 옳은 것만을 <보기>에서 있는 대로 고른 것은?

┤ 보기 ├
ㄱ. 우주의 나이는 (가)가 (나)보다 많다.
ㄴ. (나)의 빛은 현재 우주 배경 복사로 관측된다.
ㄷ. 빛이 직진할 수 있는 평균 거리는 (가)가 (나)보다 길다.

① ㄱ   ② ㄴ   ③ ㄱ, ㄴ
④ ㄱ, ㄷ   ⑤ ㄴ, ㄷ

102 ⭐신유형 ●●●

그림은 우주 전역에 분포하는 여러 천체 A~I에서 관측한 원소의 질량비를 나타낸 것이다.

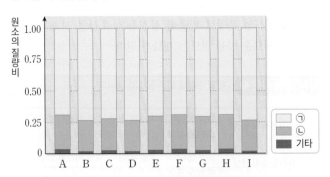

이에 대한 설명으로 옳은 것만을 <보기>에서 있는 대로 고른 것은?

┤ 보기 ├
ㄱ. 우주에 존재하는 ㉠과 ㉡의 질량비는 약 3 : 1이다.
ㄴ. 천체 A~I에서 모두 $\frac{㉠의\ 총\ 개수}{㉡의\ 총\ 개수}$ > 8이다.
ㄷ. 이 자료는 천체 A~I의 스펙트럼을 분석하여 알아냈다.

① ㄱ   ② ㄴ   ③ ㄱ, ㄷ
④ ㄴ, ㄷ   ⑤ ㄱ, ㄴ, ㄷ

103 ●●●

그림은 별 S와 원소 ㉠~㉣의 스펙트럼을 나타낸 것이다.

별 S
㉠
㉡
㉢
㉣

㉠~㉣ 중 별 S의 대기에 존재하는 원소의 종류는 무엇인지 설명하시오.

104 ●●●

다음은 초기 우주에서 일어난 빅뱅 핵합성에 대한 설명이다.

빅뱅 후 양성자와 중성자가 처음 생성될 때에는 개수가 비슷하였으나, 온도가 낮아지면서 양성자의 수가 점점 많아졌고, 양성자와 중성자의 개수비는 약 (㉠)이/가 되었다. 이 무렵 양성자와 중성자가 결합하기 시작하여 (㉡) 원자핵을 형성하였고, 빅뱅 핵합성이 끝났을 때 수소 원자핵과 (㉡) 원자핵의 질량비는 약 3 : 1이 되었다.

㉠과 ㉡에 들어갈 알맞은 말을 쓰고, 초기 우주에서 ㉡ 원자핵보다 무거운 원자핵이 생성될 수 없었던 까닭을 설명하시오.

105 ●●●

다음은 빅뱅 이후 우주의 진화 과정을 순서 없이 나타낸 것이다.

(가) 최초의 별 형성   (나) 헬륨 원자핵 생성
(다) 쿼크와 전자 생성   (라) 우주 배경 복사 형성

(가)~(라)를 순서대로 나열하고, (나) 시기의 빛을 현재 관측할 수 없는 까닭을 설명하시오.

04 별의 진화와 원소의 생성

꼭 알아야 할 핵심 개념
○ 별의 탄생
○ 별의 진화와 원소의 생성
○ 태양계와 지구의 형성
○ 지구와 생명체의 구성 원소

1 별의 탄생

1 별의 탄생 장소 수소와 헬륨, 티끌 등으로 이루어진 성간 물질이 모여 있는 성운에서 별이 탄생한다.

2 별의 탄생 과정

성운 수축	성운 내에 밀도가 크고 온도가 낮은 부분에서 중력 수축이 일어나 밀도와 온도가 상승한다.
원시별 형성	성운 내 밀도가 충분히 커지면 중력 수축으로 중심부의 온도가 상승하여 원시별이 형성된다.
별 탄생	원시별이 중력 수축하여 중심부의 온도가 충분히 상승하면 중심에서 수소 핵융합 반응이 일어나는 별이 탄생한다.

2 별의 진화와 원소의 생성

1 수소 핵융합 반응 수소 원자핵 4개가 융합해 헬륨 원자핵 1개를 생성하면서 에너지를 방출하는 반응 ― 별의 에너지원

① 원시별의 중심부 온도가 1000만 K에 도달하면 중심부에서 수소 핵융합 반응이 일어나기 시작한다.
→ 중심부에서 헬륨 생성 ＿중심부를 향해 작용하는 힘 ＿바깥쪽을 향해 작용하는 힘

② 수소 핵융합 반응이 일어나면 별의 중력과 내부 압력에 의한 힘이 평형을 이루어 팽창하거나 수축하지 않고, 크기가 일정하게 유지된다.
→ 긴 시간 동안 안정적으로 빛 방출

양성자
중성자
에너지 발생
헬륨 원자핵
수소 원자핵
▲ 수소 핵융합 반응

2 별의 진화와 원소의 생성 별의 중심부에서 수소가 모두 헬륨으로 바뀌면 별의 질량에 따라 별이 진화하는 과정에서 다양한 원소가 생성된다. ＿헬륨보다 무거운 원소

① 질량이 태양과 비슷한 별
• 헬륨으로 이루어진 중심부의 수축으로 발생한 열은 중심부 바깥의 수소층을 가열하고, 이곳에서 수소 핵융합 반응이 일어나 별의 바깥층이 팽창한다.
→ 별의 크기 증가

• 헬륨으로 이루어진 중심부가 계속 수축해 온도가 1억 K 이상이 되면 중심부에서 헬륨 핵융합 반응이 일어나기 시작한다.
→ 중심부에서 탄소 생성

② 질량이 태양보다 훨씬 큰 별: 중심부의 온도가 충분히 상승할 수 있기 때문에 중심부에서 탄소가 생성된 이후에도 연속적인 핵융합 반응이 일어난다.
→ 별의 크기 크게 증가, 중심부에서 무거운 철까지 생성

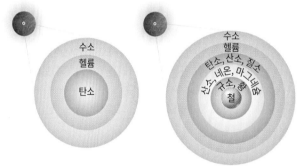

수소
헬륨
탄소

수소
헬륨
탄소, 산소, 질소
네온, 마그네슘
산소, 규소, 황
철

질량이 태양과 비슷한 별 　　질량이 태양보다 훨씬 큰 별
▲ 중심부에서 핵융합 반응이 끝난 별의 내부 구조

3 철보다 무거운 원소의 생성 ＿매우 안정한 원자핵을 갖고 있는 원소

① 질량이 태양보다 훨씬 큰 별의 중심부에 철이 생성되면 더 이상 핵융합 반응이 일어나지 않기 때문에 중심부가 급격히 수축하다가 초신성 폭발이 일어난다.
→ 철보다 무거운 금, 은, 우라늄 등의 원소 생성

② 초신성 폭발로 별의 진화 과정에서 생성된 다양한 원소들은 우주 공간으로 방출된다.
→ 초신성 폭발로 방출된 물질들은 초신성 잔해를 이루고, 새로운 별을 만드는 재료가 된다.

꼭 나오는 자료 ❶ 별의 진화에 따른 원소의 생성

(가) 헬륨의 생성	별의 중심부가 수소일 경우, 수소 핵융합 반응으로 헬륨 생성
(나) 탄소의 생성	별의 중심부가 헬륨일 경우, 헬륨 핵융합 반응으로 탄소 생성
(다) 탄소보다 무거운 원소의 생성	질량이 매우 큰 별의 중심부에서 연속적인 핵융합 반응으로 산소, 마그네슘, 규소, 황 등을 포함해 최종적으로 철까지 생성
(라) 철보다 무거운 원소의 생성	초신성 폭발 과정에서 막대한 에너지가 발생하여 금, 은, 우라늄 등의 원소 생성

필수 유형 별의 진화 과정에서 생성되는 원소의 종류, 철보다 가벼운 원소와 철보다 무거운 원소의 생성 과정을 구분하여 묻는 문제가 자주 출제된다.
🔗 33쪽 127번

3 태양계와 지구의 형성

1 태양계의 형성 과정

태양계 성운 수축	원시 태양과 원시 원반 형성	미행성체 형성	원시 행성 형성
태양계 성운이 회전하면서 수축한다.	성운의 수축으로 원시 태양과 원시 원반을 형성한다.	원시 원반에서 고체 물질들이 뭉쳐 미행성체를 형성한다.	미행성체들이 충돌하면서 성장해 원시 행성을 형성한다.

➡ 태양과 가까운 곳에서 지구형 행성(주로 금속과 암석)을 형성했고, 태양과 먼 곳에서 목성형 행성(기체)을 형성했다.

철, 규소, 산소 ┘   └ 수소, 헬륨, 메테인

2 지구의 형성 과정

① 원시 지구의 형성 과정

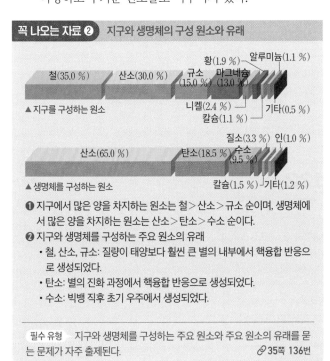

미행성체 충돌	미행성체들이 충돌하면서 원시 지구의 크기와 질량이 점점 증가했다.
마그마 바다 형성	미행성체의 충돌에 의한 열로 마그마 바다를 형성한 이후 무거운 물질(주로 철)은 가라앉아 핵을, 가벼운 물질(산소, 규소)은 떠올라 맨틀을 형성했다.
원시 지각과 바다 형성	미행성체의 충돌이 줄어들면서 지표면이 식어 원시 지각을 형성한 이후 대기 중의 수증기가 비로 내려 원시 바다를 형성했다.

② 지구와 생명체의 구성 원소: 지구의 모든 생명체는 빅뱅으로 만들어진 수소와 헬륨, 별의 진화 과정에서 만들어진 다양하고 무거운 원소들로 이루어져 있다.

꼭 나오는 자료 ② 지구와 생명체의 구성 원소와 유래

황(1.9 %) 알루미늄(1.1 %)

| 철(35.0 %) | 산소(30.0 %) | 규소(15.0 %) | 마그네슘(13.0 %) |

▲ 지구를 구성하는 원소

니켈(2.4 %)   기타(0.5 %)
칼슘(1.1 %)

질소(3.3 %) 인(1.0 %)

| 산소(65.0 %) | 탄소(18.5 %) | 수소(9.5 %) |

▲ 생명체를 구성하는 원소

칼슘(1.5 %) 기타(1.2 %)

❶ 지구에서 많은 양을 차지하는 원소는 철>산소>규소 순이며, 생명체에서 많은 양을 차지하는 원소는 산소>탄소>수소 순이다.
❷ 지구와 생명체를 구성하는 주요 원소의 유래
  • 철, 산소, 규소: 질량이 태양보다 훨씬 큰 별의 내부에서 핵융합 반응으로 생성되었다.
  • 탄소: 별의 진화 과정에서 핵융합 반응으로 생성되었다.
  • 수소: 빅뱅 직후 초기 우주에서 생성되었다.

필수 유형 지구와 생명체를 구성하는 주요 원소와 주요 원소의 유래를 묻는 문제가 자주 출제된다. 🔗 35쪽 136번

개념 확인 문제

| 106~109 | 별의 탄생과 원소의 생성에 대한 설명으로 옳은 것은 ○표, 옳지 않은 것은 ✕표 하시오.

106 성운 내에 밀도가 작은 영역에서 별이 탄생한다. ( )

107 수소 핵융합 반응이 일어나는 별의 중심부에서 탄소와 산소가 먼저 생성된다. ( )

108 질량이 태양보다 훨씬 큰 별의 중심부에서는 핵융합 반응으로 탄소, 산소, 마그네슘, 규소 등이 생성된다. ( )

109 금은 초신성 폭발 과정에서 생성된다. ( )

110 표는 질량이 다른 두 별의 중심부에서 생성 가능한 가장 무거운 원소를 나타낸 것이다. ( ) 안에 들어갈 알맞은 말을 쓰시오.

별의 질량	생성 가능한 가장 무거운 원소
태양의 1배	(㉠)
태양의 10배	(㉡)

111 다음은 태양계의 형성 과정을 순서 없이 나타낸 것이다.

> (가) 미행성체 형성   (나) 원시 원반 형성
> (다) 원시 행성 형성   (라) 태양계 성운 형성

(가)~(라)를 시간 순서대로 나열하시오.

| 112~114 | 지구의 형성 과정에 대한 설명으로 옳은 것은 ○표, 옳지 않은 것은 ✕표 하시오.

112 원시 지구의 주성분은 금속과 암석이다. ( )

113 핵과 맨틀이 분리된 시기는 마그마 바다가 형성되기 이전이다. ( )

114 원시 지각이 형성된 이후에 원시 바다가 형성되었다. ( )

| 115~117 | 지구에 존재하는 원소와 원소의 유래를 옳게 연결하시오.

115 수소 •   • ㉠ 초신성 폭발로 생성

116 규소 •   • ㉡ 별의 내부에서 생성

117 우라늄 •   • ㉢ 초기 우주에서 생성

1 별의 탄생

118 ✏️서술형 ● ● ●

성운 내에서 원시별이 탄생하는 영역은 어디인지 밀도와 온도 조건을 포함하여 설명하시오.

119 ● ● ●

다음은 별의 탄생 과정에 대한 설명이다.

(가) 별과 별 사이의 공간에 기체와 티끌로 이루어진
   (㉠)이/가 모여 성운이 형성된다.
(나) 성운 내에서 중심부로 당기는 (㉡)이 커지면 더
   많은 물질이 모여든다.
(다) 성운 내 밀도가 커져 수축하면 중심부의 온도가 상승
   하여 원시별이 형성된다.
(라) 중심부의 온도가 1000만 K 이상이 되면 (㉢) 핵
   융합 반응이 일어나는 별이 탄생한다.

㉠~㉢에 해당하는 것을 옳게 짝 지은 것은?

	㉠	㉡	㉢
①	성간 물질	압력	수소
②	성간 물질	중력	헬륨
③	성간 물질	중력	수소
④	미행성체	압력	헬륨
⑤	미행성체	중력	탄소

2 별의 진화와 원소의 생성

120 ● ● ●

중심부에서 수소 핵융합 반응이 일어나는 별에 대한 설명으로 옳은 것만을 <보기>에서 있는 대로 고른 것은?

┤보기├
ㄱ. 긴 시간 동안 빛을 방출한다.
ㄴ. 중심부의 온도는 1000만 K보다 낮다.
ㄷ. 중력 수축하면서 크기가 작아지는 별이다.
ㄹ. 중심부에서 핵융합 반응으로 헬륨이 생성되는 별이다.
---

① ㄱ, ㄴ   ② ㄱ, ㄷ   ③ ㄱ, ㄹ
④ ㄴ, ㄹ   ⑤ ㄷ, ㄹ

121 ● ● ●

그림은 어느 별의 중심부에서 일어나는 핵융합 반응을 나타낸 것이다.

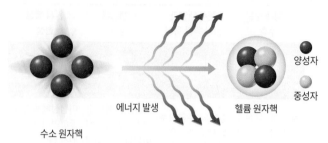

이에 대한 설명으로 옳은 것만을 <보기>에서 있는 대로 고른 것은?

┤보기├
ㄱ. 이 별은 원시별이다.
ㄴ. 이 반응은 중심부의 온도가 1억 K 이상일 때 일어난다.
ㄷ. 이 반응은 중심부의 수소가 모두 헬륨으로 바뀔 때까지 일어난다.
---

① ㄱ   ② ㄴ   ③ ㄷ
④ ㄱ, ㄷ   ⑤ ㄴ, ㄷ

122 ● ● ●

별의 진화 과정에서 원소의 생성에 대한 설명으로 옳은 것은?

① 원시별의 중심부에서 수소 핵융합 반응이 일어난다.
② 원시별이 크게 팽창할수록 중심부의 온도가 상승한다.
③ 질량이 태양과 비슷한 별은 중심부에서 탄소가 생성된다.
④ 중심부의 온도가 낮을수록 무거운 원소의 핵융합 반응이 잘 일어난다.
⑤ 질량이 태양보다 훨씬 큰 별의 중심부에서는 철보다 무거운 원소가 생성된다.

123

● ● ● ●

초신성 폭발에 대한 설명으로 옳은 것만을 <보기>에서 있는 대로 고른 것은?

┤ 보기 ├
ㄱ. 질량이 태양과 비슷한 별의 진화 과정에서 일어난다.
ㄴ. 초신성 폭발 과정에서 금, 우라늄 등의 원소가 생성될 수 있다.
ㄷ. 초신성 폭발 후 잔해는 우주 공간으로 흩어져 성간 물질로 되돌아간다.

① ㄱ
② ㄴ
③ ㄱ, ㄷ
④ ㄴ, ㄷ
⑤ ㄱ, ㄴ, ㄷ

124

● ● ●

현재 태양은 중심부에서 수소 핵융합 반응이 일어나는 별이다. 태양의 진화와 원소의 생성에 대한 설명으로 옳은 것만을 <보기>에서 있는 대로 고른 것은?

┤ 보기 ├
ㄱ. 태양은 일생의 대부분을 원시별로 보낸다.
ㄴ. 현재 태양의 중심부에서 수소 함량이 감소하고 있다.
ㄷ. 진화의 마지막 단계에서 초신성 폭발이 일어날 수 있다.
ㄹ. 현재 태양이 진화하면 중심부에서 핵융합 반응으로 탄소까지 생성될 수 있다.

① ㄱ, ㄴ
② ㄱ, ㄷ
③ ㄴ, ㄷ
④ ㄴ, ㄹ
⑤ ㄷ, ㄹ

125 ✏️서술형

● ● ●

태양의 스펙트럼에서는 칼슘, 마그네슘, 철 등의 흡수선이 관측된다. 탄소보다 무거운 원소들이 태양에 존재하는 까닭을 별의 진화와 관련지어 설명하시오.

126

● ● ●

그림 (가)와 (나)는 질량이 태양의 1배와 10배인 별의 내부 구조를 순서 없이 나타낸 것이다.

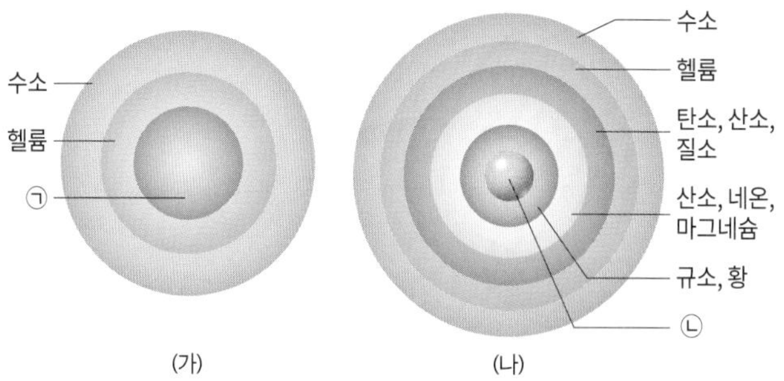

(가)에는 수소, 헬륨(⊙), (나)에는 수소, 헬륨, 탄소, 산소, 질소, 산소, 네온, 마그네슘, 규소, 황(ⓛ)

이에 대한 설명으로 옳은 것만을 <보기>에서 있는 대로 고른 것은?

┤ 보기 ├
ㄱ. 질량은 (가)가 (나)보다 크다.
ㄴ. '탄소'는 ⊙에 해당한다.
ㄷ. ⓛ은 매우 불안정한 원자핵을 갖고 있는 원소이다.

① ㄱ
② ㄴ
③ ㄷ
④ ㄴ, ㄷ
⑤ ㄱ, ㄴ, ㄷ

127 필수 유형 🔗 30쪽 꼭 나오는 자료 ❶

● ● ●

표는 별 (가)~(다)의 중심부에서 일어나는 핵융합 반응을 나타낸 것이다.

별	핵융합 반응
(가)	(⊙) 원자핵 → 헬륨 원자핵
(나)	헬륨 원자핵 → 탄소 원자핵
(다)	(ⓛ) 원자핵 → 철 원자핵

이에 대한 설명으로 옳은 것만을 <보기>에서 있는 대로 고른 것은?

┤ 보기 ├
ㄱ. '수소'는 ⊙에 해당한다.
ㄴ. 원자핵의 질량은 ⓛ이 철보다 크다.
ㄷ. 핵융합 반응이 일어나는 중심부의 온도는 (가) > (나) > (다)이다.

① ㄱ
② ㄷ
③ ㄱ, ㄴ
④ ㄴ, ㄷ
⑤ ㄱ, ㄴ, ㄷ

128

●○○

그림은 어느 별의 내부 구조와 중심부에서 일어나는 핵융합 반응을 나타낸 것이다.

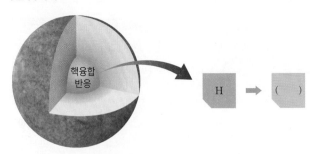

이에 대한 설명으로 옳은 것만을 <보기>에서 있는 대로 고른 것은?

┤보기├
ㄱ. 이 별은 원시별이다.
ㄴ. 핵융합 반응으로 탄소가 생성된다.
ㄷ. 중심부의 온도는 1000만 K 이상이다.

① ㄱ   ② ㄴ   ③ ㄷ
④ ㄱ, ㄷ   ⑤ ㄴ, ㄷ

129

●●○

그림은 어느 별의 내부에서 핵융합 반응이 일어나는 영역을, 표는 ㉠~㉢층에 존재하는 원자핵의 종류를 순서 없이 나타낸 것이다.

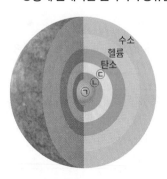

구분	원자핵의 종류
(가)	철
(나)	규소
(다)	마그네슘

이에 대한 설명으로 옳은 것만을 <보기>에서 있는 대로 고른 것은?

┤보기├
ㄱ. (가)는 ㉢층에 해당한다.
ㄴ. 별 내부의 온도는 (가)>(나)>(다)이다.
ㄷ. 이 별이 진화하면 중심부에서는 금, 우라늄 등의 원자핵이 생성될 것이다.

① ㄱ   ② ㄴ   ③ ㄷ
④ ㄴ, ㄷ   ⑤ ㄱ, ㄴ, ㄷ

130

●●○

그림은 어느 별의 탄생과 진화 과정을 나타낸 것이다.

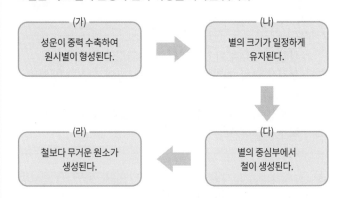

이에 대한 설명으로 옳은 것만을 <보기>에서 있는 대로 고른 것은?

┤보기├
ㄱ. 이 별의 질량은 태양보다 훨씬 크다.
ㄴ. (나) 시기에 별의 중심부에서 탄소가 생성된다.
ㄷ. (라) 시기 이후에 초신성 폭발이 일어난다.

① ㄱ   ② ㄷ   ③ ㄱ, ㄴ
④ ㄴ, ㄷ   ⑤ ㄱ, ㄴ, ㄷ

131

●●○

그림은 어느 별의 진화 과정에서 형성된 초신성 잔해의 모습을 나타낸 것이다.

이에 대한 설명으로 옳은 것만을 <보기>에서 있는 대로 고른 것은?

┤보기├
ㄱ. 이 별의 질량은 태양과 비슷했을 것이다.
ㄴ. 초신성 잔해의 중심부에서 원시별이 형성된다.
ㄷ. 초신성 잔해에는 철보다 무거운 원소가 포함되어 있다.

① ㄱ   ② ㄷ   ③ ㄱ, ㄴ
④ ㄴ, ㄷ   ⑤ ㄱ, ㄴ, ㄷ

3 태양계와 지구의 형성

132

● ○ ○ ○

태양계의 형성 과정에 대한 설명으로 옳은 것만을 <보기>에서 있는 대로 고른 것은?

┌ 보기 ├
ㄱ. 성운이 수축하는 과정에서 납작한 원시 원반이 형성되었다.
ㄴ. 미행성체들이 충돌하면서 성장하여 원시 행성이 형성되었다.
ㄷ. 태양과 먼 곳에서 무거운 물질이 모여 주로 금속과 암석으로 이루어진 행성이 형성되었다.

① ㄱ ② ㄷ ③ ㄱ, ㄴ
④ ㄴ, ㄷ ⑤ ㄱ, ㄴ, ㄷ

133

● ○ ○ ○

태양계 성운에서 원시 행성이 만들어지는 과정에 대한 설명으로 옳은 것만을 <보기>에서 있는 대로 고른 것은?

┌ 보기 ├
ㄱ. 미행성체는 주로 기체 성분으로 이루어져 있다.
ㄴ. 원시 태양과 미행성체가 충돌하여 원시 행성이 형성되었다.
ㄷ. 원시 행성의 밀도는 태양과 가까운 곳에 있는 행성이 태양과 먼 곳에 있는 행성보다 크다.

① ㄱ ② ㄷ ③ ㄱ, ㄴ
④ ㄴ, ㄷ ⑤ ㄱ, ㄴ, ㄷ

134 ✎서술형

● ● ○

지구 내부에 층상 구조가 생성된 과정을 마그마 바다와 관련지어 설명하시오.

135

● ● ● ○

그림 (가)~(다)는 원시 지구가 형성되는 과정을 순서 없이 나타낸 것이다.

(가) 원시 지각과 바다 형성 (나) 마그마 바다 형성 (다) 미행성체 충돌

이에 대한 설명으로 옳은 것만을 <보기>에서 있는 대로 고른 것은?

┌ 보기 ├
ㄱ. 지구의 질량은 (나)가 (다)보다 크다.
ㄴ. 지구 표면의 온도는 (가)가 (나)보다 낮다.
ㄷ. 원시 지구의 형성 과정은 (다) → (나) → (가) 순이다.

① ㄱ ② ㄷ ③ ㄱ, ㄴ
④ ㄴ, ㄷ ⑤ ㄱ, ㄴ, ㄷ

136 필수 유형 🔗 31쪽 꼭 나오는 자료 ❷

● ● ● ○

그림 (가)와 (나)는 지구와 생명체(사람)의 구성 원소 비율을 순서 없이 나타낸 것이다.

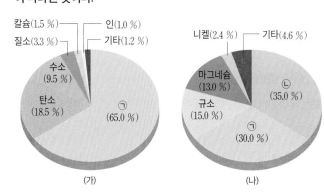

(가) (나)

이에 대한 설명으로 옳은 것만을 <보기>에서 있는 대로 고른 것은?

┌ 보기 ├
ㄱ. (가)는 지구의 구성 원소이다.
ㄴ. '산소'는 ㉠에 해당한다.
ㄷ. ㉠과 ㉡의 유래는 별의 진화 과정에서 핵융합 반응으로 생성된 것이다.

① ㄱ ② ㄴ ③ ㄱ, ㄷ
④ ㄴ, ㄷ ⑤ ㄱ, ㄴ, ㄷ

1등급 완성 문제

학교 시험 빈출 문제 중 내신 1등급을 결정하는 고난도 문제들을 수록했습니다.

137
● ● ●

그림은 별의 탄생 과정을 나타낸 것이다.

(가) 성운 수축

(나) 원시별 형성

(다) 별 탄생

이에 대한 설명으로 옳은 것만을 <보기>에서 있는 대로 고른 것은?

┤보기├
ㄱ. (가)는 성운 내에 밀도가 희박한 영역에서 잘 일어난다.
ㄴ. (나)일 때 중심부에서 수소 핵융합 반응이 활발하다.
ㄷ. (나) → (다)에서 별의 반지름이 감소한다.

① ㄱ   ② ㄴ   ③ ㄷ
④ ㄱ, ㄷ   ⑤ ㄴ, ㄷ

138 ★신유형
● ● ●

표는 우리은하와 지구에서 풍부한 원소를 순서대로 나타낸 것이다.

구분	풍부한 원소
(가) 우리은하	수소>(㉠)>산소
(나) 지구	(㉡)>산소>규소

이에 대한 설명으로 옳은 것만을 <보기>에서 있는 대로 고른 것은?

┤보기├
ㄱ. '헬륨'은 ㉠에 해당한다.
ㄴ. 태양계 성운에 가장 풍부한 원소는 ㉡이었다.
ㄷ. 우주에 존재하는 ㉠과 ㉡은 대부분 별의 진화 과정에서 생성되었다.

① ㄱ   ② ㄴ   ③ ㄱ, ㄷ
④ ㄴ, ㄷ   ⑤ ㄱ, ㄴ, ㄷ

139
● ● ●

그림 (가)와 (나)는 시간 T_1, T_2일 때 어느 별의 내부 구조를 나타낸 것이다. A와 B는 각각 수소 핵융합 반응과 헬륨 핵융합 반응이 일어나는 영역 중 하나이다.

(가) T_1

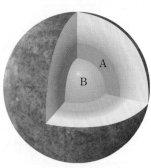
(나) T_2

이에 대한 설명으로 옳은 것만을 <보기>에서 있는 대로 고른 것은?

┤보기├
ㄱ. 평균 온도는 A가 B보다 높다.
ㄴ. 시간은 T_1이 T_2보다 나중이다.
ㄷ. A는 수소 핵융합 반응이 일어나는 영역이다.

① ㄱ   ② ㄷ   ③ ㄱ, ㄴ
④ ㄴ, ㄷ   ⑤ ㄱ, ㄴ, ㄷ

140
● ● ●

그림 (가)~(라)는 별의 진화 과정에서 생성되는 여러 가지 원자핵을 모형으로 나타낸 것이다.

(가) 금

(나) 규소

(다) 탄소

(라) 헬륨

이에 대한 설명으로 옳은 것만을 <보기>에서 있는 대로 고른 것은?

┤보기├
ㄱ. (가)는 초신성 폭발 과정에서 생성된다.
ㄴ. (가)와 (나)는 태양의 진화 과정에서 생성될 수 없다.
ㄷ. 원시별에서 생성될 수 있는 원자핵은 (다)와 (라)이다.

① ㄱ   ② ㄷ   ③ ㄱ, ㄴ
④ ㄴ, ㄷ   ⑤ ㄱ, ㄴ, ㄷ

141 평가원 기출 변형 ●●●

그림은 태양계의 형성 과정을 나타낸 것이다.

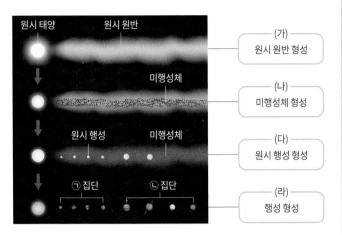

이에 대한 설명으로 옳은 것만을 <보기>에서 있는 대로 고른 것은?

| 보기 |
ㄱ. (가)에서 원시 원반은 성운의 회전축에 수직 방향으로 형성되었다.
ㄴ. (나) → (다)에서 미행성체들이 충돌하여 원시 행성이 형성되었다.
ㄷ. 행성의 평균 밀도는 ㉠ 집단이 ㉡ 집단보다 작다.

① ㄱ   ② ㄴ   ③ ㄷ
④ ㄱ, ㄴ   ⑤ ㄴ, ㄷ

142 ●●

그림 (가)~(다)는 사람, 지구, 우주의 주요 구성 원소 비율을 순서 없이 나타낸 것이다.

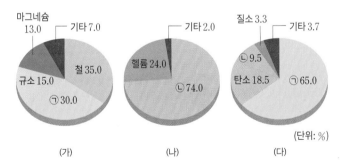

(단위: %)

이에 대한 설명으로 옳은 것만을 <보기>에서 있는 대로 고른 것은?

| 보기 |
ㄱ. 양성자의 수는 ㉠>㉡이다.
ㄴ. 사람을 구성하는 원소들은 대부분 초기 우주에서 생성되었다.
ㄷ. 사람과 지구에서 가장 풍부한 원소는 우주에서 풍부한 원소에 해당한다.

① ㄱ   ② ㄴ   ③ ㄱ, ㄷ
④ ㄴ, ㄷ   ⑤ ㄱ, ㄴ, ㄷ

143 ●●●

그림은 어느 별의 내부 구조를 나타낸 것이다.

㉠ 영역에 존재하는 원소 2가지를 쓰고, 별의 중심부로 갈수록 무거운 원소가 존재하는 까닭을 설명하시오.

144 ●●

다음은 어느 별의 진화 과정을 순서 없이 나타낸 것이다.

(가) 성운이 수축하여 밀도가 커진다.
(나) 초신성 폭발이 일어나 성간 물질로 흩어진다.
(다) 중심부의 온도가 상승하여 수소 핵융합 반응이 시작된다.
(라) 연속적인 핵융합 반응이 일어나 마그네슘, 규소, 철 등이 생성된다.

(가)~(라)를 시간 순서대로 쓰고, (나)와 (다) 시기에 생성되는 원소의 종류를 각각 설명하시오.

| 145~146 | 그림은 원시 지구가 형성되는 과정 중 일부를 나타낸 것이다. 물음에 답하시오.

145 ●●●

(가)와 (나) 중 마그마 바다가 형성된 시기는 언제인지 쓰고, 그렇게 판단한 까닭을 설명하시오.

146 ●●●

㉠~㉢의 평균 밀도 크기를 비교하여 쓰고, 그렇게 판단한 까닭을 설명하시오.

II-1 원소의 생성과 규칙성

05 원소의 주기성과 결합

꼭 알아야 할 핵심 개념
- 족과 주기
- 알칼리 금속과 할로젠
- 원자의 전자 배치
- 화학 결합의 원리

1 주기율표와 같은 족 원소들의 유사성

1 주기율표 원소를 원자 번호(─원자핵 속 양성자 수와 같다.) 순서와 화학적 성질을 기준으로 배열하여 만든 원소 분류표이다.

2 족과 주기

① 족: 주기율표의 세로줄로, 1족~18족까지 있다.
② 주기: 주기율표의 가로줄로, 1주기~7주기까지 있다.

3 금속과 비금속 주기율표에서 금속 원소는 주로 왼쪽과 가운데 부분에 위치하고, 비금속 원소는 주로 오른쪽 부분에 위치한다.

구분	금속 원소	비금속 원소
성질	• 실온에서 대부분 고체이다. (단, 수은은 액체) • 대부분 광택이 있고, 열을 잘 전달하며 전기가 잘 통한다. • 외부에서 힘을 가하면 늘어나거나 얇게 펴진다.	• 실온에서 대부분 기체 또는 고체이다.(단, 브로민은 액체) • 광택이 없고, 열을 잘 전달하지 않으며 전기가 잘 통하지 않는다.(흑연은 예외)
이용	• 구리: 전선 • 철: 각종 철물 및 기계 • 금: 귀금속, 반도체 회로	• 탄소: 연필심 • 수소: 연료 전지의 연료 • 질소: 식품 포장 충전용 기체

4 같은 족 원소의 유사성

구분	알칼리 금속	할로젠
종류	리튬(Li), 나트륨(Na), 칼륨(K) 등	플루오린(F), 염소(Cl), 브로민(Br), 아이오딘(I) 등
성질	• 1족에서 수소를 제외한 금속 원소이다. • 밀도가 작고, 칼로 잘릴 정도로 무른 금속이다. • 공기 중의 산소와 쉽게 반응하여 광택을 잃는다. • 물과 격렬하게 반응하여 수소 기체를 발생하고, 수용액은 염기성을 띤다.	• 17족 비금속 원소이다. • 이원자 분자로 존재하며, 특유의 색을 갖는다. (F_2-옅은 황색, Cl_2-황록색, Br_2-적갈색, I_2-흑자색) • 금속이나 수소와 잘 반응하며, 할로젠화 수소는 물에 녹아 산성을 띤다.
이용	• 리튬: 휴대 전화 전지 • 나트륨: 가로등 조명 • 칼륨: 비료	• 플루오린: 충치 예방 치약 • 염소: 수돗물 소독, 표백제 • 아이오딘: 소독약

꼭 나오는 탐구   같은 족 원소들의 유사성 탐구

[과정]   ┌수소를 제외한 1족 원소(알칼리 금속)
❶ 리튬, 나트륨, 칼륨을 각각 페트리 접시에 올려놓고 칼로 잘라 표면을 관찰한다.
❷ 물이 담긴 3개의 수조에 각각 페놀프탈레인 용액 2~3 방울을 넣고, 차례로 쌀알 크기의 리튬, 나트륨, 칼륨 조각을 넣었을 때 일어나는 변화를 관찰한다.

— 나트륨 조각
— 물+ 페놀프탈레인 용액

[결과 및 정리]
• 알칼리 금속은 물러서 쉽게 칼로 잘리고, 잘린 표면은 공기 중의 산소와 빠르게 반응해 은백색에서 회백색으로 변한다.
• 알칼리 금속은 물과 격렬히 반응하여 수소 기체를 발생한다. 반응 후 수용액은 염기성이 되어 페놀프탈레인 용액의 색이 붉은색으로 변한다.
• 리튬, 나트륨, 칼륨을 이용하여 실험했을 때 같은 실험 결과가 나타나므로 알칼리 금속은 화학적 성질이 유사함을 알 수 있다.

필수 유형 알칼리 금속의 유사성을 확인하는 실험을 제시하고, 알칼리 금속의 성질을 묻는 문제가 출제된다.   🔗41쪽 163번

2 원자의 전자 배치와 원소의 주기성

1 원자의 전자 배치

① 전자 껍질: 전자가 운동하는 특정한 에너지 준위의 궤도이다.
② 원자의 전자 배치
• 전자는 원자핵과 가까운 안쪽의 전자 껍질부터 차례로 배치된다.
• 첫 번째 전자 껍질에는 최대 2개의 전자가, 두 번째 전자 껍질에는 최대 8개의 전자가 배치된다.

— 두 번째 전자 껍질
— 첫 번째 전자 껍질
— 전자

네온(Ne) 원자의 전자 배치

2 원자가 전자와 원소의 주기성

① 원자가 전자: 원자의 전자 배치에서 가장 바깥 전자 껍질에 채워진 전자로, 화학 결합과 화학적 성질에 관여한다.
② 원소의 주기성: 주기율표에서 주기적으로 성질이 비슷한 원소가 나타난다. 📖 주기율표의 1족에 속하는 리튬(Li)과 나트륨(Na)은 화학적 성질이 비슷하다.
③ 원소의 주기성이 나타나는 까닭: 원자 번호가 증가함에 따라 원소의 원자가 전자 수가 주기적으로 변하기 때문이다.
➡ 같은 족 원소는 원자가 전자 수가 같으므로 화학적 성질이 비슷하다.

꼭 나오는 자료 · 전자 배치와 원소의 주기성

3족~12족은 제외	같은 족	같은 주기
	• 원자가 전자 수가 같다. ➡ 1족, 2족, 13족~17족 원소의 원자가 전자 수는 각 원소의 족 번호의 끝자리 수와 같다.	• 전자가 들어 있는 전자 껍질 수가 같다. ➡ 전자가 들어 있는 전자 껍질 수는 각 원소의 주기 번호와 같다.

족 주기	1	2	13	14	15	16	17	전자가 들어 있는 전자 껍질 수
2	Li	Be	B	C	N	O	F	2
3	Na	Mg	Al	Si	P	S	Cl	3
원자가 전자 수	1	2	3	4	5	6	7	

필수 유형 전자 배치 모형을 보고 성질이 비슷한 원소를 찾거나, 원소의 족과 주기를 묻는 문제가 출제된다. 🔗 43쪽 170번

3 비활성 기체와 화학 결합

1 18족 원소(비활성 기체)

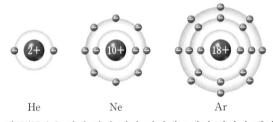

He   Ne   Ar

① 헬륨(He)은 가장 바깥 전자 껍질에 2개의 전자가 배치되어 있고, 네온(Ne)과 아르곤(Ar)은 8개의 전자가 배치되어 있어 매우 안정한 전자 배치를 갖는다.

② 화학적으로 안정하고, 반응성이 작아 다른 원소와 잘 반응하지 않는다.

➡ 다른 원자와 반응하여 전자를 얻거나 잃으려 하지 않는다.

➡ 대부분 원자 상태로 존재한다.

2 화학 결합의 원리

① 18족 원소가 아닌 원소들은 가장 바깥 전자 껍질에 18족 원소와 같이 전자를 채워 안정한 전자 배치를 가지려는 경향이 있다.

② 원소들은 안정해지기 위해 전자를 잃거나 얻어서 화학 결합을 형성한다. 또는 원자들끼리 전자를 공유하여 화학 결합을 형성한다.

예
원소	산소(O)	나트륨(Na)	염소(Cl)
안정해지는 방법	전자를 2개 얻음.	전자를 1개 잃음.	전자를 1개 얻음.

➡ 금속 원소는 전자를 잃기 쉽고, 비금속 원소는 전자를 얻기 쉽다.

개념 확인 문제

| 147~148 | 주기율표에 대한 설명으로 옳은 것은 ○표, 옳지 않은 것은 ×표 하시오.

147 주기율표는 원소를 원자량과 화학적 성질을 기준으로 배열하여 만든 원소 분류표이다. ( )

148 같은 족 원소들은 원자가 전자 수가 같다. ( )

149 다음은 금속 원소와 비금속 원소에 대한 설명이다. ㉠~㉢에 해당하는 것을 각각 쓰시오.

- (㉠) 원소는 주기율표에서 주로 왼쪽과 가운데 부분에 위치한다.
- (㉡) 원소는 실온에서 주로 기체 또는 고체로 존재한다.
- (㉢) 원소는 대부분 열을 잘 전달하고 전기가 잘 통한다.

| 150~151 | 그림은 주기율표의 일부를 나타낸 것이다. 이에 대한 설명으로 옳은 것은 ○표, 옳지 않은 것은 ×표 하시오.

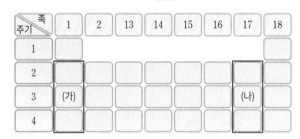

150 (가)에 속한 원소가 물과 반응하면 수소 기체가 발생한다. ( )

151 (나)에 속한 원소가 비슷한 화학적 성질을 갖는 까닭은 원자가 전자 수가 같기 때문이다. ( )

| 152~153 | 그림은 원소 X의 전자 배치를 모형으로 나타낸 것이다. 원소 X에 대한 설명으로 옳은 것은 ○표, 옳지 않은 것은 ×표 하시오.(단, X는 임의의 원소 기호이다.)

152 2주기 7족 원소이다. ( )

153 18족 원소와 같은 전자 배치를 하여 안정해지기 위해 전자를 1개 얻어야 한다. ( )

학교 시험에서 출제율이 70% 이상인 문제들을 엄선하여 수록했습니다.

1 주기율표와 같은 족 원소들의 유사성

154

● ● ● ●

다음은 주기율표에 대한 설명이다.

> 주기율표는 원소를 원자 번호 순서와 화학적 성질을 기준으로 배열한 원소 분류표이다. 주기율표의 가로줄을 (㉠)(이)라고 하고, 주기율표의 세로줄을 (㉡)(이)라고 한다.

이에 대한 설명으로 옳은 것만을 <보기>에서 있는 대로 고른 것은?

┤보기├
ㄱ. '족'은 ㉠에 해당한다.
ㄴ. ㉠이 같은 원소들은 전자가 들어 있는 전자 껍질 수가 같다.
ㄷ. ㉡이 같은 원소들은 화학적 성질이 비슷하다.

① ㄱ   ② ㄴ   ③ ㄱ, ㄴ
④ ㄱ, ㄷ   ⑤ ㄴ, ㄷ

155

● ● ●

다음은 원소 X에 대한 설명이다.

> • 가장 바깥 전자 껍질에 들어 있는 전자 수가 2이다.
> • 전자가 들어 있는 전자 껍질 수는 3이다.

원소 X에 대한 설명으로 옳지 <u>않은</u> 것은?(단, X는 임의의 원소 기호이다.)

① 광택이 없다.
② 2족 원소이다.
③ 3주기 원소이다.
④ 고체 상태에서 전기 전도성이 있다.
⑤ 힘을 가하면 얇게 펴지는 성질이 있다.

156

● ● ●

금속에 대한 설명으로 옳은 것만을 <보기>에서 있는 대로 고른 것은?

┤보기├
ㄱ. 열을 잘 전달한다.
ㄴ. 주기율표에서 주로 오른쪽에 위치한다.
ㄷ. 외부에서 힘을 가하면 가늘게 늘어난다.

① ㄱ   ② ㄴ   ③ ㄷ
④ ㄱ, ㄷ   ⑤ ㄱ, ㄴ, ㄷ

157

● ● ●

그림은 주기율표의 일부를 나타낸 것이다.

족﹨주기	1	2	13	14	15	16	17	18
2	A							B
3	C							D

이에 대한 설명으로 옳은 것만을 <보기>에서 있는 대로 고른 것은? (단, A~D는 임의의 원소 기호이다.)

┤보기├
ㄱ. A와 C는 화학적 성질이 비슷하다.
ㄴ. B와 D는 금속이나 수소와 잘 반응한다.
ㄷ. C와 D는 전자가 들어 있는 전자 껍질 수가 같다.

① ㄱ   ② ㄴ   ③ ㄱ, ㄷ
④ ㄴ, ㄷ   ⑤ ㄱ, ㄴ, ㄷ

158

● ● ●

다음은 학생 A가 형성 평가에 답한 내용이다.

> [가~다] 다음 4가지 원소에 대한 물음에 답하시오.
>
> | F | Ne | Na | Mg |
>
> 가. 할로젠을 쓰시오.   (F, Ne)
> 나. 전자가 들어 있는 전자 껍질 수가 3인 원소를 쓰시오.
>   (Na, Mg)
> 다. 화학적으로 안정하여 다른 원소와 잘 반응하지 않는 원소를 쓰시오.   (Na)

학생 A가 옳게 답한 문항만을 있는 대로 고른 것은?

① 가   ② 나   ③ 가, 다
④ 나, 다   ⑤ 가, 나, 다

159

● ○ ○ ○

그림은 주기율표에서 원소를 2가지로 분류하여 나타낸 것이다.

	1족	2족	13족	14족	15족	16족	17족	18족
1주기	Ⅱ							
2주기	I					Ⅱ		
3주기								

이에 대한 설명으로 옳지 <u>않은</u> 것은?

① 수소(H)는 Ⅱ에 해당한다.

② I에 해당하는 원소는 금속 원소이다.

③ I에 해당하는 원소는 대부분 고체 상태에서 전기 전도성
이 있다.

④ Ⅱ에 해당하는 원소는 대부분 광택이 있고, 열을 잘 전달
한다.

⑤ Ⅱ에 해당하는 원소는 대부분 실온에서 기체 또는 고체
상태이다.

160

● ● ○

다음은 2, 3주기 원소 A~C에 대한 설명이다. A~C는 알칼리 금속
또는 할로젠 중 하나이다.

- A와 B가 물과 반응하면 수소 기체가 발생한다.
- B와 C는 전자가 들어 있는 전자 껍질 수가 모두 3이다.

이에 대한 설명으로 옳은 것만을 <보기>에서 있는 대로 고른 것은?
(단, A~C는 임의의 원소 기호이다.)

┤ 보기 ├

ㄱ. A는 2주기 1족 원소이다.

ㄴ. C는 실온에서 액체로 존재한다.

ㄷ. 원자 번호는 C가 B보다 크다.

① ㄱ   ② ㄴ   ③ ㄱ, ㄷ

④ ㄴ, ㄷ   ⑤ ㄱ, ㄴ, ㄷ

161 ✎서술형

● ● ○

표는 4가지 원소를 분류 기준 (가)로 분류하여 나타낸 것이다.

분류 기준:	(가)
예	**아니요**
철(Fe), 구리(Cu)	아이오딘(I), 황(S)

(가)로 가장 적절한 것을 쓰고, 그렇게 생각한 까닭을 설명하시오.

162

● ● ○

그림은 주기율표의 일부를 나타낸 것이다.

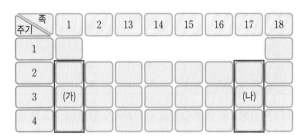

족\주기	1	2	13	14	15	16	17	18
1								
2								
3	(가)						(나)	
4								

이에 대한 설명으로 옳은 것만을 <보기>에서 있는 대로 고른 것은?

┤ 보기 ├

ㄱ. (가)에 해당하는 원소는 알칼리 금속이다.

ㄴ. (나)에 해당하는 원소는 이원자 분자로 존재하며 특유
의 색을 갖는다.

ㄷ. (가)와 (나)는 모두 반응성이 크다.

① ㄱ   ② ㄷ   ③ ㄱ, ㄴ

④ ㄴ, ㄷ   ⑤ ㄱ, ㄴ, ㄷ

163 필수유형 🔗 38쪽 꼭 나오는 탐구

● ● ●

다음은 알칼리 금속 M을 이용한 실험이다.

[실험 과정 및 결과]

(가) 금속 M은 칼로 쉽게 잘라지며, 공기 중
에서 자른 단면의 광택이 빨리 사라졌다.

(나) 물이 든 시험관에 금속 M을 넣었더니
물의 표면에서 격렬하게 반응하면서 기
체가 발생했다.

이에 대한 설명으로 옳은 것만을 <보기>에서 있는 대로 고른 것은?

┤ 보기 ├

ㄱ. 금속 M은 반응성이 크다.

ㄴ. (가)에서 금속 M은 공기 중의 산소와 반응한다.

ㄷ. (나)에서 수소 기체가 발생한다.

① ㄱ   ② ㄷ   ③ ㄱ, ㄴ

④ ㄴ, ㄷ   ⑤ ㄱ, ㄴ, ㄷ

164

표는 2, 3주기 원소 A~C에 대한 자료이다. A~C는 1족 또는 17족 원소 중 하나이다.

원소	A	B	C
족	1	x	y
실온에서의 상태	㉠	고체	기체

이에 대한 설명으로 옳은 것만을 <보기>에서 있는 대로 고른 것은? (단, A~C는 임의의 원소 기호이다.)

| 보기 |
ㄱ. $y > x$이다.
ㄴ. '고체'는 ㉠에 해당한다.
ㄷ. A와 B는 같은 족 원소이다.

① ㄱ   ② ㄷ   ③ ㄱ, ㄴ
④ ㄴ, ㄷ   ⑤ ㄱ, ㄴ, ㄷ

165

그림은 3가지 원소를 2가지 분류 기준으로 분류한 것을 나타낸 것이다.

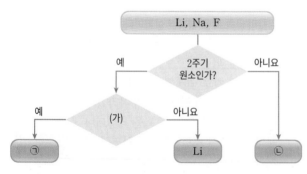

이에 대한 설명으로 옳은 것만을 <보기>에서 있는 대로 고른 것은?

| 보기 |
ㄱ. '비금속 원소인가?'는 (가)에 해당한다.
ㄴ. ㉠은 알칼리 금속이다.
ㄷ. ㉡을 칼로 자르면 단면의 색이 은백색에서 회백색으로 빠르게 변한다.

① ㄱ   ② ㄴ   ③ ㄱ, ㄷ
④ ㄴ, ㄷ   ⑤ ㄱ, ㄴ, ㄷ

2 원자의 전자 배치와 원소의 주기성

166

원자의 전자 배치에 대한 설명으로 옳은 것만을 <보기>에서 있는 대로 고른 것은?

| 보기 |
ㄱ. 전자는 원자핵과 가까운 전자 껍질부터 채워진다.
ㄴ. 첫 번째 전자 껍질에는 전자가 최대 8개가 채워진다.
ㄷ. 원자가 전자는 원자의 전자 배치에서 가장 안쪽 전자 껍질에 들어 있는 전자이다.

① ㄱ   ② ㄴ   ③ ㄱ, ㄷ
④ ㄴ, ㄷ   ⑤ ㄱ, ㄴ, ㄷ

167 ✎서술형

다음은 원소 X에 대한 자료이다.

• 2주기 원소이다.
• 원자가 전자 수는 6이다.

X의 전자 배치를 모형으로 나타내고, 그렇게 나타낸 까닭을 설명하시오.(단, X는 임의의 원소 기호이다.)

168

그림은 원자 X의 전자 배치를 모형으로 나타낸 것이다.
이에 대한 설명으로 옳은 것만을 <보기>에서 있는 대로 고른 것은?(단, X는 임의의 원소 기호이다.)

| 보기 |
ㄱ. X의 원자 번호는 3이다.
ㄴ. X는 1족 원소이다.
ㄷ. a와 b 중 a가 원자가 전자이다.

① ㄱ   ② ㄷ   ③ ㄱ, ㄴ
④ ㄴ, ㄷ   ⑤ ㄱ, ㄴ, ㄷ

169

원자 번호가 15인 원자 X의 전자 배치에 대한 설명으로 옳은 것만을 <보기>에서 있는 대로 고른 것은?(단, X는 임의의 원소 기호이다.)

┤보기├
ㄱ. 원자가 전자 수는 5이다.
ㄴ. 첫 번째 전자 껍질에 2개의 전자가 채워진다.
ㄷ. 두 번째 전자 껍질에 10개의 전자가 채워진다.

① ㄱ   ② ㄷ   ③ ㄱ, ㄴ
④ ㄴ, ㄷ   ⑤ ㄱ, ㄴ, ㄷ

170 필수 유형 🔗 39쪽 꼭 나오는 자료

그림은 원자 X의 전자 배치를 모형으로 나타낸 것이다.
X에 대한 설명으로 옳은 것만을 <보기>에서 있는 대로 고른 것은?(단, X는 임의의 원소 기호이다.)

┤보기├
ㄱ. 11족 원소이다.
ㄴ. 3주기 원소이다.
ㄷ. 원자가 전자 수는 1이다.

① ㄱ   ② ㄴ   ③ ㄱ, ㄷ
④ ㄴ, ㄷ   ⑤ ㄱ, ㄴ, ㄷ

171

그림은 원자 X~Z의 전자 배치를 모형으로 나타낸 것이다.

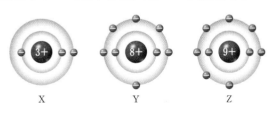

X~Z에 대한 설명으로 옳은 것만을 <보기>에서 있는 대로 고른 것은?(단, X~Z는 임의의 원소 기호이다.)

┤보기├
ㄱ. 모두 2주기 원소이다.
ㄴ. 금속 원소는 1가지이다.
ㄷ. 원자가 전자 수는 Z가 Y보다 크다.

① ㄱ   ② ㄷ   ③ ㄱ, ㄴ
④ ㄴ, ㄷ   ⑤ ㄱ, ㄴ, ㄷ

172

표는 원소 A~C에 대한 자료이다.

원소	A	B	C
원자가 전자 수		1	y
전자가 들어 있는 전자 껍질 수	2	1	
전자 수	3	x	7

이에 대한 설명으로 옳은 것만을 <보기>에서 있는 대로 고른 것은? (단, A~C는 임의의 원소 기호이다.)

┤보기├
ㄱ. $x+y=6$이다.
ㄴ. 원자가 전자 수는 A>B이다.
ㄷ. A와 C는 같은 주기 원소이다.

① ㄱ   ② ㄴ   ③ ㄱ, ㄷ
④ ㄴ, ㄷ   ⑤ ㄱ, ㄴ, ㄷ

173

표는 원자 A~D에서 각 전자 껍질에 채워진 전자 수에 대한 자료이다.

원자	A	B	C	D
첫 번째 전자 껍질	2	2	2	2
두 번째 전자 껍질	0	1	7	8
세 번째 전자 껍질	0	0	0	2

A~D에 대한 설명으로 옳은 것만을 <보기>에서 있는 대로 고른 것은?(단, A~D는 임의의 원소 기호이다.)

┤보기├
ㄱ. 2족 원소는 2가지이다.
ㄴ. 3주기 원소는 1가지이다.
ㄷ. 고체 상태에서 열을 잘 전달하고 전기 전도성이 있는 원소는 1가지이다.

① ㄱ   ② ㄴ   ③ ㄱ, ㄴ
④ ㄱ, ㄷ   ⑤ ㄴ, ㄷ

● 바른답·알찬풀이 20쪽

3 비활성 기체와 화학 결합

174

● ● ●

비활성 기체에 대한 설명으로 옳지 <u>않은</u> 것은?

① 18족 원소이다.
② 반응성이 매우 작다.
③ He, Ne, Ar 등의 원소이다.
④ 전자를 얻어 음이온이 되기 쉽다.
⑤ 다른 원소와 화학 결합을 거의 하지 않는다.

| 175~176 | 그림은 주기율표의 일부를 나타낸 것이다. A~E는 임의의 원소 기호이다.

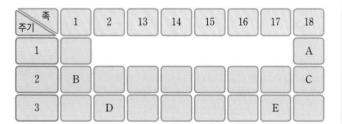

175

● ● ●

A~E에 대한 설명으로 옳은 것만을 <보기>에서 있는 대로 고른 것은?

ㅡ| 보기 |ㅡ
ㄱ. B는 전자 1개를 잃고 A와 같은 전자 배치를 하여 안정해진다.
ㄴ. B와 D는 고체 상태에서 전기 전도성이 있다.
ㄷ. D와 E는 전자를 잃거나 얻어 C와 같은 전자 배치를 하여 안정해진다.

① ㄱ   ② ㄷ   ③ ㄱ, ㄴ
④ ㄴ, ㄷ   ⑤ ㄱ, ㄴ, ㄷ

176 ✎서술형

● ● ●

A와 C가 안정한 까닭을 가장 바깥 전자 껍질의 전자 배치와 관련하여 설명하시오.

177

● ● ●

화학 결합의 형성 원리에 대한 설명으로 옳은 것만을 <보기>에서 있는 대로 고른 것은?

ㅡ| 보기 |ㅡ
ㄱ. 18족 원소의 전자 배치와 같아지기 위해 결합한다.
ㄴ. 안정해지기 위해 항상 전자를 공유하여 화학 결합을 형성한다.
ㄷ. 3주기 2족 원소는 화학 결합을 형성할 때 전자를 2개 잃어 양이온이 되고 아르곤(Ar)과 같은 전자 배치를 하여 안정해진다.

① ㄱ   ② ㄴ   ③ ㄱ, ㄴ
④ ㄱ, ㄷ   ⑤ ㄴ, ㄷ

178

● ● ●

표는 원소 A~C의 주기 및 족과 18족 원소의 전자 배치가 되기 위해 잃거나 얻은 전자 수에 대한 자료이다.

원소	A	B	C
주기	2	2	3
족	x	17	1
잃거나 얻은 전자 수	2개 잃음.	y개 얻음.	1개 잃음.

이에 대한 설명으로 옳은 것만을 <보기>에서 있는 대로 고른 것은? (단, A~C는 임의의 원소 기호이다.)

ㅡ| 보기 |ㅡ
ㄱ. $x > y$이다.
ㄴ. 원자가 전자 수는 A > C이다.
ㄷ. B 이온과 C 이온의 전자 배치는 모두 네온(Ne)과 같다.

① ㄱ   ② ㄷ   ③ ㄱ, ㄴ
④ ㄴ, ㄷ   ⑤ ㄱ, ㄴ, ㄷ

179

●●○

그림은 주기율표의 일부를 나타낸 것이다.

A~E에 대한 설명으로 옳은 것만을 <보기>에서 있는 대로 고른 것은? (단, A~E는 임의의 원소 기호이다.)

┤보기├
ㄱ. 금속 원소는 2가지이다.
ㄴ. 화학적 성질이 비슷한 원소는 2가지이다.
ㄷ. 전자가 들어 있는 전자 껍질 수가 3인 원소는 2가지이다.

① ㄱ   ② ㄷ   ③ ㄱ, ㄴ
④ ㄴ, ㄷ   ⑤ ㄱ, ㄴ, ㄷ

180

●●●

그림은 5가지 원소를 기준 (가)와 (나)에 따라 분류한 것이다. A~D는 각각 Li, Ar, Na, Cl 중 하나이다.

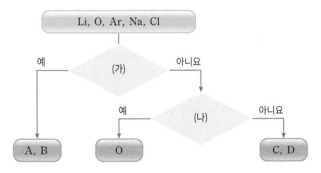

(가)와 (나)에 적절한 기준을 옳게 짝 지은 것은?

	(가)	(나)
①	1족 원소인가?	17족 원소인가?
②	18족 원소인가?	비금속 원소인가?
③	금속 원소인가?	2주기 원소인가?
④	2주기 원소인가?	원자가 전자 수가 6인가?
⑤	3주기 원소인가?	16족 원소인가?

181

●●●

그림은 3주기 원소 A~C의 양성자수와 원자가 전자 수를 나타낸 것이다.

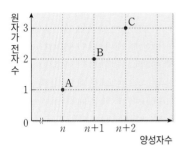

이에 대한 설명으로 옳은 것만을 <보기>에서 있는 대로 고른 것은? (단, A~C는 임의의 원소 기호이다.)

┤보기├
ㄱ. $n=12$이다.
ㄴ. A는 물과 반응하여 수소 기체를 발생한다.
ㄷ. B와 C는 고체 상태에서 열을 잘 전달하고 전기 전도성이 있다.

① ㄱ   ② ㄴ   ③ ㄱ, ㄷ
④ ㄴ, ㄷ   ⑤ ㄱ, ㄴ, ㄷ

182 교육청 기출 변형

●●●

표는 원소 A~C에 대한 자료이다.

원소	A	B	C
족	1	13	16
원자가 전자 수 / 전자가 들어 있는 전자 껍질 수	1	1	3

이에 대한 설명으로 옳은 것만을 <보기>에서 있는 대로 고른 것은? (단, A~C는 임의의 원소 기호이다.)

┤보기├
ㄱ. B는 2주기 원소이다.
ㄴ. A와 C는 비금속 원소이다.
ㄷ. 18족 원소의 전자 배치를 하기 위해 얻거나 잃어야 하는 전자 수는 B>C이다.

① ㄱ   ② ㄴ   ③ ㄷ
④ ㄱ, ㄷ   ⑤ ㄴ, ㄷ

183 평가원 기출 변형 •••

다음은 원소 A~D에 대한 자료이다.

- 주기율표에서 ㉠~㉣은 각각 A~D 중 하나이다.

족\주기	1	2	13	14	15	16	17	18
2	㉠					㉡		
3			㉢					㉣

- A와 B는 금속 원소이다.
- B와 C의 원자가 전자 수의 합은 9이다.

이에 대한 설명으로 옳은 것만을 <보기>에서 있는 대로 고른 것은? (단, A~D는 임의의 원소 기호이다.)

┤보기├
ㄱ. D는 ㉣이다.
ㄴ. A의 원자가 전자 수는 1이다.
ㄷ. B와 C는 모두 3주기 원소이다.

① ㄱ   ② ㄴ   ③ ㄱ, ㄷ
④ ㄴ, ㄷ   ⑤ ㄱ, ㄴ, ㄷ

184 신유형 •••

표는 원자 A에 대한 자료이다. (가)~(다)는 각각 원자 A의 원자핵에 가장 가까운 3개의 전자 껍질 중 하나로 모두 전자가 들어 있다. 이때 첫 번째 전자 껍질과 두 번째 전자 껍질에는 전자가 최대로 채워져 있다.

전자 껍질	(가)	(나)	(다)
들어 있는 전자 수	x	$x+5$	$x-1$

이에 대한 설명으로 옳은 것만을 <보기>에서 있는 대로 고른 것은? (단, A는 임의의 원소 기호이다.)

┤보기├
ㄱ. A는 3주기 원소이다.
ㄴ. A의 원자가 전자 수는 3이다.
ㄷ. (가)~(다) 중 원자핵에 가장 가까운 전자 껍질은 (다)이다.

① ㄱ   ② ㄷ   ③ ㄱ, ㄴ
④ ㄴ, ㄷ   ⑤ ㄱ, ㄴ, ㄷ

185 •••

그림은 2, 3주기 원소 W~Z의 원자가 전자 수(a)와 전자가 들어 있는 전자 껍질 수(b)의 차($|a-b|$)를 나타낸 것이다. W~Z는 각각 1족, 2족, 16족, 17족 원소를 순서 없이 나타낸 것이다.

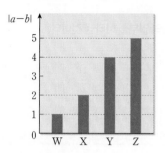

W~Z에 대한 설명으로 옳은 것만을 <보기>에서 있는 대로 고른 것은?(단, W~Z는 임의의 원소 기호이다.)

┤보기├
ㄱ. 3주기 원소는 2가지이다.
ㄴ. 원자 번호는 X가 가장 크다.
ㄷ. Y와 Z는 화학적 성질이 비슷하다.

① ㄱ   ② ㄴ   ③ ㄱ, ㄷ
④ ㄴ, ㄷ   ⑤ ㄱ, ㄴ, ㄷ

186 •••

그림은 원자 A~C의 전자 배치를 모형으로 나타낸 것이다.

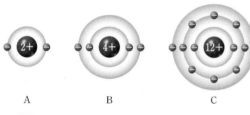

A~C에 대한 설명으로 옳은 것만을 <보기>에서 있는 대로 고른 것은? (단, A~C는 임의의 원소 기호이다.)

┤보기├
ㄱ. 2주기 원소는 1가지이다.
ㄴ. 금속 원소는 2가지이다.
ㄷ. 원자가 전자 수가 2인 원소는 3가지이다.

① ㄱ   ② ㄷ   ③ ㄱ, ㄴ
④ ㄴ, ㄷ   ⑤ ㄱ, ㄴ, ㄷ

187

다음은 같은 족 원소들의 성질에 대한 탐구 내용이다.

[탐구 과정]
알칼리 금속과 할로겐의 원소 기호, 전자 배치 모형, 원자가 전자 수, 성질을 조사하여 표로 정리한다.

[탐구 결과]

구분	알칼리 금속		할로겐	
원소 기호	Li	Na	F	X
전자 배치 모형	(3+)	(11+)	(9+)	?
원자가 전자 수	1		㉠	
성질	• 칼로 자를 수 있을 정도로 무르다. • ㉡ 물과 격렬하게 반응한다.		• 고유의 색깔을 띠고, 수소와 반응한다. • 실온에서 이원자 분자로 존재한다.	

이에 대한 설명으로 옳은 것만을 <보기>에서 있는 대로 고른 것은? (단, X는 임의의 원소 기호이다.)

┤ 보기 ├
ㄱ. ㉠은 7이다.
ㄴ. ㉡이 일어날 때 수소 기체가 발생한다.
ㄷ. 탐구 결과로부터 원자가 전자 수가 같은 원소의 화학적 성질은 비슷함을 알 수 있다.

① ㄱ   ② ㄷ   ③ ㄱ, ㄴ
④ ㄴ, ㄷ   ⑤ ㄱ, ㄴ, ㄷ

188

다음은 원소 A~C에 대한 자료이다. A~C는 각각 F, Na, Cl 중 하나이다.

• 원자가 전자 수는 A>B이다.
• 전자가 들어 있는 전자 껍질 수는 B>C이다.

이에 대한 설명으로 옳은 것만을 <보기>에서 있는 대로 고른 것은?

┤ 보기 ├
ㄱ. A는 F이다.
ㄴ. C는 치약에 포함되어 있다.
ㄷ. B와 C는 전자가 들어 있는 전자 껍질 수가 같다.

① ㄱ   ② ㄴ   ③ ㄱ, ㄷ
④ ㄴ, ㄷ   ⑤ ㄱ, ㄴ, ㄷ

✏ 서술형 문제

189

그림은 주기율표의 일부를 나타낸 것이다.

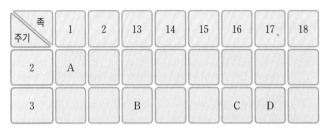

족 주기	1	2	13	14	15	16	17	18
2	A							
3			B			C	D	

원소 A~D를 (A, B)와 (C, D)로 분류할 때, 적절한 분류 기준을 제시하고, 그렇게 답한 까닭을 설명하시오.(단, A~D는 임의의 원소 기호이다.)

190

그림은 원자 A~D의 전자 배치를 모형으로 나타낸 것이다.

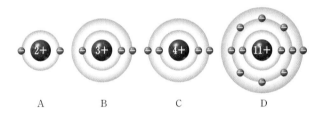

A   B   C   D

화학적 성질이 비슷한 원소를 찾아 모두 쓰고, 그 까닭을 설명하시오.(단, A~D는 임의의 원소 기호이다.)

191

다음은 금속 원소인 나트륨(Na)의 성질을 알아보기 위한 실험이다.

[실험 과정 및 결과]
(가) Na을 페트리 접시에 올려놓고 칼로 잘랐더니, 단면의 색이 은백색에서 회백색으로 변했다.
(나) 쌀알 크기의 Na을 물이 들어 있는 시험관에 넣었더니 수소 기체가 발생했다.

나트륨(Na)을 석유 속에 넣어 보관하는 까닭을 실험 결과를 근거로 설명하시오.

06 이온 결합과 공유 결합

꼭 알아야 할 핵심 개념
◎ 이온 결합
◎ 공유 결합
◎ 이온 결합 물질과 공유 결합 물질의 성질

1 이온 결합

1 이온의 형성

양이온	음이온
금속 원소가 전자를 잃어 형성됨.	비금속 원소가 전자를 얻어 형성됨.

전자 잃음.
나트륨 원자 (Na) → 나트륨 이온 (Na$^+$)

전자 얻음.
염소 원자 (Cl) → 염화 이온 (Cl$^-$)

2 이온 결합

① 이온 결합: 금속 원소와 비금속 원소 사이에 형성되는 화학 결합이다.
② 이온 결합의 형성: 금속 원소의 양이온과 비금속 원소의 음이온 사이의 정전기적 인력에 의해 형성된다.

> **꼭 나오는 자료 ❶** 염화 나트륨(NaCl)의 형성
>
> 금속 원소인 나트륨은 전자를 잃어 양이온이 되고, 비금속 원소인 염소는 전자를 얻어 음이온이 되어 결합한다.
> → 나트륨 이온과 염화 이온은 비활성 기체와 같은 전자 배치를 한다.
> → 나트륨 이온과 염화 이온 사이의 정전기적 인력에 의해 이온 결합이 형성된다.
>
> 전자가 이동한다.   서로 다른 전하를 띠고 있으므로 정전기적 인력이 작용한다.
>
> 나트륨 원자(Na)   염소 원자(Cl)   →   염화 나트륨(NaCl)
> Ne의 전자 배치   Ar의 전자 배치
>
> **필수 유형** 이온 결합 모형을 제시하고 화학 결합의 형성 과정과 구성 원소의 원자가 전자 수, 구성 입자의 전자 배치에 대해 묻는 문제가 자주 출제된다. 🔗50쪽 203번

③ 이온 결합 물질은 양이온의 총 전하량과 음이온의 총 전하량의 합이 0이 되는 개수비로 결합한다. [전기적으로 중성이다.]
⑩ 염화 칼슘(CaCl$_2$)의 형성: 칼슘은 전자 2개를 잃고, 염소는 전자 1개를 얻어 1 : 2의 개수비로 결합한다. [금속 원소] [비금속 원소]

전자 1개를 얻어 염화 이온(Cl$^-$)이 된다.   전자 2개를 잃고 칼슘 이온(Ca^{2+})이 된다.

칼슘 원자(Ca)

염소 원자(Cl)   염소 원자(Cl)

2 공유 결합

1 공유 결합

[공유한 전자쌍을 공유 전자쌍이라고 한다.]
① 공유 결합: 비금속 원소의 전자들이 전자쌍을 서로 공유하여 형성되는 결합이다.
② 공유 결합의 형성: 비금속 원소의 원자들이 서로 전자를 내놓아 전자쌍을 만들고, 이 전자쌍을 공유하여 형성된다.

> **꼭 나오는 자료 ❷** 산소 분자(O$_2$)와 물 분자(H$_2$O)의 형성
>
> **❶ 산소 분자(O$_2$)의 형성**
> 산소는 원자가 전자가 6개이므로 2개의 산소 원자가 전자를 2개씩 내놓아 2개의 전자쌍을 이루고, 이를 서로 공유하여 결합한다.
> → 산소 분자에서 산소는 네온(Ne)과 같은 전자 배치를 한다.
>
> 산소 원자(O)   산소 원자(O)   →   산소 분자(O$_2$)
>
> **❷ 물 분자(H$_2$O)의 형성**
> 비금속 원소인 수소와 산소가 각각 전자를 내놓아 전자쌍을 만들고, 서로 공유하여 결합한다.
> → 물 분자에서 수소는 헬륨(He)과 같은 전자 배치, 산소는 네온(Ne)과 같은 전자 배치를 한다.
>
> 산소 원자(O)
> 수소 원자(H)   수소 원자(H)   →   공유 전자쌍 물 분자(H$_2$O)
>
> **필수 유형** 이온 결합 모형과 함께 자료로 제시되어 형성되는 결합의 종류와 결합을 이루는 구성 입자의 전자 배치에 대해 묻는 문제가 자주 출제된다. 🔗51쪽 211번, 52쪽 215번

2 다양한 공유 결합

수소 분자 (H$_2$)	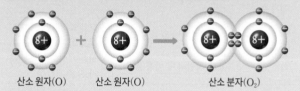	H 원자끼리 전자쌍 1개를 공유하여 결합함.
질소 분자 (N$_2$)		N 원자끼리 전자쌍 3개를 공유하여 결합함.
이산화 탄소 분자(CO$_2$)	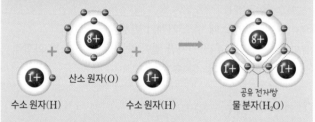	C 원자와 O 원자가 각각 전자쌍 2개를 공유하여 결합함.

→ 공유 결합 물질에서 구성 입자의 전자 배치는 모두 18족 원소와 같다.

3 이온 결합 물질과 공유 결합 물질의 성질

1 이온 결합 물질 이온 결합에 의해 생성된 물질이다.

① 실제 이온 결합 물질은 양이온과 음이온이 한 쌍으로 존재하지 않고, 수없이 많은 양이온과 음이온이 이온 결합하여 삼차원적으로 서로를 둘러싸며 배열되어 있다.

② 이온 결합 물질의 전기 전도성: 고체 상태에서는 양이온과 음이온이 강하게 결합하고 있어 이온의 이동이 어려우므로 전기 전도성이 없지만, 액체와 수용액 상태에서는 양이온과 음이온이 자유롭게 이동할 수 있어 전기 전도성이 있다.

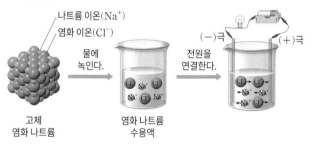

나트륨 이온(Na⁺)
염화 이온(Cl⁻)

고체
염화 나트륨 　→ 물에 녹인다. → 염화 나트륨 수용액 　→ 전원을 연결한다. → (−)극　(+)극

2 공유 결합 물질 공유 결합에 의해 생성된 물질이다.

① 일반적으로 전자를 공유하여 생성된 전기적으로 중성인 수많은 분자로 이루어져 있다.

② 공유 결합 물질의 전기 전도성: 중성인 분자로 이루어져 있으므로 고체 상태에서 전기 전도성이 없다. 또 물에 녹여도 이온으로 나누어지지 않고 분자 상태로 존재하므로 전기 전도성이 없다. 예외적으로 흑연, 그래핀 등은 고체 상태에서 전기 전도성이 있다.

꼭 나오는 탐구　화학 결합의 종류에 따른 전기 전도성

[과정]
❶ 그림과 같이 6홈판에 고체 염화 나트륨, 염화 칼슘, 설탕, 포도당을 넣은 후 전기 전도성 측정기를 이용해 전류가 흐르는지 확인한다.
❷ 각 홈에 증류수를 넣어 모두 녹인 후, ❶과 동일한 방법으로 수용액에 전류가 흐르는지 확인한다.
❸ 염화 나트륨, 염화 칼슘, 설탕, 포도당의 결합 형태를 조사한다.

[결과 및 정리]
(○: 전기 전도성 있음, ×: 전기 전도성 없음.)

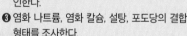

구분		염화 나트륨	염화 칼슘	설탕	포도당
전기 전도성	고체 상태	×	×	×	×
	수용액 상태	○	○	×	×
결합 형태		이온 결합	이온 결합	공유 결합	공유 결합

➜ 염화 나트륨과 염화 칼슘은 이온 결합 물질로 고체 상태에서 전기 전도성이 없지만, 수용액 상태에서 전기 전도성이 있다. 설탕과 포도당은 공유 결합 물질로 고체 상태, 수용액 상태에서 모두 전기 전도성이 없다.

필수 유형　물질의 전기 전도성 측정 실험을 통해 화학 결합의 종류를 판단하고 물질을 비교하는 문제가 자주 출제된다.　∂54쪽 221번

개념 확인 문제

| 192~194 | 다음은 이온 결합에 대한 설명이다. (　　) 안에 들어갈 알맞은 말을 쓰시오.

192 금속 원소는 전자를 잃고 (　　　)을/를 형성한다.

193 이온 결합은 양이온과 음이온 사이의 (　　　)에 의해 형성되는 결합이다.

194 이온 결합 화합물은 양이온과 음이온의 총 전하의 합이 (　　　)이/가 되는 개수비로 결합한다.

| 195~196 | 그림은 화합물 AB의 결합 모형을 나타낸 것이다. 이에 대한 설명으로 옳은 것은 ○표, 옳지 않은 것은 ×표 하시오.(단, A와 B는 임의의 원소 기호이다.)

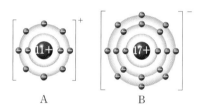

A　　　　　B

195 A와 B가 결합을 형성할 때 전자는 B에서 A로 이동한다. (　　　)

196 AB에서 A 이온의 전자 배치는 네온(Ne)과 같다. (　　　)

| 197~198 | 그림은 물 분자(H_2O)의 결합 모형을 나타낸 것이다. 이에 대한 설명으로 옳은 것은 ○표, 옳지 않은 것은 ×표 하시오.

물 분자(H_2O)

197 O의 전자 배치는 네온(Ne)과 같다. (　　　)

198 O 원자 1개와 H 원자 1개는 전자쌍 1개를 공유한다. (　　　)

| 199~201 | 이온 결합 물질과 공유 결합 물질에 대한 설명으로 옳은 것은 ○표, 옳지 않은 것은 ×표 하시오.

199 이온 결합 물질은 수용액 상태에서 전기 전도성이 있다. (　　　)

200 공유 결합 물질은 수용액 상태에서 전기 전도성이 있다. (　　　)

201 이온 결합 물질과 공유 결합 물질은 고체 상태에서의 전기 전도성을 비교하면 구별할 수 있다. (　　　)

1 이온 결합

202
● ● ● ●

다음은 이온 결합의 형성에 대한 설명이다.

> 금속 원소와 비금속 원소가 화학 결합을 형성할 때, 금속 원소는 전자를 잃어 (㉠)이/가 되고, 비금속 원소는 전자를 얻어 (㉡)이/가 되며, 두 입자 사이에 (㉢)이 작용하여 이온 결합을 형성한다.

㉠~㉢에 들어갈 말을 옳게 짝 지은 것은?

	㉠	㉡	㉢
①	양이온	음이온	정전기적 인력
②	양이온	음이온	정전기적 반발력
③	음이온	양이온	정전기적 인력
④	음이온	양이온	정전기적 반발력
⑤	음전하	양전하	정전기적 인력

203 필수 유형 🔗 48쪽 꼭 나오는 자료
● ● ●

그림은 나트륨 원자와 염소 원자가 이온 결합을 형성하는 과정을 모형으로 나타낸 것이다.

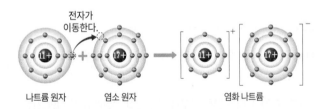

전자가 이동한다.

나트륨 원자   염소 원자   염화 나트륨

이에 대한 설명으로 옳은 것만을 <보기>에서 있는 대로 고른 것은?

> **보기**
> ㄱ. 나트륨과 염소는 모두 3주기 원소이다.
> ㄴ. 염소 원자는 이온이 될 때 전자가 들어 있는 전자 껍질 수가 감소한다.
> ㄷ. 염화 나트륨에서 나트륨 이온은 네온(Ne)과 전자 배치가 같다.

① ㄱ   ② ㄴ   ③ ㄷ
④ ㄱ, ㄷ   ⑤ ㄱ, ㄴ, ㄷ

| 204~205 | 그림은 주기율표의 일부를 나타낸 것이다. A~F는 임의의 원소 기호이다.

주기＼족	1	2	13	14	15	16	17	18
1	A							
2	B						C	D
3	E					F		

204
● ● ● ●

원소 A~F로 형성된 화합물 중 이온 결합으로 형성된 물질이 <u>아닌</u> 것은?

① AC   ② BC   ③ B_2F
④ EC_2 ⑤ EF

205
● ● ●

원소 B~F에 대한 설명으로 옳은 것만을 <보기>에서 있는 대로 고른 것은?

> **보기**
> ㄱ. 이온 결합을 형성할 때 B는 전자를 잃는다.
> ㄴ. F가 전자를 얻어 음이온이 될 때 전자가 들어 있는 전자 껍질 수는 증가한다.
> ㄷ. C와 E로 형성된 화합물에서 구성 입자의 전자 배치는 모두 D와 같다.

① ㄱ   ② ㄴ   ③ ㄱ, ㄷ
④ ㄴ, ㄷ   ⑤ ㄱ, ㄴ, ㄷ

206
● ● ○

X^+과 Y^-의 전자 배치 모형은 모두 오른쪽 그림과 같이 나타낼 수 있다.
이에 대한 설명으로 옳은 것만을 <보기>에서 있는 대로 고른 것은?(단, X와 Y는 임의의 원소 기호이다.)

> **보기**
> ㄱ. 원자 번호는 X > Y이다.
> ㄴ. X^+과 Y^-은 1 : 1의 개수비로 결합한다.
> ㄷ. X^+과 Y^- 사이에 전자를 공유하여 결합한다.

① ㄱ   ② ㄷ   ③ ㄱ, ㄴ
④ ㄴ, ㄷ   ⑤ ㄱ, ㄴ, ㄷ

207

그림은 화합물 AB_2의 화학 결합을 모형으로 나타낸 것이다.

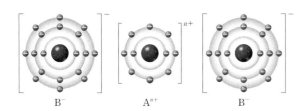

이에 대한 설명으로 옳지 <u>않은</u> 것은?(단, A와 B는 임의의 원소 기호이다.)

① $n=2$이다.
② B의 원자가 전자 수는 6이다.
③ A와 B는 모두 3주기 원소이다.
④ A는 산소와 이온 결합을 형성한다.
⑤ A^{n+}과 B^- 사이에는 정전기적 인력이 작용한다.

208

다음 중 화합물을 형성하는 양이온과 음이온의 전자 배치가 같은 물질은?

① LiF
② NaCl
③ MgO
④ KF
⑤ CaO

| 209~210 | 다음은 원소 A, B에 대한 설명이다. A와 B는 임의의 원소 기호이다.

- A는 원자가 전자 수가 2이다.
- B는 2주기 16족 원소이다.
- A 이온과 B 이온의 전자 배치는 서로 같다.

209

A와 B에 대한 설명으로 옳은 것만을 <보기>에서 있는 대로 고른 것은?

┤보기├
ㄱ. A는 2주기 원소이다.
ㄴ. A와 B는 1 : 1의 개수비로 이온 결합을 형성한다.
ㄷ. A와 B가 결합할 때 전자는 A에서 B로 이동한다.

① ㄱ
② ㄴ
③ ㄱ, ㄷ
④ ㄴ, ㄷ
⑤ ㄱ, ㄴ, ㄷ

210 서술형

A와 B가 화학 결합을 형성하는 과정을 설명하시오.

---

2 공유 결합

211 필수 유형 ⬙ 48쪽 꼭 나오는 자료

그림은 원자 A와 B가 결합하여 분자 A_2B를 형성하는 과정을 모형으로 나타낸 것이다.

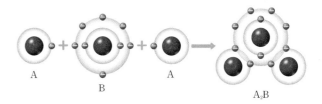

이에 대한 설명으로 옳은 것만을 <보기>에서 있는 대로 고른 것은? (단, A와 B는 임의의 원소 기호이다.)

┤보기├
ㄱ. A와 B는 모두 비금속 원소이다.
ㄴ. A 원자 1개와 B 원자 1개는 전자쌍 1개를 공유하여 결합한다.
ㄷ. A_2B에서 B는 네온(Ne)과 전자 배치가 같다.

① ㄱ
② ㄷ
③ ㄱ, ㄴ
④ ㄴ, ㄷ
⑤ ㄱ, ㄴ, ㄷ

212

그림은 원자 A와 이온 B^{2+}, C^-의 전자 배치를 모형으로 나타낸 것이다.

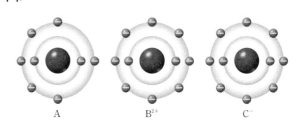

이에 대한 설명으로 옳은 것만을 <보기>에서 있는 대로 고른 것은? (단, A~C는 임의의 원소 기호이다.)

┤보기├
ㄱ. A~C 중 원자가 전자 수는 A가 가장 크다.
ㄴ. A와 B는 1 : 1의 개수비로 공유 결합을 형성한다.
ㄷ. 공유한 전자쌍 수는 A_2가 C_2보다 크다.

① ㄴ
② ㄷ
③ ㄱ, ㄴ
④ ㄱ, ㄷ
⑤ ㄴ, ㄷ

213

그림은 원자 A와 B의 전자 배치를 모형으로 나타낸 것이다.

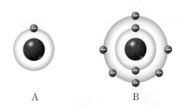

이에 대한 설명으로 옳은 것만을 <보기>에서 있는 대로 고른 것은? (단, A와 B는 임의의 원소 기호이다.)

┌─ 보기 ┐
ㄱ. A와 B는 이온 결합을 형성한다.
ㄴ. A_2B에서 A의 전자 배치는 헬륨(He)과 같다.
ㄷ. A_2B에는 2개의 공유한 전자쌍이 있다.
└─────┘

① ㄱ   ② ㄴ   ③ ㄱ, ㄷ
④ ㄴ, ㄷ   ⑤ ㄱ, ㄴ, ㄷ

214

그림은 주기율표의 일부를 나타낸 것이다.

족 \ 주기	1	2	13	14	15	16	17	18
1	W							
2						X	Y	Z

이에 대한 설명으로 옳은 것만을 <보기>에서 있는 대로 고른 것은? (단, W~Z는 임의의 원소 기호이다.)

┌─ 보기 ┐
ㄱ. 원자가 전자 수는 Y가 X보다 크다.
ㄴ. 공유한 전자쌍의 수는 Y_2가 W_2보다 크다.
ㄷ. XY_2에서 구성 원자의 전자 배치는 모두 Z와 같다.
└─────┘

① ㄱ   ② ㄴ   ③ ㄱ, ㄴ
④ ㄱ, ㄷ   ⑤ ㄴ, ㄷ

215 필수 유형 🔗 48쪽 꼭 나오는 자료

그림은 X_2 분자와 Y_2X 분자를 화학 결합 모형으로 나타낸 것이다.

이에 대한 설명으로 옳은 것만을 <보기>에서 있는 대로 고른 것은? (단, X와 Y는 임의의 원소 기호이다.)

┌─ 보기 ┐
ㄱ. X의 원자가 전자 수는 6이다.
ㄴ. X_2와 Y_2X에서 X의 전자 배치는 모두 네온(Ne)과 같다.
ㄷ. 공유한 전자쌍의 총수는 X_2가 Y_2X보다 크다.
└─────┘

① ㄱ   ② ㄷ   ③ ㄱ, ㄴ
④ ㄴ, ㄷ   ⑤ ㄱ, ㄴ, ㄷ

216

표는 분자 (가)와 (나)에 대한 자료이다. (가)와 (나)를 구성하는 원자의 전자 배치는 모두 18족 원소와 같다.

분자	구성 원자 수		
	N	O	Cl
(가)	1	0	3
(나)	0	1	2

이에 대한 설명으로 옳은 것만을 <보기>에서 있는 대로 고른 것은?

┌─ 보기 ┐
ㄱ. (가)에서 염소(Cl)의 전자 배치는 모두 아르곤(Ar)과 같다.
ㄴ. (나)는 이온 사이의 정전기적 인력에 의해 형성된다.
ㄷ. 공유한 전자쌍의 총수는 (가)가 (나)보다 크다.
└─────┘

① ㄱ   ② ㄴ   ③ ㄱ, ㄴ
④ ㄱ, ㄷ   ⑤ ㄴ, ㄷ

3 이온 결합 물질과 공유 결합 물질의 성질

217

● ● ○ ○

그림은 3가지 이온의 전자 배치를 모형으로 나타낸 것이다.

이에 대한 설명으로 옳은 것만을 <보기>에서 있는 대로 고른 것은?

┤ 보기 ├
ㄱ. 리튬(Li)과 산소(O)는 같은 주기 원소이다.
ㄴ. 플루오린화 산소(OF_2)는 공유 결합 물질이다.
ㄷ. 플루오린화 리튬(LiF)은 수용액 상태에서 전기 전도성이 있다.

① ㄱ   ② ㄷ   ③ ㄱ, ㄴ
④ ㄴ, ㄷ   ⑤ ㄱ, ㄴ, ㄷ

218

● ○ ○ ○

그림은 화합물 AB와 CB의 화학 결합을 모형으로 나타낸 것이다.

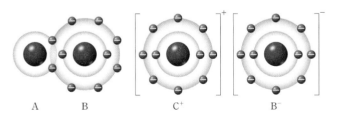

이에 대한 설명으로 옳은 것만을 <보기>에서 있는 대로 고른 것은? (단, A~C는 임의의 원소 기호이다.)

┤ 보기 ├
ㄱ. A와 C는 모두 금속 원소이다.
ㄴ. CB에서 이온의 전자 배치는 모두 아르곤(Ar)과 같다.
ㄷ. 수용액 상태에서 전기 전도성은 CB가 AB보다 크다.

① ㄴ   ② ㄷ   ③ ㄱ, ㄴ
④ ㄱ, ㄷ   ⑤ ㄴ, ㄷ

| 219~220 | 다음은 주기율표의 일부와 원소 W~Z에 대한 자료이다. W~Z는 임의의 원소 기호이다.

- W~Z는 각각 주기율표의 빗금 친 부분 중 한 곳에 위치한다.
- W와 X는 같은 족 원소이다.
- W와 Y는 이온 결합을 형성한다.
- X와 Z로 형성된 화합물에서 구성 입자의 전자 배치는 서로 같다.

219

● ● ● ○

이에 대한 설명으로 옳은 것만을 <보기>에서 있는 대로 고른 것은?

┤ 보기 ├
ㄱ. Z의 원자가 전자 수는 6이다.
ㄴ. W와 Y로 형성된 화합물은 수용액 상태에서 전기 전도성이 있다.
ㄷ. X와 Y로 형성된 화합물에서 구성 입자의 전자 배치는 모두 네온(Ne)과 같다.

① ㄱ   ② ㄷ   ③ ㄱ, ㄴ
④ ㄴ, ㄷ   ⑤ ㄱ, ㄴ, ㄷ

220 ✎서술형

● ● ●

W와 Z가 화학 결합을 형성하는 과정을 생성된 물질의 화학식을 포함하여 설명하시오.

● 바른답·알찬풀이 26쪽

221 필수 유형 🔗 49쪽 꼭 나오는 탐구 ● ● ●○

그림과 같이 6홈판에 X~Z 수용액을 넣은 후 X 수용액에 전기 전도성 측정기를 넣었더니 불이 켜지고 소리가 났다. X~Z는 각각 설탕, 포도당, 염화 칼슘 중 하나이다.

이에 대한 설명으로 옳은 것만을 <보기>에서 있는 대로 고른 것은?

┤보기├
ㄱ. X 수용액에는 이온이 존재한다.
ㄴ. Y 수용액에 전류를 흘려 주면 전류가 흐른다.
ㄷ. Z는 공유 결합 물질이다.

① ㄱ   ② ㄴ   ③ ㄱ, ㄷ
④ ㄴ, ㄷ   ⑤ ㄱ, ㄴ, ㄷ

222 ● ● ○○

그림은 설탕을 물에 녹인 설탕 수용액에 전원을 연결한 모습을 나타낸 것이다.

이에 대한 설명으로 옳은 것만을 <보기>에서 있는 대로 고른 것은?

┤보기├
ㄱ. 설탕은 이온 결합 물질이다.
ㄴ. 설탕 수용액에 전원을 연결하면 전류가 흐르지 않는다.
ㄷ. 설탕 대신 염화 나트륨으로 실험하면 같은 실험 결과를 얻을 수 있다.

① ㄱ   ② ㄴ   ③ ㄷ
④ ㄱ, ㄷ   ⑤ ㄴ, ㄷ

223 ● ● ●○

그림은 2가지 고체 X, Y를 물에 녹여 수용액을 만들었을 때, 수용액 속에 들어 있는 입자의 모형을 나타낸 것이다. X와 Y는 염화 나트륨과 설탕 중 하나이다.

이에 대한 설명으로 옳은 것만을 <보기>에서 있는 대로 고른 것은?

┤보기├
ㄱ. X는 공유 결합 물질이다.
ㄴ. Y는 고체 상태에서 전기 전도성이 있다.
ㄷ. X와 Y는 모두 구성 입자 사이의 정전기적 인력에 의한 결합으로 형성된 물질이다.

① ㄱ   ② ㄴ   ③ ㄱ, ㄴ
④ ㄱ, ㄷ   ⑤ ㄴ, ㄷ

224 ● ● ●○

표는 물질 A와 B의 고체와 수용액 상태에서의 전기 전도성을 나타낸 것이다. A와 B는 설탕과 염화 나트륨을, (가)와 (나)는 고체와 수용액을 각각 순서 없이 나타낸 것이다.

구분		A	B
전기 전도성	(가)	×	○
	(나)	×	㉠

(○: 전기 전도성 있음, ×: 전기 전도성 없음.)

이에 대한 설명으로 옳은 것만을 <보기>에서 있는 대로 고른 것은?

┤보기├
ㄱ. (가)는 수용액이다.
ㄴ. '○'는 ㉠에 해당한다.
ㄷ. 고체 상태에서 전기 전도성은 B가 A보다 크다.

① ㄱ   ② ㄴ   ③ ㄱ, ㄴ
④ ㄱ, ㄷ   ⑤ ㄴ, ㄷ

1등급 완성 문제

225

그림은 분자 (가)와 (나)의 화학 결합을 모형으로 나타낸 것이다.

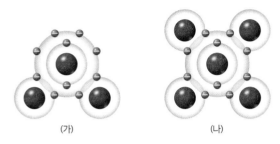

(가)   (나)

이에 대한 설명으로 옳은 것만을 <보기>에서 있는 대로 고른 것은?

| 보기 |
ㄱ. (가)와 (나)에는 모두 수소(H)가 포함되어 있다.
ㄴ. 중심에 있는 원자의 원자가 전자 수는 (나)가 (가)보다 크다.
ㄷ. 분자에서 원자들이 공유한 전자쌍의 총수는 (나)가 (가) 의 2배이다.

① ㄱ   ② ㄴ   ③ ㄱ, ㄷ
④ ㄴ, ㄷ   ⑤ ㄱ, ㄴ, ㄷ

226

그림은 X^-의 전자 배치를 모형으로 나타낸 것이다.

이에 대한 설명으로 옳은 것만을 <보기>에서 있는 대로 고른 것은? (단, X는 임의의 원소 기호이다.)

| 보기 |
ㄱ. X^-의 양성자 수는 10이다.
ㄴ. X_2에서 두 원자는 1개의 전자쌍을 공유한다.
ㄷ. X 이온과 칼슘(Ca) 이온은 1 : 2의 개수비로 이온 결합 을 형성한다.

① ㄱ   ② ㄴ   ③ ㄱ, ㄴ
④ ㄱ, ㄷ   ⑤ ㄴ, ㄷ

227

그림은 주기율표의 일부를 나타낸 것이다.

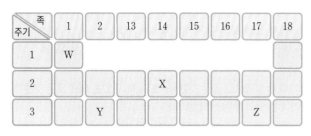

주기＼족	1	2	13	14	15	16	17	18
1	W							
2				X				
3		Y					Z	

이에 대한 설명으로 옳은 것만을 <보기>에서 있는 대로 고른 것은? (단, W ~ Z는 임의의 원소 기호이다.)

| 보기 |
ㄱ. WZ는 이온 결합 물질이다.
ㄴ. X 원자와 W 원자는 공유 결합 물질인 XW_4를 형성 한다.
ㄷ. Y와 Z가 결합하여 형성된 화합물은 수용액 상태에서 전기 전도성이 있다.

① ㄱ   ② ㄴ   ③ ㄱ, ㄷ
④ ㄴ, ㄷ   ⑤ ㄱ, ㄴ, ㄷ

228 평가원 기출 변형

그림은 화합물 XY와 ZY_2를 화학 결합 모형으로 나타낸 것이다.

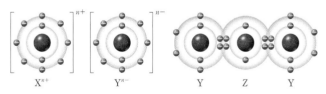

X^{n+} Y^{n-} Y   Z   Y

이에 대한 설명으로 옳은 것만을 <보기>에서 있는 대로 고른 것은? (단, X ~ Z는 임의의 원소 기호이다.)

| 보기 |
ㄱ. $n=2$이다.
ㄴ. 전자가 들어 있는 전자 껍질 수는 X > Z이다.
ㄷ. XY는 고체 상태에서 전기 전도성이 있다.

① ㄱ   ② ㄷ   ③ ㄱ, ㄴ
④ ㄴ, ㄷ   ⑤ ㄱ, ㄴ, ㄷ

229

●●○

다음은 서로 다른 주기의 원소 X, Y와 물질 X_2, YX에 대한 자료이다.

- 원자 X와 Y의 원자 번호 차는 2이다.
- X_2와 YX에서 모든 원자와 이온의 전자 배치는 Ne과 같다.

이에 대한 설명으로 옳은 것만을 <보기>에서 있는 대로 고른 것은?(단, X와 Y는 임의의 원소 기호이다.)

┤보기├
ㄱ. X는 2주기 원소이다.
ㄴ. X_2에서 X 원자 사이에 공유한 전자쌍 수는 1이다.
ㄷ. YX는 액체 상태에서 전기 전도성이 있다.

① ㄱ　　　② ㄷ　　　③ ㄱ, ㄴ
④ ㄴ, ㄷ　　　⑤ ㄱ, ㄴ, ㄷ

231

●●●

표는 화합물 (가)~(다)에 대한 자료이다. A~D는 1~3주기 원소이고, 화학식은 원소의 종류와 상관없이 알파벳 순서대로 나타냈다.

화합물	(가)	(나)	(다)
화학식	AB	BD_2	AC_2
수용액 상태에서 전기 전도성	○	×	㉠

(○: 전기 전도성 있음, ×: 전기 전도성 없음.)

(가)~(다)에 대한 설명으로 옳은 것만을 <보기>에서 있는 대로 고른 것은?(단, A~D는 임의의 원소 기호이다.)

┤보기├
ㄱ. C는 전자를 얻어 음이온이 되기 쉽다.
ㄴ. '○'는 ㉠에 해당한다.
ㄷ. BC_2는 공유 결합 물질이다.

① ㄱ　　　② ㄷ　　　③ ㄱ, ㄴ
④ ㄴ, ㄷ　　　⑤ ㄱ, ㄴ, ㄷ

230 신유형

●●○

그림은 5가지 물질을 기준 Ⅰ과 Ⅱ에 해당하지 않는 물질을 제외하여 분류한 것을 나타낸 것이다.

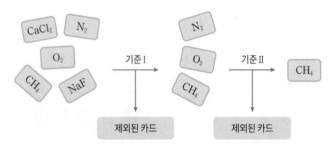

이에 대한 설명으로 옳은 것만을 <보기>에서 있는 대로 고른 것은?

┤보기├
ㄱ. '수용액 상태에서 전기 전도성이 있는가?'는 기준 Ⅰ에 해당한다.
ㄴ. 기준 Ⅰ로 제외된 물질은 모두 이온 결합 물질이다.
ㄷ. 기준 Ⅱ로 제외된 물질은 모두 전자쌍 1개를 공유한 공유 결합 물질이다.

① ㄱ　　　② ㄴ　　　③ ㄱ, ㄷ
④ ㄴ, ㄷ　　　⑤ ㄱ, ㄴ, ㄷ

232

●●●

그림은 2, 3주기 원소 A~D에서 전자가 들어 있는 전자 껍질 수와 원자가 전자 수를 나타낸 것이다.

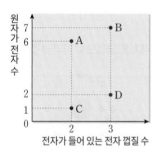

이에 대한 설명으로 옳은 것만을 <보기>에서 있는 대로 고른 것은? (단, A~D는 임의의 원소 기호이다.)

┤보기├
ㄱ. 화합물 AB_2에서 A 원자 1개와 B 원자 1개가 공유한 전자쌍 수는 1이다.
ㄴ. 화합물 AD에서 양이온과 음이온의 전자 배치는 같다.
ㄷ. B와 C가 결합할 때 전자는 C에서 B로 이동한다.

① ㄱ　　　② ㄷ　　　③ ㄱ, ㄴ
④ ㄴ, ㄷ　　　⑤ ㄱ, ㄴ, ㄷ

233 평가원 기출 변형 ●●○

그림은 3가지 화합물 염화 나트륨($NaCl$), 황산 구리(II)($CuSO_4$), 설탕($C_{12}H_{22}O_{11}$)을 주어진 기준에 따라 분류한 것이다.

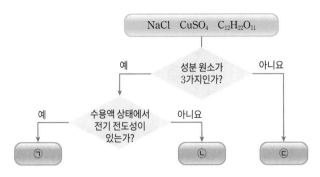

이에 대한 설명으로 옳은 것만을 <보기>에서 있는 대로 고른 것은?

┤보기├
ㄱ. ㉠의 수용액에는 이온이 존재한다.
ㄴ. ㉡은 고체 상태에서 전기 전도성이 있다.
ㄷ. ㉢에서 구성 입자 사이의 결합은 이온 결합이다.

① ㄱ   ② ㄴ   ③ ㄱ, ㄴ
④ ㄱ, ㄷ   ⑤ ㄴ, ㄷ

234 ●●●

그림은 고체 염화 나트륨($NaCl$)의 구조를 모형으로 나타낸 것이다. ㉠과 ㉡은 Na^+과 Cl^- 중 하나이고, $\dfrac{\text{전자 수}}{\text{양성자수}}$ 는 ㉠ > ㉡이다.

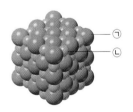

이에 대한 설명으로 옳은 것만을 <보기>에서 있는 대로 고른 것은?

┤보기├
ㄱ. ㉠은 (−)전하를 띤다.
ㄴ. ㉠과 ㉡은 전자쌍을 공유한다.
ㄷ. 염화 수소(HCl)는 $NaCl$과 화학 결합의 종류가 같다.

① ㄱ   ② ㄴ   ③ ㄱ, ㄷ
④ ㄴ, ㄷ   ⑤ ㄱ, ㄴ, ㄷ

서술형 문제

235 ●●●

그림은 2가지 원자 A, B의 전자 배치를 모형으로 나타낸 것이다. A와 B는 임의의 원소 기호이다.

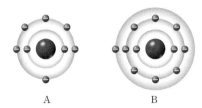

A와 B가 화합물을 형성하는 과정을 설명하시오.

236 ●●○

그림은 A^-의 전자 배치를 모형으로 나타낸 것이다. A는 임의의 원소 기호이다.

다음 원소 중에서 A와 이온 결합을 형성하는 것을 있는 대로 고르고, 그 까닭을 설명하시오.

H   Mg   O   Li   Cl

중간·기말고사에 대비할 수 있도록 시험에 자주 출제되는 문제들을 엄선하여 수록했습니다.

237

단일 원소로 구성된 기체의 스펙트럼에 대한 설명으로 옳은 것만을 <보기>에서 있는 대로 고른 것은?

┤보기├
ㄱ. 고온의 기체에서는 연속 스펙트럼이 나타난다.
ㄴ. 저온의 기체는 특정한 파장의 빛을 흡수해 흡수선을 만든다.
ㄷ. 기체의 스펙트럼을 분석하면 원소의 종류를 알아낼 수 있다.

① ㄱ   ② ㄴ   ③ ㄱ, ㄷ
④ ㄴ, ㄷ   ⑤ ㄱ, ㄴ, ㄷ

238

그림은 빅뱅 우주론을 모형으로 나타낸 것이다.
이 우주론에서 주장하는 내용으로 옳은 것만을 <보기>에서 있는 대로 고른 것은?

┤보기├
ㄱ. 우주의 나이는 무한하다.
ㄴ. 모든 원소들은 우주의 진화 과정에서 생성되었다.
ㄷ. 우주가 팽창할수록 우주의 평균 밀도는 증가한다.

① ㄱ   ② ㄴ   ③ ㄱ, ㄷ
④ ㄴ, ㄷ   ⑤ ㄱ, ㄴ, ㄷ

239

그림은 원자의 구조를 모형으로 나타낸 것이다.

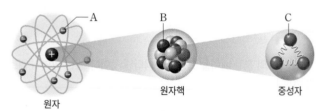

이에 대한 설명으로 옳은 것만을 <보기>에서 있는 대로 고른 것은?

┤보기├
ㄱ. A와 C는 기본 입자이다.
ㄴ. 원자는 전기적으로 중성이다.
ㄷ. B의 개수는 원소마다 고유하다.

① ㄱ   ② ㄴ   ③ ㄷ
④ ㄱ, ㄷ   ⑤ ㄱ, ㄴ, ㄷ

240

그림은 우주 초기 A 원자핵이 생성되는 과정을 나타낸 것이다. ⊙과 ⓛ은 각각 양성자와 중성자 중 하나이다.

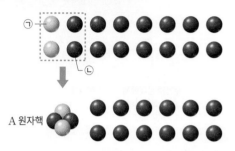

이에 대한 설명으로 옳은 것만을 <보기>에서 있는 대로 고른 것은?

┤보기├
ㄱ. A는 헬륨이다.
ㄴ. ⊙은 양성자이고, ⓛ은 중성자이다.
ㄷ. A 원자핵이 생성될 당시 우주의 온도는 약 3000 K이었다.

① ㄱ   ② ㄴ   ③ ㄷ
④ ㄱ, ㄷ   ⑤ ㄱ, ㄴ, ㄷ

241

그림 (가)와 (나)는 우주 초기의 서로 다른 두 시기에 빛의 진행 모습을 나타낸 것이다. (가)와 (나)는 각각 빅뱅 후 약 3분이 지났을 때와 약 40만 년이 지났을 때 중 하나이다.

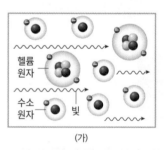 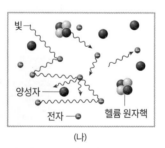

(가)   (나)

(가)와 (나)에 대한 설명으로 옳은 것은?

① 우주의 온도는 (가)가 (나)보다 높다.
② (가)는 빅뱅 이후 약 3분이 지났을 때이다.
③ (나)일 때 우주는 투명한 상태였다.
④ (나)일 때 빛은 입자들과 거의 상호작용 하지 않았다.
⑤ (나)일 때 수소 원자핵과 헬륨 원자핵의 질량비는 약 3 : 1이다.

242

그림은 성운 내부에서 원시별이 활발하게 탄생하는 영역을 나타낸 것이다.

원시별에 대한 설명으로 옳은 것만을 <보기>에서 있는 대로 고른 것은?

┤보기├
ㄱ. 중력 수축이 일어난다.
ㄴ. 중심부 온도가 높아지고 있다.
ㄷ. 주요 에너지원은 수소 핵융합 에너지이다.

① ㄱ   ② ㄷ   ③ ㄱ, ㄴ
④ ㄴ, ㄷ   ⑤ ㄱ, ㄴ, ㄷ

243

그림은 별의 진화 과정을 나타낸 것이다.

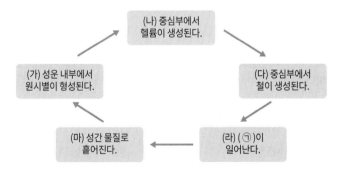

이에 대한 설명으로 옳은 것만을 <보기>에서 있는 대로 고른 것은?

┤보기├
ㄱ. (가)의 원시별은 질량이 태양보다 크다.
ㄴ. 초신성 폭발은 ㉠에 해당한다.
ㄷ. (마)의 성간 물질에는 금, 우라늄 등의 원소가 포함되어 있다.

① ㄱ   ② ㄷ   ③ ㄱ, ㄴ
④ ㄴ, ㄷ   ⑤ ㄱ, ㄴ, ㄷ

244

그림은 어느 별이 진화하는 동안 중심부에서 일어나는 핵융합 반응의 종류와 최종 진화 모습을 나타낸 것이다.

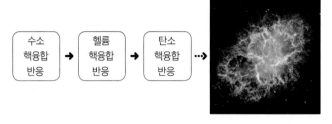

이에 대한 설명으로 옳은 것만을 <보기>에서 있는 대로 고른 것은?

┤보기├
ㄱ. 최종 단계에서 초신성 잔해가 형성된다.
ㄴ. 이 별의 중심부에서는 산소까지 생성될 수 있다.
ㄷ. 핵융합 반응이 일어나는 온도는 수소 핵융합 반응이 탄소 핵융합 반응보다 높다.

① ㄱ   ② ㄴ   ③ ㄱ, ㄴ
④ ㄱ, ㄷ   ⑤ ㄴ, ㄷ

245

그림 (가)는 질량이 태양과 비슷한 별에서 중심부의 핵융합 반응이 모두 끝났을 때 별의 내부 구조를 나타낸 것이고, (나)는 어떤 원소의 전자 배치를 모형으로 나타낸 것이다.

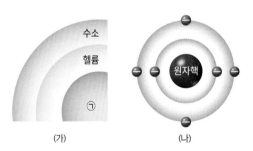

이에 대한 설명으로 옳은 것만을 <보기>에서 있는 대로 고른 것은?

┤보기├
ㄱ. (가)의 별은 초신성 폭발을 일으킨다.
ㄴ. (나)의 원소는 원자가 전자 수가 4이다.
ㄷ. (나)의 원자핵은 (가)의 ㉠ 층에 존재한다.

① ㄱ   ② ㄴ   ③ ㄱ, ㄷ
④ ㄴ, ㄷ   ⑤ ㄱ, ㄴ, ㄷ

246

그림 (가)~(라)는 태양계가 형성되는 과정을 나타낸 것이다.

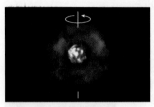

(가) 성운의 회전 및 수축

(나) 태양계 원반 형성

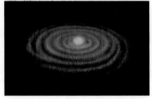

(다) 미행성체 형성

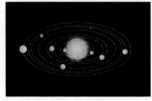

(라) 원시 행성 형성

이에 대한 설명으로 옳은 것만을 <보기>에서 있는 대로 고른 것은?

┤ 보기 ├
ㄱ. (가) → (나)에서 성운 중심부의 온도는 높아진다.
ㄴ. (다)의 미행성체는 원반에서 형성되었다.
ㄷ. (다) → (라)에서 미행성체의 수는 증가하였다.

① ㄱ   ② ㄷ   ③ ㄱ, ㄴ
④ ㄴ, ㄷ   ⑤ ㄱ, ㄴ, ㄷ

247

그림 (가)는 마그마 바다 상태인 원시 지구의 모습을, (나)는 지권의 층상 구조를 나타낸 것이다.

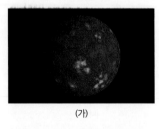

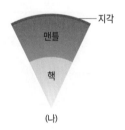

(가)

(나)

이에 대한 설명으로 옳은 것만을 <보기>에서 있는 대로 고른 것은?

┤ 보기 ├
ㄱ. (가)를 형성한 주요 에너지원은 태양 에너지이다.
ㄴ. (가)의 시기에 밀도 차에 의한 물질의 분리가 일어났다.
ㄷ. (나)에서 지각의 구성 성분은 맨틀보다 핵에 가깝다.

① ㄱ   ② ㄴ   ③ ㄱ, ㄴ
④ ㄱ, ㄷ   ⑤ ㄴ, ㄷ

248

다음은 원시 지구의 형성과 진화 과정 일부를 순서 없이 나타낸 것이다.

(가) 핵과 맨틀이 분리되었다.
(나) 최초의 생명체가 탄생하였다.
(다) 원시 지각과 원시 바다가 형성되었다.
(라) ㉠ 미행성체의 충돌로 원시 지구가 성장하였다.

이에 대한 설명으로 옳은 것만을 <보기>에서 있는 대로 고른 것은?

┤ 보기 ├
ㄱ. ㉠의 주성분은 수소와 헬륨이다.
ㄴ. 시간 순서는 (라) → (가) → (다) → (나)이다.
ㄷ. (다)의 원시 지각은 원시 바다가 형성된 이후에 생성되었다.

① ㄱ   ② ㄴ   ③ ㄱ, ㄴ
④ ㄴ, ㄷ   ⑤ ㄱ, ㄴ, ㄷ

249

표는 지구와 생명체(사람)를 구성하는 주요 원소 세 가지를 나타낸 것이다.

구분	주요 원소
(가) 지구	산소, 규소, (㉠)
(나) 생명체	수소, 산소, (㉡)

이에 대한 설명으로 옳은 것만을 <보기>에서 있는 대로 고른 것은?

┤ 보기 ├
ㄱ. ㉠은 ㉡보다 원자 번호가 크다.
ㄴ. (가)에서 구성 원소의 성분비는 ㉠>산소>규소이다.
ㄷ. (나)의 주요 원소는 모두 별의 핵융합 반응으로 생성되었다.

① ㄱ   ② ㄴ   ③ ㄷ
④ ㄱ, ㄴ   ⑤ ㄴ, ㄷ

250

그림은 주기율표의 일부를 나타낸 것이다.

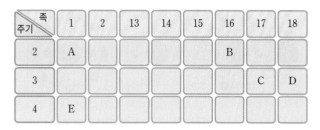

이에 대한 설명으로 옳은 것만을 <보기>에서 있는 대로 고른 것은? (단, A~E는 임의의 원소 기호이다.)

보기
ㄱ. B는 원자가 전자 수가 전자가 들어 있는 전자 껍질 수보다 크다.
ㄴ. A와 E는 모두 물과 반응하여 수소 기체를 발생한다.
ㄷ. 화합물 EC에서 양이온과 음이온의 전자 배치는 모두 D와 같다.

① ㄱ   ② ㄷ   ③ ㄱ, ㄴ
④ ㄴ, ㄷ   ⑤ ㄱ, ㄴ, ㄷ

251

그림은 원자 A~D의 전자 배치를 모형으로 나타낸 것이다.

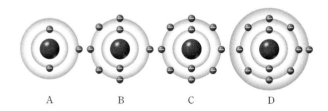

이에 대한 설명으로 옳은 것만을 <보기>에서 있는 대로 고른 것은? (단, A~D는 임의의 원소 기호이다.)

보기
ㄱ. 원자가 전자 수는 D가 A보다 크다.
ㄴ. A와 B는 전자쌍을 공유하여 결합을 형성한다.
ㄷ. B와 D의 안정한 이온의 전자 배치는 C와 같다.

① ㄴ   ② ㄷ   ③ ㄱ, ㄴ
④ ㄱ, ㄷ   ⑤ ㄴ, ㄷ

252

그림은 원소 A~C의 정보를 카드에 나타낸 것이다.

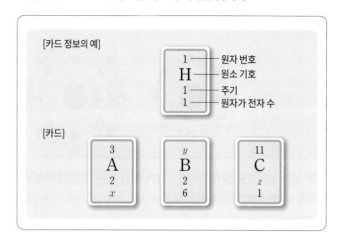

이에 대한 설명으로 옳은 것만을 <보기>에서 있는 대로 고른 것은? (단, A~C는 임의의 원소 기호이다.)

보기
ㄱ. A와 C는 화학적 성질이 비슷하다.
ㄴ. $y=x+z$이다.
ㄷ. B와 C는 이온 결합으로 화합물을 형성한다.

① ㄱ   ② ㄴ   ③ ㄱ, ㄷ
④ ㄴ, ㄷ   ⑤ ㄱ, ㄴ, ㄷ

253

표는 2, 3주기 원자 A~D에서 각 전자 껍질에 들어 있는 전자 수를 나타낸 것이다. 화합물 CA와 DB는 이온 결합 물질이다.

전자 껍질	전자 수			
	A	B	C	D
첫 번째 전자 껍질	2	2	2	2
두 번째 전자 껍질	x	7	8	8
세 번째 전자 껍질	−	−	2	y

이에 대한 설명으로 옳은 것만을 <보기>에서 있는 대로 고른 것은? (단, A~D는 임의의 원소 기호이다.)

보기
ㄱ. $x+y=8$이다.
ㄴ. A와 B는 같은 주기 원소이다.
ㄷ. 원자 번호는 C가 D보다 크다.

① ㄱ   ② ㄴ   ③ ㄱ, ㄷ
④ ㄴ, ㄷ   ⑤ ㄱ, ㄴ, ㄷ

254

표는 4가지 이온의 전자 배치를 모형으로 나타낸 것이다.

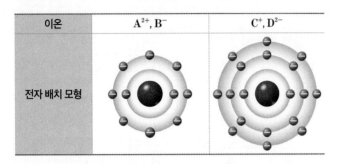

이온	A^{2+}, B^-	C^+, D^{2-}
전자 배치 모형		

이에 대한 설명으로 옳은 것만을 <보기>에서 있는 대로 고른 것은? (단, A~D는 임의의 원소 기호이다.)

┤ 보기 ├
ㄱ. A와 D는 같은 주기 원소이다.
ㄴ. 원자 번호는 C가 D보다 크다.
ㄷ. 원자가 전자 수는 D가 B보다 크다.

① ㄱ   ② ㄷ   ③ ㄱ, ㄴ
④ ㄴ, ㄷ   ⑤ ㄱ, ㄴ, ㄷ

255

다음은 원소 A~C에 대한 자료이다.

- 18족 원소가 아니다.
- 전자가 들어 있는 전자 껍질 수는 1 또는 2 중 하나이다.
- A~C 중 2가지 원소는 원자가 전자 수가 같다.
- 원자 A~C의 총 전자 수

원자	A	B	C
총 전자 수	x	$x+2$	$x+8$

이에 대한 설명으로 옳은 것만을 <보기>에서 있는 대로 고른 것은?(단, A~C는 임의의 원소 기호이다.)

┤ 보기 ├
ㄱ. $x=1$이다.
ㄴ. A 원자와 C 원자는 전자쌍 1개를 공유하여 결합한다.
ㄷ. B 원자와 C 원자는 이온 결합으로 화합물을 형성한다.

① ㄱ   ② ㄷ   ③ ㄱ, ㄴ
④ ㄴ, ㄷ   ⑤ ㄱ, ㄴ, ㄷ

256

그림은 화합물 AB와 CB를 화학 결합 모형으로 나타낸 것이다.

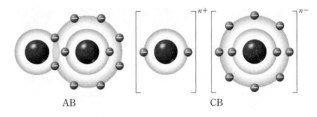

AB   CB

이에 대한 설명으로 옳은 것만을 <보기>에서 있는 대로 고른 것은? (단, A~C는 임의의 원소 기호이다.)

┤ 보기 ├
ㄱ. $n=2$이다.
ㄴ. AB에서 A의 전자 배치는 헬륨(He)과 같다.
ㄷ. CB는 수용액 상태에서 전기 전도성이 있다.

① ㄱ   ② ㄴ   ③ ㄱ, ㄷ
④ ㄴ, ㄷ   ⑤ ㄱ, ㄴ, ㄷ

257

그림은 2, 3주기 원자 A~C가 네온(Ne)과 같은 전자 배치가 되는 과정을 나타낸 것이다.

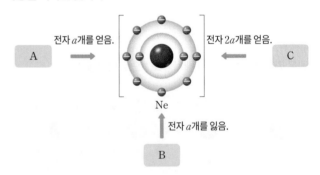

전자 a개를 얻음.   전자 $2a$개를 얻음.
A   C
Ne
전자 a개를 잃음.
B

A~C에 대한 설명으로 옳은 것만을 <보기>에서 있는 대로 고른 것은?(단, A~C는 임의의 원소 기호이다.)

┤ 보기 ├
ㄱ. 2주기 원소는 2가지이다.
ㄴ. 원자가 전자 수는 C>A이다.
ㄷ. B와 C는 2 : 1의 개수비로 결합하여 안정한 화합물을 형성한다.

① ㄱ   ② ㄴ   ③ ㄱ, ㄷ
④ ㄴ, ㄷ   ⑤ ㄱ, ㄴ, ㄷ

258

그림은 3가지 물질을 주어진 기준에 따라 분류한 것을 나타낸 것이다. ㉠~㉢은 각각 H_2O, O_2, NaCl 중 하나이다.

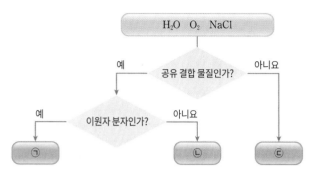

이에 대한 설명으로 옳은 것만을 <보기>에서 있는 대로 고른 것은?

┤보기├
ㄱ. ㉠에서 두 원자 사이에 공유한 전자쌍 수는 1이다.
ㄴ. ㉡은 H_2O이다.
ㄷ. ㉢을 구성하는 입자의 전자 배치는 모두 네온(Ne)과 같다.

① ㄱ   ② ㄴ   ③ ㄷ
④ ㄱ, ㄷ   ⑤ ㄴ, ㄷ

259

다음은 일상생활에서 사용하는 제품에 대한 자료이다.

수산화 나트륨(NaOH)은 비누를 만드는 재료이다.

손 소독제의 주성분은 에탄올(C_2H_5OH)이다.

습기 제거제의 주성분은 염화 칼슘($CaCl_2$)이다.

이에 대한 설명으로 옳은 것만을 <보기>에서 있는 대로 고른 것은?

┤보기├
ㄱ. 수산화 나트륨(NaOH)은 이온 결합 물질이다.
ㄴ. 염화 칼슘($CaCl_2$)은 액체 상태에서 전기 전도성이 있다.
ㄷ. 에탄올(C_2H_5OH)과 염화 칼슘($CaCl_2$)은 같은 종류의 화학 결합으로 이루어져 있다.

① ㄱ   ② ㄷ   ③ ㄱ, ㄴ
④ ㄴ, ㄷ   ⑤ ㄱ, ㄴ, ㄷ

260

표는 4가지 물질 (가)~(라)에 대한 자료이다. (가)~(라)는 각각 OCl_2, NCl_3, NaCl, Na_2O을 순서 없이 나타낸 것이고, 화학식은 원소의 종류와 상관 없이 알파벳 순서대로 나타내었다.

물질	(가)	(나)	(다)	(라)
화학식	AB	B_2C	A_2C	B_3D
수용액 상태에서 전기 전도성	○	㉠		×

(○: 전기 전도성 있음, ×: 전기 전도성 없음.)

이에 대한 설명으로 옳은 것만을 <보기>에서 있는 대로 고른 것은?

┤보기├
ㄱ. A는 금속 원소이다.
ㄴ. '○'는 ㉠에 해당한다.
ㄷ. (다)는 정전기적 인력이 작용해 형성된 화합물이다.

① ㄱ   ② ㄴ   ③ ㄱ, ㄷ
④ ㄴ, ㄷ   ⑤ ㄱ, ㄴ, ㄷ

261

그림은 X 수용액과 Y 수용액의 전기 전도성을 각각 확인하는 장치를 나타낸 것이다. X와 Y는 각각 염화 나트륨과 설탕 중 하나이고, 전류를 흘려 주었을 때 Y 수용액에서만 전구에 불이 켜졌다.

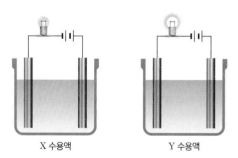

X 수용액   Y 수용액

이에 대한 설명으로 옳은 것만을 <보기>에서 있는 대로 고른 것은?

┤보기├
ㄱ. X는 구성 원자 사이의 공유 결합으로 형성된 물질이다.
ㄴ. Y는 고체 상태에서 전류가 흐른다.
ㄷ. Y는 수용액 상태에서 이온이 자유롭게 이동한다.

① ㄱ   ② ㄴ   ③ ㄱ, ㄴ
④ ㄱ, ㄷ   ⑤ ㄴ, ㄷ

262

그림은 기체 A, B와 별 S의 스펙트럼을 나타낸 것이다.

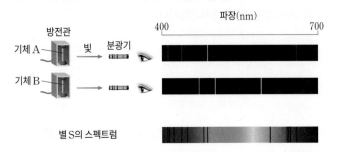

이 자료를 근거로 하여 별 S의 대기에 기체 A와 B가 존재하는지 설명하시오.

| 263~264 | 표는 태양의 구성 성분을 나타낸 것이다. 물음에 답하시오.

원소	㉠	㉡	산소	탄소	철
비율(%)	73.5	24.9	0.77	0.29	0.16

263

원소 ㉠과 ㉡은 각각 무엇인지 쓰시오.

264

태양에 존재하는 산소, 탄소, 철은 각각 어디에서 유래되었는지 설명하시오.

265

다음은 태양계와 지구가 형성되는 과정 일부를 순서 없이 나타낸 것이다.

(가) 우리은하의 나선팔에 위치한 성간 물질이 (㉠)에 의해 수축하여 태양계 성운이 형성되었다.
(나) (㉡) 상태에서 핵과 맨틀이 분리되어 원시 지구의 층상 구조가 형성되었다.
(다) 원시 원반에서 미행성체가 충돌하여 원시 행성이 형성되었다.

(가)~(다)를 시간 순서대로 나열하고, 빈칸에 들어갈 알맞은 말을 쓰시오.

266

그림은 플루오린(F)과 염소(Cl)의 전자 배치를 모형으로 나타낸 것이다.

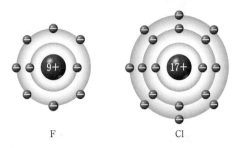

주기율표에서 F과 Cl의 위치를 쓰고, 다음 단어를 모두 포함하여 그렇게 답한 까닭을 설명하시오.

전자 껍질 수   원자가 전자 수

267

다음은 원소 A와 B의 전자 배치에 대한 설명이다. A와 B는 임의의 원소 기호이다.

- A: 전자가 들어 있는 전자 껍질 수가 3이고 원자가 전자 수는 7이다.
- B: 전자가 들어 있는 전자 껍질 수가 4이고 원자가 전자 수는 2이다.

A와 B가 화학 결합하여 형성된 물질의 화학식을 쓰고, 이 물질의 고체와 수용액 상태에서의 전기 전도성을 설명하시오.

268

그림은 설탕과 염화 나트륨 결정을 모형으로 나타낸 것이다.

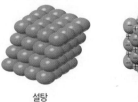

설탕   염화 나트륨

전기적 성질을 이용하여 설탕과 염화 나트륨을 구별할 수 있는 실험을 설계하시오.

269

그림은 빅뱅 이후 약 38만 년을 기준으로 A 시기와 B 시기로 구분하여 우주의 진화를 모식적으로 나타낸 것이다.

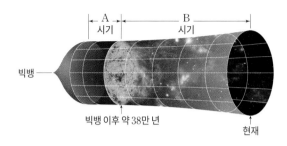

이에 대한 설명으로 옳은 것만을 <보기>에서 있는 대로 고른 것은?

┤보기├

ㄱ. 현재 지구에서는 A 시기의 빛을 관측할 수 없다.

ㄴ. 헬륨보다 무거운 원자핵은 대부분 B 시기에 생성되었다.

ㄷ. 우주의 평균 밀도는 A 시기가 B 시기보다 작다.

① ㄱ   ② ㄴ   ③ ㄱ, ㄴ
④ ㄱ, ㄷ   ⑤ ㄴ, ㄷ

270

그림 (가)는 어느 별의 내부 구조를, (나)는 지구를 구성하는 주요 원소의 질량비를 나타낸 것이다.

이에 대한 설명으로 옳은 것만을 <보기>에서 있는 대로 고른 것은?

┤보기├

ㄱ. 생명체에는 ㉠이 ㉢보다 풍부하다.

ㄴ. 태양계를 형성한 성운에는 ㉢이 가장 풍부했을 것이다.

ㄷ. 별 내부에서 원소가 생성되는 순서는 ㉢ → ㉡ → ㉠이다.

① ㄱ   ② ㄷ   ③ ㄱ, ㄴ
④ ㄴ, ㄷ   ⑤ ㄱ, ㄴ, ㄷ

271

표는 원소 A~C로 구성된 화합물 (가)와 (나)에 대한 자료이다. A~C는 O, H, Mg 중 하나이며, (가)는 수용액 상태에서 전기 전도성이 있다.

화합물	(가)	(나)
화학식의 구성 원자 수	2	3
원자 수 비	A B	A C

이에 대한 설명으로 옳은 것만을 <보기>에서 있는 대로 고른 것은?

┤보기├

ㄱ. (가)는 이온 결합 물질이다.

ㄴ. (나)에서 C의 전자 배치는 네온(Ne)과 같다.

ㄷ. 고체 상태에서 전기 전도성은 (가)가 (나)보다 크다.

① ㄱ   ② ㄴ   ③ ㄱ, ㄴ
④ ㄱ, ㄷ   ⑤ ㄴ, ㄷ

272

다음은 물질 X~Z의 전기 전도성을 알아보는 실험이다. X~Z는 각각 염화 나트륨, 염화 칼슘, 설탕 중 하나이다.

[실험 과정]

(가) 고체 상태의 물질 X~Z를 6홈판의 서로 다른 홈에 넣고, 전류가 흐르는지 확인한다.

(나) 각 홈에 증류수를 넣어 수용액으로 만든 다음, 전류가 흐르는지 확인한다.

[실험 결과]

(○: 전류가 흐름, ×: 전류가 흐르지 않음.)

상태＼물질	X	Y	Z
고체	×	×	×
수용액	×	○	○

이에 대한 설명으로 옳은 것만을 <보기>에서 있는 대로 고른 것은?

┤보기├

ㄱ. X는 염화 나트륨이다.

ㄴ. 수용액 Y 속에는 이온이 존재한다.

ㄷ. Z는 정전기적 인력이 작용해 형성된 물질이다.

① ㄱ   ② ㄴ   ③ ㄱ, ㄴ
④ ㄱ, ㄷ   ⑤ ㄴ, ㄷ

II
1

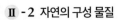

07 지각과 생명체의 구성 물질

Ⅱ-2 자연의 구성 물질

꼭 알아야 할 핵심 개념
◎ 규산염 사면체와 규산염 광물
◎ 아미노산과 단백질
◎ 뉴클레오타이드와 핵산

1 지각을 구성하는 물질의 규칙성

1 지각을 구성하는 물질 지각을 구성하는 암석은 광물로 이루어져 있고, 광물의 대부분은 규산염 광물이 차지하고 있다.

2 규산염 광물 규소(Si)와 산소(O)를 주성분으로 하는 광물이다. 지각을 구성하는 원소의 질량비는 산소가 가장 높고, 그다음으로 규소가 높다.

① 규산염 광물의 기본 단위체: 중심부에 있는 규소 원자 1개가 산소 원자 4개와 공유 결합 한 규산염 사면체(Si−O 사면체)를 기본 단위체로 하고 있다.

규소는 14족 원소로, 원자가 전자가 4개이므로 최대 4개의 원자와 결합할 수 있다.

▲ 규산염 사면체

② 규산염 사면체의 결합 규칙성
- 규산염 사면체는 독립적으로 존재하거나, 다른 규산염 사면체와 결합해 다양한 종류의 규산염 광물을 이룬다.
- 규산염 사면체는 이웃한 다른 규산염 사면체와 산소를 공유하면서 결합한다. ➜ 공유하는 산소의 개수에 따라 다양한 결합 구조가 나타난다.

③ 규산염 광물의 결합 구조: 규산염 사면체의 결합 구조에 따라 풍화에 강한 정도와 깨짐이나 쪼개짐이 다르게 나타난다. 공유하는 산소의 개수가 증가할수록 결합이 복잡하고 풍화에 강하다.

독립형 구조	감람석	· 규산염 사면체가 독립적으로 존재한다. · 잘 깨지고 풍화에 약하다.	
단사슬 구조	휘석	· 규산염 사면체가 한 줄로 길게 결합한 형태이다. · 기둥 모양으로 결정이 형성된다.	
복사슬 구조	각섬석	· 규산염 사면체가 두 줄로 길게 결합한 형태이다. · 기둥 모양으로 결정이 형성된다.	
판상 구조	흑운모	· 규산염 사면체가 얇은 판 모양으로 결합한 형태이다. · 판 모양으로 쌓인 부분을 따라 얇게 쪼개진다.	
망상 구조	석영, 장석	· 규산염 사면체가 입체적으로 결합한 형태이다. · 풍화에 강하다.	

2 생명체를 구성하는 물질의 규칙성

1 생명체를 구성하는 물질 생명체를 구성하는 물질 중 물을 제외하고 탄수화물, 단백질, 지질, 핵산 등과 같은 대부분의 물질은 탄소 원자를 중심으로 수소, 산소, 질소 등의 원소가 결합한 탄소 화합물이다. 생명체를 구성하는 원소의 질량비는 산소가 가장 높고, 그다음으로 탄소가 높다.

2 단백질

① 단백질의 기능
- 생명체의 많은 부분을 구성하는 주요 물질이다.
- 효소와 호르몬의 주성분으로, 여러 화학 반응을 조절해 생명활동이 원활하게 일어나도록 해 준다.
- 항체의 주성분으로, 면역반응을 돕는다.

② 단백질의 기본 단위체: 아미노산을 기본 단위체로 하고 있으며, 생명체를 구성하는 아미노산에는 약 20종류가 있다.

③ 단백질의 형성: 수많은 기본 단위체가 결합해 형성된다.

이웃한 2개의 아미노산은 아미노산과 아미노산 사이에서 물이 빠져나가면서 형성되는 펩타이드결합으로 연결된다.

수많은 아미노산이 펩타이드결합으로 길게 연결되어 폴리펩타이드가 형성된다.

폴리펩타이드를 구성하는 아미노산의 종류와 개수, 배열 순서에 따라 폴리펩타이드 사슬이 구부러지고 접혀 고유한 입체 구조를 형성한다.

펩타이드결합 — 공유 결합에 해당한다.

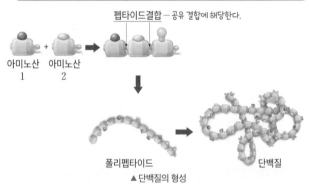

아미노산1 + 아미노산2

폴리펩타이드 → 단백질

▲ 단백질의 형성

④ 단백질의 다양성: 아미노산의 종류와 개수, 배열 순서에 따라 단백질의 입체 구조가 달라지며, 이 입체 구조에 따라 기능이 결정되어 다양한 종류의 단백질이 만들어진다. 열이나 산 등에 의해 입체 구조가 변형되면 단백질이 제 기능을 하지 못하게 된다.

3 핵산 생명체의 특징을 결정하고 유전에 관여하는 물질로, DNA와 RNA의 두 종류가 있다.

① 핵산의 기능
- DNA는 유전정보를 저장하고, 자손에게 전달한다.
- RNA는 세포 내에서 DNA의 유전정보를 전달하거나 단백질을 합성하는 과정에 관여한다.

② 핵산의 기본 단위체: 인산, 당, 염기가 1 : 1 : 1로 결합한 뉴클레오타이드를 기본 단위체로 하고 있으며, 염기의 종류에 따라 뉴클레오타이드의 종류가 달라진다.

③ 핵산의 형성: 수많은 기본 단위체가 결합해 형성된다.

> 하나의 뉴클레오타이드에 포함된 인산이 다른 뉴클레오타이드의 당과 공유 결합 한다.

↓

> 수많은 뉴클레오타이드가 결합해 긴 가닥의 폴리뉴클레오타이드가 만들어진다.

↓

> 폴리뉴클레오타이드로부터 DNA 또는 RNA가 형성된다.

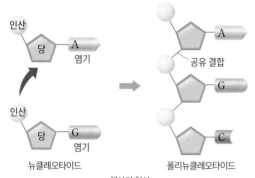

뉴클레오타이드　　　　　폴리뉴클레오타이드

▲ 핵산의 형성

꼭 나오는 자료　핵산의 특징

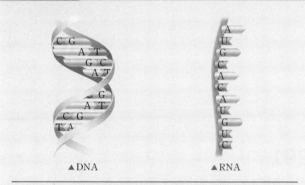

▲DNA　　　　　▲RNA

DNA	• 두 가닥의 폴리뉴클레오타이드가 꼬여 있는 이중나선구조이다. • 뉴클레오타이드의 당은 디옥시라이보스이며, 염기에는 아데닌(A), 구아닌(G), 사이토신(C), 타이민(T)의 4종류가 있다. • DNA를 이루는 두 가닥의 폴리뉴클레오타이드는 염기 사이의 결합으로 연결된다. ➜ 한쪽 가닥의 아데닌(A)은 항상 다른 쪽 가닥의 타이민(T)과, 구아닌(G)은 항상 사이토신(C)과 상보적으로 결합한다. • DNA의 염기서열에 따라 서로 다른 유전정보가 저장된다.
RNA	• 한 가닥의 폴리뉴클레오타이드로 이루어진 단일 가닥 구조이다. • 뉴클레오타이드의 당은 라이보스이며, 염기에는 아데닌(A), 구아닌(G), 사이토신(C), 유라실(U)의 4종류가 있다.

필수 유형　뉴클레오타이드와 함께 핵산의 구조적인 특징을 묻는 문제가 자주 출제된다.　🔗 71쪽 304번

 확인 문제

| 273~275 | 규산염 광물에 대한 설명으로 옳은 것은 ○표, 옳지 않은 것은 ✕표 하시오.

273 규산염 광물의 기본 단위체는 규산염 사면체이다.
(　　　)

274 규산염 사면체는 중심부에 있는 산소 원자 1개가 규소 원자 4개와 공유 결합 한 물질이다.　(　　　)

275 규산염 사면체는 이웃한 다른 규산염 사면체와 규소를 공유하면서 결합한다.　(　　　)

| 276~280 | 규산염 광물의 종류와 규산염 사면체의 결합 구조를 옳게 연결하시오.

276 석영　　•　　　　　•　㉠ 망상 구조

277 휘석　　•　　　　　•　㉡ 판상 구조

278 각섬석　•　　　　　•　㉢ 단사슬 구조

279 감람석　•　　　　　•　㉣ 독립형 구조

280 흑운모　•　　　　　•　㉤ 복사슬 구조

| 281~283 | 단백질에 대한 설명으로 옳은 것은 ○표, 옳지 않은 것은 ✕표 하시오.

281 단백질의 기본 단위체는 뉴클레오타이드이다.
(　　　)

282 단백질은 수많은 기본 단위체가 펩타이드결합으로 연결되어 형성된다.　(　　　)

283 단백질은 기본 단위체의 종류와 개수, 배열 순서에 따라 구조와 기능이 다양하다.　(　　　)

| 284~287 | 다음은 핵산에 대한 설명이다. (　　　) 안에 들어갈 알맞은 말을 쓰시오.

284 핵산의 기본 단위체는 인산, 당, 염기가 1 : 1 : 1로 결합한 (　　　　)이다.

285 DNA는 두 가닥의 폴리뉴클레오타이드가 꼬여 있는 (　　　)구조이다.

286 DNA에서 한쪽 가닥의 아데닌(A)은 항상 다른 쪽 가닥의 (　　　)와/과 상보적으로 결합한다.

287 RNA를 구성하는 염기에는 아데닌(A), 구아닌(G), 사이토신(C), (　　　)의 4종류가 있다.

학교 시험에서 출제율이 70% 이상인 문제들을 엄선하여 수록했습니다.

기출 분석 문제

1 지각을 구성하는 물질의 규칙성

288

그림은 물질 (가)의 구조를 나타낸 것이다. ㉠과 ㉡은 각각 규소와 산소를 순서 없이 나타낸 것이다.

이에 대한 설명으로 옳은 것만을 <보기>에서 있는 대로 고른 것은?

┤ 보기 ├
ㄱ. (가)는 규산염 광물의 기본 단위체이다.
ㄴ. ㉡은 최대 4개의 ㉠과 결합할 수 있다.
ㄷ. 지각을 구성하는 원소의 질량비는 ㉠이 ㉡보다 높다.

① ㄱ   ② ㄷ   ③ ㄱ, ㄴ
④ ㄴ, ㄷ   ⑤ ㄱ, ㄴ, ㄷ

289

다음은 규산염 광물에 대한 자료이다.

• 규산염 사면체는 ⓐ독립적으로 존재하거나, 다른 규산염 사면체와 결합하여 다양한 종류의 규산염 광물을 이룬다.
• 규산염 사면체는 이웃한 다른 규산염 사면체와 (㉠)을/를 공유하면서 결합하며, 공유하는 (㉠)의 개수에 따라 ⓑ다양한 결합 구조가 나타난다.

이에 대한 설명으로 옳은 것만을 <보기>에서 있는 대로 고른 것은?

┤ 보기 ├
ㄱ. '규소'는 ㉠에 해당한다.
ㄴ. 석영은 ⓐ와 같은 구조를 갖는 규산염 광물이다.
ㄷ. ⓑ에는 판상 구조, 단사슬 구조 등이 있다.

① ㄱ   ② ㄴ   ③ ㄷ
④ ㄱ, ㄴ   ⑤ ㄴ, ㄷ

290

그림은 규산염 사면체의 결합 구조 (가)~(다)를 나타낸 것이다.

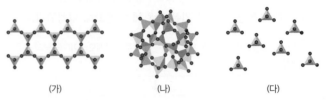

(가)   (나)   (다)

(가)~(다)의 구조를 갖는 규산염 광물을 옳게 짝 지은 것은?

	(가)	(나)	(다)
①	석영	휘석	흑운모
②	휘석	장석	각섬석
③	각섬석	석영	감람석
④	감람석	각섬석	휘석
⑤	흑운모	감람석	석영

291

그림은 규산염 사면체의 결합 구조 (가)와 (나)를 나타낸 것이다.

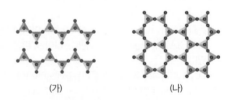

(가)   (나)

이에 대한 설명으로 옳은 것만을 <보기>에서 있는 대로 고른 것은?

┤ 보기 ├
ㄱ. (가)는 단사슬 구조이다.
ㄴ. 각섬석은 (나)와 같은 결합 구조를 갖는다.
ㄷ. 규산염 사면체의 결합 구조는 규산염 광물의 특징에 영향을 미치지 않는다.

① ㄱ   ② ㄴ   ③ ㄱ, ㄷ
④ ㄴ, ㄷ   ⑤ ㄱ, ㄴ, ㄷ

292

표는 규산염 광물 (가)~(다)의 특징을 나타낸 것이다. (가)~(다)는 석영, 휘석, 흑운모를 순서 없이 나타낸 것이다.

광물	특징
(가)	규산염 사면체가 얇은 판 모양으로 결합하고 있어 판 모양으로 쌓인 부분을 따라 얇게 쪼개진다.
(나)	규산염 사면체가 한 줄로 길게 결합하고 있어 ㉠특정한 모양으로 결정이 형성된다.
(다)	?

이에 대한 설명으로 옳은 것만을 <보기>에서 있는 대로 고른 것은?

│ 보기 │
ㄱ. (가)는 휘석이다.
ㄴ. '기둥 모양'은 ㉠에 해당한다.
ㄷ. '규산염 사면체가 독립적으로 존재한다.'는 (다)의 특징에 해당한다.

① ㄱ   ② ㄴ   ③ ㄱ, ㄴ
④ ㄱ, ㄷ   ⑤ ㄴ, ㄷ

293 ✎서술형

다음은 규산염 광물 (가)~(다)에 대한 자료이다. (가)~(다)는 장석, 각섬석, 감람석을 순서 없이 나타낸 것이다.

• (가)와 (나) 중 하나에만 규산염 사면체 사이에 공유 결합이 있다.
• 그림은 (나)와 (다)에서 각각 규산염 사면체의 결합 구조를 나타낸 것이다.

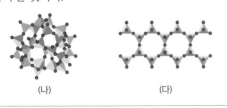

         (나)   (다)

(가)~(다)가 무엇인지 각각 쓰고, (가)~(다)의 결합 구조에 따른 특징을 각각 설명하시오.

294

다음은 생명체의 구성 물질에 대한 자료이다.

생명체를 구성하는 물질 중 물을 제외한 대부분의 물질은 (㉠) 원자를 중심으로 수소, 산소, 질소 등의 원소가 결합한 ⓐ탄소 화합물이다.

이에 대한 설명으로 옳은 것만을 <보기>에서 있는 대로 고른 것은?

│ 보기 │
ㄱ. '규소'는 ㉠에 해당한다.
ㄴ. 탄수화물과 단백질은 모두 ⓐ에 해당한다.
ㄷ. 생명체를 구성하는 원소의 질량비는 산소가 ㉠보다 높다.

① ㄱ   ② ㄴ   ③ ㄱ, ㄷ
④ ㄴ, ㄷ   ⑤ ㄱ, ㄴ, ㄷ

295

다음은 단백질에 대한 자료이다.

• 단백질의 기본 단위체는 (㉠)이다.
• 수많은 (㉠)이/가 펩타이드결합으로 연결되어 (㉡)이/가 된다.
• (㉡)이/가 고유한 입체 구조를 형성하면서 단백질이 된다.

이에 대한 설명으로 옳은 것만을 <보기>에서 있는 대로 고른 것은?

│ 보기 │
ㄱ. '아미노산'은 ㉠에 해당한다.
ㄴ. '폴리뉴클레오타이드'는 ㉡에 해당한다.
ㄷ. ㉠의 종류와 개수, 배열 순서에 따라 단백질의 입체 구조가 달라진다.

① ㄱ   ② ㄴ   ③ ㄱ, ㄷ
④ ㄴ, ㄷ   ⑤ ㄱ, ㄴ, ㄷ

296

그림은 생명체를 구성하는 물질 X가 만들어지는 과정을 나타낸 것이다. X는 핵산, 단백질, 탄수화물 중 하나이다.

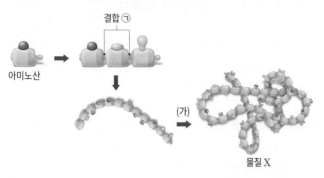

이에 대한 설명으로 옳은 것만을 <보기>에서 있는 대로 고른 것은?

| 보기 |

ㄱ. 생명체에서 X는 효소와 호르몬의 주성분으로 이용된다.
ㄴ. (가)에서 폴리펩타이드가 구부러지고 접혀 입체 구조를 형성한다.
ㄷ. ㉠은 아미노산과 아미노산 사이에서 물이 빠져나가면서 형성된다.

① ㄱ 　　 ② ㄷ 　　 ③ ㄱ, ㄴ
④ ㄴ, ㄷ 　　 ⑤ ㄱ, ㄴ, ㄷ

297 ✏️서술형

다음은 단백질에 대한 자료이다.

* 그림은 단백질의 기본 단위체 ㉠~㉢을 나타낸 것이다.

　　㉠　　　　　㉡　　　　　㉢

* 표는 단백질 (가)와 (나)를 구성하는 ㉠~㉢의 개수를 모두 더한 값을 나타낸 것이다. 단백질 (가)와 (나)는 ㉠~㉢으로만 구성된다.

단백질	(가)	(나)
㉠~㉢의 개수를 모두 더한 값	15	20

(가)와 (나)는 입체 구조가 서로 같을지 다를지 그렇게 판단한 까닭과 함께 설명하시오.

298

생명체를 구성하는 단백질과 핵산의 공통점으로 옳은 것만을 <보기>에서 있는 대로 고른 것은?

| 보기 |

ㄱ. 탄소화합물이다.
ㄴ. 기본 단위체가 반복적으로 결합해 형성된다.
ㄷ. 기본 단위체가 이웃한 다른 기본 단위체와 산소를 공유하면서 결합한다.

① ㄱ 　　 ② ㄷ 　　 ③ ㄱ, ㄴ
④ ㄱ, ㄷ 　　 ⑤ ㄴ, ㄷ

299

다음은 생명체를 구성하는 핵산에 대한 자료이다.

* 핵산에는 (가)와 (나)가 있으며, 이 중 (가)는 유전정보를 저장하고 자손에게 전달한다.
* 핵산의 기본 단위체는 (㉠)이다. (㉠)은/는 인산, 당, (㉡)(으)로 이루어져 있다.

이에 대한 설명으로 옳은 것만을 <보기>에서 있는 대로 고른 것은?

| 보기 |

ㄱ. 'RNA'는 (가)에 해당한다.
ㄴ. '아미노산'은 ㉠에 해당한다.
ㄷ. (나)를 구성하는 ㉡ 중에 유라실(U)이 있다.

① ㄱ 　　 ② ㄷ 　　 ③ ㄱ, ㄴ
④ ㄱ, ㄷ 　　 ⑤ ㄴ, ㄷ

300

그림은 핵산의 기본 단위체 ㉠을 나타낸 것이다. T는 타이민이다.

이에 대한 설명으로 옳은 것만을 <보기>에서 있는 대로 고른 것은?

┌─ 보기 ├─
ㄱ. ㉠의 당은 라이보스이다.
ㄴ. ㉠은 DNA를 구성하는 기본 단위체이다.
ㄷ. ㉠은 유라실(U)을 염기로 갖는 뉴클레오타이드와 상보
　　적으로 결합한다.
└─────────

① ㄱ　　　　　② ㄴ　　　　　③ ㄱ, ㄷ
④ ㄴ, ㄷ　　　　⑤ ㄱ, ㄴ, ㄷ

301

그림은 뉴클레오타이드로부터 물질 X가 만들어지는 과정을 나타낸 것이다.

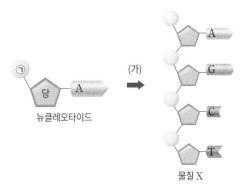

이에 대한 설명으로 옳은 것만을 <보기>에서 있는 대로 고른 것은?

┌─ 보기 ├─
ㄱ. '인산'은 ㉠에 해당한다.
ㄴ. '폴리펩타이드'는 X에 해당한다.
ㄷ. (가)에서 기본 단위체 사이에 공유 결합이 형성된다.
└─────────

① ㄱ　　　　　② ㄴ　　　　　③ ㄱ, ㄷ
④ ㄴ, ㄷ　　　　⑤ ㄱ, ㄴ, ㄷ

| 302~303 | 그림은 핵산 (가)와 (나)의 구조를, 표는 (가)와 (나) 중 하나를 구성하는 4종류 염기의 개수를 나타낸 것이다. 물음에 답하시오.(단, 돌연변이는 고려하지 않는다.)

염기	개수
아데닌(A)	20
구아닌(G)	15
타이민(T)	?
㉠	?

(가)　　(나)

302 서술형

표는 (가)와 (나) 중 어떤 물질을 구성하는 염기의 개수를 나타낸 것인지 쓰고, 그렇게 판단한 까닭을 설명하시오.

303 서술형

㉠의 개수를 쓰고, 그렇게 판단한 까닭을 설명하시오.

304 필수 유형 🔗 67쪽 꼭 나오는 자료

그림은 핵산 (가)의 구조를 나타낸 것이다. A는 아데닌이고, ㉠과 ㉡은 모두 (가)의 기본 단위체를 구성하는 성분이다.

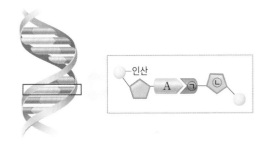

이에 대한 설명으로 옳은 것만을 <보기>에서 있는 대로 고른 것은?

┌─ 보기 ├─
ㄱ. (가)는 이중나선구조이다.
ㄴ. ㉠은 DNA와 RNA에 모두 있는 염기이다.
ㄷ. ㉡은 뉴클레오타이드를 구성하는 당이다.
└─────────

① ㄱ　　　　　② ㄷ　　　　　③ ㄱ, ㄴ
④ ㄱ, ㄷ　　　　⑤ ㄴ, ㄷ

305 교육청 기출 변형 ●●●

그림 (가)와 (나)는 사람과 지각을 구성하는 원소의 질량비를 순서 없이 나타낸 것이다. ㉠~㉢은 규소, 산소, 수소를 순서 없이 나타낸 것이다.

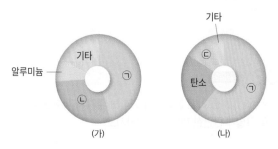

이에 대한 설명으로 옳은 것만을 <보기>에서 있는 대로 고른 것은?

┤보기├
ㄱ. 규산염 사면체는 ㉠과 ㉢으로 이루어져 있다.
ㄴ. (가)는 사람을 구성하는 원소의 질량비를 나타낸 것이다.
ㄷ. ㉡은 원자가 전자가 4개이므로 최대 4개의 원자와 결합할 수 있다.

① ㄱ   ② ㄷ   ③ ㄱ, ㄴ
④ ㄴ, ㄷ   ⑤ ㄱ, ㄴ, ㄷ

306 교육청 기출 변형 ●●●

그림 (가)는 규산염 사면체의 구조를, (나)는 규산염 광물 X의 결합 구조를 나타낸 것이다. X는 각섬석, 감람석, 흑운모 중 하나이다.

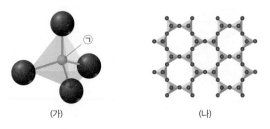

이에 대한 설명으로 옳은 것만을 <보기>에서 있는 대로 고른 것은?

┤보기├
ㄱ. X는 판 모양으로 얇게 쪼개지는 특징을 갖는다.
ㄴ. 지각을 구성하는 원소의 질량비는 ㉠이 가장 높다.
ㄷ. (나)에서 각각의 (가)는 ㉠을 공유하며 결합한다.

① ㄱ   ② ㄴ   ③ ㄱ, ㄴ
④ ㄱ, ㄷ   ⑤ ㄴ, ㄷ

307 ●●●

표는 생명체 구성 물질의 주요 기능을 비교하여 나타낸 것이다. (가)와 (나)는 단백질과 DNA를 순서 없이 나타낸 것이고, ㉠과 ㉡은 'O'와 '×'를 순서 없이 나타낸 것이다.

구분	(가)	(나)
유전정보를 저장한다.	O	㉠
호르몬, 효소 등의 주성분이다.	㉠	㉡

(O: 해당함, ×: 해당하지 않음.)

이에 대한 설명으로 옳은 것만을 <보기>에서 있는 대로 고른 것은?

┤보기├
ㄱ. ㉠은 '×', ㉡은 'O'이다.
ㄴ. (가)는 이중나선구조이다.
ㄷ. (나)는 기본 단위체의 종류와 개수, 배열 순서에 따라 기능이 달라진다.

① ㄱ   ② ㄷ   ③ ㄱ, ㄴ
④ ㄴ, ㄷ   ⑤ ㄱ, ㄴ, ㄷ

308 교육청 기출 변형 ●●●

그림은 단백질 X가 만들어지는 과정을 나타낸 것이다. A와 B는 X의 기본 단위체이다.

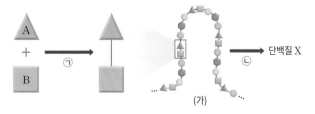

이에 대한 설명으로 옳은 것만을 <보기>에서 있는 대로 고른 것은?

┤보기├
ㄱ. ㉠에서 A와 B 사이에 이온 결합이 형성된다.
ㄴ. '폴리펩타이드'는 (가)에 해당한다.
ㄷ. ㉡에서 (가)가 구부러지고 접히는 현상이 일어난다.

① ㄱ   ② ㄴ   ③ ㄷ
④ ㄱ, ㄴ   ⑤ ㄴ, ㄷ

309

●●○

그림은 생명체를 구성하는 물질 (가)와 (나)를 나타낸 것이다. (가)와 (나)는 각각 DNA, RNA, 폴리펩타이드 중 서로 다른 하나이다.

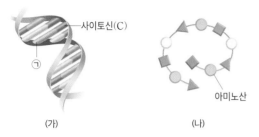

(가)   (나)

이에 대한 설명으로 옳은 것만을 <보기>에서 있는 대로 고른 것은? (단, 돌연변이는 고려하지 않는다.)

┤ 보기 ├
ㄱ. '타이민(T)'은 ㉠에 해당한다.
ㄴ. (나)에는 11개의 펩타이드결합이 있다.
ㄷ. (가)에는 유전정보가 저장되어 있다.

① ㄱ   ② ㄷ   ③ ㄱ, ㄴ
④ ㄴ, ㄷ   ⑤ ㄱ, ㄴ, ㄷ

310

●●●

표 (가)는 생명체를 구성하는 물질 A~C에서 특징 ㉠~㉢의 유무를, (나)는 ㉠~㉢을 순서 없이 나타낸 것이다. A~C는 단백질, DNA, RNA를 순서 없이 나타낸 것이다.

구분	㉠	㉡	㉢
A	×	○	○
B	×	?	?
C	○	?	×

(○: 있음, ×: 없음.)

특징(㉠~㉢)
• 핵산에 속한다.
• 탄소 화합물이다.
• 기본 단위체가 ⓐ이다.

(가)   (나)

이에 대한 설명으로 옳은 것만을 <보기>에서 있는 대로 고른 것은?

┤ 보기 ├
ㄱ. A에는 염기가 있다.
ㄴ. '아미노산'은 ⓐ에 해당한다.
ㄷ. 생명체에서 C는 항체의 주성분으로 이용된다.

① ㄱ   ② ㄷ   ③ ㄱ, ㄴ
④ ㄴ, ㄷ   ⑤ ㄱ, ㄴ, ㄷ

311

●●○

그림은 2개의 규산염 사면체가 결합한 모습을 나타낸 것이다.

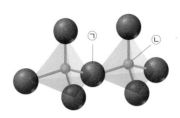

㉠과 ㉡이 무엇인지 각각 쓰고, 다양한 종류의 규산염 광물이 만들어지는 원리를 규산염 사면체의 결합과 관련지어 설명하시오.

312 ⭐신유형

●●●

표는 핵산 (가)와 (나)를 구성하는 염기의 비율을 나타낸 것이다. ㉠~㉢은 아데닌(A)과 유라실(U)을 제외한 서로 다른 염기이다.

염기	비율(%)	염기	비율(%)
아데닌(A)	20	아데닌(A)	20
구아닌(G)	30	유라실(U)	30
㉠	20	㉡	20
㉡	30	㉢	30
(가)		(나)	

㉠~㉢이 무엇인지 각각 쓰고, (가)와 (나)의 구조적인 차이점을 설명하시오.(단, 돌연변이는 고려하지 않는다.)

313

●●●

그림 (가)와 (나)는 DNA와 단백질의 구조를 순서 없이 나타낸 것이다.

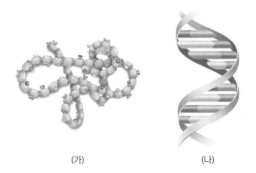

(가)   (나)

(가)와 (나)의 기본 단위체가 무엇인지 각각 쓰고, (가)와 (나)의 구조적인 공통점을 설명하시오.

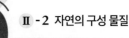

08 물질의 전기적 성질

1 물질의 전기적 성질

1 도체와 부도체에서의 전자의 움직임

① 원자의 구조: 양(+)전하의 성질을 갖는 원자핵에 음(−)전하의 성질을 갖는 전자가 속박되어 있다.

원자핵

전자

② 도체와 부도체에서의 전자의 이동

도체	부도체
(−)극 (+)극	(−)극 (+)극
원자핵에 속박되지 않고 자유롭게 움직일 수 있는 전자가 많아 전류가 잘 흐른다.	원자핵에 속박되지 않고 자유롭게 움직일 수 있는 전자가 거의 없어 전류가 잘 흐르지 않는다.

2 물질의 전기적 성질

① 자유 전자: 원자핵에 속박되지 않고 물질 내를 자유롭게 이동하는 전자

② 자유 전자의 이동에 따른 전기적 성질에 따라 도체, 부도체, 반도체로 구분한다.

구분	특징	이용
도체	자유 전자가 많아 전류가 잘 흐르는 물질 例 구리, 알루미늄, 철 등	전기가 잘 통하므로 전기 부품이나 전기 장치를 연결하는 데 이용한다.
부도체	자유 전자가 거의 없어 전류가 잘 흐르지 않는 물질 例 고무, 유리, 플라스틱 등	전기가 거의 통하지 않으므로 절연 용도로 사용한다.
반도체	도체와 반도체의 중간 정도의 전기적 성질을 가지는 물질 例 규소, 저마늄 등	특정 조건에 따라 전기적 성질이 달라지는 성질을 다양하게 이용한다.

③ 고체의 전기 전도성: 물질의 전기적인 성질을 나타내는 것으로, 전기가 통하는 정도이다. ➡ 전기 전도성을 정량적으로 나타내는 물리량을 전기 전도도라고 하며, 전기 전도도가 클수록 전류가 잘 흐른다.

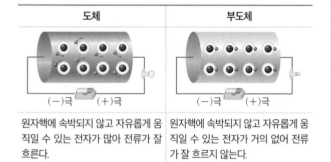

◀ 전기 전도도가 작다.　　　전기 전도도가 크다. ▶

부도체			반도체		도체	
석영	다이아몬드	유리	규소	저마늄	철	구리

2 전기적 성질을 활용한 반도체

1 순수 반도체
불순물이 섞이지 않은 순수한 반도체이다.

① 원자의 결합 형태: 이웃한 원자들 사이의 전자를 공유하는 공유 결합을 한다.

② 원자가 전자가 4개인 원소가 이웃한 4개의 원자와 공유 결합을 하고 있어 전류가 잘 흐르지 않는다. 例 규소(Si), 저마늄(Ge)

공유 결합

▲ 규소(Si)의 구조

2 불순물 반도체
순수 반도체에 약간의 불순물을 섞어서 전기 전도도를 증가시킨 반도체이다. ➡ 불순물 첨가로 남는 전자나 양공이 생겨서 전류가 잘 흐른다.

꼭 나오는 자료 ❶ p형 반도체와 n형 반도체

표는 p형 반도체와 n형 반도체의 특징을 비교한 것이다.

p형 반도체	n형 반도체
불순물은 원자가 전자가 3개인 원소 例 갈륨(Ga), 붕소(B), 인듐(In) 등	불순물은 원자가 전자가 5개인 원소 例 인(P), 비소(As), 안티모니(Sb) 등
Si 원자, In 원자 / 양공	Si 원자, As 원자 / 자유 전자
원자가 전자가 4개인 규소(Si)에 원자가 전자가 3개인 인듐(In)을 첨가하면, 원자 사이의 결합에 전자 1개가 부족하게 되어 빈자리인 양공이 생긴다.	원자가 전자가 4개인 규소(Si)에 원자가 전자가 5개인 비소(As)를 첨가하면, 공유 결합에 참여하지 않은 남는 전자가 생긴다.
주로 양공이 전하를 이동시키는 역할을 한다.	주로 전자가 전하를 이동시키는 역할을 한다.

필수 유형 ▶ p형 반도체와 n형 반도체의 특징을 묻는 문제가 자주 출제된다.

⟢ 77쪽 334번

3 반도체 소자

① 반도체 소자: 반도체의 전기적 성질을 이용하기 위해 만든 전자 부품이다.

② 기능: 전류 제어, 신호 증폭 및 스위치, 데이터 저장 등 전기적 신호를 처리할 수 있다.

③ 반도체 소자의 종류와 특징

다이오드	• p형 반도체와 n형 반도체를 결합한 소자이다. • 전류를 한쪽 방향으로 흐르게 하는 정류 작용을 한다.
트랜지스터	• p형 반도체와 n형 반도체를 복합적으로 결합한 소자이다. • 증폭 작용과 스위치 작용을 한다.
발광 다이오드 (LED)	• 전류가 흐를 때 빛을 방출하는 반도체 소자이다. • 첨가하는 원소에 따라 방출하는 빛의 색이 다르다. • 영상 표시 장치, 조명 장치 등에 이용한다.
유기 발광 다이오드 (OLED)	• 전류가 흐를 때 빛을 내는 유기 화합물 필름으로 이루어진 발광 다이오드이다. • 얇고 가벼우며 잘 휘어지므로 웨어러블 장치나 휘어지는 영상 표시 장치 등에 사용한다.
집적 회로	• 다양한 반도체를 하나의 기판으로 만든 것이다. • 데이터를 처리, 저장하는 디지털 기기에 이용한다.

교류를 직류로 바꾸는 전자 부품에 쓰인다.

꼭 나오는 자료 ❷ 반도체 소자의 작용

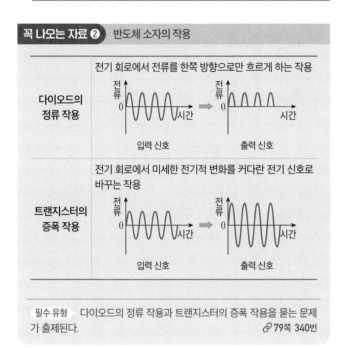

다이오드의 정류 작용	전기 회로에서 전류를 한쪽 방향으로만 흐르게 하는 작용 입력 신호 ➡ 출력 신호
트랜지스터의 증폭 작용	전기 회로에서 미세한 전기적 변화를 커다란 전기 신호로 바꾸는 작용 입력 신호 ➡ 출력 신호

필수 유형 다이오드의 정류 작용과 트랜지스터의 증폭 작용을 묻는 문제가 출제된다. 🔗 79쪽 340번

4 반도체의 전기적 성질을 활용하는 예
일상생활과 첨단기술의 다양한 분야에서 반도체의 전기적 성질을 활용한다.

태양 전지	영상 표시 장치

빛 신호를 전기 신호로 변환해 전기 에너지를 생산한다.	전류가 흐를 때 전기 신호를 빛 신호로 변환한다.
터치스크린	**적외선 센서**
손가락 움직임에 따른 전류 변화를 감지해 전기 신호로 변환한다.	적외선을 감지하여 전기 신호로 변환한다.

개념 확인 문제

| 314~316 | 다음은 전기적 성질에 따라 분류한 물질에 대한 설명이다. ( ) 안에 들어갈 알맞은 말을 쓰시오.

314 ( )은/는 자유 전자의 수가 많아 전류가 잘 흐르는 물질이다.

315 전기 전도도는 도체가 부도체보다 ( ).

316 ( )은/는 전기적 성질이 도체와 부도체의 중간인 물질로 불순물을 섞어서 전기적 성질을 변화시킬 수 있다.

| 317~319 | 반도체의 전기적 성질에 대한 설명이다. ( ) 안에 알맞은 말을 쓰시오.

317 순수 반도체를 도핑한 불순물 반도체는 순수 반도체에 비해 전기 전도도가 ( ).

318 p형 반도체는 순수 반도체에 원자가 전자가 ( ) 개인 원소를 첨가하여 만든 불순물 반도체이다.

319 n형 반도체는 주로 ( )이/가 전류를 흐르게 한다.

| 320~322 | 반도체 소자에 대한 설명으로 옳은 것은 ○표, 옳지 않은 것은 ×표 하시오.

320 다이오드는 교류를 직류로 바꾸어 전류를 한쪽 방향으로 흐르게 하는 정류 작용을 한다. ( )

321 트랜지스터는 순수 반도체의 조합으로 구성되어 있다. ( )

322 발광 다이오드는 전기 신호를 빛 신호로 변환하는 데 이용되는 소자이다. ( )

| 323~325 | 물질의 전기적 성질을 활용하는 예를 옳게 연결하시오.

323 태양 전지 • • ㉠ 도체

324 절연 장갑 • • ㉡ 부도체

325 정전기 제거 패드 • • ㉢ 반도체

학교 시험에서 출제율이 70% 이상인 문제들을 엄선하여 수록했습니다.

1 물질의 전기적 성질

326
••○

도체, 반도체, 부도체에 해당하는 물질을 옳게 짝 지은 것은?

	도체	반도체	부도체
①	고무	철	규소
②	구리	저마늄	고무
③	나무	저마늄	구리
④	유리	구리	규소
⑤	규소	철	유리

327
•••

그림은 전원 장치에 연결된 물질 A, B에서 전자의 움직임을 나타낸 것이다. A에 연결된 전구는 켜졌고, B에 연결된 전구는 켜지지 않았다. A, B는 각각 도체와 부도체 중 하나이다.

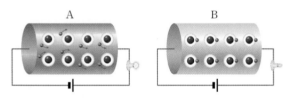

이에 대한 설명으로 옳은 것만을 <보기>에서 있는 대로 고른 것은?

┤ 보기 ├
ㄱ. A는 부도체이다.
ㄴ. 전기 전도도는 A가 B보다 크다.
ㄷ. 철은 B에 해당한다.

① ㄱ   ② ㄴ   ③ ㄱ, ㄷ
④ ㄴ, ㄷ   ⑤ ㄱ, ㄴ, ㄷ

328 〔서술형〕
••○

그림 (가), (나)는 각각 도체와 부도체에 속하는 물질을 순서 없이 나타낸 것이다.

(가) 유리   (나) 구리

(가)와 (나)는 각각 도체와 부도체 중에서 어느 것에 해당하는지 쓰고, 두 물질의 전기 전도도를 비교하시오.

329
•••

다음은 고체의 전기 전도도를 알아보는 실험이다.

[실험 과정]
(가) 도체 또는 부도체인 고체 A, B를 준비한다. A와 B의 크기와 모양은 같다.
(나) 그림과 같이 A를 이용하여 실험 장치를 구성한다.

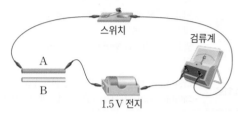

(다) 스위치를 닫아 검류계에 흐르는 전류를 측정한다.
(라) A를 B로 바꾸어 과정 (다)를 반복한다.

[실험 결과]

A를 연결할 때	전류가 흐름.
B를 연결할 때	전류가 흐르지 않음.

이에 대한 설명으로 옳은 것만을 <보기>에서 있는 대로 고른 것은?

┤ 보기 ├
ㄱ. A는 도체이다.
ㄴ. 전기 전도도는 A가 B보다 크다.
ㄷ. 자유 전자의 수는 A가 B보다 적다.

① ㄱ   ② ㄷ   ③ ㄱ, ㄴ
④ ㄴ, ㄷ   ⑤ ㄱ, ㄴ, ㄷ

330
•••

물질의 전기적 성질에 대한 설명으로 옳지 않은 것은?

① 전기 전도도는 도체가 부도체보다 크다.
② 도체는 자유 전자가 많아서 전류가 잘 흐른다.
③ 반도체의 재료가 되는 규소(Si)는 지각을 구성하는 물질이다.
④ 부도체는 특정한 조건에 따라 전기적 성질이 변하는 특성을 가진다.
⑤ 피뢰침, 전선 케이블, 정전기 제거 패드 등은 도체의 전기적 성질을 이용한 예이다.

331

다음은 물질의 전기적 성질에 대해 세 학생이 나눈 대화이다.

도체, 부도체, 반도체 중 ㉠~㉢에 해당하는 것을 각각 쓰시오.

2 전기적 성질을 활용한 반도체

332

다음은 불순물 반도체 A에 대한 설명이다.

> A는 원자가 전자가 4개인 (㉠) 반도체에 원자가 전자가 3개인 원소를 첨가하여 (㉡)이/가 많아지도록 한 것이다. 따라서 A에서는 주로 (㉡)이/가 전하를 이동시키는 역할을 한다.

A의 종류와 ㉠, ㉡에 들어갈 내용을 옳게 짝 지은 것은?

A	㉠	㉡
① p형 반도체	순수	양공
② p형 반도체	순수	전자
③ n형 반도체	순수	양공
④ n형 반도체	순수	전자
⑤ n형 반도체	p형	전자

333

다음은 반도체의 종류를 특성에 따라 분류한 것이다.

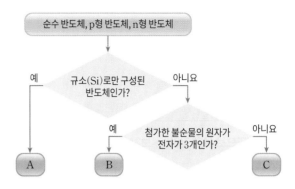

이에 대한 설명으로 옳은 것만을 <보기>에서 있는 대로 고른 것은?

| 보기 |
> ㄱ. A는 순수 반도체이다.
> ㄴ. B는 주로 양공이 전류를 흐르게 한다.
> ㄷ. C는 전기 전도도가 작아서 전류가 거의 흐르지 않는다.

① ㄱ   ② ㄷ   ③ ㄱ, ㄴ
④ ㄴ, ㄷ   ⑤ ㄱ, ㄴ, ㄷ

334 필수 유형 🔗 74쪽 꼭 나오는 자료 ❶

그림은 순수 반도체인 저마늄(Ge)에 비소(As)를 첨가한 반도체 A의 원소와 원자가 전자의 배열을 나타낸 것이다.

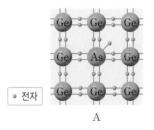

● 전자

A

이에 대한 설명으로 옳은 것만을 <보기>에서 있는 대로 고른 것은?

| 보기 |
> ㄱ. A는 p형 반도체이다.
> ㄴ. A는 주로 전자가 전류를 흐르게 한다.
> ㄷ. A에는 공유 결합에 참여하지 않고 남는 전자가 있다.

① ㄱ   ② ㄴ   ③ ㄱ, ㄴ
④ ㄴ, ㄷ   ⑤ ㄱ, ㄴ, ㄷ

335

●●○

표는 세 가지 물질 A, B, C의 전기적 성질을 나타낸 것이다. A, B, C는 각각 도체, 부도체, 순수 반도체 중 하나이다.

구분	A	B	C
자유 전자가 많아서 전류가 잘 흐른다.	×	○	×
불순물을 첨가해 전기적 성질을 조절할 수 있다.	○	×	×

이에 대한 설명으로 옳은 것만을 <보기>에서 있는 대로 고른 것은?

┤ 보기 ├
ㄱ. A는 순수 반도체이다.
ㄴ. 전기 전도도는 B가 C보다 크다.
ㄷ. p형 반도체는 A에 원자가 전자가 5개인 불순물을 첨가한 것이다.

① ㄱ　　　　② ㄴ　　　　③ ㄷ
④ ㄱ, ㄴ　　　⑤ ㄴ, ㄷ

| 336~337 | 그림은 각각 저마늄(Ge)으로 구성된 순수 반도체 A와 저마늄(Ge)에 인(P)을 첨가한 불순물 반도체 B의 원자 주변의 전자 배열을 나타낸 것이다. 물음에 답하시오.

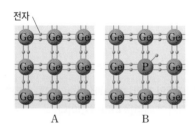

336 ✎서술형

●●○

A와 B의 전기 전도도를 비교하시오.

337 ✎서술형

●●○

A와 B의 전기 전도도에 차이가 나는 까닭을 주어진 단어를 모두 사용하여 설명하시오.

공유 결합, 원자가 전자, 전자

338

●●○

그림 (가)~(다)는 불순물 반도체를 이용해 만든 반도체 소자를 나타낸 것이다.

(가) 다이오드　　　(나) 트랜지스터　　　(다) 발광 다이오드

이에 대한 설명으로 옳은 것만을 <보기>에서 있는 대로 고른 것은?

┤ 보기 ├
ㄱ. (가)는 전류가 한쪽 방향으로만 흐르게 한다.
ㄴ. (나)는 전기 신호를 빛 신호로 전환한다.
ㄷ. (다)를 전원 장치에 연결하면 전류의 방향에 관계 없이 빛이 방출된다.

① ㄱ　　　　② ㄷ　　　　③ ㄱ, ㄴ
④ ㄴ, ㄷ　　　⑤ ㄱ, ㄴ, ㄷ

339

●●●

그림 (가)는 규소(Si)에 불순물 a를 첨가한 반도체 A와 불순물 b를 첨가한 반도체 B를 접합하여 만든 p-n 접합 다이오드를 연결한 회로를 나타낸 것이다. 그림 (나)는 (가)에서 B를 구성하는 원소와 원자가 전자의 배열을 나타낸 것이다.

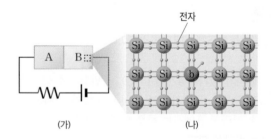

(가)　　　　(나)

이에 대한 설명으로 옳은 것만을 <보기>에서 있는 대로 고른 것은?

┤ 보기 ├
ㄱ. A는 p형 반도체이다.
ㄴ. 첨가한 불순물의 원자가 전자 개수는 a가 b보다 많다.
ㄷ. A와 B를 접합한 다이오드는 한쪽 방향으로만 전류를 흐르게 한다.

① ㄱ　　　　② ㄴ　　　　③ ㄷ
④ ㄱ, ㄴ　　　⑤ ㄱ, ㄷ

340 필수 유형 🔗 75쪽 꼭 나오는 자료 ❷ ●●◦

그림 (가)는 회로에 입력되는 전류를 시간에 따라 나타낸 것이고, (나)는 (가)의 신호가 전기 소자 A, B를 통해 출력되는 전류를 시간에 따라 나타낸 것이다.

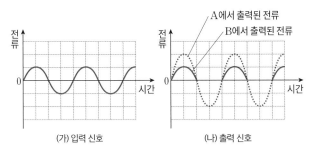

(가) 입력 신호   (나) 출력 신호

A, B로 가장 적절한 반도체 소자를 옳게 짝 지은 것은?

	A	B
①	저항	다이오드
②	저항	트랜지스터
③	다이오드	트랜지스터
④	다이오드	저항
⑤	트랜지스터	다이오드

341 ●●◦

다음은 스마트 기기에 활용되는 반도체의 특징에 대해 학생 A, B, C가 나눈 대화이다.

> 스마트 기기의 반도체는 회로에 흐르는 전류를 제어하는 역할을 해.

> 접거나 휘는 스마트 기기의 화면은 반도체 물질로 만들기 어려워.

> 스마트 기기로 사진을 찍고 저장하는 데에도 반도체가 쓰여.

옳게 설명한 학생만을 고른 것은?

① A   ② A, B   ③ A, C
④ B, C   ⑤ A, B, C

342 ●◦◦

다음은 태양 전지에 활용되는 반도체의 전기적 성질에 대한 설명이다.

> 불순물 반도체는 ㉠ 순수한 반도체에 ㉡ 소량의 불순물을 첨가하여 만든 소재로 ㉢ 태양 전지 등을 만드는 데 활용된다.
>
>

이에 대한 설명으로 옳은 것만을 <보기>에서 있는 대로 고른 것은?

| 보기 |

ㄱ. 규소(Si)로만 이루어진 물질은 ㉠에 해당한다.
ㄴ. p형 반도체에서 ㉡의 원자가 전자는 5개이다.
ㄷ. ㉢은 빛 신호를 전기 신호로 변환한다.

① ㄱ   ② ㄴ   ③ ㄷ
④ ㄱ, ㄴ   ⑤ ㄱ, ㄷ

343 ●●◦

그림 (가)~(다)는 여러 가지 반도체 소자를 나타낸 것이다.

(가) 발광 다이오드   (나) 트랜지스터   (다) 집적 회로

이에 대한 설명으로 옳은 것만을 <보기>에서 있는 대로 고른 것은?

| 보기 |

ㄱ. (가)는 전기 신호를 빛 신호로 바꾸는 영상 표현 장치에 이용된다.
ㄴ. (나)는 순수한 반도체만을 사용해 제작한다.
ㄷ. (다)는 대용량의 데이터를 처리하고 저장하는 데 이용된다.

① ㄱ   ② ㄴ   ③ ㄱ, ㄴ
④ ㄱ, ㄷ   ⑤ ㄴ, ㄷ

344 평가원 기출 변형 ●●●

그림은 크기와 모양이 같은 고체 A, B, C의 전기 전도성을 상대적으로 나타낸 것이다. A, B, C는 도체, 부도체, 반도체를 순서없이 나타낸 것이다.

이에 대한 설명으로 옳은 것만을 <보기>에서 있는 대로 고른 것은?

┤보기├
ㄱ. 자유 전자의 개수는 A가 C보다 많다.
ㄴ. 규소(Si)는 B에 해당한다.
ㄷ. B에 소량의 불순물을 첨가하면 전기적 특성을 변화시킬 수 있다.

① ㄱ   ② ㄴ   ③ ㄷ
④ ㄱ, ㄷ   ⑤ ㄴ, ㄷ

345 ●●●

그림은 원소 A, B, 규소(Si)의 원자 구조에서 원자가 전자를 나타낸 것이다.

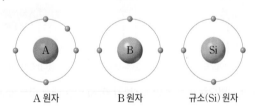

A 원자   B 원자   규소(Si) 원자

원소 A, B와 규소(Si)를 이용해 p형 반도체와 n형 반도체를 만들 때, 필요한 원소의 조합을 옳게 짝 지은 것은?

	p형 반도체	n형 반도체
①	A+규소	A+B
②	A+B	B+규소
③	A+규소	B+규소
④	B+규소	A+규소
⑤	B+규소	A+B

346 수능기출 변형 ●●●

그림은 각각 규소(Si)로 구성된 순수 반도체 X와 규소(Si)에 인듐(In)을 첨가한 반도체 Y의 원자 주변의 전자 배열을 나타낸 것이다.

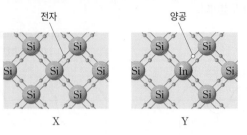

X   Y

이에 대한 설명으로 옳은 것만을 <보기>에서 있는 대로 고른 것은?

┤보기├
ㄱ. Y는 n형 반도체이다.
ㄴ. 전기 전도성은 X가 Y보다 좋다.
ㄷ. 원자가 전자는 규소(Si)가 인듐(In)보다 많다.

① ㄱ   ② ㄴ   ③ ㄷ
④ ㄱ, ㄴ   ⑤ ㄴ, ㄷ

347 ●●●

그림은 다이오드에 전원 장치, 저항을 연결하여 구성한 회로이다. 스위치를 a에 연결하면 회로에 전류가 흐른다.

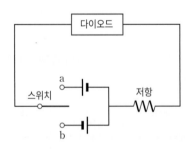

이에 대한 설명으로 옳은 것만을 <보기>에서 있는 대로 고른 것은?

┤보기├
ㄱ. 다이오드는 정류 작용을 한다.
ㄴ. 다이오드는 규소(Si)로만 구성되어 있다.
ㄷ. 스위치를 b에 연결하면 a에 연결할 때와 반대 방향으로 전류가 흐른다.

① ㄱ   ② ㄴ   ③ ㄷ
④ ㄱ, ㄴ   ⑤ ㄴ, ㄷ

348

●●○

그림 (가), (나)는 각각 다이오드와 트랜지스터를 나타낸 것이다.

(가) 다이오드   (나) 트랜지스터

이에 대한 설명으로 옳은 것만을 <보기>에서 있는 대로 고른 것은?

┤보기├
ㄱ. (가)는 전류의 방향을 반대로 바꾸는 작용을 한다.
ㄴ. (나)는 전류의 세기를 크게 증폭시키는 작용을 한다.
ㄷ. (가)와 (나)는 p형 반도체와 n형 반도체를 결합하여 만든 소자이다.

① ㄱ   ② ㄴ   ③ ㄷ
④ ㄱ, ㄴ   ⑤ ㄴ, ㄷ

349 ★신유형

●●○

그림은 교류 입력 신호가 전기 소자 A를 지나 한쪽 방향으로만 흐르는 전류로 출력되는 것을 나타낸 것이다.

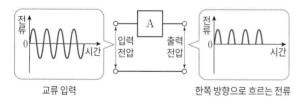

교류 입력   한쪽 방향으로 흐르는 전류

이에 대한 설명으로 옳은 것만을 <보기>에서 있는 대로 고른 것은?

┤보기├
ㄱ. A는 다이오드이다.
ㄴ. 순수 반도체와 불순물 반도체를 접합하여 A를 만들 수 있다.
ㄷ. A를 회로에 연결하면 약한 전류를 세게 만드는 증폭 작용을 한다.

① ㄱ   ② ㄴ   ③ ㄷ
④ ㄱ, ㄴ   ⑤ ㄱ, ㄷ

✏️ 서술형 문제

350

●●●

다음은 고체의 전기 전도성을 알아보는 실험이다.

[실험 과정]
(가) 그림과 같이 동일한 모양의 나무 막대와 구리 막대를 이용하여 회로를 구성한다.

(나) 두 막대 중 하나를 연결하고 스위치를 닫아 전류계에 흐르는 전류를 측정한다.
(다) 막대를 바꾸어 과정 (나)를 반복한다.

[실험 결과]
A, B는 나무 막대 또는 구리 막대를 연결했을 때의 결과이다.

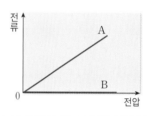

A와 B는 나무 막대와 구리 막대 중에서 각각 어느 것에 해당하는지 쓰고, 그렇게 판단한 근거를 실험 결과와 관련지어 설명하시오.

351

●●○

다음은 스마트 기기의 원리에 대한 설명이다.

스마트 기기의 화면에 접촉한 손가락의 움직임에 따른 전류 변화를 센서에서 감지해 전기 신호로 변환하고 필요한 정보를 ㉠ 화면에 나타낸다.

㉠의 역할을 하는 반도체 활용 장치의 이름을 쓰고, 그 기능을 설명하시오.

실전 대비 평가 문제 중간·기말고사에 대비할 수 있도록 시험에 자주 출제되는 문제들을 엄선하여 수록했습니다.

352

그림 (가)와 (나)는 각각 ㉠과 ㉡을 구성하는 원소의 질량비를 칸의 크기로 나타낸 것이다. ㉠과 ㉡은 지각과 생명체를 순서 없이 나타낸 것이다.

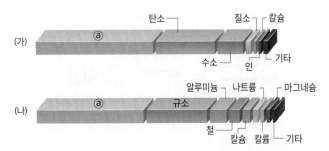

이에 대한 설명으로 옳은 것만을 <보기>에서 있는 대로 고른 것은?

┤ 보기 ├
ㄱ. '산소'는 ⓐ에 해당한다.
ㄴ. ㉠의 구성 물질에는 탄소 화합물이 있다.
ㄷ. ㉡의 구성 물질에는 규산염 사면체가 있다.

① ㄱ   ② ㄷ   ③ ㄱ, ㄴ
④ ㄴ, ㄷ   ⑤ ㄱ, ㄴ, ㄷ

353

다음은 규산염 사면체에 대한 자료이다.

• 규산염 사면체는 중심부에 있는 (㉠) 원자 1개가 (㉡) 원자 4개와 공유 결합 한 물질이다.
• ⓐ규산염 사면체는 서로 결합해 그림 (가), (나)와 같은 구조를 형성할 수 있다.

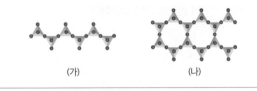

(가)   (나)

이에 대한 설명으로 옳은 것만을 <보기>에서 있는 대로 고른 것은?

┤ 보기 ├
ㄱ. 각섬석은 (나)와 같은 구조를 갖는다.
ㄴ. ⓐ는 규산염 사면체 사이에 ㉠을 공유하며 일어난다.
ㄷ. 지각을 구성하는 규산염 광물은 모두 (가)와 (나) 중 하나의 구조를 갖는다.

① ㄱ   ② ㄷ   ③ ㄱ, ㄴ
④ ㄴ, ㄷ   ⑤ ㄱ, ㄴ, ㄷ

354

표 (가)는 규산염 광물 A와 B에서 특징 ㉠과 ㉡의 유무를, (나)는 ㉠과 ㉡을 순서 없이 나타낸 것이다. A와 B는 석영과 휘석을 순서 없이 나타낸 것이고, ⓐ는 '있음.'과 '없음.' 중 하나이다.

구분	㉠	㉡
A	없음.	ⓐ
B	ⓐ	ⓐ

(가)

특징(㉠, ㉡)
• ㉮
• 기둥 모양으로 결정이 형성된다.

(나)

이에 대한 설명으로 옳은 것만을 <보기>에서 있는 대로 고른 것은?

┤ 보기 ├
ㄱ. A는 휘석, B는 석영이다.
ㄴ. A는 규산염 사면체가 망상 구조로 결합하고 있다.
ㄷ. '규산염 사면체가 기본 단위체이다.'는 ㉮에 해당한다.

① ㄱ   ② ㄴ   ③ ㄱ, ㄷ
④ ㄴ, ㄷ   ⑤ ㄱ, ㄴ, ㄷ

355

그림은 생명체를 구성하는 3가지 물질을 특징 (가)와 (나)를 이용해 구분하는 과정을 나타낸 것이다. '탄소 화합물인가?'는 (가)와 (나) 중 하나이다.

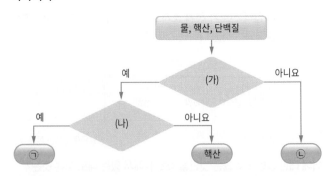

이에 대한 설명으로 옳은 것만을 <보기>에서 있는 대로 고른 것은?

┤ 보기 ├
ㄱ. ㉠에는 펩타이드결합이 있다.
ㄴ. ㉡의 기본 단위체는 약 20종류이다.
ㄷ. '기본 단위체가 뉴클레오타이드인가?'는 (가)와 (나) 중 하나에 해당한다.

① ㄱ   ② ㄷ   ③ ㄱ, ㄴ
④ ㄱ, ㄷ   ⑤ ㄴ, ㄷ

356

그림은 생명체를 구성하는 물질 A~C의 공통점과 차이점을, 표는 특징 ㉠~㉣을 나타낸 것이다. A~C는 단백질, DNA, RNA를 순서 없이 나타낸 것이다.

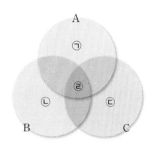

구분	특징
㉠	효소와 항체의 주성분이다.
㉡	?
㉢	유전정보를 자손에게 전달한다.
㉣	?

이에 대한 설명으로 옳은 것만을 <보기>에서 있는 대로 고른 것은?

┤ 보기 ├
ㄱ. A는 폴리뉴클레오타이드가 입체 구조를 이루고 있다.
ㄴ. B는 이중나선구조이다.
ㄷ. '기본 단위체의 결합으로 형성된다.'는 ㉣에 해당한다.

① ㄱ   ② ㄷ   ③ ㄱ, ㄴ
④ ㄱ, ㄷ   ⑤ ㄴ, ㄷ

357

그림은 기본 단위체의 결합으로 단백질이 만들어지는 과정을 나타낸 것이다.

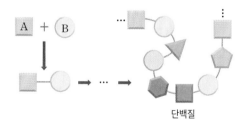

단백질

이에 대한 설명으로 옳은 것만을 <보기>에서 있는 대로 고른 것은?

┤ 보기 ├
ㄱ. '뉴클레오타이드'는 A에 해당한다.
ㄴ. A와 B 사이에 펩타이드결합이 형성될 때 물이 방출된다.
ㄷ. 기본 단위체의 종류와 개수, 배열 순서에 따라 단백질의 종류가 달라진다.

① ㄱ   ② ㄷ   ③ ㄱ, ㄴ
④ ㄴ, ㄷ   ⑤ ㄱ, ㄴ, ㄷ

358

그림 (가)는 핵산 ㉠을, (나)는 ㉠을 구성하는 기본 단위체를 나타낸 것이다. ㉠은 DNA와 RNA 중 하나이고, ⓐ는 유라실(U)과 타이민(T) 중 하나이다.

(가)   (나)

이에 대한 설명으로 옳은 것만을 <보기>에서 있는 대로 고른 것은?

┤ 보기 ├
ㄱ. ⓐ는 타이민(T)이다.
ㄴ. ㉠은 세포 내에서 단백질 합성에 관여한다.
ㄷ. ㉠은 두 가닥의 폴리뉴클레오타이드로 이루어져 있다.

① ㄱ   ② ㄴ   ③ ㄱ, ㄷ
④ ㄴ, ㄷ   ⑤ ㄱ, ㄴ, ㄷ

359

그림은 핵산 (가)와 (나)의 구조를 나타낸 것이다.

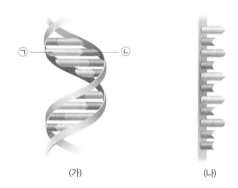

(가)   (나)

이에 대한 설명으로 옳은 것만을 <보기>에서 있는 대로 고른 것은?

┤ 보기 ├
ㄱ. (가)와 (나)를 구성하는 염기의 종류는 총 4가지이다.
ㄴ. ㉠이 아데닌(A)이라면 ㉡은 타이민(T)이다.
ㄷ. (나)를 구성하는 사이토신(C)과 구아닌(G)의 개수는 항상 같다.

① ㄱ   ② ㄴ   ③ ㄱ, ㄷ
④ ㄴ, ㄷ   ⑤ ㄱ, ㄴ, ㄷ

360

그림 (가), (나)는 각각 철로 된 물체 A와 나무로 된 물체 B를 회로에 연결한 것이다. 크기와 모양은 A와 B가 같으며, (가)와 (나) 중 하나에만 전류가 흘렀다.

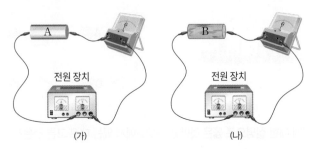

이에 대한 설명으로 옳은 것만을 <보기>에서 있는 대로 고른 것은?

┤ 보기 ├
ㄱ. 회로에 전류가 흐르는 것은 (가)이다.
ㄴ. B는 주로 양공이 전류를 흐르게 한다.
ㄷ. 전원 장치의 극을 바꾸어 연결하면 A에는 전류가 흐르지 않는다.

① ㄱ   ② ㄴ   ③ ㄷ
④ ㄱ, ㄷ   ⑤ ㄴ, ㄷ

361

그림은 저마늄(Ge)에 인듐을 첨가한 반도체 X의 원자가 전자의 배열을 나타낸 것이다.

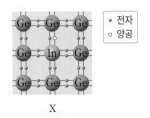

이에 대한 설명으로 옳은 것만을 <보기>에서 있는 대로 고른 것은?

┤ 보기 ├
ㄱ. X는 n형 반도체이다.
ㄴ. X는 주로 양공이 전류를 흐르게 한다.
ㄷ. 인듐(In)을 첨가하기 전보다 전기 전도도가 작다.

① ㄱ   ② ㄴ   ③ ㄷ
④ ㄱ, ㄴ   ⑤ ㄴ, ㄷ

362

그림은 규소(Si) 원자의 구조를 나타낸 것이다.

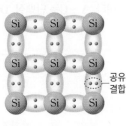

이 물질에 대한 설명으로 옳지 <u>않은</u> 것은?

① 대표적인 반도체 물질이다.
② 조건에 따라 전기 전도성을 변화시킬 수 있다.
③ 지각을 구성하는 광물에 풍부하게 포함되어 있다.
④ 전기가 잘 통하지 않아 전선 피복이나 절연체를 만드는 데 이용한다.
⑤ 이 물질에 원자가 전자가 5개인 불순물을 첨가하면 n형 반도체가 된다.

363

그림은 저마늄(Ge)에 각각 붕소(B)와 인(P)을 첨가한 반도체 X, Y를 접합한 다이오드를 저항, 전지에 연결하여 전류가 흐르도록 구성한 회로이다.

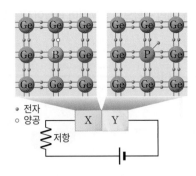

이에 대한 설명으로 옳은 것만을 <보기>에서 있는 대로 고른 것은?

┤ 보기 ├
ㄱ. X는 p형 반도체이다.
ㄴ. 첨가한 불순물의 원자가 전자는 X가 Y보다 2개 더 많다.
ㄷ. X와 Y의 방향을 바꾸어 연결하면 회로에 전류가 흐르지 않는다.

① ㄱ   ② ㄴ   ③ ㄱ, ㄷ
④ ㄴ, ㄷ   ⑤ ㄱ, ㄴ, ㄷ

364 ⭐신유형

다음은 고체의 전기적 성질을 알아보기 위한 실험이다.

[실험 과정]

(가) 크기와 모양이 동일한 물질 A, B를 준비한다. A, B는 각각 도체와 부도체 중 하나이다.

(나) 전원 장치, 스위치, 다이오드, A를 연결하여 회로를 구성한다.

```
┌──────┐   ┌──────┐
│ 다이오드 │   │  A   │
└──────┘   └──────┘
  ○/  ─┤├─   (G)
 스위치
```

(다) 스위치를 닫아 검류계에 전류가 흐르는지 관찰하고, A를 B로 바꾸어 전류가 흐르는지 관찰한다.

(라) (나)에서 전지의 연결 방향을 반대로 하여 (다)를 반복한다.

[실험 결과]

구분	A	B
(다)의 결과	전류가 흐르지 않음.	전류가 흐름.
(라)의 결과	㉠	㉡

이에 대한 설명으로 옳은 것만을 <보기>에서 있는 대로 고른 것은?

┤ 보기 ├

ㄱ. A는 부도체, B는 도체이다.

ㄴ. 자유 전자는 A가 B보다 적다.

ㄷ. 과정 (라)의 결과인 ㉠과 ㉡은 같다.

① ㄱ   ② ㄷ   ③ ㄱ, ㄴ

④ ㄴ, ㄷ   ⑤ ㄱ, ㄴ, ㄷ

365

다음은 물질 A의 특성에 대한 설명이다.

• A는 전기 전도성이 도체와 부도체의 중간 정도인 물질로 규소(Si)와 저마늄(Ge) 등이 있다.

• A는 트랜지스터, 발광 다이오드(LED), 태양 전지 등을 만드는 기본 소재가 된다.

물질 A의 종류로 옳은 것은?

① 금속   ② 반도체   ③ 절연체

④ 그래핀   ⑤ 초전도체

366

반도체의 전기적 특성을 이용한 예로 옳지 <u>않은</u> 것은?

①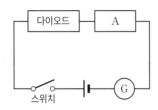
정전기 방지 패드

②
중앙 처리 장치

③
태양 전지

④
압력 센서

⑤
발광 다이오드

367

그림 (가), (나)는 각각 발광 다이오드와 태양 전지를 나타낸 것이다.

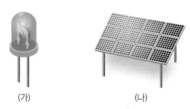

(가)   (나)

이에 대한 설명으로 옳은 것만을 <보기>에서 있는 대로 고른 것은?

┤ 보기 ├

ㄱ. (가)는 첨가하는 원소에 따라 방출되는 빛의 색이 다르다.

ㄴ. 전원 장치에 (가)를 연결하면 전류의 방향에 관계없이 빛을 방출한다.

ㄷ. (가)와 (나)는 모두 빛을 전기 신호로 변환하는 반도체를 사용한다.

① ㄱ   ② ㄷ   ③ ㄱ, ㄴ

④ ㄴ, ㄷ   ⑤ ㄱ, ㄴ, ㄷ

368

그림은 규산염 광물 (가)와 (나)의 결합 구조를 나타낸 것이다. ㉠과 ㉡은 규소와 산소를 순서 없이 나타낸 것이다.

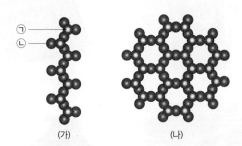

㉠과 ㉡이 무엇인지 각각 쓰고, 결합 구조를 통해 알 수 있는 (가)와 (나)의 특징을 주어진 단어를 모두 사용하여 설명하시오.

> 결정　　쪼개짐　　판 모양　　기둥 모양

369

표 (가)는 생명체를 구성하는 물질의 2가지 특징을, (나)는 (가)의 특징 중 물질 A와 B가 갖는 특징의 개수를 나타낸 것이다. A와 B는 핵산과 단백질을 순서 없이 나타낸 것이다.

특징
• ㉠
• 펩타이드결합이 있다.

물질	특징의 개수
A	1
B	2

(가)　　　　　　　　　　　(나)

A와 B가 무엇인지 각각 쓰고, ㉠에 해당하는 특징을 1가지 설명하시오.

370

그림은 DNA의 구조 일부를 나타낸 것이다.

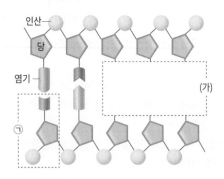

㉠이 무엇인지 쓰고, (가) 부위에서 아데닌(A)의 개수와 타이민(T)의 개수는 서로 같은지 다른지 그렇게 판단한 까닭과 함께 설명하시오. (단, 돌연변이는 고려하지 않는다.)

371

그림은 고체 A, B와 전구를 연결하여 구성한 회로이다. A, B는 도체와 부도체를 순서 없이 나타낸 것이고, 전구는 스위치를 닫을 때에만 켜진다.

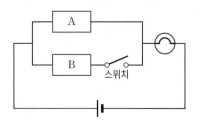

A, B는 도체와 부도체 중에서 각각 어느 것에 해당하는지 쓰고, 그 까닭을 설명하시오.

372

그림은 규소(Si)에 붕소(B)를 첨가한 반도체 X와 규소(Si)에 비소(As)를 첨가한 반도체 Y를 나타낸 것이다.

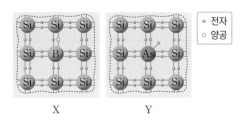

X와 Y의 반도체의 종류를 각각 쓰시오.

373

그림은 스마트폰을 충전하는 모습을 나타낸 것이다.

> 가정에 공급되는 전력은 방향과 세기가 주기적으로 변하는 교류의 형태이므로, ㉠안정적으로 전력을 공급하기 위해 스마트폰을 충전할 때에는 전용 어댑터를 사용한다.

어댑터에서 ㉠의 역할을 하는 반도체 소자의 이름을 쓰고, 그 원리를 함께 설명하시오.

374

그림 (가)는 규산염 사면체의 구조를, (나)는 어떤 규산염 광물의 결합 구조를 나타낸 것이다.

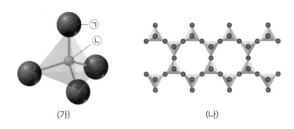

(가)   (나)

이에 대한 설명으로 옳은 것만을 <보기>에서 있는 대로 고른 것은?

| 보기 |
ㄱ. ㉠은 원자가 전자 수가 4이다.
ㄴ. 각섬석은 (나)와 같은 구조를 갖는다.
ㄷ. ㉡은 지각과 생명체를 구성하는 원소 중에서 가장 많은 양을 차지한다.

① ㄱ   ② ㄴ   ③ ㄱ, ㄷ
④ ㄴ, ㄷ   ⑤ ㄱ, ㄴ, ㄷ

375

다음은 생명체를 구성하는 물질 (가)~(다)에 대한 자료이다. (가)~(다)는 물, 단백질, DNA를 순서 없이 나타낸 것이다.

- (나)에는 탄소가 없다.
- 그림은 (가)~(다) 중 하나의 기본 단위체를 나타낸 것이다.

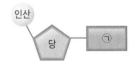

인산 — 당 — ㉠

이에 대한 설명으로 옳은 것만을 <보기>에서 있는 대로 고른 것은?

| 보기 |
ㄱ. (가)와 (다)는 탄소 화합물이다.
ㄴ. 타이민(T)은 ㉠에 해당한다.
ㄷ. (가)~(다)는 모두 수많은 기본 단위체가 결합해 형성되는 물질이다.

① ㄱ   ② ㄷ   ③ ㄱ, ㄴ
④ ㄴ, ㄷ   ⑤ ㄱ, ㄴ, ㄷ

376

그림의 A는 전선 피복을, B는 구리 도선을 나타낸 것이다.

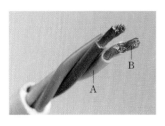

이에 대한 설명으로 옳은 것만을 <보기>에서 있는 대로 고른 것은?

| 보기 |
ㄱ. 전기 전도도는 A가 B보다 작다.
ㄴ. A와 B는 모두 전류가 잘 흐르는 특성을 가진다.
ㄷ. 절연 장갑은 A와 같은 전기적 성질을 가진 물질로 만든다.

① ㄱ   ② ㄴ   ③ ㄱ, ㄷ
④ ㄴ, ㄷ   ⑤ ㄱ, ㄴ, ㄷ

377

다음은 스마트 기기의 영상 표시 장치를 만드는 데 이용되는 전기 소자에 대한 설명이다.

(㉠)은/는 전기적으로 도체와 부도체의 중간 정도인 특성을 가지며, 그림과 같이 휘어지는 영상 표시 장치에 활용할 수 있다. (㉠)을/를 이용한 전기 소자 (㉡)을/를 만드는 데는 지각을 구성하는 원소 중 산소 다음으로 풍부한 (㉢)을/를 이용한다.

이에 대한 설명으로 옳은 것만을 <보기>에서 있는 대로 고른 것은?

| 보기 |
ㄱ. ㉠은 반도체이다.
ㄴ. ㉡은 유기 발광 다이오드이다.
ㄷ. 규소(Si)는 ㉢에 해당한다.

① ㄱ   ② ㄷ   ③ ㄱ, ㄴ
④ ㄴ, ㄷ   ⑤ ㄱ, ㄴ, ㄷ

노력이 성공을 만든다

재능은 식탁에서 쓰는 소금보다 흔하다.

재능 있는 사람과 성공한 사람을 구분 짓는 기준은

오로지 엄청난 노력뿐이다.

타고난 재능을 가지고 있다는 것은

출발선에서 조금 앞에 섰다는 의미에 불과하다.

— 스티븐 킹

시스템과 상호작용

학습하기 전 꼭 알아야 할 핵심 개념이 무엇인지 확인하고, 어려운 개념은 ☑ 표시해 놓고 반복 학습하세요.

09 지구시스템의 구성과 상호작용

1 지구시스템의 구성 요소

1 지구시스템
태양의 중력에 묶여 행성, 소행성, 위성 등이 태양 주위를 공전하면서 상호작용 하는 시스템이다.

① 지구시스템: 지구는 태양계라는 시스템의 구성 요소이면서 지구 자체로도 하나의 시스템을 이룬다.

② 지구시스템의 구성 요소: 기권, 지권, 수권, 생물권, 외권

2 기권
① 기권: 지구 표면을 둘러싸고 있는 대기

특징	• 지표로부터 높이 약 1000 km까지 분포한다. • 질소와 산소가 약 99 %, 소량의 아르곤, 이산화 탄소 등으로 구성된다.
역할	• 생명체의 광합성 및 호흡에 필요한 기체를 제공한다. • 유성체와 자외선을 차단하고, 온실 효과를 일으킨다.

② 기권의 층상 구조: 높이에 따른 기온 분포를 기준으로 구분한다.
└ 지구 표면의 온도를 일정하게 유지

꼭 나오는 자료 | 기권의 층상 구조

❶ 대류권: 대류 현상이 일어나고, 구름, 비나 눈 등의 기상 현상이 나타난다.
❷ 성층권: 위로 올라갈수록 기온이 높아지는 안정한 층으로, 오존층에서 자외선이 차단된다.
❸ 중간권: 대류 현상이 일어나지만 수증기가 거의 없어 기상 현상은 나타나지 않는다.
❹ 열권: 공기가 매우 희박하여 낮과 밤의 기온 차가 매우 크다.

필수 유형 기권의 층상 구조를 구분하는 기준, 각 층의 특징을 묻는 문제가 자주 출제된다. ∅92쪽 395번

3 지권
① 지권: 지구의 단단한 표면과 지구 내부

특징	• 암석과 토양으로 이루어져 있다. • 지구 중심부로 갈수록 온도와 밀도가 증가한다.
역할	• 생물체가 살아갈 수 있는 서식처를 제공하고, 다양한 물질을 공급한다. • 화산 활동 등으로 대기 조성과 기후를 변화시킨다.

② 지권의 층상 구조: 지각, 맨틀, 외핵, 내핵으로 구분한다.

지각	• 규산염 물질로 이루어져 있다. • 대륙 지각과 해양 지각으로 구분
맨틀	• 지구 전체 부피의 대부분을 차지 • 지각보다 밀도가 큰 물질로 구성 • 고체 상태이지만 유동성이 있다.
외핵과 내핵	• 대부분 철과 니켈로 이루어져 있다. • 외핵은 액체 상태, 내핵은 고체 상태

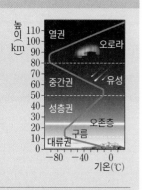

4 수권
① 수권: 바닷물, 빙하, 지하수, 강과 호수 등 지구에 있는 물
┌육수

특징	• 해수와 육수로 구분할 수 있다. • 해수는 수권의 97 % 이상을 차지한다.
역할	• 물은 생명체를 구성하는 필수 물질이다. • 생명체가 살아가는 환경을 제공한다. • 열에너지를 저장하여 지구의 기온을 일정하게 유지시킨다.

② 해수의 층상 구조: 깊이에 따른 수온 분포를 기준으로 구분한다.

혼합층	• 태양 에너지에 의해 가열되고, 바람에 의해 혼합되는 층 • 수온이 높고, 깊이에 따른 수온 변화가 거의 없다. • 위도와 계절에 따라 수온과 두께가 달라진다.
수온약층	• 깊이가 깊어질수록 수온이 급격하게 낮아지는 안정한 층
심해층	• 태양 에너지가 거의 도달하지 않아 계절이나 깊이에 따라 수온 변화가 거의 없는 층

5 생물권 인간을 포함한 지구에 존재하는 모든 생명체

특징	• 지권, 수권, 기권에 걸쳐 넓은 영역에 분포한다. • 지구시스템의 구성 요소 중 가장 나중에 등장하였다.
역할	• 광합성과 호흡으로 기권의 조성을 변화시킨다. ─ 산소와 이산화 탄소 • 식물 뿌리 등에 의한 암석의 풍화를 일으킨다. 등의 변화 • 해수의 용해 물질을 흡수하여 해수의 성분을 변화시킨다.

6 외권 기권 바깥의 우주를 말하며, 태양 에너지가 외권을 통해 지구로 들어온다.

2 지구시스템의 물질 순환과 에너지 흐름

1 지구시스템의 에너지원
태양 에너지 > 지구 내부 에너지 > 조력 에너지 순이다.

에너지원	특징
태양 에너지	• 지구시스템의 에너지원 중 가장 많은 양을 차지한다. • 대기와 물을 순환시키며, 이 과정에서 날씨 변화와 지표의 변화가 나타난다. • 생명 활동에 필요한 에너지를 공급하고, 화석 연료의 근원이 된다.
지구 내부 에너지	• 지구 탄생 과정에서 축적된 열과 방사성 물질에서 방출된 열 • 지진과 화산 활동을 일으키고, 대륙을 이동시킨다.
조력 에너지	• 지구와 달, 지구와 태양 사이의 인력에 의해 생기는 에너지 • 밀물과 썰물을 일으킨다. • 해안 지형을 변화시키고, 해안 주변 생태계에 영향을 준다.

물과 탄소는 지구시스템의 각 권역 사이를 이동하며 순환하고,
이 과정에서 에너지 흐름이 일어난다.

2 물의 순환 물은 상태 변화를 통해 지구시스템의 각 권역 사이를 순환하며, 태양 에너지를 지구 전체에 고르게 분산시켜 에너지 평형에 기여한다. └ 물 순환의 근원 에너지

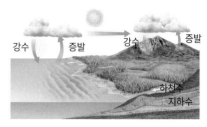

증발 (증산)	수권(생물권)의 물 → 태양 에너지 흡수 → 증발(증산) → 기권의 수증기 └ 식물이 잎의 기공을 통해 대기로 물을 방출하는 과정 ┘
응결	기권의 수증기 → 에너지 방출 → 응결 → 구름
강수	구름 → 비나 눈 → 지권과 수권의 물

3 탄소의 순환

① 탄소의 존재 형태: 지권에 가장 많이 분포한다.

기권	지권	수권	생물권
이산화 탄소	석회암, 화석 연료 등	탄산 이온	유기물

② 탄소의 순환

수권→지권	해수에 녹은 탄산 이온이 칼슘 이온과 결합하여 탄산염 으로 가라앉아 석회암을 만든다.
기권→생물권	식물이 광합성을 통해 이산화 탄소를 흡수한다.
생물권→지권	생물이 죽어 매몰되면 화석 연료가 된다.
지권→기권	화석 연료가 연소하거나 화산이 폭발할 때 이산화 탄소 가 기권으로 방출된다.

③ 지구시스템의 상호작용과 균형

1 지구시스템의 상호작용 각 권역은 서로 영향을 주고받으며, 이 과정에서 다양한 자연 현상이 일어난다.

꼭 나오는 탐구 지구시스템의 상호작용 사례

[과정]
그림은 지구시스템의 각 권역 간에 일어나는 상호작용을 나타낸 것이다. (가)~(바)에 해당하는 자연 현상의 예를 써 보자.

[결과 및 정리]
· (가): 풍화·침식, 화산 활동
· (나): 호흡, 광합성, 지구 온난화
· (다): 강수, 증발, 태풍 발생, 해류 발생
· (라): 수분 공급, 해수의 용해 성분 변화
· (마): 물에 의한 지표의 변화, 지진 해일(쓰나미)
· (바): 생물에 의한 풍화·침식, 생물의 서식 공간 변화

필수 유형 지구시스템의 구성 요소 사이에서 일어나는 상호작용의 예를 묻는 문제가 자주 출제된다. ∂95쪽 412번

2 지구시스템의 균형 지구시스템은 상호작용 하면서 균형을 이루고 있다.

개념 확인 문제

| 378~384 | 다음은 지구시스템의 구성 요소에 대한 설명이다. ( ) 안에 들어갈 알맞은 말을 쓰시오.

378 지구는 ( )의 구성 요소이면서 지구 자체로도 하나의 시스템을 이룬다.

379 지구시스템은 기권, 지권, 수권, ( ), 외권으로 구성된다.

380 기권은 높이에 따른 ( ) 분포를 기준으로 구분하면 4개의 층으로 이루어진다.

381 기권에서 대류 현상이 일어나고 비나 눈 등의 기상 현상이 나타나는 층은 ( )이다.

382 지권에서 가장 큰 부피를 차지하는 층은 ( )이고, 액체 상태로 되어 있는 층은 ( )이다.

383 해수에서 수온이 높고, 깊이에 따른 수온 변화가 거의 없는 층을 ( )이라고 한다.

384 생물권은 ( )와/과 호흡을 통해 기권의 조성을 변화시킨다.

| 385~389 | 지구시스템의 물질과 에너지 이동에 대한 설명으로 옳은 것은 ○표, 옳지 않은 것은 ✕표 하시오.

385 지구시스템의 에너지원 중에서 가장 많은 양을 차지하는 것은 태양 에너지이다. ( )

386 지진과 화산 활동을 일으키고, 거대한 대륙을 움직이는 주된 에너지원은 조력 에너지이다. ( )

387 대기와 물을 순환시켜 날씨 변화를 일으키는 주된 에너지원은 지구 내부 에너지이다. ( )

388 기권에서 탄소는 주로 이탄화 탄소로 존재하고, 수권에서 탄소는 주로 탄산 이온으로 존재한다. ( )

389 해수에 녹은 탄산 이온은 탄산염으로 해저에 가라앉아 석회암이 된다. ( )

| 390~392 | 다음은 여러 가지 자연 현상을 설명한 것이다. 각 현상이 일어나는 과정에서 상호작용을 하는 지구시스템의 두 권역을 쓰시오.

390 화산 폭발이 일어나면 다량의 수증기와 이산화 탄소 등의 기체가 대기로 방출된다. ( )

391 열대 지방의 바다에서 증발한 물이 대기로 이동하여 태풍이 발생한다. ( )

392 지구 탄생 초기에 출현한 생물이 광합성을 하면서 대기 중에 산소가 증가하기 시작하였다. ( )

기출 분석 문제

1 지구시스템의 구성 요소

393

다음은 지구시스템에 대한 설명이다.

> (㉠)을/를 구성하는 행성들은 태양의 중력에 묶여 태양 주위를 공전하면서 상호작용 하는 시스템을 형성한다. 지구는 (㉠)(이)라는 시스템의 구성 요소이면서 그 자체로도 상호작용 하는 ㉡여러 요소로 이루어진 하나의 시스템이다. 지구시스템의 구성 요소 중 (㉢)은/는 다른 행성에는 존재하지 않는 것으로 알려져 있다.

이에 대한 설명으로 옳은 것만을 <보기>에서 있는 대로 고른 것은?

> **보기**
> ㄱ. '태양계'는 ㉠에 해당한다.
> ㄴ. '기권'과 '수권'은 ㉡에 해당한다.
> ㄷ. ㉢은 단단한 표면으로 이루어져 있다.

① ㄱ　　　　② ㄷ　　　　③ ㄱ, ㄴ
④ ㄴ, ㄷ　　　⑤ ㄱ, ㄴ, ㄷ

394

표는 지구시스템의 구성 요소를 설명한 것이다.

구성 요소	특징
기권	여러 가지 기체로 이루어진 대기
수권	(㉠)
지권	㉡지각, 맨틀, 외핵, 내핵
(㉢)	인간을 포함한 생명체
(㉣)	기권 바깥의 우주

이에 대한 설명으로 옳은 것만을 <보기>에서 있는 대로 고른 것은?

> **보기**
> ㄱ. '빙하'와 '지하수'는 ㉠에 해당한다.
> ㄴ. ㉡은 모두 단단한 고체 상태로 되어 있다.
> ㄷ. ㉢은 ㉣로부터 생명 활동에 필요한 에너지를 얻는다.

① ㄱ　　　　② ㄴ　　　　③ ㄱ, ㄷ
④ ㄴ, ㄷ　　　⑤ ㄱ, ㄴ, ㄷ

| 395~396 | 그림은 기권에서 높이에 따른 기온 분포를 나타낸 것이다. 물음에 답하시오.

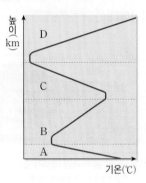

395 필수 유형 🔗 90쪽 꼭 나오는 자료

이에 대한 설명으로 옳은 것만을 <보기>에서 있는 대로 고른 것은?

> **보기**
> ㄱ. D의 상층 높이는 약 100 km이다.
> ㄴ. 비나 눈 등의 기상 현상은 A, B, C에서 나타난다.
> ㄷ. A~D 중 낮과 밤의 기온 차가 가장 큰 층은 D이다.

① ㄱ　　　　② ㄷ　　　　③ ㄱ, ㄴ
④ ㄴ, ㄷ　　　⑤ ㄱ, ㄴ, ㄷ

396 서술형

A층에서는 높이 올라갈수록 기온이 낮아지고, B층에서는 높이 올라갈수록 기온이 높아진다. 그 까닭을 각각 설명하시오.

397

기권의 특징과 역할에 대한 설명으로 옳은 것만을 <보기>에서 있는 대로 고른 것은?

> **보기**
> ㄱ. 질소와 산소가 대부분을 차지한다.
> ㄴ. 열권에서 오로라가 발생하는 경우가 있다.
> ㄷ. 대류권에서 열권에 이르는 전 구간에서 대류가 일어난다.

① ㄱ　　　　② ㄷ　　　　③ ㄱ, ㄴ
④ ㄴ, ㄷ　　　⑤ ㄱ, ㄴ, ㄷ

398
●●○

그림은 지권의 층상 구조를 나타낸 것이다.

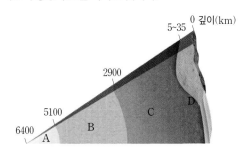

이에 대한 설명으로 옳은 것만을 <보기>에서 있는 대로 고른 것은?

┤ 보기 ├
ㄱ. A는 액체 상태, B는 고체 상태이다.
ㄴ. 구성 물질의 밀도는 C가 D보다 작다.
ㄷ. 구성 물질의 차이는 A와 B 사이가 B와 C 사이보다 작다.

① ㄱ   ② ㄷ   ③ ㄱ, ㄴ
④ ㄴ, ㄷ   ⑤ ㄱ, ㄴ, ㄷ

399
●●○

그림은 지권에서 층상 구조를 이루는 A, B, C를 나타낸 것이다.

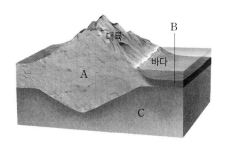

이에 대한 설명으로 옳은 것만을 <보기>에서 있는 대로 고른 것은?

┤ 보기 ├
ㄱ. 기권과의 물질 교환은 A가 B보다 활발하다.
ㄴ. 지권에서 차지하는 부피 비율은 (A+B)가 C보다 크다.
ㄷ. C는 주로 철과 니켈로 이루어져 있다.

① ㄱ   ② ㄴ   ③ ㄱ, ㄷ
④ ㄴ, ㄷ   ⑤ ㄱ, ㄴ, ㄷ

400
●○○

그림은 수권을 해수와 육수로 구분하여 수권에서 차지하는 양을 상대적인 비율로 나타낸 것이다.

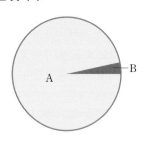

이에 대한 설명으로 옳은 것만을 <보기>에서 있는 대로 고른 것은?

┤ 보기 ├
ㄱ. 지하수는 A에 속한다.
ㄴ. 태양으로부터 흡수하는 열에너지의 양은 A가 B보다 많다.
ㄷ. 대륙 빙하의 녹는 양이 증가하면 (A+B)의 양도 증가한다.

① ㄱ   ② ㄴ   ③ ㄱ, ㄷ
④ ㄴ, ㄷ   ⑤ ㄱ, ㄴ, ㄷ

401
●●○

그림은 해수의 층상 구조를 나타낸 것이다.

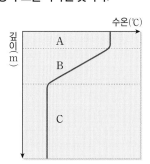

이에 대한 설명으로 옳은 것만을 <보기>에서 있는 대로 고른 것은?

┤ 보기 ├
ㄱ. A는 바람이 강할수록 두께가 두꺼워진다.
ㄴ. 계절에 따른 수온 변화는 A가 C보다 크다.
ㄷ. B가 발달할수록 A와 C 사이의 물질 교환이 활발하게 일어난다.

① ㄱ   ② ㄷ   ③ ㄱ, ㄴ
④ ㄴ, ㄷ   ⑤ ㄱ, ㄴ, ㄷ

402

다음은 지구시스템의 어느 권역에 대한 설명이다.

> 지구상에 존재하는 모든 생명체를 (㉠)(이)라고 한다. 생명체는 ㉡넓은 영역에 걸쳐 분포하며, 다양한 방법으로 주변 환경에 적응하기도 하고 ㉢주변 환경을 변화하게 하기도 하면서 생명 현상을 유지해 나간다.

이에 대한 설명으로 옳은 것만을 <보기>에서 있는 대로 고른 것은?

┤보기├
ㄱ. '생물권'은 ㉠에 해당한다.
ㄴ. ㉡은 기권, 수권, 지권을 포함한다.
ㄷ. '광합성에 의한 산소 방출'은 ㉢의 예이다.

① ㄱ   ② ㄷ   ③ ㄱ, ㄴ
④ ㄴ, ㄷ   ⑤ ㄱ, ㄴ, ㄷ

403 서술형

다음은 지구시스템에서 생물권의 변화 과정을 설명한 것이다.

> 지구에 바다가 형성되자 바다에서 최초의 생명체가 탄생하였고, 광합성을 하는 생명체가 방출한 산소는 대기에 오존층을 만들었다. 오존층이 형성된 후 육지에도 생명체가 살 수 있게 되었으며, 오랜 시간이 지난 후 날개를 가진 생명체가 번성하였다.

이를 근거로 생명체가 분포한 지구시스템의 권역이 어떻게 확대되었는지 설명하시오.

404

다음은 지구시스템의 어느 권역에 대한 설명이다.

> (㉠)은/는 지구를 둘러싸고 있는 기권 바깥의 영역으로, (㉡) 에너지는 (㉠)을/를 통해 지구로 들어와 식물의 광합성에 이용된다.

㉠, ㉡에 들어갈 알맞은 말을 각각 쓰시오.

---

2 지구시스템의 물질 순환과 에너지 흐름

| 405~406 | 표는 지구시스템의 에너지원과 특징을 나타낸 것이다. 물음에 답하시오.

에너지원	특징
A	태양에서 오는 에너지
B	지구 내부에서 나오는 에너지
조력 에너지	(㉠)

405

이에 대한 설명으로 옳은 것만을 <보기>에서 있는 대로 고른 것은?

┤보기├
ㄱ. 에너지의 양은 A가 B보다 많다.
ㄴ. B는 지구 탄생 과정에서 축적된 열을 포함한다.
ㄷ. '지구와 달, 지구와 태양 사이의 인력에 의해 생기는 에너지'는 ㉠에 해당한다.

① ㄱ   ② ㄷ   ③ ㄱ, ㄴ
④ ㄴ, ㄷ   ⑤ ㄱ, ㄴ, ㄷ

406

에너지원 A와 B에 의해 지구시스템에서 생기는 자연 현상을 각각 1가지만 쓰시오.

407

그림은 지구시스템에서 물의 순환을 나타낸 것이다.

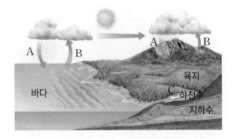

이에 대한 설명으로 옳은 것만을 <보기>에서 있는 대로 고른 것은?

┤보기├
ㄱ. A는 수증기의 응결 과정을 거쳐 일어난다.
ㄴ. B를 일으키는 주된 에너지원은 지구 내부 에너지이다.
ㄷ. C에 의해 암석의 풍화와 침식이 일어난다.

① ㄱ   ② ㄴ   ③ ㄱ, ㄷ
④ ㄴ, ㄷ   ⑤ ㄱ, ㄴ, ㄷ

| 408~409 | 그림은 지구시스템에서 탄소의 순환을 나타낸 것이다. 물음에 답하시오.

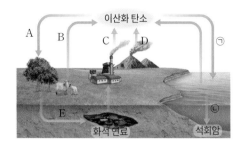

408

● ● ○

이에 대한 설명으로 옳은 것만을 <보기>에서 있는 대로 고른 것은?

┤ 보기 ├
ㄱ. A와 E에 의해 태양 에너지는 지권에 저장된다.
ㄴ. B, C, D는 기권의 탄소가 감소하는 과정이다.
ㄷ. D를 일으키는 주된 에너지는 지권에 저장된 태양 에너지이다.

① ㄱ   ② ㄷ   ③ ㄱ, ㄴ
④ ㄴ, ㄷ   ⑤ ㄱ, ㄴ, ㄷ

409 서술형

● ● ●

위 그림의 ㉠과 ㉡ 과정을 고려하여 지구시스템에서 석회암이 만들어지는 과정에 대해 다음 조건을 포함하여 설명하시오.

• ㉠과 ㉡을 각각 거치는 동안 탄소는 지구시스템의 어느 권역으로 이동하는지 쓰시오.
• ㉠과 ㉡을 각각 거치는 동안 탄소는 각 권역에서 어떤 형태로 존재하는지 쓰시오.

410

● ○ ○

다음은 탄소 순환 과정의 일부를 설명한 것이다.

지권의 탄소는 화석 연료의 연소, 화산 활동 등에 의해 (㉠)으로 이동하며, (㉡)의 탄소는 호흡을 통해 기권으로 이동한다. 기권의 탄소는 탄산 이온의 형태로 (㉢)으로 이동하였다가 석회암이 되어 (㉣)에 저장된다.

㉠~㉣에 해당하는 지구시스템의 권역을 각각 쓰시오.

3 지구시스템의 상호작용과 균형

411

● ● ○

다음은 지구시스템에서 일어나는 자연 현상 (가), (나), (다)를 나타낸 것이다.

(가) 화산재가 대기로 방출된다.　(나) 열대 바다에서 태풍이 발생한다.　(다) 강물에 의해 지형이 변한다.

이에 대한 설명으로 옳은 것만을 <보기>에서 있는 대로 고른 것은?

┤ 보기 ├
ㄱ. (가)는 지권과 기권의 상호작용에 해당한다.
ㄴ. (다)는 기권과 수권의 상호작용에 해당한다.
ㄷ. (가), (나), (다)의 상호작용은 모두 태양 에너지에 의해 일어난다.

① ㄱ   ② ㄷ   ③ ㄱ, ㄴ
④ ㄴ, ㄷ   ⑤ ㄱ, ㄴ, ㄷ

412 필수 유형 ∅ 91쪽 꼭 나오는 탐구

● ● ●

다음은 지구시스템의 구성 요소 사이에서 일어나는 상호작용과 그 예 ㉠, ㉡을 나타낸 것이다. 단, A, B, C는 지구시스템의 구성 요소이다.

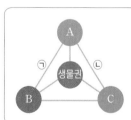

㉠ 석탄의 연소량이 증가함에 따라 대기 중의 이산화 탄소 농도가 증가하였다.
㉡ 수온이 상승하면서 물의 증발이 활발해졌다.

이에 대한 설명으로 옳은 것만을 <보기>에서 있는 대로 고른 것은?

┤ 보기 ├
ㄱ. A는 지권이다.
ㄴ. '식물 뿌리에 의한 풍화 작용'은 B와 생물권의 상호작용에 해당한다.
ㄷ. '바람에 의한 해류의 발생'은 B와 C의 상호작용에 해당한다.

① ㄱ   ② ㄴ   ③ ㄱ, ㄷ
④ ㄴ, ㄷ   ⑤ ㄱ, ㄴ, ㄷ

Ⅲ
1

학교 시험 빈출 문제 중 내신 1등급을 결정하는 고난도 문제들을 수록했습니다.

413 ⭐신유형

그림은 기권에서 높이에 따른 기온 분포의 일부를 나타낸 것이다.

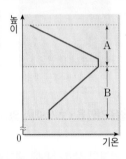

이에 대한 설명으로 옳은 것만을 <보기>에서 있는 대로 고른 것은?

┤ 보기 ├
ㄱ. 상하 방향의 대기 운동은 A가 B보다 활발하다.
ㄴ. B에서 높이에 따른 기온 분포는 지권보다 외권의 영향
   을 더 크게 받는다.
ㄷ. 구름이 형성될 수 있는 최대 높이는 A와 B의 경계까지
   이다.

① ㄱ   ② ㄷ   ③ ㄱ, ㄴ
④ ㄴ, ㄷ   ⑤ ㄱ, ㄴ, ㄷ

414

그림은 지권의 층상 구조를 나타낸 것이다.

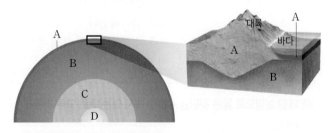

이에 대한 설명으로 옳은 것만을 <보기>에서 있는 대로 고른 것은?

┤ 보기 ├
ㄱ. A는 대륙 쪽이 해양 쪽보다 두껍다.
ㄴ. C의 평균 밀도는 B보다 D에 가깝다.
ㄷ. 깊이에 따른 온도 변화를 기준으로 구분한 것이다.

① ㄱ   ② ㄷ   ③ ㄱ, ㄴ
④ ㄴ, ㄷ   ⑤ ㄱ, ㄴ, ㄷ

415 평가원 기출 변형

다음은 해양에서 해수의 어떤 현상을 알아보기 위한 실험이다.

[실험 과정]
(가) 소금물을 채운 수조에 수면으로부
    터 각각 깊이 1, 3, 5, 7, 9 cm에 온
    도계를 설치하고, 온도를 측정한다.
(나) 전등을 켜고 15분이 지났을 때 온도
    를 측정한다.
(다) 전등을 켠 상태에서 수면을 향해 선
    풍기로 3분 동안 바람을 일으킨 후 온도를 측정한다.

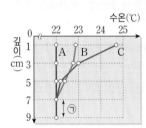

[실험 결과]
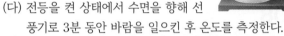

이에 대한 설명으로 옳은 것만을 <보기>에서 있는 대로 고른 것은?

┤ 보기 ├
ㄱ. ㉠은 '심해층'에 해당한다.
ㄴ. (나)의 실험 결과는 B에 해당한다.
ㄷ. 해수의 밀도와 연직 수온 변화의 관계를 알아보는 실험
   이다.

① ㄱ   ② ㄷ   ③ ㄱ, ㄴ
④ ㄴ, ㄷ   ⑤ ㄱ, ㄴ, ㄷ

416

그림은 지구시스템에서 탄소 순환 과정의 일부를 나타낸 것이다.

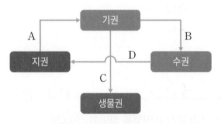

이에 대한 설명으로 옳은 것만을 <보기>에서 있는 대로 고른 것은?

┤ 보기 ├
ㄱ. '화산 활동에 의한 탄소 이동'은 A에 해당한다.
ㄴ. B와 D를 거치면 석회암이 생성될 수 있다.
ㄷ. C를 거치면 탄소는 주로 탄산 이온으로 존재한다.

① ㄱ   ② ㄷ   ③ ㄱ, ㄴ
④ ㄴ, ㄷ   ⑤ ㄱ, ㄴ, ㄷ

417 교육청 기출 변형 ●● ○

그림 (가)는 지구시스템에서 물의 순환을, (나)는 지구시스템 구성 요소들의 상호작용을 나타낸 것이다.

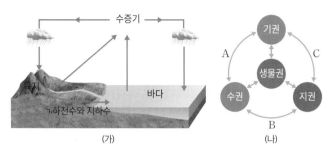

(가)

(나)

이에 대한 설명으로 옳은 것만을 <보기>에서 있는 대로 고른 것은?

| 보기 |

ㄱ. A의 예로 '바람에 의한 사구 형성'이 있다.
ㄴ. ㉠에 의한 암석의 풍화와 침식은 B에 해당한다.
ㄷ. (가)의 주된 에너지원은 지구와 태양 사이의 인력에서 생긴다.

① ㄱ   ② ㄴ   ③ ㄱ, ㄷ
④ ㄴ, ㄷ   ⑤ ㄱ, ㄴ, ㄷ

418 ●●●

다음은 지구시스템의 구성 요소 사이에서 일어나는 상호작용과 그 예 ㉠, ㉡, ㉢을 나타낸 것이다. A, B, C는 지구시스템의 구성 요소이다.

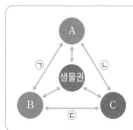

㉠ 수온 상승에 의한 구름 형성
㉡ 파도에 의한 해식 동굴의 형성
㉢ 건조 지대에서 발생한 황사의 이동

이에 대한 설명으로 옳은 것만을 <보기>에서 있는 대로 고른 것은?

| 보기 |

ㄱ. A는 기권이다.
ㄴ. '태풍에 의한 해일 발생'은 A와 B의 상호작용에 해당한다.
ㄷ. '숲의 면적 감소에 의한 토양 성분 변화'는 생물권과 C의 상호작용에 해당한다.

① ㄱ   ② ㄷ   ③ ㄱ, ㄴ
④ ㄴ, ㄷ   ⑤ ㄱ, ㄴ, ㄷ

✐ 서술형 문제

419 ●●●

그림은 우리나라의 어느 해역에서 2월과 8월에 각각 관측한 연직 수온 분포를 나타낸 것이다.

2월과 8월의 연직 수온 분포를 비교하여 2월의 연직 수온 분포는 어떤 특징을 보이는지 해수의 층상 구조와 관련지어 설명하고, 그러한 특징을 보이는 까닭을 설명하시오.

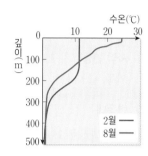

420 ●●●

다음은 두 종류의 동굴이 만들어지는 과정을 간략하게 설명한 것이다.

(가) 지하수가 석회암 지대를 흐르는 동안 암석을 녹여 석회 동굴이 만들어진다.
(나) 해안 지역에서 오랜 세월 동안 파도가 쳐서 해식 동굴이 만들어진다.

(가)와 (나)의 동굴이 만들어지는 과정에 공통으로 관여한 에너지원을 쓰고, 그렇게 판단한 근거를 설명하시오.

421 ●●●

그림은 지구 온난화로 인해 지구시스템의 균형이 깨져 생긴 북극해 얼음 면적의 변화를 나타낸 것이다.

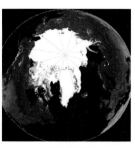

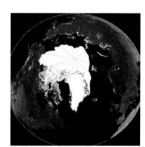

1980년 10월   2020년 10월

이러한 변화가 생긴 까닭을 지구시스템의 구성 요소 사이에서 탄소가 이동하는 과정으로 설명하고, 이러한 북극해의 얼음 면적 변화가 수권과 지권에 주는 영향을 각각 1가지만 설명하시오.

10 지권의 변화와 판 구조론

1 지권의 변화

1 지각 변동 지구 내부 에너지에 의해 지진, 화산 활동, 대륙 이동, 습곡 산맥 형성 등의 지각 변동이 일어난다. 급격한 지각 변동
└ 서서히 일어나는 지각 변동

2 변동대

① 화산대: 화산 활동이 자주 발생하는 지역

② 지진대: 지진이 자주 발생하는 지역

③ 화산대와 지진대의 분포: 거의 일치하며, 띠 모양으로 분포한다.

2 판 구조론

1 판과 연약권

판	• 암석권: 지각과 맨틀의 윗부분을 포함하는 단단한 암석으로 이루어진 부분 • 판: 암석권을 이루는 크고 작은 각각의 조각 • 대륙 지각을 포함하는 대륙판, 해양 지각을 포함하는 해양판으로 구분한다.
연약권	• 암석권 아래에 있는 맨틀 물질의 일부가 녹아 유동성을 띠는 부분 • 상부와 하부의 온도 차이로 맨틀 대류가 일어난다.

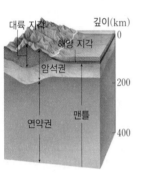

▲ 암석권과 연약권

2 판의 세 가지 경계

수렴형 경계	• 두 판이 서로 가까워져 섭입하거나 충돌하는 경계 • 맨틀 대류의 하강부에서 나타난다. • 해구, 호상열도, 습곡 산맥 등이 형성된다. 해구와 나란하게 활 모양으로 늘어서 있는 화산섬들
발산형 경계	• 두 판이 서로 멀어지는 경계 • 맨틀 대류의 상승부에서 나타난다. 두 판이 서로 멀어지면서 생기는 좁고 긴 골짜기로, 주로 해령의 중앙부에 형성된다. • 해령(해저 산맥), 열곡대가 형성된다.
보존형 경계	• 두 판이 서로 어긋나게 이동하는 경계 • 맨틀 대류의 상승부나 하강부와 관련이 없다. • 변환 단층이 형성된다.

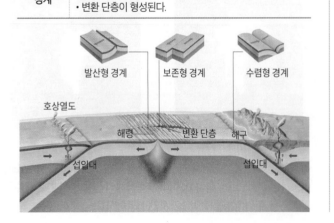

발산형 경계   보존형 경계   수렴형 경계

호상열도   해령   변환 단층   해구   섭입대   섭입대

3 판 구조론 지구의 겉 부분은 여러 개의 판으로 나누어져 있으며, 이러한 판의 운동에 의해 판의 경계 부근에서 지진이나 화산 활동 등의 지각 변동이 일어난다는 이론

꼭 나오는 자료 전 세계 판의 분포

유라시아판, 북아메리카판, 아라비아판, 필리핀판, 카리브판, 코코스판, 아프리카판, 아프리카판, 태평양판, 남아메리카판, 인도·오스트레일리아판, 나스카판, 남극판, 스코샤판

— 판의 경계
→ 판의 이동 방향

❶ 판의 분포: 지구의 표면은 크고 작은 10여 개의 판으로 이루어져 있다.

❷ 대서양에는 대양의 주변부에 해구가 거의 없고, 중앙부를 따라 남북 방향으로 대서양 중앙 해령이 발달한다.

❸ 태평양에는 대양의 주변부에 해구가 발달하고, 남동쪽에 동태평양 해령이 발달한다.

❹ 지진과 화산 활동은 태평양 주변부에서는 활발하지만 대서양 주변부에서는 거의 일어나지 않는다.

필수 유형 대서양과 태평양에서 판의 분포에 따른 지각 변동의 특징을 묻는 문제가 자주 출제된다.   🔗101쪽 440번

4 수렴형 경계와 지각 변동 두 판의 밀도 차이에 의해 섭입형 경계 또는 충돌형 경계를 형성한다.

섭입형 경계	• 밀도가 큰 해양판이 다른 해양판(또는 대륙판) 아래로 섭입하여 소멸한다. • 섭입대를 따라 지진이 자주 발생한다. • 해구와 나란하게 화산 활동이 활발하게 일어나고, 호상열도가 형성되기도 한다. 📍 마리아나 해구 • 해구가 발달하고, 해양판과 대륙판의 경계 부근에는 습곡 산맥이 형성된다. 📍 페루-칠레 해구, 안데스산맥

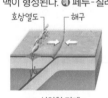
▲ 섭입형 경계
(해양판-해양판)

▲ 섭입형 경계
(해양판-대륙판)

충돌형 경계	• 두 대륙판이 수렴하여 충돌한다. • 지진이 자주 발생하지만 화산 활동은 일어나지 않는다. • 습곡 산맥이 만들어진다. 📍 히말라야산맥

▲ 충돌형 경계
(대륙판-대륙판)

5 발산형 경계와 지각 변동

해양판과 해양판	• 해저에서 두 해양판이 서로 멀어지면서 새로운 지각이 생성된다. • 지진과 화산 활동이 일어난다. 예 대서양 중앙 해령, 동태평양 해령
대륙판과 대륙판	• 대륙판이 갈라지는 곳으로, 열곡대가 형성된다. • 지진과 화산 활동이 일어난다. 예 동아프리카 열곡대

6 보존형 경계와 지각 변동

① 해령과 해령 사이에 있는 구간으로, 변환 단층이 발달한다.

② 지진이 자주 발생하지만 화산 활동은 일어나지 않는다. 판이 생성되거나 소멸되지 않는다.

③ 산안드레아스 단층은 변환 단층이 육지로 드러난 예이다.

▲ 보존형 경계

3 지권의 변화가 지구시스템에 미치는 영향

1 화산 활동의 피해와 이용

꼭 나오는 탐구 화산 활동의 피해와 이용

[과정]
그림은 화산 활동의 여러 모습을 나타낸 것이다. 화산 활동의 피해와 이용을 구분하고 정리해 보자.

▲ 용암 분출

▲ 지열 발전

▲ 온천 발달

[결과 및 정리]

❶ 화산 활동의 피해: 화산 쇄설물, 화산 가스, 용암 등이 분출하여 피해를 발생시킨다. 화산재, 화산력, 화산암괴 등의 고체 물질
 • 화산 쇄설물: 기권으로 방출된 화산재는 햇빛을 가려 지구의 기온을 하강시킨다.
 • 화산 가스: 화산 가스는 산성비를 내리게 하여 식물의 생장을 방해한다.
 • 용암: 산불이나 산사태를 일으키고, 가옥과 도로 등을 파괴한다.
❷ 화산 활동의 이용: 화산 지대에서는 여러 가지 이로운 점도 있다.
 • 화산 쇄설물: 오랜 시간이 지나면 비옥한 토양이 된다.
 • 온천과 화산 지형: 관광 자원으로 활용된다.
 • 지열: 화산 지대의 지열 에너지를 발전이나 난방 등에 이용할 수 있다.

필수 유형 화산 활동의 피해와 화산 지대에서 얻을 수 있는 이로운 점을 묻는 문제가 자주 출제된다. 🔗 104쪽 456번

2 지진의 피해와 이용

① 지진의 피해: 건물과 도로의 파괴, 지표면 균열, 산사태나 화재에 의한 피해, 지진 해일의 발생 등

② 지진의 이용: 지진파를 이용한 지구 내부 구조와 구성 물질 연구, 지하자원 탐사 등

개념 확인 문제

| 422~428 | 지권의 변화와 판 구조론에 대한 설명으로 옳은 것은 ○표, 옳지 않은 것은 ×표 하시오.

422 화산대와 지진대의 분포는 대체로 일치한다. (   )

423 단단한 암석으로 이루어진 지각을 암석권, 지각 아래의 맨틀을 연약권이라고 한다. (   )

424 수렴형 경계에서는 맨틀 대류가 하강하고, 발산형 경계에서는 맨틀 대류가 상승한다. (   )

425 보존형 경계에서는 해구와 나란하게 화산 활동이 일어나 호상열도가 형성된다. (   )

426 판의 상대적인 이동 방향에 따라 판의 경계를 나타내면 세 가지 경계로 구분할 수 있다. (   )

427 발산형 경계에서는 변환 단층이 발달하고, 보존형 경계에서는 해령과 열곡이 발달한다. (   )

428 태평양 주변부는 대서양 주변부보다 지진과 화산 활동이 활발하게 일어난다. (   )

429 표는 두 해양판의 경계에서 판의 상대적인 이동 방향을 나타낸 것이다. (   ) 안에 들어갈 알맞은 말을 쓰시오.

판의 경계	→ ←	← →	↑ ↓
발달하는 구조 (지형)	(㉠), 호상열도	(㉡), 열곡	(㉢)

430 판의 경계에서 일어나는 지각 변동 중 화산 활동이 활발한 경계에는 ○표, 활발하지 않은 경계에는 ×표 하시오.

판의 경계	수렴형 경계			보존형 경계	발산형 경계
	대륙판과 대륙판	해양판과 해양판	대륙판과 해양판		
화산 활동	(㉠)	(㉡)	(㉢)	(㉣)	(㉤)

| 431~432 | 화산 활동과 지진의 피해 및 이용에 대한 설명으로 옳은 것은 ○표, 옳지 않은 것은 ×표 하시오.

431 다량의 화산재가 대기로 방출되면 기권에서는 기온이 하강한다. (   )

432 해저에서 지진이 발생하면 해안가에서는 해일이 발생하는 경우가 있다. (   )

학교 시험에서 출제율이 70% 이상인 문제들을 엄선하여 수록했습니다.

기출 분석 문제

1 지권의 변화

433

다음은 지권에서 일어나는 지각 변동을 나타낸 것이다.

(가) 화산 활동

(나) 습곡 산맥 형성

(다) 지진

이에 대한 설명으로 옳은 것만을 <보기>에서 있는 대로 고른 것은?

| 보기 |

ㄱ. (가)가 일어날 때는 지구 내부의 물질이 방출된다.
ㄴ. (가)는 (나)보다 급격하게 일어나는 지각 변동이다.
ㄷ. (가), (나), (다)를 일으키는 주된 에너지원은 지구 내부 에너지이다.

① ㄱ   ② ㄷ   ③ ㄱ, ㄴ
④ ㄴ, ㄷ   ⑤ ㄱ, ㄴ, ㄷ

434

그림은 전 세계 지진과 화산의 분포를 나타낸 것이다.

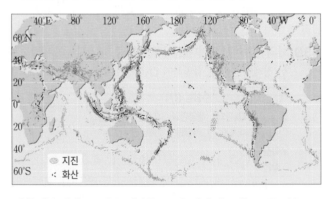

이에 대한 설명으로 옳은 것만을 <보기>에서 있는 대로 고른 것은?

| 보기 |

ㄱ. 지진이 발생하는 지역은 긴 띠 모양으로 분포한다.
ㄴ. 화산 활동이 일어나는 지역은 지진도 자주 발생한다.
ㄷ. 지각 변동은 대서양 주변부가 태평양 주변부보다 활발하게 일어난다.

① ㄱ   ② ㄷ   ③ ㄱ, ㄴ
④ ㄴ, ㄷ   ⑤ ㄱ, ㄴ, ㄷ

2 판 구조론

435

그림은 깊이 약 400 km까지 지권의 구조를 나타낸 것이다. A와 B는 암석권이다.

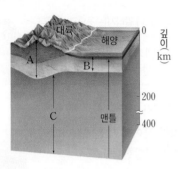

이에 대한 설명으로 옳은 것만을 <보기>에서 있는 대로 고른 것은?

| 보기 |

ㄱ. 평균 밀도는 A가 B보다 크다.
ㄴ. C에서는 맨틀 물질이 대류를 일으킨다.
ㄷ. 암석권은 A와 B가 합쳐진 1개의 덩어리로 이루어진다.

① ㄱ   ② ㄴ   ③ ㄱ, ㄷ
④ ㄴ, ㄷ   ⑤ ㄱ, ㄴ, ㄷ

436

그림 (가), (나), (다)는 서로 다른 판의 경계를 나타낸 것이다. (가), (나), (다)의 판은 모두 해양판이다.

(가)   (나)   (다)

이에 대한 설명으로 옳은 것만을 <보기>에서 있는 대로 고른 것은?

| 보기 |

ㄱ. (가)에서는 열곡이 발달한다.
ㄴ. (나)는 맨틀 대류의 상승부이다.
ㄷ. (다)에서는 섭입대를 따라 변환 단층이 발달한다.

① ㄱ   ② ㄴ   ③ ㄱ, ㄷ
④ ㄴ, ㄷ   ⑤ ㄱ, ㄴ, ㄷ

| 437~438 | 그림은 판의 이동 방향과 경계를 나타낸 것이다. 물음에 답하시오.

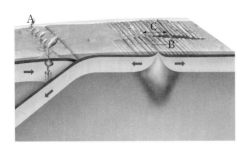

437
● ○ ○

A는 화산섬들이 해구와 나란하게 분포한 지형이고, C는 해령과 해령 사이의 구간에 발달한 지형이다. A, C의 이름을 각각 쓰시오.

438
● ● ○

위 그림에 대한 설명으로 옳은 것만을 <보기>에서 있는 대로 고른 것은?

| 보기 |
ㄱ. A는 보존형 경계 부근에 형성된다.
ㄴ. B의 중앙부에서는 새로운 해양 지각이 생성된다.
ㄷ. A, B, C에서는 모두 화산 활동이 활발하게 일어난다.

① ㄱ   ② ㄴ   ③ ㄱ, ㄷ
④ ㄴ, ㄷ   ⑤ ㄱ, ㄴ, ㄷ

439
● ○ ○

판 구조론에 대한 설명으로 옳은 것만을 <보기>에서 있는 대로 고른 것은?

| 보기 |
ㄱ. 지진과 화산 활동은 주로 판의 경계에서 일어난다.
ㄴ. 맨틀 대류의 상승부에서는 새로운 판이 생성된다.
ㄷ. 대륙판과 대륙판의 발산형 경계에서는 오래된 판이 소멸한다.
ㄹ. 대륙판과 해양판이 수렴하면 대륙판이 해양판 아래로 섭입한다.

① ㄱ, ㄴ   ② ㄱ, ㄷ   ③ ㄷ, ㄹ
④ ㄱ, ㄴ, ㄹ   ⑤ ㄴ, ㄷ, ㄹ

440 필수 유형 🔗 98쪽 꼭 나오는 자료
● ● ○

그림은 전 세계 주요 판의 경계와 이동 방향을 나타낸 것이다.

이에 대한 설명으로 옳은 것만을 <보기>에서 있는 대로 고른 것은?

| 보기 |
ㄱ. 수렴형 경계가 형성된 곳은 A와 C이다.
ㄴ. B에서는 화산 활동에 의해 호상열도가 형성되었다.
ㄷ. D에서는 해양판이 소멸하고, E에서는 해양판이 생성된다.

① ㄱ   ② ㄷ   ③ ㄱ, ㄴ
④ ㄴ, ㄷ   ⑤ ㄱ, ㄴ, ㄷ

441
● ● ●

그림은 어느 판의 경계에서 판의 이동을 이해하기 위한 실험 장치를 간단히 나타낸 것이다. 화살표는 나무판자의 이동 방향이다.

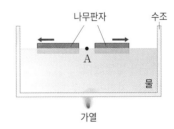

이에 대한 설명으로 옳은 것만을 <보기>에서 있는 대로 고른 것은?

| 보기 |
ㄱ. 물은 연약권을 가정한 것이다.
ㄴ. 판 구조론에서 A에 해당하는 지점에서는 새로운 판이 생성된다.
ㄷ. 이 실험으로 맨틀 대류의 원인은 판과 연약권의 밀도 차이 때문임을 알 수 있다.

① ㄱ   ② ㄷ   ③ ㄱ, ㄴ
④ ㄴ, ㄷ   ⑤ ㄱ, ㄴ, ㄷ

442

•••◦

그림은 어느 판의 경계를 나타낸 것이다.

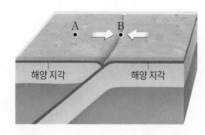

이에 대한 설명으로 옳은 것만을 <보기>에서 있는 대로 고른 것은?

┤보기├
ㄱ. A 부근에서는 화산 활동이 일어난다.
ㄴ. B에서는 해양판이 소멸한다.
ㄷ. A에서 B로 갈수록 진원의 깊이가 얕아진다.

① ㄱ   ② ㄷ   ③ ㄱ, ㄴ
④ ㄴ, ㄷ   ⑤ ㄱ, ㄴ, ㄷ

|443~444| 그림 (가)와 (나)는 서로 다른 판의 경계를 나타낸 것이다. 물음에 답하시오.

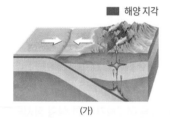 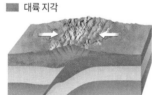

(가)   (나)

443

•••◦

이에 대한 설명으로 옳은 것만을 <보기>에서 있는 대로 고른 것은?

┤보기├
ㄱ. (가)에서는 해구가 발달한다.
ㄴ. (가)와 (나)에서는 지진이 자주 발생한다.
ㄷ. (가)와 (나)에서는 화산 활동이 활발하게 일어난다.

① ㄱ   ② ㄷ   ③ ㄱ, ㄴ
④ ㄴ, ㄷ   ⑤ ㄱ, ㄴ, ㄷ

444 ✎서술형

•••

(가)와 (나)에서 공통적으로 형성되는 지형을 쓰고, (나)에서 이러한 지형이 실제로 형성된 예와 형성 과정에 대해 설명하시오.

445

•◦◦◦

맨틀 대류의 하강부에서 형성된 지형이 아닌 것은?(정답 2개)

① 일본 해구   ② 알류샨 열도
③ 안데스산맥   ④ 대서양 중앙 해령
⑤ 동아프리카 열곡대

446

•••◦

그림은 어느 판의 경계를 나타낸 것이다.

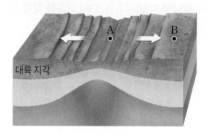

이에 대한 설명으로 옳은 것만을 <보기>에서 있는 대로 고른 것은?

┤보기├
ㄱ. A는 맨틀 대류의 하강부이다.
ㄴ. 지형의 고도는 A에서 B로 갈수록 높아진다.
ㄷ. 산안드레아스 단층은 A에 발달한 지형의 예이다.

① ㄱ   ② ㄴ   ③ ㄱ, ㄷ
④ ㄴ, ㄷ   ⑤ ㄱ, ㄴ, ㄷ

447

•••◦

그림은 어느 해양에 발달한 판의 경계를 나타낸 것이다.

이에 대한 설명으로 옳은 것만을 <보기>에서 있는 대로 고른 것은?

┤보기├
ㄱ. 해양 지각의 연령은 B가 A보다 많다.
ㄴ. A에서는 화산 활동이 활발하게 일어난다.
ㄷ. 대서양 중앙부에는 A와 같은 지형이 발달한다.

① ㄱ   ② ㄷ   ③ ㄱ, ㄴ
④ ㄴ, ㄷ   ⑤ ㄱ, ㄴ, ㄷ

| **448~449** | 그림은 어느 판의 경계 부근에서 판의 이동 방향을 나타낸 것이다. 물음에 답하시오.

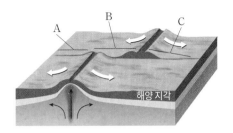

448

이에 대한 설명으로 옳은 것만을 <보기>에서 있는 대로 고른 것은?

┤ 보기 ├
ㄱ. A에서는 화산 활동이 활발하게 일어난다.
ㄴ. B에서는 지진이 자주 발생한다.
ㄷ. (A+B+C)는 변환 단층에 해당한다.

① ㄱ   ② ㄴ   ③ ㄱ, ㄷ
④ ㄴ, ㄷ   ⑤ ㄱ, ㄴ, ㄷ

449 ✏서술형

B에서는 지진이 자주 발생하지만 A와 C에서는 지진이 거의 발생하지 않는다. 그 까닭을 판의 상대적인 운동과 관련지어 설명하시오.

450

그림은 우리나라 주변에서 판의 분포와 이동 방향을 나타낸 것이다.

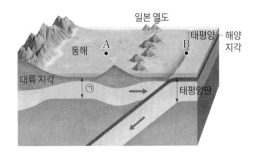

이에 대한 설명으로 옳은 것만을 <보기>에서 있는 대로 고른 것은?

┤ 보기 ├
ㄱ. 태평양판은 판 ㉠보다 밀도가 작다.
ㄴ. A와 B 사이에는 호상열도가 분포한다.
ㄷ. A에서 B로 갈수록 진원의 깊이가 얕아진다.

① ㄱ   ② ㄷ   ③ ㄱ, ㄴ
④ ㄴ, ㄷ   ⑤ ㄱ, ㄴ, ㄷ

451 ●●●

그림은 판의 경계에서 나타나는 특징을 A, B, C로 구분한 것이다. 겹치는 영역은 ㉠, ㉡, ㉢으로 표시하였다.

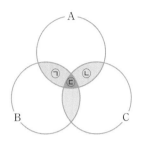

A: 화산 활동이 일어난다.
B: 맨틀 대류가 하강한다.
C: 습곡 산맥이 발달한다.

이에 대한 설명으로 옳은 것만을 <보기>에서 있는 대로 고른 것은?

┤ 보기 ├
ㄱ. ㉠의 판 경계에서는 두 판이 서로 어긋나게 이동한다.
ㄴ. 안데스산맥에서는 ㉡의 특징이 나타난다.
ㄷ. '지진 발생'은 ㉢에 해당한다.

① ㄱ   ② ㄷ   ③ ㄱ, ㄴ
④ ㄴ, ㄷ   ⑤ ㄱ, ㄴ, ㄷ

452 ●●●

그림은 두 해양판 A, B가 경계를 이루는 어느 해양에서 진앙과 화산의 분포를 나타낸 것이다. ㉠과 ㉡은 판 B에 위치한다.

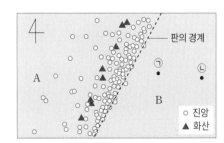

이에 대한 설명으로 옳은 것만을 <보기>에서 있는 대로 고른 것은?

┤ 보기 ├
ㄱ. 판의 평균 밀도는 A가 B보다 크다.
ㄴ. 해양 지각의 연령은 ㉠이 ㉡보다 많다.
ㄷ. 화산섬은 맨틀 대류의 상승부에 형성되었다.

① ㄱ   ② ㄴ   ③ ㄱ, ㄴ
④ ㄴ, ㄷ   ⑤ ㄱ, ㄴ, ㄷ

● 바른답·알찬풀이 55쪽

453
그림은 어느 지역에서 판의 이동 방향과 경계를 나타낸 것이다. 이 지역에서 판의 이동 속력은 모두 같다.

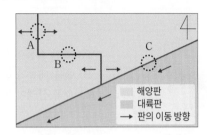

이에 대한 설명으로 옳은 것만을 <보기>에서 있는 대로 고른 것은?

| 보기 |
ㄱ. A, B, C에서는 화산 활동이 활발하게 일어난다.
ㄴ. C에서는 해양판이 대륙판 아래로 섭입한다.
ㄷ. A에서는 판이 생성되고, C에서는 판이 소멸된다.

① ㄱ ② ㄷ ③ ㄱ, ㄴ
④ ㄴ, ㄷ ⑤ ㄱ, ㄴ, ㄷ

454 서술형
히말라야산맥 부근에서는 화산 활동이 일어나지 않지만 안데스산맥 부근에서는 화산 활동이 일어난다. 그 까닭을 판의 종류와 관련지어 설명하시오.

455
그림은 남아메리카 대륙 주변에서 판의 분포와 경계를 나타낸 것이다.

이에 대한 설명으로 옳은 것만을 <보기>에서 있는 대로 고른 것은?

| 보기 |
ㄱ. A에서는 나스카판과 남아메리카판이 경계를 이룬다.
ㄴ. A 부근의 화산 활동은 판의 경계를 기준으로 동쪽보다 서쪽에서 활발하게 일어난다.
ㄷ. 대서양 중앙부는 주변부보다 지각 변동이 활발하다.

① ㄱ ② ㄴ ③ ㄱ, ㄷ
④ ㄴ, ㄷ ⑤ ㄱ, ㄴ, ㄷ

3 지권의 변화가 지구시스템에 미치는 영향

456 필수 유형 99쪽 꼭 나오는 탐구
다음은 화산 활동에 대한 설명이다.

화산 활동이 일어나면 대기로 다량의 ㉠화산재가 방출되고, 화산 가스는 (㉡)을/를 내리게 하여 식물의 생장을 방해한다. ㉢용암은 산불이나 산사태를 일으키고, 가옥과 도로를 파괴하기도 한다.

이에 대한 설명으로 옳은 것만을 <보기>에서 있는 대로 고른 것은?

| 보기 |
ㄱ. ㉠에 의해 지구 기온은 일시적으로 상승한다.
ㄴ. '산성비'는 ㉡에 해당한다.
ㄷ. 화산 활동이 일어났을 때 ㉢에 의한 피해 지역이 ㉡에 의한 피해 지역보다 넓다.

① ㄱ ② ㄴ ③ ㄱ, ㄷ
④ ㄴ, ㄷ ⑤ ㄱ, ㄴ, ㄷ

457 서술형
화산 활동은 화산 주변 지역에 큰 피해를 주지만 긍정적인 면도 있다. 화산 지대에서 화산 활동의 이로운 점을 에너지 활용의 관점에서 2가지를 설명하시오.

458
다음은 지진에 의한 피해와 이용을 나타낸 것이다.

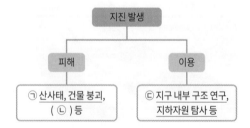

이에 대한 설명으로 옳은 것만을 <보기>에서 있는 대로 고른 것은?

| 보기 |
ㄱ. ㉠은 주로 지반의 진동에 의해 일어난다.
ㄴ. '해일 발생'은 ㉡에 해당한다.
ㄷ. ㉢은 지진파를 분석하여 알아낸다.

① ㄱ ② ㄷ ③ ㄱ, ㄴ
④ ㄴ, ㄷ ⑤ ㄱ, ㄴ, ㄷ

1등급 완성 문제

459

●●○

그림은 2000년 이후 발생한 지진을 진원의 깊이에 따라 구분하여 나타낸 것이다. A, B, C는 판이다.

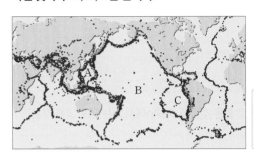

진원 깊이
● 0~100 km
○ 100~300 km
● 300 km 이상

이에 대한 설명으로 옳은 것만을 <보기>에서 있는 대로 고른 것은?

┤ 보기 ├
ㄱ. B와 C의 경계에는 해령이 발달한다.
ㄴ. 진앙의 분포는 대체로 판의 경계를 따라 나타난다.
ㄷ. 진원의 평균 깊이는 A와 B의 경계가 B와 C의 경계보다 깊다.

① ㄱ   ② ㄷ   ③ ㄱ, ㄴ
④ ㄴ, ㄷ   ⑤ ㄱ, ㄴ, ㄷ

460

●●○

그림은 어느 해양에서 판의 경계 ㉠과 ㉡ 부근의 지진 발생 지역과 화산 활동 지점을 나타낸 것이다. A, B, C는 서로 다른 판이고, ㉠과 ㉡은 각각 해령과 해구 중 하나이다.

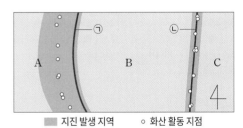

▨ 지진 발생 지역   ○ 화산 활동 지점

이에 대한 설명으로 옳은 것만을 <보기>에서 있는 대로 고른 것은?

┤ 보기 ├
ㄱ. ㉠ 부근에는 판의 경계와 나란하게 열곡대가 분포한다.
ㄴ. 진원의 평균 깊이는 ㉠ 부근이 ㉡ 부근보다 깊다.
ㄷ. 판 B를 이루는 지각의 연령은 ㉠ 부근이 ㉡ 부근보다 적다.

① ㄱ   ② ㄴ   ③ ㄱ, ㄷ
④ ㄴ, ㄷ   ⑤ ㄱ, ㄴ, ㄷ

461 ☆신유형

●●●

그림 (가)와 (나)는 각각 히말라야산맥과 안데스산맥의 위치와 판의 경계를 나타낸 것이다.

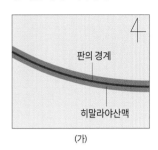
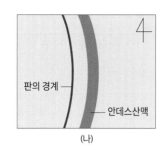

판의 경계 / 히말라야산맥 (가)

판의 경계 / 안데스산맥 (나)

이에 대한 설명으로 옳은 것만을 <보기>에서 있는 대로 고른 것은?

┤ 보기 ├
ㄱ. 두 판의 밀도 차는 (가)가 (나)보다 작다.
ㄴ. (가)는 맨틀 대류의 상승부이고, (나)는 맨틀 대류의 하강부이다.
ㄷ. (가)와 (나)의 습곡 산맥 부근에서는 화산 활동이 활발하게 일어난다.

① ㄱ   ② ㄷ   ③ ㄱ, ㄴ
④ ㄴ, ㄷ   ⑤ ㄱ, ㄴ, ㄷ

462 교육청 기출 변형

●●●

그림 (가)는 어느 지역의 판 A, B의 경계와 판의 상대적인 이동 방향을, (나)는 (가)의 X−X′ 구간에서의 지형 단면을 나타낸 것이다.

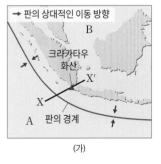
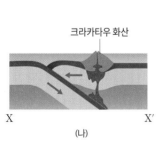

→ 판의 상대적인 이동 방향

B / 크라카타우 화산 / X′ / X / A / 판의 경계 (가)

크라카타우 화산 / X / X′ (나)

이에 대한 설명으로 옳은 것만을 <보기>에서 있는 대로 고른 것은?

┤ 보기 ├
ㄱ. 판의 밀도는 A가 B보다 크다.
ㄴ. 지진은 A보다 B에서 자주 발생한다.
ㄷ. 크라카타우 화산은 호상열도에 해당한다.

① ㄱ   ② ㄴ   ③ ㄱ, ㄷ
④ ㄴ, ㄷ   ⑤ ㄱ, ㄴ, ㄷ

Ⅲ
1

463 평가원 기출 변형 •••

그림 (가)는 남아메리카 대륙과 아프리카 대륙 사이의 대서양에서 판의 경계와 A, B, C 지점을, (나)는 A, B, C 지점에서 해양 지각의 연령을 순서 없이 ㉠, ㉡, ㉢으로 나타낸 것이다.

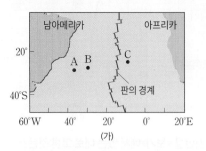
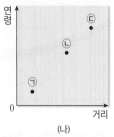

이에 대한 설명으로 옳은 것만을 <보기>에서 있는 대로 고른 것은?

| 보기 |
ㄱ. A의 해양 지각 연령은 ㉠에 해당한다.
ㄴ. A와 C 사이의 거리는 점점 증가할 것이다.
ㄷ. 화산 활동은 ㉡과 ㉢ 사이보다 ㉠과 ㉡ 사이에서 활발하게 일어난다.

① ㄱ   ② ㄷ   ③ ㄱ, ㄴ
④ ㄴ, ㄷ   ⑤ ㄱ, ㄴ, ㄷ

465 •••

그림은 북아메리카 대륙 주변의 태평양에서 판의 분포와 경계를 나타낸 것이다.

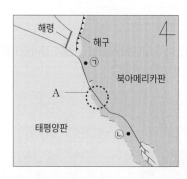

이에 대한 설명으로 옳은 것만을 <보기>에서 있는 대로 고른 것은?

| 보기 |
ㄱ. ㉠과 ㉡은 서로 다른 판에 속한다.
ㄴ. A에서는 변환 단층을 따라 화산 활동이 일어난다.
ㄷ. ㉡이 속한 판의 상대적인 이동 방향은 남동쪽이다.

① ㄱ   ② ㄷ   ③ ㄱ, ㄴ
④ ㄴ, ㄷ   ⑤ ㄱ, ㄴ, ㄷ

464 •••

그림 (가)와 (나)는 서로 다른 지역의 판 경계에서 판의 이동 방향을 나타낸 것이다.

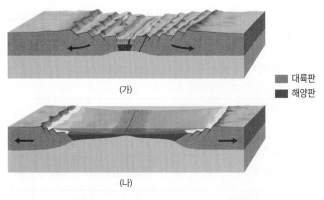

■ 대륙판
■ 해양판

이에 대한 설명으로 옳은 것만을 <보기>에서 있는 대로 고른 것은?

| 보기 |
ㄱ. 동아프리카 열곡대는 (가)에 해당한다.
ㄴ. 태평양에서 (나)와 같은 판의 경계는 북서쪽에 분포한다.
ㄷ. (가)와 (나)의 판 경계에서는 화산 활동이 활발하게 일어난다.

① ㄱ   ② ㄴ   ③ ㄱ, ㄷ
④ ㄴ, ㄷ   ⑤ ㄱ, ㄴ, ㄷ

466 •••

그림은 판의 경계에 해당하는 여러 지역의 지형을 분류한 흐름도이다.

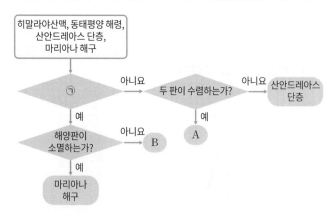

이에 대한 설명으로 옳은 것만을 <보기>에서 있는 대로 고른 것은?

| 보기 |
ㄱ. '판의 경계 부근에서 화산 활동이 일어나는가?'는 ㉠에 해당한다.
ㄴ. A에서는 서로 다른 두 대륙판이 경계를 이룬다.
ㄷ. B에서는 맨틀 대류의 하강부가 있다.

① ㄱ   ② ㄷ   ③ ㄱ, ㄴ
④ ㄴ, ㄷ   ⑤ ㄱ, ㄴ, ㄷ

467 ☆신유형

●●●

다음은 인도네시아 스메루 화산 폭발에 대한 신문 기사의 일부이다.

2021년 12월 4일 스메루 화산이 폭발하여 엄청난 ㉠화산재가 십여 km 높이까지 분출하였다. 이 화산 폭발로 인근 마을은 온통 시커먼 화산재로 뒤덮였으며, 주택과 차량은 물론 마을을 잇는 다리가 파손되고, 유독한 ㉡화산 가스로 인해 가축이 질식사하는 등 피해가 속출하였다.

이에 대한 설명으로 옳은 것만을 <보기>에서 있는 대로 고른 것은?

┤ 보기 ├
ㄱ. ㉠이 성층권에 도달하면 대류권에서보다 체류 시간이 길다.
ㄴ. ㉡이 대기로 퍼져 나가는 지역은 산성비가 내릴 수 있다.
ㄷ. 스메루 화산 폭발은 판의 발산형 경계에서 일어났다.

① ㄱ   ② ㄷ   ③ ㄱ, ㄴ
④ ㄴ, ㄷ   ⑤ ㄱ, ㄴ, ㄷ

468

●●●

그림 (가)와 (나)는 서로 다른 판의 경계 부근에서 판의 이동 속도를 나타낸 것이다.

■ 대륙판   ■ 해양판

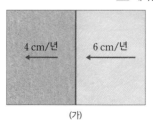
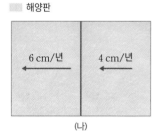

이에 대한 설명으로 옳은 것만을 <보기>에서 있는 대로 고른 것은?

┤ 보기 ├
ㄱ. (가)에서 진앙은 대륙판보다 해양판에 많이 분포한다.
ㄴ. (나)는 판의 경계에서 화산 활동이 일어난다.
ㄷ. (가)에서는 해령, (나)에서는 해구가 발달한다.

① ㄱ   ② ㄴ   ③ ㄱ, ㄷ
④ ㄴ, ㄷ   ⑤ ㄱ, ㄴ, ㄷ

469

●●●

그림은 두 해양판 A와 B가 경계를 이루는 지역에서 발생한 지진과 화산의 분포를 나타낸 것이다.

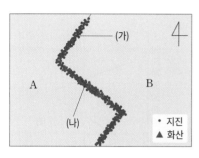

판의 경계 (가)와 (나) 부근에서 A, B의 상대적인 이동 방향을 화살표로 나타내고, 그렇게 판단한 근거를 설명하시오.

470

●●○

그림 (가)와 (나)는 두 대륙판이 경계를 이루는 두 지역을 나타낸 것이다. 화살표는 판의 이동 방향이다.

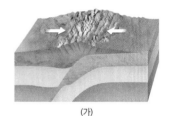
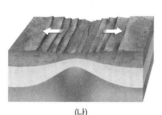

(가)   (나)

(가)와 (나)의 판 경계에서 형성되는 지형과 맨틀 대류의 특징을 비교하여 설명하시오.

471

●●○

그림은 어느 해양에서 해령이 절단되어 이동한 모습을 나타낸 것이다.

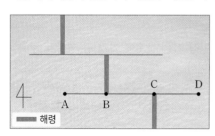

A~D 중 보존형 경계에 해당하는 구간을 쓰고, 그렇게 판단한 근거를 판의 이동 방향과 관련지어 설명하시오.

472

그림은 높이에 따른 기온의 연직 분포를 나타낸 것이다.

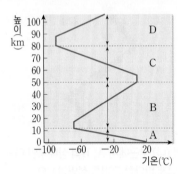

이에 대한 설명으로 옳은 것만을 <보기>에서 있는 대로 고른 것은?

┤보기├
ㄱ. 수권과의 상호작용이 가장 활발한 층은 A이다.
ㄴ. 낮과 밤의 기온 차는 A보다 D에서 크게 나타난다.
ㄷ. A와 B의 경계에서는 공기의 밀도가 급격하게 변한다.

① ㄱ   ② ㄷ   ③ ㄱ, ㄴ
④ ㄴ, ㄷ   ⑤ ㄱ, ㄴ, ㄷ

473

그림 (가)는 높이에 따른 기온 분포를 기준으로 구분한 기권을, (나)는 물질의 성분과 상태를 기준으로 구분한 지권을 나타낸 것이다.

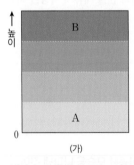 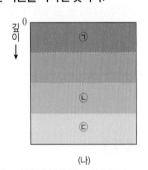

이에 대한 설명으로 옳은 것만을 <보기>에서 있는 대로 고른 것은?

┤보기├
ㄱ. A의 연직 기온 분포에 가장 큰 영향을 주는 (나)의 층은 ㉠이다.
ㄴ. B에서는 높이 올라갈수록 기온이 급격하게 낮아진다.
ㄷ. ㉡은 고체 상태이고, ㉢은 액체 상태이다.

① ㄱ   ② ㄷ   ③ ㄱ, ㄴ
④ ㄴ, ㄷ   ⑤ ㄱ, ㄴ, ㄷ

474

그림은 어느 해양에서 A, B, C 세 시기에 깊이에 따른 수온 분포를 나타낸 것이다.

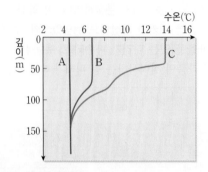

이에 대한 설명으로 옳은 것만을 <보기>에서 있는 대로 고른 것은?

┤보기├
ㄱ. 해수면 부근에서 바람은 B가 C보다 강하다.
ㄴ. 해수면과 깊이 150 m 사이의 물질 교환은 A가 C보다 활발하다.
ㄷ. 깊이 150 m보다 깊은 곳은 태양 에너지의 직접적인 영향을 거의 받지 않는다.

① ㄱ   ② ㄷ   ③ ㄱ, ㄴ
④ ㄴ, ㄷ   ⑤ ㄱ, ㄴ, ㄷ

475

그림은 지구시스템의 주요 에너지원 A, B, C와 각 에너지원에 의해 일어나는 현상의 예를 나타낸 것이다.

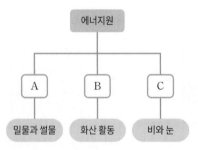

이에 대한 설명으로 옳은 것만을 <보기>에서 있는 대로 고른 것은?

┤보기├
ㄱ. 지진 해일은 A에 의해 일어난다.
ㄴ. 판을 움직이는 에너지원은 B이다.
ㄷ. 화석 연료의 연소에 의한 열에너지는 C가 전환된 것이다.

① ㄱ   ② ㄷ   ③ ㄱ, ㄴ
④ ㄴ, ㄷ   ⑤ ㄱ, ㄴ, ㄷ

476

그림은 물의 순환을 나타낸 것이다.

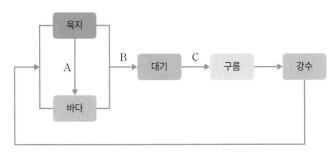

이에 대한 설명으로 옳은 것만을 <보기>에서 있는 대로 고른 것은?

| 보기 |
ㄱ. A에서 지형의 변화가 일어난다.
ㄴ. B에서 태양 에너지는 수권에서 기권으로 이동한다.
ㄷ. C는 기권의 물이 태양 에너지를 흡수하여 일어난다.

① ㄱ   ② ㄷ   ③ ㄱ, ㄴ
④ ㄴ, ㄷ   ⑤ ㄱ, ㄴ, ㄷ

477

그림은 지구시스템에서 탄소 순환 과정의 일부를 나타낸 것이다.

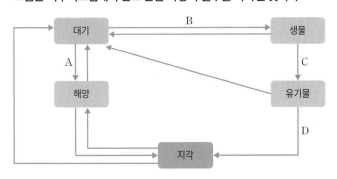

이에 대한 설명으로 옳은 것만을 <보기>에서 있는 대로 고른 것은?

| 보기 |
ㄱ. A에 의해 이산화 탄소는 탄산 이온이 된다.
ㄴ. B는 주로 지구 내부 에너지에 의해 일어난다.
ㄷ. 이산화 탄소가 석회암 내에 저장되는 것은 B → C → D 를 거쳐 일어난다.

① ㄱ   ② ㄷ   ③ ㄱ, ㄴ
④ ㄴ, ㄷ   ⑤ ㄱ, ㄴ, ㄷ

478

다음은 지구시스템 구성 요소 A, B, C의 상호작용과 그 예를 나타낸 것이다.

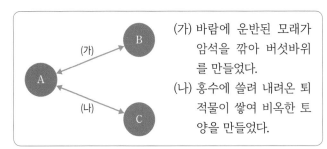

(가) 바람에 운반된 모래가 암석을 깎아 버섯바위를 만들었다.
(나) 홍수에 쓸려 내려온 퇴적물이 쌓여 비옥한 토양을 만들었다.

이에 대한 설명으로 옳은 것만을 <보기>에서 있는 대로 고른 것은?

| 보기 |
ㄱ. A는 지권이다.
ㄴ. '지하수에 의한 석회 동굴 형성'은 A와 B의 상호작용으로 생긴다.
ㄷ. '용암 분출에 의한 지형 변화'는 A와 C의 상호작용으로 생긴다.

① ㄱ   ② ㄴ   ③ ㄱ, ㄷ
④ ㄴ, ㄷ   ⑤ ㄱ, ㄴ, ㄷ

479

그림은 어느 해양에서 판의 단면과 맨틀 대류의 모습을 나타낸 것이다.

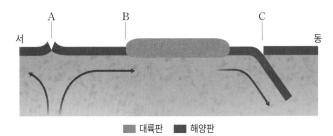

■ 대륙판   ■ 해양판

이에 대한 설명으로 옳은 것만을 <보기>에서 있는 대로 고른 것은?

| 보기 |
ㄱ. 지진은 A보다 B에서 자주 발생한다.
ㄴ. A에서 B로 갈수록 해양 지각의 연령이 감소한다.
ㄷ. C 부근에서 화산 활동은 C의 서쪽보다 동쪽에서 활발하게 일어난다.

① ㄱ   ② ㄷ   ③ ㄱ, ㄴ
④ ㄴ, ㄷ   ⑤ ㄱ, ㄴ, ㄷ

480

그림은 전 세계 판의 분포와 경계를 나타낸 것이다.

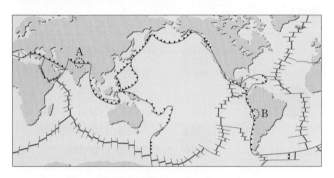

이에 대한 설명으로 옳은 것만을 <보기>에서 있는 대로 고른 것은?

┤ 보기 ├
ㄱ. A와 B에서는 습곡 산맥이 발달한다.
ㄴ. A와 B에서는 화산 활동이 일어난다.
ㄷ. 지진 발생의 평균적인 깊이는 A가 B보다 깊다.

① ㄱ   ② ㄷ   ③ ㄱ, ㄴ
④ ㄴ, ㄷ   ⑤ ㄱ, ㄴ, ㄷ

481

그림은 우리나라 주변에 있는 판 A, B, C의 경계와 화산의 분포를 나타낸 것이다.

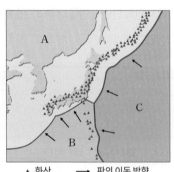

▲ 화산   → 판의 이동 방향

이에 대한 설명으로 옳은 것만을 <보기>에서 있는 대로 고른 것은?

┤ 보기 ├
ㄱ. B는 C 아래로 섭입한다.
ㄴ. A와 C는 보존형 경계를 이룬다.
ㄷ. A와 B 사이의 지진은 주로 A에서 발생한다.

① ㄱ   ② ㄷ   ③ ㄱ, ㄴ
④ ㄴ, ㄷ   ⑤ ㄱ, ㄴ, ㄷ

482

다음은 어느 지역의 판 A, B의 경계와 이 지역에서 일어나는 지각 변동과 지형을 설명한 것이다.

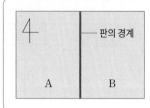

• 판의 경계 부근에서 지진이 자주 발생한다.
• 판의 경계를 기준으로 동쪽에 화산 활동이 일어나는 화산대가 분포한다.

이에 대한 설명으로 옳은 것만을 <보기>에서 있는 대로 고른 것은?

┤ 보기 ├
ㄱ. A는 대륙판이다.
ㄴ. 판의 경계를 따라 남북 방향으로 해구가 분포한다.
ㄷ. A에서는 판의 경계에 가까워질수록 지각의 나이가 적어진다.

① ㄱ   ② ㄴ   ③ ㄱ, ㄷ
④ ㄴ, ㄷ   ⑤ ㄱ, ㄴ, ㄷ

483

그림은 알래스카 부근에 있는 북아메리카판과 태평양판의 경계를 나타낸 것이다.

이에 대한 설명으로 옳은 것만을 <보기>에서 있는 대로 고른 것은?

┤ 보기 ├
ㄱ. 북아메리카판에 호상열도가 발달한다.
ㄴ. 판의 경계에서 새로운 해양 지각이 생성된다.
ㄷ. 판의 밀도는 북아메리카판이 태평양판보다 크다.

① ㄱ   ② ㄴ   ③ ㄱ, ㄷ
④ ㄴ, ㄷ   ⑤ ㄱ, ㄴ, ㄷ

484

그림은 동아프리카 열곡대 주변에서 판의 경계와 화산의 분포를 나타낸 것이다.

이에 대한 설명으로 옳은 것만을 <보기>에서 있는 대로 고른 것은?

| 보기 |
ㄱ. B는 맨틀 대류의 상승부이다.
ㄴ. B에서는 북동-남서 방향으로 습곡 산맥이 분포한다.
ㄷ. A와 C 사이의 거리는 점점 가까워진다.

① ㄱ　　② ㄷ　　③ ㄱ, ㄴ
④ ㄴ, ㄷ　　⑤ ㄱ, ㄴ, ㄷ

485

그림은 어느 대양에서 판의 경계와 주변 지형을 나타낸 것이다.

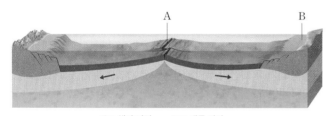

■ 해양 지각　■ 대륙 지각

이에 대한 설명으로 옳은 것만을 <보기>에서 있는 대로 고른 것은?

| 보기 |
ㄱ. 지진은 A보다 B에서 자주 발생한다.
ㄴ. A에서 B로 갈수록 해양 지각의 나이가 증가한다.
ㄷ. 대서양보다 태평양에서 잘 발달하는 해저 지형이다.

① ㄱ　　② ㄴ　　③ ㄱ, ㄷ
④ ㄴ, ㄷ　　⑤ ㄱ, ㄴ, ㄷ

486

그림은 어느 해양에서 판의 이동 방향과 경계를 나타낸 것이다. A~D가 속한 판은 모두 해양판이다.

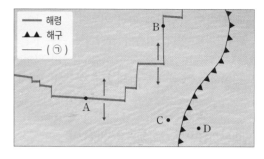

이에 대한 설명으로 옳은 것만을 <보기>에서 있는 대로 고른 것은?

| 보기 |
ㄱ. ㉠에서는 화산 활동이 일어나지 않는다.
ㄴ. 인접한 두 해양 지각의 연령 차는 A가 B보다 크다.
ㄷ. 해구 부근에서의 화산 활동은 D 부근이 C 부근보다 활발하다.

① ㄱ　　② ㄴ　　③ ㄱ, ㄷ
④ ㄴ, ㄷ　　⑤ ㄱ, ㄴ, ㄷ

487

표는 지권의 변화가 지구시스템에 미치는 영향을 나타낸 것이다.

구분	㉠지진	화산 활동
피해	(㉡)	㉢기후 변화, 산성비, 산불, 산사태 등
이용	지구 내부 구조 연구, 지구 내부 구성 물질 연구 등	㉣비옥한 토양, 관광 자원, 지열 발전 등

이에 대한 설명으로 옳은 것만을 <보기>에서 있는 대로 고른 것은?

| 보기 |
ㄱ. ㉠의 주된 에너지원은 지구 내부 에너지이다.
ㄴ. '해일의 발생'은 ㉡에 해당한다.
ㄷ. ㉢과 ㉣에 공통적으로 영향을 주는 화산 분출물은 화산 가스이다.

① ㄱ　　② ㄷ　　③ ㄱ, ㄴ
④ ㄴ, ㄷ　　⑤ ㄱ, ㄴ, ㄷ

488

다음은 기권의 층상 구조에 대한 설명이다.

> 지표면에서 위로 올라감에 따라 기온이 점차 낮아지기도 하고 높아지기도 한다. 기온이 낮아지는 층은 (A), (B)이 있는데, 두 층 모두 대류 현상이 일어나지만 (B)에서는 ⑦비나 눈 등의 기상 현상이 나타나지 않는다.

A, B에 알맞은 말을 쓰고, ⑦의 까닭을 설명하시오.

489

그림 (가)는 해수의 층상 구조를 이해하기 위한 실험 장치이고, (나)는 장치를 설치한 후 전등을 켜고 10분이 지났을 때의 온도와 그 후 전등을 켠 상태로 수면 위에서 약하게 부채질을 했을 때의 온도를 측정한 결과를 나타낸 것이다.

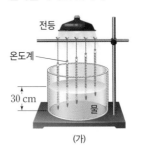
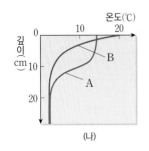

(가)

(나)

A, B 중 ⑦10분이 지났을 때의 온도와 ⓒ부채질을 했을 때의 온도는 각각 어느 것인지 고르고, 그렇게 판단한 근거를 설명하시오.

490

다음은 지구시스템의 상호작용에 대한 설명이다.

> 지구시스템의 ⑦어느 한 권역에서 일어난 변화는 다른 권역에 영향을 줄 수 있으며, ⓒ그러한 영향은 다시 원래의 권역에 연쇄적으로 변화를 준다. 그림과 같이 구불구불한 모양의 곡류천이 생성되는 과정과 그 영향도 이러한 관점에서 이해할 수 있다.

▲ 곡류천

곡류천이 생성되기 전과 후의 변화를 ⑦의 관점에서 수권이 지권에 준 영향, ⓒ의 관점에서 지권이 수권에 준 영향을 구분하여 설명하시오.

491

다음은 판의 경계에 해당하는 두 지역의 판의 분포를 나타낸 것이다.

> (가) 히말라야산맥: 인도 – 오스트레일리아판과 유라시아판이 서로 충돌하는 경계를 이룬다.
> (나) 마리아나 해구: 태평양판이 필리핀판 아래로 섭입하는 경계를 이룬다.

(가)와 (나) 지역에서 일어나는 지각 변동의 특징을 설명하시오.(단, 지진, 화산 활동, 습곡 산맥을 비교하여 설명하시오.)

492

그림 (가)와 (나)는 서로 다른 두 해양판의 경계를 나타낸 것이다.

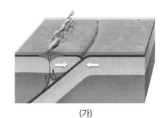
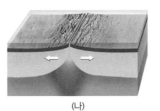

(가)

(나)

판의 경계에 위치한 두 해양 지각의 나이 차이는 (가)가 (나)보다 크다. 그 까닭을 설명하시오.

493

그림은 과거 두 화산이 폭발하기 전후로 햇빛의 대기 투과율 변화를 나타낸 것이다.

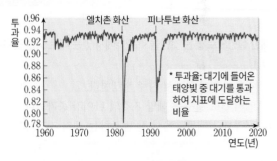

화산 폭발 직후 지구 기온은 어떻게 변하였을지 쓰고, 그러한 변화가 나타난 원인을 화산 분출물과 관련지어 설명하시오.

494

그림은 기권 하부에서 ㉠과 ㉡ 시기에 높이에 따른 어느 기체의 농도 변화를 나타낸 것이다.

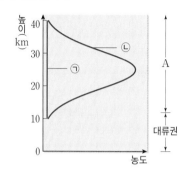

이에 대한 설명으로 옳은 것만을 <보기>에서 있는 대로 고른 것은?

┤ 보기 ├

ㄱ. A층에서 대기의 대류 현상은 ㉡이 ㉠보다 활발하다.

ㄴ. 지표에 도달하는 자외선의 양은 ㉠이 ㉡보다 많다.

ㄷ. 높이에 따른 기온 분포로 기권을 구분한다면 층의 개수는 ㉡이 ㉠보다 많다.

① ㄱ   ② ㄷ   ③ ㄱ, ㄴ

④ ㄴ, ㄷ   ⑤ ㄱ, ㄴ, ㄷ

495

그림은 북태평양 어느 해역에서 1년 동안 관측한 수온의 연직 분포를 나타낸 것이다.

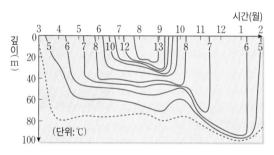

이에 대한 설명으로 옳은 것만을 <보기>에서 있는 대로 고른 것은?

┤ 보기 ├

ㄱ. 해수면 부근에서 바람은 여름이 겨울보다 강하게 분다.

ㄴ. 해수면과 깊이 100 m 사이의 수온 연교차는 여름이 겨울보다 크다.

ㄷ. 해수면과 깊이 80 m 사이 해수의 연직 혼합은 여름이 겨울보다 활발하다.

① ㄱ   ② ㄴ   ③ ㄱ, ㄷ

④ ㄴ, ㄷ   ⑤ ㄱ, ㄴ, ㄷ

496

그림은 판 A와 B의 경계 부근에서 지하의 온도 분포를 나타낸 것이다. A와 B는 각각 해양판과 대륙판 중 하나이다.

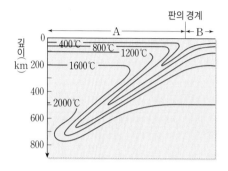

이에 대한 설명으로 옳은 것만을 <보기>에서 있는 대로 고른 것은?

┤ 보기 ├

ㄱ. 지각의 평균 두께는 A가 B보다 두껍다.

ㄴ. 이 지역에서는 냉각된 맨틀 물질이 하강한다.

ㄷ. 판의 경계 부근에서 진앙의 분포는 B가 A보다 많다.

① ㄱ   ② ㄷ   ③ ㄱ, ㄴ

④ ㄴ, ㄷ   ⑤ ㄱ, ㄴ, ㄷ

497

그림은 서쪽으로 이동하는 세 해양판 A, B, C의 경계를 나타낸 것이다. 판의 이동 속도는 B > C > A이고, 판의 경계 부근에서 밀도는 B = C > A이다.

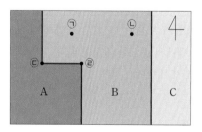

이에 대한 설명으로 옳은 것만을 <보기>에서 있는 대로 고른 것은?

┤ 보기 ├

ㄱ. A에서는 화산 활동이 일어난다.

ㄴ. 해양 지각의 나이는 ㉠이 ㉡보다 많다.

ㄷ. ㉢-㉣ 구간에서는 판이 생성되거나 소멸되지 않는다.

① ㄱ   ② ㄷ   ③ ㄱ, ㄴ

④ ㄴ, ㄷ   ⑤ ㄱ, ㄴ, ㄷ

11 중력과 물체의 운동

꼭 알아야 할 핵심 개념
○ 가속도
○ 중력
○ 자유 낙하 운동
○ 수평으로 던진 물체의 운동

1 물체의 운동

1 속력과 속도

① 속력: 단위 시간 동안 물체의 이동 거리로, 물체의 빠르기를 나타낸다.

$$속력 = \frac{이동\ 거리}{걸린\ 시간} \text{ [단위: m/s, km/h 등]}$$

② 속도: 단위 시간 동안 위치 변화량으로, 물체의 운동 방향과 빠르기를 함께 나타낸다. 만약 한 방향의 속도를 (+)로 나타내면, 반대 방향은 (−)로 나타낸다.

$$속도 = \frac{위치\ 변화량}{걸린\ 시간} \text{ [단위: m/s, km/h 등]}$$

2 가속도   단위 시간 동안 속도 변화량

'미터 매 제곱초'로 읽는다.

$$가속도 = \frac{속도\ 변화량}{걸린\ 시간} = \frac{나중\ 속도 - 처음\ 속도}{걸린\ 시간} \text{ [단위: m/s}^2\text{]}$$

① 속도와 가속도의 방향이 같을 때: 속도의 크기가 증가
② 속도와 가속도의 방향이 반대일 때: 속도의 크기가 감소

2 중력에 의한 지구 표면에서의 운동

1 중력   질량을 가진 물체 사이에서 서로 끌어당기는 힘

① 지구의 중력: 지구가 물체를 당기는 힘

방향	크기
지표면에서 연직 아래 방향 → 지구 전체로 보면 지구 중심을 향하는 방향	무게라고도 한다. 물체의 질량에 비례하며, 지표면 근처에서 질량 1 kg인 물체의 무게는 약 9.8 N이다.

② 중력의 역할: 지구 표면 및 지구 주위 물체에 작용하면서 역학 시스템에서 중요한 역할을 한다.
　　예 비나 눈이 내린다. / 물이 높은 곳에서 낮은 곳으로 흐른다. / 달이 지구 주변을 공전한다. 등

2 자유 낙하 운동   공기 저항을 무시할 때 물체가 중력만을 받으며 낙하하는 운동

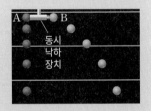

낙하 시간	낙하 속력
0초	0 m/s
1초	9.8 m/s
2초	19.6 m/s
3초	29.4 m/s

① 운동 방향: 중력의 방향과 같은 연직 아래 방향이다.
② 속력 변화: 매초 약 9.8 m/s씩 빨라진다. → 가속도가 약 9.8 m/s² 로 일정한 운동
③ 중력 가속도: 지구 중력에 의해 생기는 가속도로, 지표면 근처에서 질량에 관계없이 약 9.8 m/s² 로 일정하다.

3 수평 방향으로 던진 물체의 운동   물체가 운동하는 동안 물체에는 연직 아래 방향의 중력이 알짜힘으로 작용한다.

→ 물체의 운동 방향과 알짜힘의 방향이 나란하지 않으므로 물체는 포물선 운동을 한다.

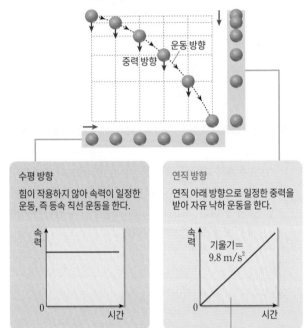

수평 방향
힘이 작용하지 않아 속력이 일정한 운동, 즉 등속 직선 운동을 한다.

연직 방향
연직 아래 방향으로 일정한 중력을 받아 자유 낙하 운동을 한다.
기울기 = 9.8 m/s²

시간에 따른 속력 그래프의 기울기는 가속도를 의미하고, 그래프 아랫부분의 넓이는 이동 거리를 의미한다.

꼭 나오는 탐구   자유 낙하 운동과 수평 방향으로 던진 물체의 운동

[과정]
그림과 같이 동시 낙하 장치를 이용해 동일한 쇠구슬 A, B를 같은 높이에서 동시에 운동시켰다. 이때 A는 자유 낙하 운동을, B는 수평 방향으로 던진 운동을 한다.

동시
낙하
장치

[결과 및 정리]
❶ 같은 높이에서 동시에 운동하는 A, B는 수평면에 동시에 도달한다.
❷ A, B의 운동을 비교하면 다음과 같다.

구분	쇠구슬 A	쇠구슬 B	
		연직 방향	수평 방향
작용하는 힘	중력	중력	0
속력	일정하게 증가	일정하게 증가	일정
가속도	일정 (중력 가속도)	일정 (중력 가속도)	0
운동	자유 낙하 운동	자유 낙하 운동	등속 직선 운동

필수 유형   두 물체가 동시에 자유 낙하 운동과 수평 방향으로 던진 운동을 시작할 때, 두 물체의 물리량을 비교하여 묻는 문제가 자주 출제된다.
𝒪 118쪽 521번

4 수평 방향으로 던진 속력에 따른 운동 물체 A, B를 수평면으로부터 같은 높이에서 각각 수평 방향으로 던졌다. 이때 B를 A보다 더 빠른 속력으로 던졌다.

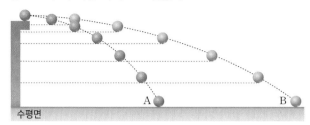
수평면

① 연직 방향: A, B 모두 자유 낙하 운동을 한다. ➡ A, B가 수평면에 도달할 때까지 걸리는 시간은 같다.

② 수평 방향: B가 A보다 더 빠른 속력으로 등속 직선 운동을 한다. ➡ 수평면에 도달할 때까지 걸린 시간이 같으므로, B가 A보다 더 먼 곳에 떨어진다.

꼭 나오는 자료 수평 방향으로 던진 속력에 따른 운동

물체 A, B, C를 같은 위치에서 수평 방향으로 던졌다.

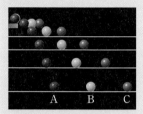

구분	비교
던진 속력	A<B<C
수평면에 도달할 때까지 걸린 시간	A=B=C
수평 방향 이동 거리	A<B<C

A B C

필수 유형 같은 높이에서 수평 방향으로 던진 속력이 다른 둘 이상의 물체가 수평면에 도달할 때까지 걸린 시간과 수평 방향 이동 거리를 묻는 문제가 자주 출제된다. ⌯119쪽 525번

---

3 중력에 의한 지구 주위에서의 운동

1 뉴턴의 사고 실험 지구는 둥글기 때문에 물체를 수평 방향으로 충분히 빠르게 던지면 물체가 땅에 닿지 않고 처음 던진 자리로 돌아와 원운동을 한다.

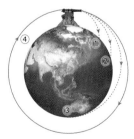

• ①~③과 같이 수평 방향으로 빠르게 던질수록 땅에 떨어질 때까지 더 멀리 날아간다.
• 지구는 구 모양이기 때문에 ④와 같이 물체를 충분히 빠르게 던진다면 물체는 땅에 닿지 않고 원운동을 한다.

2 지구 주위를 도는 물체의 운동 달이나 인공위성은 지구 중심 방향으로 작용하는 중력을 받으면서 지구 주위를 일정한 속력으로 원운동을 한다.

달
지구가 달에 작용하는 중력
달의 운동 방향
지구

개념 확인 문제

● 바른답·알찬풀이 65쪽

498 3초 동안 12 m를 이동하는 물체의 속력은 몇 m/s인가?

| **499~500** | 동쪽으로 6 m/s의 속력으로 운동하는 물체가 2초 뒤 정지했다. 물음에 답하시오.

499 이 물체의 가속도는 어느 방향인가?

500 이 물체의 가속도 크기는 몇 m/s^2인가?

| **501~503** | 중력의 역할에 대한 설명으로 옳은 것은 ○표, 옳지 <u>않은</u> 것은 ×표 하시오.

501 물이 높은 곳에서 낮은 곳으로 흐르게 한다. (   )

502 비, 눈과 같은 강수 현상에 중요한 역할을 한다.
(   )

503 지구 표면을 벗어나면 역학 시스템에서 중력의 역할이 사라진다. (   )

| **504~507** | 다음은 지표면 근처에서 운동하는 물체에 대한 설명이다. (   ) 안에 들어갈 알맞은 말을 고르시오.(단, 공기 저항은 무시한다.)

504 지표면 근처에 있는 물체는 연직 (아래, 위) 방향으로 중력을 받는다.

505 자유 낙하 운동을 하는 물체는 일정한 중력을 받아 속력이 (일정한, 점점 증가하는) 운동을 한다.

506 수평 방향으로 던진 물체는 수평 방향으로 ㉠(자유 낙하, 등속 직선) 운동을, 연직 방향으로 ㉡(자유 낙하, 등속 직선) 운동을 한다.

507 같은 높이에서 두 물체 A, B를 수평 방향으로 동시에 던졌다. 수평 방향으로 던진 속력이 A>B라면, 두 물체가 수평면에 도달하는 데 걸린 시간은 ㉠(A=B, A<B, A>B)이고, 수평 방향 이동 거리는 ㉡(A=B, A<B, A>B)이다.

| **508~509** | 다음은 지구 주위에서 중력을 받으며 운동하는 물체에 대한 설명이다. (   ) 안에 들어갈 알맞은 말을 쓰시오.

508 뉴턴은 지구는 둥글기 때문에 물체를 ㉠(   ) 방향으로 충분히 빠르게 던지면 물체에 ㉡(   )이/가 작용해 물체가 땅에 닿지 않고 지구 주위를 원운동 할 것이라는 결론을 내렸다.

509 달은 (   ) 방향으로 중력을 받아 지구 주위를 일정한 속력으로 원운동 한다.

학교 시험에서 출제율이 70% 이상인 문제들을 엄선하여 수록했습니다.

1 물체의 운동

510

● ● ●

그림은 빗면에서 운동하는 물체가 점 P를 10 m/s, 점 Q를 15 m/s의 속도로 통과하는 모습을 나타낸 것이다. 물체가 P에서 Q까지 운동하는 데 걸린 시간은 3초이다.

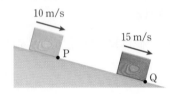

물체가 P에서 Q까지 이동하는 동안 가속도의 크기는?

① $\frac{2}{3}$ m/s²   ② $\frac{5}{3}$ m/s²   ③ $\frac{7}{3}$ m/s²

④ 5 m/s²   ⑤ $\frac{25}{3}$ m/s²

511

● ● ●

그림은 수평면에서 운동하는 물체의 모습을 1초 간격으로 나타낸 것이다. 0초부터 2초까지 물체의 가속도는 a_1로 일정하고, 2초부터 4초까지 물체의 가속도는 a_2로 일정하다.

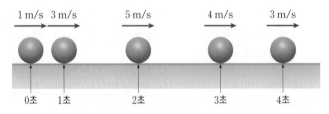

이에 대한 설명으로 옳은 것만을 <보기>에서 있는 대로 고른 것은?

┤ 보기 ├
ㄱ. 0초부터 4초까지 물체의 운동 방향은 변하지 않는다.
ㄴ. a_2의 방향은 운동 방향과 반대이다.
ㄷ. $\frac{a_1}{a_2}$의 크기는 $\frac{5}{3}$이다.

① ㄱ   ② ㄷ   ③ ㄱ, ㄴ
④ ㄱ, ㄷ   ⑤ ㄱ, ㄴ, ㄷ

2 중력에 의한 지구 표면에서의 운동

512

● ● ●

다음은 어떤 힘에 대한 설명이다.

> 비나 눈이 내리거나, 물이 높은 곳에서 낮은 곳으로 흐르는 것과 같은 지구 표면의 다양한 현상이 일어나는 데 중요한 역할을 하는 힘이다. 뿐만 아니라, 달이 지구 주변을 공전하는 것과 같이 지구 주위 물체에도 작용하면서 지구의 역학 시스템에 큰 영향을 미치는 힘이다.

이 힘에 대한 설명으로 옳은 것만을 <보기>에서 있는 대로 고른 것은?

┤ 보기 ├
ㄱ. 벽에 붙어 있는 물체에는 이 힘이 작용하지 않는다.
ㄴ. 경사면을 올라가는 롤러코스터에 작용하는 이 힘의 크기는 일정하다.
ㄷ. 위로 올라가는 물체와 낙하하는 물체에 작용하는 이 힘의 방향은 서로 반대이다.

① ㄱ   ② ㄴ   ③ ㄷ
④ ㄱ, ㄴ   ⑤ ㄴ, ㄷ

513

● ● ●

그림 (가)는 물체를 잡고 있는 모습을 나타낸 것이고, 그림 (나)는 (가)에서 물체를 가만히 놓았더니 물체가 지면으로 떨어지는 모습을 나타낸 것이다.
이에 대한 설명으로 옳은 것만을 <보기>에서 있는 대로 고른 것은?(단, 공기 저항은 무시한다.)

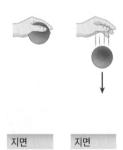

┤ 보기 ├
ㄱ. (가)에서 물체에 작용하는 중력의 크기는 0이다.
ㄴ. (나)에서 물체의 운동 방향은 물체에 작용하는 중력의 방향과 같다.
ㄷ. (나)에서 물체가 지면에 도달하기 전까지 같은 시간 동안 이동한 거리는 일정하다.

① ㄱ   ② ㄴ   ③ ㄷ
④ ㄱ, ㄴ   ⑤ ㄱ, ㄴ, ㄷ

| 514~516 | 그림은 지표면 근처의 지점 O에서 가만히 놓아 낙하하는 물체의 모습을 1초 간격으로 나타낸 것이다. 물체는 지점 P, Q, R를 순서대로 지나간다. 물음에 답하시오.(단, 중력 가속도는 $9.8 \, m/s^2$이고, 공기 저항은 무시한다.)

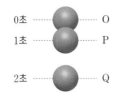

514

● ○ ○ ○

물체의 운동에 대한 설명으로 옳은 것만을 <보기>에서 있는 대로 고른 것은?

| 보기 |

ㄱ. 물체의 속력은 P에서가 Q에서보다 크다.
ㄴ. 물체에 작용하는 중력의 크기는 O에서가 R에서보다 크다.
ㄷ. 물체에 작용하는 알짜힘의 방향은 운동 방향과 같다.

① ㄱ   ② ㄴ   ③ ㄷ
④ ㄱ, ㄴ   ⑤ ㄴ, ㄷ

515 서술형

● ● ○

물체가 낙하하는 동안 물체의 속력을 시간에 따라 나타내는 다음 그래프를 완성하고, 그래프를 그렇게 그린 까닭을 설명하시오.

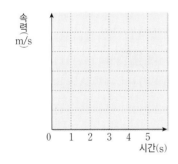

516

● ● ○

지점 R에서 지점 O까지의 높이는?

① 9.8 m   ② 29.4 m   ③ 44.1 m
④ 49 m   ⑤ 88.2 m

517

● ● ○

그림은 수평 방향으로 던진 물체가 점 p, q를 지나며 운동하는 모습을 나타낸 것이다.

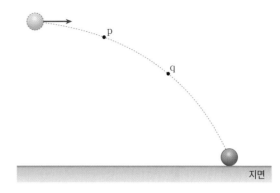

물체의 운동에 대한 설명으로 옳은 것만을 <보기>에서 있는 대로 고른 것은?(단, 공기 저항은 무시한다.)

| 보기 |

ㄱ. 가속도의 크기는 p에서와 q에서가 같다.
ㄴ. 수평 방향의 속력은 p에서가 q에서보다 작다.
ㄷ. 연직 방향의 속력은 p에서가 q에서보다 작다.

① ㄱ   ② ㄴ   ③ ㄱ, ㄷ
④ ㄴ, ㄷ   ⑤ ㄱ, ㄴ, ㄷ

518 서술형

● ○ ○

그림은 수평 방향으로 던진 물체의 운동 경로를 나타낸 것이다.

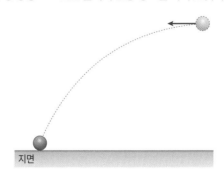

물체를 던진 순간부터 물체가 지면에 도달할 때까지의 속력 변화를 수평 방향과 연직 방향으로 나누어 각각 설명하시오.(단, 공기 저항은 무시한다.)

519

그림은 수평인 책상 면에서 5 m/s의 속력으로 운동하는 물체가 점 P를 통과한 순간으로부터 2초 뒤 책상 끝부분인 점 Q를 지나고, Q를 지난 순간으로부터 3초 뒤 지면에 있는 점 R에 도달한 모습을 나타낸 것이다. P에서 Q까지의 거리는 L_1이고, Q에서 R까지의 수평 거리는 L_2이다.

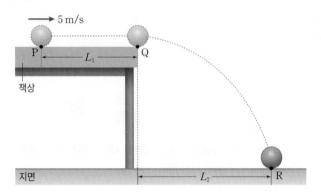

$L_1 + L_2$는?(단, 마찰 및 공기 저항은 무시한다.)

① 5 m   ② 9.8 m   ③ 15 m

④ 19.6 m   ⑤ 25 m

520 서술형

그림은 수평 방향으로 20 m/s의 속력으로 던진 물체의 운동을 나타낸 것이다. 물체는 던진 순간으로부터 4초 뒤 지면에 도달한다.

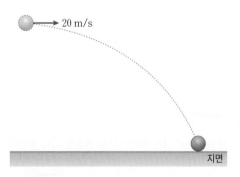

물체가 지면에 도달할 때까지 물체의 수평 방향 속력과 연직 방향 속력을 시간에 따라 나타낸 다음 그래프를 완성하시오.(단, 중력 가속도는 9.8 m/s²이고, 공기 저항은 무시한다.)

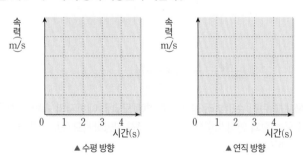

▲ 수평 방향   ▲ 연직 방향

521 필수 유형 🔗 114쪽 꼭 나오는 탐구

그림은 같은 높이에서 물체 A를 가만히 놓는 순간 물체 B를 수평 방향으로 던졌을 때 A, B의 운동 경로를 나타낸 것이다. 표는 A, B의 가속도 크기와 수평면에 도달하는 데 걸린 시간을 나타낸 것이다.

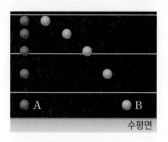

물체	가속도 크기	걸린 시간
A	a_A	t_A
B	a_B	t_B

A, B의 가속도 크기와 걸린 시간을 옳게 비교한 것은?(단, 물체의 크기, 공기 저항은 무시한다.)

	가속도	걸린 시간		가속도	걸린 시간
①	$a_A = a_B$	$t_A < t_B$	②	$a_A = a_B$	$t_A = t_B$
③	$a_A > a_B$	$t_A < t_B$	④	$a_A > a_B$	$t_A = t_B$
⑤	$a_A < a_B$	$t_A > t_B$			

522

그림은 쇠구슬 발사 장치에서 쇠구슬 A를 가만히 놓는 순간 같은 높이에서 쇠구슬 B를 수평 방향으로 발사시켰더니 A, B가 수평면에 도달한 모습을 나타낸 것이다. 쇠구슬 A, B의 질량은 같다.

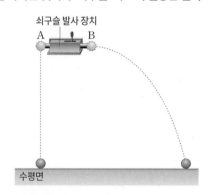

이에 대한 설명으로 옳지 <u>않은</u> 것은?(단, 물체의 크기, 공기 저항은 무시한다.)

① A는 자유 낙하 운동을 한다.

② B의 수평 방향 속력은 일정하다.

③ A와 B는 수평면에 동시에 도달한다.

④ 물체에 작용하는 중력의 크기는 A가 B보다 작다.

⑤ 수평면에 도달하는 순간의 속력은 B가 A보다 크다.

523

그림은 같은 높이에서 물체 A를 가만히 놓는 순간 물체 B를 수평 방향으로 던진 뒤 일정한 시간 간격으로 A, B의 위치를 나타낸 것이다. 질량은 A가 B의 2배이고, 기준선 P에서 A, B의 연직 방향 속력은 각각 v_A, v_B이다.

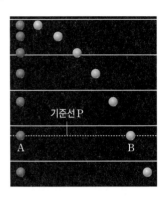

기준선 P에서 A, B의 물리량에 대한 설명으로 옳은 것만을 <보기>에서 있는 대로 고른 것은?(단, 공기 저항은 무시한다.)

┤ 보기 ├
ㄱ. $v_A > v_B$이다.
ㄴ. A와 B에 작용하는 중력의 방향은 같다.
ㄷ. A에 작용하는 중력의 크기는 B의 2배이다.

① ㄱ   ② ㄴ   ③ ㄷ
④ ㄴ, ㄷ   ⑤ ㄱ, ㄴ, ㄷ

524 〈서술형〉

그림은 물체 A를 가만히 놓는 순간 같은 높이에서 물체 B를 수평 방향으로 10 m/s의 속력으로 던지는 모습을 나타낸 것이다. B가 수평면에 도달할 때까지 수평 방향으로 이동한 거리는 25 m이다.

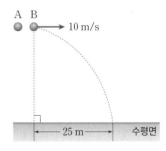

A를 가만히 놓은 순간부터 수평면에 도달할 때까지 걸린 시간 T와 수평면에 도달하는 순간의 속력 v를 풀이 과정과 함께 구하시오.(단, 중력 가속도는 10 m/s²이고, 공기 저항은 무시한다.)

525 〈필수 유형〉 🔗 115쪽 꼭 나오는 자료

그림은 같은 높이의 시작점에서 동시에 수평 방향으로 던진 물체 A, B의 위치를 일정한 시간 간격으로 나타낸 것이다.

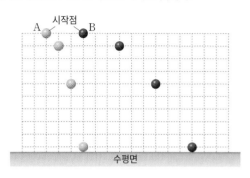

이에 대한 설명으로 옳은 것만을 <보기>에서 있는 대로 고른 것은? (단, 공기 저항은 무시한다.)

┤ 보기 ├
ㄱ. A와 B의 가속도 방향은 같다.
ㄴ. 시작점에서 수평 방향의 속력은 B가 A의 3배이다.
ㄷ. 수평면에 도달하는 순간 연직 방향의 속력은 B가 A의 3배이다.

① ㄱ   ② ㄴ   ③ ㄱ, ㄴ
④ ㄱ, ㄷ   ⑤ ㄴ, ㄷ

526

그림은 질량이 각각 m, $3m$, $2m$인 물체 A, B, C를 같은 위치에서 동시에 운동하게 하는 모습을 나타낸 것이다. 물체 A를 수평 방향으로 v의 속력으로 던졌고, 물체 B를 가만히 놓았으며, 물체 C를 수평 방향으로 $2v$의 속력으로 던졌다. 세 물체가 수평면에 도달한 지점 P, Q, R는 각각 L_1, L_2만큼 떨어져 있다.

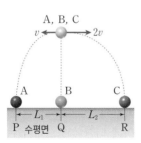

이에 대한 설명으로 옳은 것만을 <보기>에서 있는 대로 고른 것은? (단, 물체의 크기, 공기 저항은 무시한다.)

┤ 보기 ├
ㄱ. A~C 중 B가 수평면에 가장 먼저 도달한다.
ㄴ. 가속도의 비 A : B : C = 1 : 3 : 2이다.
ㄷ. $L_1 : L_2 = 1 : 2$이다.

① ㄱ   ② ㄷ   ③ ㄱ, ㄴ
④ ㄱ, ㄷ   ⑤ ㄱ, ㄴ, ㄷ

527

●●●

그림은 서로 다른 높이에 있는 장난감 대포가 동일한 대포알 A, B, C를 각각 수평 방향으로 v_A, v_B, v_C의 속력으로 발사하는 모습을 나타낸 것이다. 대포알 A~C는 수평면상의 P점에 동시에 도달한다.

이에 대한 설명으로 옳은 것만을 <보기>에서 있는 대로 고른 것은?(단, 대포알의 크기, 공기 저항은 무시한다.)

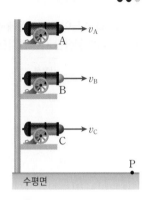

┤보기├
ㄱ. 대포알 A~C 중 A를 가장 먼저 쏘았다.
ㄴ. 대포알 A~C가 P점에 도달한 순간 연직 방향 속력은 모두 같다.
ㄷ. $v_A = v_B = v_C$이다.

① ㄱ   ② ㄷ   ③ ㄱ, ㄴ
④ ㄴ, ㄷ   ⑤ ㄱ, ㄴ, ㄷ

3 중력에 의한 지구 주위에서의 운동

528

●●●

그림은 같은 높이에서 수평 방향으로 질량이 같은 포탄 A~C를 발사했을 때 각각의 운동 경로를 나타낸 것이다. C는 지구 주위를 원운동 하여 발사 위치로 되돌아온다.

이에 대한 설명으로 옳은 것만을 <보기>에서 있는 대로 고른 것은?(단, 지구의 모양을 완전한 구라고 가정하고, 공기 저항은 무시한다.)

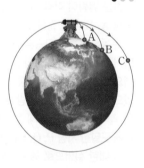

┤보기├
ㄱ. 발사하는 순간 A와 B에 작용하는 중력의 크기는 같다.
ㄴ. 발사하는 순간의 속력은 C가 A보다 크다.
ㄷ. C에 작용하는 중력은 0이다.

① ㄱ   ② ㄷ   ③ ㄱ, ㄴ
④ ㄴ, ㄷ   ⑤ ㄱ, ㄴ, ㄷ

529 🖊서술형

●●●

그림과 같은 뉴턴의 사고 실험에 따르면 지구는 구형이기 때문에 수평 방향으로 특정 속력으로 대포알을 쏘면 D와 같이 대포알이 처음 쏜 자리로 돌아온다.

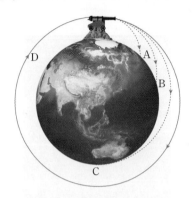

A~D의 속력을 비교하고, 그 까닭을 설명하시오.(단, 공기 저항은 무시한다.)

530

●●●

그림 (가)는 연직 아래로 떨어지고 있는 사과의 모습을 나타낸 것이고, 그림 (나)는 지구 주위를 일정한 속력으로 원운동 하는 달을 나타낸 것이다.

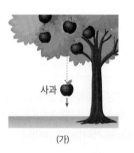 

(가)   (나)

이에 대한 설명으로 옳은 것만을 <보기>에서 있는 대로 고른 것은? (단, 공기 저항은 무시한다.)

┤보기├
ㄱ. 사과에 작용하는 중력의 방향과 사과의 운동 방향은 같다.
ㄴ. 달에 작용하는 중력의 방향과 달의 운동 방향은 같다.
ㄷ. 사과는 떨어지는 동안 속력이 일정하다.

① ㄱ   ② ㄴ   ③ ㄱ, ㄷ
④ ㄴ, ㄷ   ⑤ ㄱ, ㄴ, ㄷ

1등급 완성 문제

531 교육청 기출 변형 ●●○

그림은 학생 A, B가 사과나무에 매달려 있는 사과 P와 나무에서 떨어지고 있는 사과 Q를 관찰하는 모습을 나타낸 것이다. 질량은 A가 B보다 크다. 이에 대한 설명으로 옳은 것만을 <보기>에서 있는 대로 고른 것은?(단, 공기 저항은 무시한다.)

┤ 보기 ├
ㄱ. 학생에게 작용하는 중력의 크기는 A가 B보다 크다.
ㄴ. P에 작용하는 중력은 0이다.
ㄷ. Q는 낙하하면서 가속도의 크기가 증가한다.

① ㄱ   ② ㄷ   ③ ㄱ, ㄴ
④ ㄴ, ㄷ   ⑤ ㄱ, ㄴ, ㄷ

532 교육청 기출 변형 ●●●

그림은 물체 A, B를 같은 높이에서 동시에 가만히 놓은 모습을 나타낸 것이다. A, B의 질량은 각각 $2m$, m이다.

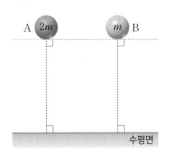

이에 대한 설명으로 옳은 것만을 <보기>에서 있는 대로 고른 것은?(단, 공기 저항은 무시한다.)

┤ 보기 ├
ㄱ. 물체에 작용하는 중력의 크기는 A가 B의 2배이다.
ㄴ. 물체를 가만히 놓은 순간부터 수평면에 도달할 때까지 걸린 시간은 A가 B의 2배이다.
ㄷ. 수평면에 도달하는 순간의 속력은 A와 B가 같다.

① ㄱ   ② ㄷ   ③ ㄱ, ㄴ
④ ㄱ, ㄷ   ⑤ ㄱ, ㄴ, ㄷ

533 ⭐신유형 ●●●

그림 (가)는 O점에서 물체를 가만히 놓았더니 P점과 Q점을 차례대로 지난 뒤 지면상의 R점에 도달한 모습을 나타낸 것이다. O, P, Q, R점 사이의 거리는 각각 h이다. 그림 (나)는 (가)의 물체가 낙하한 순간으로부터 속력을 시간에 따라 나타낸 것이다. $3t$인 순간 물체는 R점에 도달한다.

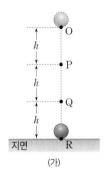 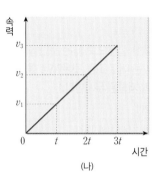

(가)   (나)

이에 대한 설명으로 옳은 것만을 <보기>에서 있는 대로 고른 것은? (단, 공기 저항은 무시한다.)

┤ 보기 ├
ㄱ. $v_1 : v_2 : v_3 = 1 : 2 : 3$이다.
ㄴ. t인 순간 (가)에서 물체는 P점을 지난다.
ㄷ. $2t$인 순간 (가)에서 물체는 P점과 Q점 사이에 있다.

① ㄱ   ② ㄷ   ③ ㄱ, ㄴ
④ ㄱ, ㄷ   ⑤ ㄱ, ㄴ, ㄷ

534 ●●●

다음은 수평 방향으로 던진 물체의 운동에 대한 설명이다.

$+x$ 방향으로 던진 물체가 점 p, q를 지나며 운동한다. 물체에 작용하는 중력은 p에서 ⓐ 방향이고, q에서 ⓑ 방향이다. 물체의 y축 방향 속도의 크기는 ⓒ .

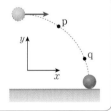

ⓐ, ⓑ, ⓒ에 들어갈 내용으로 가장 적절한 것은?

	ⓐ	ⓑ	ⓒ
①	$+x$	$+y$	p에서와 q에서가 같다.
②	$+x$	$-y$	p에서가 q에서보다 작다.
③	$-y$	$+y$	p에서와 q에서가 같다.
④	$-y$	$-y$	p에서가 q에서보다 크다.
⑤	$-y$	$-y$	p에서가 q에서보다 작다.

535

•••

그림은 물체 A를 수평 방향으로 속력 v 로 던지는 순간 같은 높이에서 물체 B를 가만히 놓은 모습을 나타낸 것이다. B를 가만히 놓은 순간으로부터 2초가 지난 뒤 A와 B는 점 p에서 만나며, A를 던진 지점으로부터 p까지의 수평 거리는 20 m 이다.

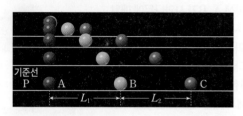

이에 대한 설명으로 옳은 것만을 <보기> 에서 있는 대로 고른 것은?(단, 물체의 크기, 공기 저항은 무시한다.)

┤보기├

ㄱ. $v=5$ m/s이다.

ㄴ. B를 가만히 놓은 순간으로부터 1초가 지났을 때, A와 B 사이의 거리는 10 m이다.

ㄷ. B를 가만히 놓은 순간으로부터 1초가 지났을 때, 물체의 연직 방향 속력은 A가 B보다 크다.

① ㄱ   ② ㄴ   ③ ㄷ

④ ㄱ, ㄷ   ⑤ ㄴ, ㄷ

536 ★신유형

•••

그림은 쇠구슬 발사 장치에서 쇠구슬을 수평 방향으로 속력 V로 발사했더니 수평 거리 L만큼 떨어진 수평면에 도달한 모습을 나타낸 것이다. 표는 V에 따른 수평면에 도달하는 데 걸린 시간 T와 L을 나타낸 것이다.

V	T	L
0	t	0
v	t_1	l_1
$2v$	t_2	l_2

이에 대한 설명으로 옳은 것만을 <보기>에서 있는 대로 고른 것은? (단, 중력 가속도는 g이고, 공기 저항은 무시한다.)

┤보기├

ㄱ. $t<t_1<t_2$이다.

ㄴ. V에 관계없이 수평면에 도달하는 순간 쇠구슬의 연직 방향 속력은 $\frac{1}{2}gt$이다.

ㄷ. $l_1+l_2=3vt$이다.

① ㄱ   ② ㄴ   ③ ㄷ

④ ㄴ, ㄷ   ⑤ ㄱ, ㄴ, ㄷ

537

•••

그림은 물체 A를 가만히 놓는 순간 A와 같은 지점에서 물체 B, C를 각각 수평 방향으로 속력 v, $2v$로 던진 뒤 A, B, C의 위치를 일정한 시간 간격으로 나타낸 것이다. 기준선 P에서 A와 B 사이의 거리는 L_1이고 B와 C 사이의 거리는 L_2이다.

이에 대한 설명으로 옳은 것만을 <보기>에서 있는 대로 고른 것은? (단, 물체의 크기, 공기 저항은 무시한다.)

┤보기├

ㄱ. 기준선 P에서 연직 방향의 속력은 A와 B가 같다.

ㄴ. $L_1=L_2$이다.

ㄷ. C에 작용하는 중력의 방향은 C의 운동 방향과 같다.

① ㄱ   ② ㄷ   ③ ㄱ, ㄴ

④ ㄴ, ㄷ   ⑤ ㄱ, ㄴ, ㄷ

538 ★신유형

•••

그림은 세 장난감 대포가 대포알 A, B, C를 수평 방향으로 발사한 모습을 나타낸 것이다. A, B는 각각 v_A, 4 m/s의 속력으로, C는 A, B와 반대 방향으로 v_C의 속력으로 발사되었다. B, C를 발사한 높이는 같다. 수평면상의 p점은 A, B를 발사한 지점으로부터 수평 거리 20 m, C를 발사한 지점으로부터 수평 거리 10 m만큼 떨어져 있다. A~C는 수평면상의 p점에 동시에 도달한다. p점에서 연직 방향 속력은 A가 B의 2배이다.

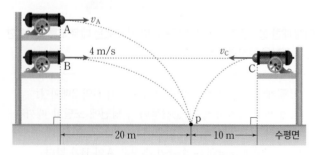

$v_A : v_C$는?(단, 대포알의 크기, 공기 저항은 무시한다.)

① 4 : 1   ② 2 : 1   ③ 1 : 1

④ 1 : 2   ⑤ 1 : 4

539

그림은 같은 높이에서 수평 방향으로 발사한 대포알 A, B의 운동 경로를 나타낸 것이다. A, B를 수평 방향으로 발사한 속력은 각각 v_A, v_B이고, 질량은 A가 B보다 크다.

이에 대한 설명으로 옳은 것만을 <보기>에서 있는 대로 고른 것은? (단, 공기 저항은 무시한다.)

┌ 보기 ┐
ㄱ. $v_A < v_B$이다.
ㄴ. A에 작용한 중력의 크기는 B보다 작다.
ㄷ. 지면에 닿는 순간 A와 B에 작용하는 중력의 방향은 같다.
└────┘

① ㄱ   ② ㄴ   ③ ㄷ
④ ㄱ, ㄴ   ⑤ ㄱ, ㄷ

540

그림은 지구를 중심으로 원 궤도를 따라 일정한 속력으로 운동하는 인공위성 A, B를 나타낸 것이다. A, B의 속력은 같고, 질량은 각각 $2m$, m이다.

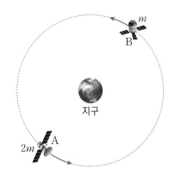

이에 대한 설명으로 옳은 것만을 <보기>에서 있는 대로 고른 것은? (단, A, B에는 지구에 의한 중력만 작용한다.)

┌ 보기 ┐
ㄱ. A가 원운동을 하는 동안 A에 작용하는 중력의 크기는 일정하다.
ㄴ. A와 B에 작용하는 중력의 방향은 같다.
ㄷ. A에 작용하는 중력의 크기는 B보다 크다.
└────┘

① ㄱ   ② ㄴ   ③ ㄷ
④ ㄱ, ㄷ   ⑤ ㄱ, ㄴ, ㄷ

✎ 서술형 문제

541

그림은 수평 방향으로 던진 물체가 점 p, q를 지나며 운동하는 모습을 나타낸 것이다.

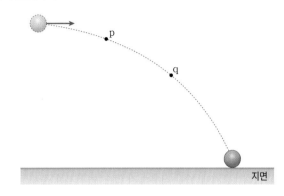

p, q에서 같은 물리량을 3가지 설명하시오.(단, 공기 저항은 무시한다.)

| 542~543 | 그림은 수평 방향으로 던진 물체 A, B, C가 수평면에 동시에 도달하는 모습을 나타낸 것이다. 물체를 던진 순간 A, B, C의 속력은 각각 v_A, v_B, v_C이다. 물음에 답하시오.(단, 물체의 크기, 공기 저항은 무시한다.)

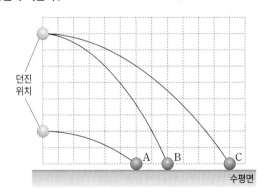

542

A, B, C를 던진 순서를 그 까닭과 함께 설명하시오.

543

v_A, v_B, v_C를 등호 또는 부등호를 이용해 비교하고, 그 까닭을 설명하시오.

12 충돌과 안전

1 관성

1 관성 물체가 현재의 운동 상태를 계속 유지하려는 성질

예 천을 빠르게 당기면 접시는 계속 정지해 있으려는 관성 때문에 천을 따라 움직이지 않고 그 자리에 있다.

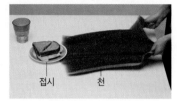
접시   천

2 관성의 크기 물체의 질량이 클수록 크다.

3 관성 법칙 물체에 힘이 작용하지 않으면 정지한 물체는 계속 정지해 있고 운동하는 물체는 계속 등속 직선 운동을 한다.

2 운동량과 충격량

1 운동량 물체의 질량과 속도를 곱한 물리량

① 운동량(p)의 크기: 물체의 질량 m과 속도 v에 비례한다.

> 운동량=질량×속도, $p=mv$ [단위: kg·m/s]

② 운동량의 방향: 속도의 방향과 같다.

2 충격량 물체가 받은 충격의 정도를 나타내는 양

① 충격량(I)의 크기: 물체가 받은 힘(F)의 크기와 그 힘을 받은 시간(Δt)의 곱과 같다.
"델타"라고 읽는다. 변화량을 뜻한다.

> 충격량=힘×시간, $I=F\Delta t$ [단위: N·s]

② 충격량의 방향: 물체에 작용한 힘의 방향과 같다.

③ 시간에 따른 힘 그래프: 그래프 아랫부분의 넓이는 충격량과 같다.
=그래프와 시간 축이 이루는 넓이

꼭 나오는 자료 ❶ 충격량과 시간에 따른 힘 그래프

• 그래프의 형태에 관계없이 시간에 따른 힘 그래프 아랫부분의 넓이는 충격량을 나타낸다.
• 힘의 크기가 일정하지 않더라도 충격량의 크기는 평균 힘과 힘을 받은 시간의 곱과 같다.

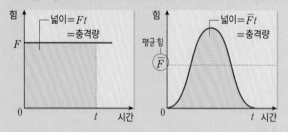

필수 유형 시간에 따른 힘 그래프를 제시하고 물체의 속력, 운동량, 충격량 등을 묻는 문제가 자주 출제된다. 🔗126쪽 558번

3 운동량과 충격량의 관계
운동량이 mv_0인 물체에 힘 F를 시간 Δt 동안 작용했더니 운동량이 mv로 변했다.

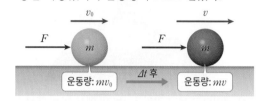

① 물체에 가한 충격량만큼 물체의 운동량이 변한다.
  ➜ 운동량 변화량은 충격량과 같다.
② 운동량의 단위 kg·m/s와 충격량의 단위 N·s는 같다.

> 충격량=운동량 변화량=나중 운동량-처음 운동량
> $F\Delta t=\Delta mv=mv-mv_0$

예 야구 경기에서 타자가 공을 멀리 보내는 방법

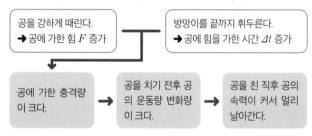

3 충돌과 충격량

1 물체의 충돌과 충격량 운동량이 p_1, p_2인 물체 A, B가 충돌하면서 평균 힘 F를 시간 Δt 동안 주고받았다. 충돌 후 A, B의 운동량은 각각 p_1', p_2'이 되었다.

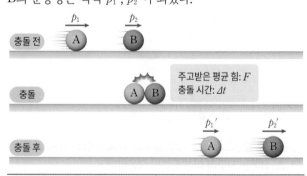

A의 운동량 변화량	B의 운동량 변화량
• 충돌 과정에서 운동량의 방향과 반대 방향으로 $F\Delta t$만큼의 충격량을 받았다.	• 충돌 과정에서 운동량의 방향과 같은 방향으로 $F\Delta t$만큼의 충격량을 받았다.
• 운동량은 $p_1'-p_1$만큼 변했다.	• 운동량은 $p_2'-p_2$만큼 변했다.
$p_1'-p_1=-F\Delta t$ ➜ $p_1'=p_1-F\Delta t$ (받은 충격량만큼 운동량 감소)	$p_2'-p_2=F\Delta t$ ➜ $p_2'=p_2+F\Delta t$ (받은 충격량만큼 운동량 증가)

2 충돌과 피해 감소

① **충돌할 때 피해를 줄이는 방법**: 같은 충격량을 받더라도 충돌 과정에서 받는 힘의 크기를 작게 한다.

② **충돌할 때 받는 힘의 크기를 줄이는 방법**: 물체가 충돌하면 운동량이 변한다. 운동량 변화량 Δp는 충격량 $F\Delta t$와 같으므로 $F = \dfrac{\Delta p}{\Delta t}$이다. 즉, 충돌 시간 Δt를 길게 할수록 충돌할 때 받는 힘 F를 줄일 수 있다.

⑩ 체조 선수가 무릎을 굽히면서 착지하면 바닥과의 충돌 시간을 길게 하여 착지할 때 받는 힘을 줄일 수 있다.

꼭 나오는 자료 ❷ 물체가 충돌할 때 받는 힘과 시간의 관계

그림은 동일한 컵 A, B를 같은 높이에서 가만히 놓아 각각 시멘트 바닥과 방석에 떨어뜨린 모습을 나타낸 것이다.

❶ A, B가 같은 높이에서 떨어지므로 충돌 직전 A, B의 속력은 같다.
➡ 충돌 직전 A, B의 운동량은 같다.($p_A = p_B$)

❷ 충돌 후 A, B는 모두 정지해 운동량이 0이 되므로 A, B의 운동량 변화량은 같다.
➡ 충돌 과정에서 A, B가 받은 충격량은 같다.($F_A \Delta t_A = F_B \Delta t_B$)

❸ 푹신한 방석에 떨어진 B의 충돌 시간이 A보다 길다.($\Delta t_A < \Delta t_B$)

❹ 충돌 과정에서 컵이 받은 평균 힘은 B가 A보다 작다.($F_A > F_B$)
➡ A는 충돌 과정에서 큰 힘을 받아 깨지지만, B는 충돌 과정에서 작은 힘을 받아 깨지지 않는다.

필수 유형 충격량이 같을 때 충돌 시간과 평균 힘의 관계를 묻는 문제가 자주 출제된다. 🔗130쪽 574번

---

4 충돌과 안전장치

1 관성과 관련한 안전장치

◀**자동차의 안전띠** 자동차가 갑자기 멈출 때 사람이 계속 운동하려는 관성 때문에 앞으로 튀어 나가는 것을 방지해 준다.

2 충돌 시간을 길게 하는 안전장치

▲ **에어백** 사람이 운전대에 부딪칠 때 충돌 시간을 길게 해 충돌로 받는 힘의 크기를 작게 한다.

▲ **장대높이뛰기의 매트** 선수가 바닥에 떨어질 때 충돌 시간을 길게 해 충돌로 받는 힘의 크기를 작게 한다.

개념 확인 문제

|**544~545**| 다음은 어떤 성질에 대한 설명이다. (   ) 안에 들어갈 알맞은 말을 쓰시오.

544 ㉠ (   )은/는 물체가 현재의 운동 상태를 계속 유지하려는 성질로, 물체의 ㉡ (   )이/가 클수록 크다.

545 물체에 힘이 작용하지 않으면 정지해 있는 물체는 계속 정지해 있고, 운동하는 물체는 (   ) 운동을 한다.

546 질량이 4 kg인 물체가 12 m/s의 속도로 운동하고 있다. 이 물체의 운동량의 크기는 몇 kg·m/s인지 구하시오.

547 다음 (가)~(다) 중 운동량의 크기가 ㉠ 가장 큰 것과 ㉡ 가장 작은 것을 각각 고르시오.

> (가) 36 km/h의 속력으로 달리는 1000 kg의 자동차
> (나) 10 m/s의 속력으로 달리는 60 kg의 육상 선수
> (다) 항구에 정지해 있는 15000 kg의 배

|**548~552**| 운동량과 충격량에 대한 설명으로 옳은 것은 ○표, 옳지 않은 것은 ✕표 하시오.

548 물체의 질량이 같을 때, 물체의 운동량의 크기는 속도의 크기에 비례한다. (   )

549 물체가 받은 충격량이 클수록 운동량 변화량의 크기는 작다. (   )

550 물체가 받은 충격량이 같을 때, 충돌 시간이 길수록 물체가 받는 평균 힘의 크기는 크다. (   )

551 운동량의 단위와 충격량의 단위는 같다. (   )

552 두 물체가 충돌할 때, 두 물체의 운동량 변화량의 크기는 같다. (   )

553 다음은 자동차의 안전장치 중 에어백의 원리에 대한 설명이다. (   ) 안에 들어갈 알맞은 말을 고르시오.

> 자동차가 충돌할 때 자동차에 장착된 에어백은 운전자가 충격을 받는 시간을 ㉠ (짧게, 길게) 함으로써 운전자에게 가해지는 평균 힘을 ㉡ (작게, 크게) 하여 피해를 줄인다.

학교 시험에서 출제율이 70% 이상인 문제들을 엄선하여 수록했습니다.

1 관성

554

•◦◦◦

물체의 관성과 관련이 있는 현상만을 <보기>에서 있는 대로 고른 것은?

┤보기├

ㄱ. 달리던 사람이 돌부리에 걸려 넘어진다.
ㄴ. 버스가 갑자기 정지하면 승객의 몸이 앞으로 쏠린다.
ㄷ. 타자가 공을 멀리 보내기 위해 방망이를 끝까지 휘두른다.

① ㄱ   ② ㄴ   ③ ㄱ, ㄴ
④ ㄱ, ㄷ   ⑤ ㄱ, ㄴ, ㄷ

555

•◦◦◦

다음은 물체의 운동과 관련한 성질에 대한 내용이다.

(㉠)은/는 물체가 자신의 운동 상태를 유지하려는 성질이다. 이 성질에 따라 정지해 있던 물체는 계속 (㉡) 상태를 유지하려고 하며, 운동하던 물체는 운동 방향과 빠르기를 계속 유지하려고 한다.

이에 대한 설명으로 옳은 것만을 <보기>에서 있는 대로 고른 것은?

┤보기├

ㄱ. ㉠은 '관성'이다.
ㄴ. 물체의 질량이 작을수록 ㉠이 크게 나타난다.
ㄷ. '정지'는 ㉡으로 적절하다.

① ㄱ   ② ㄴ   ③ ㄷ
④ ㄱ, ㄴ   ⑤ ㄱ, ㄷ

2 운동량과 충격량

556 ✏️서술형

•••◦

그림은 마찰이 없는 수평면에서 직선 운동을 하는 물체 A, B를 나타낸 것이다. A, B의 질량은 각각 m, $3m$이고, 속력은 각각 v_A, v_B이며, 운동량은 같다.

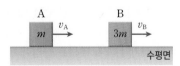

$\dfrac{v_A}{v_B}$를 풀이 과정과 함께 구하시오.

557

•••◦

그림은 마찰이 없는 수평면에서 물체가 점 p를 5 m/s의 속력으로 통과하는 순간 물체의 운동 방향과 같은 방향으로 20 N의 힘을 작용하는 모습을 나타낸 것이다. 물체가 p를 지난 순간으로부터 1초 뒤에 점 q를 속력 v로 지난다.

이에 대한 설명으로 옳은 것만을 <보기>에서 있는 대로 고른 것은? (단, 공기 저항은 무시한다.)

┤보기├

ㄱ. p에서 물체의 운동량의 크기는 10 kg·m/s이다.
ㄴ. 물체가 p에서 q까지 운동하는 동안 받은 충격량의 크기는 40 N·s이다.
ㄷ. v는 20 m/s이다.

① ㄱ   ② ㄴ   ③ ㄱ, ㄴ
④ ㄱ, ㄷ   ⑤ ㄱ, ㄴ, ㄷ

558 필수 유형 🔗124쪽 꼭 나오는 자료 ❶

•••◦

그림 (가)는 마찰이 없는 수평면에서 5 m/s의 속력으로 운동을 하는 질량 2 kg인 물체에 운동 방향과 같은 방향으로 힘 F를 작용하는 모습을 나타낸 것이다. 그림 (나)는 (가)의 순간으로부터 물체에 작용하는 F의 크기를 시간에 따라 나타낸 것이다.

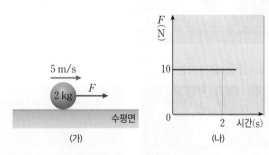

2초일 때, 물체의 속력은?(단, 공기 저항은 무시한다.)

① 10 m/s   ② 15 m/s   ③ 20 m/s
④ 25 m/s   ⑤ 30 m/s

559

●●○

그림 (가)는 수평인 얼음판에서 정지해 있는 질량 20 kg인 스톤에 선수가 얼음판과 나란한 일정한 방향으로 힘 F를 작용하는 모습을 나타낸 것이다. 그림 (나)는 선수가 F를 작용한 순간부터 F의 크기를 시간에 따라 나타낸 것이다.

(가)

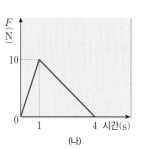
(나)

이에 대한 설명으로 옳은 것만을 <보기>에서 있는 대로 고른 것은? (단, 모든 마찰 및 공기 저항은 무시한다.)

┤ 보기 ├
- ㄱ. 0초부터 1초까지 스톤이 받은 충격량의 크기는 5 N·s 이다.
- ㄴ. 스톤의 속력은 2초일 때가 3초일 때보다 크다.
- ㄷ. 4초일 때, 스톤의 운동량의 크기는 20 kg·m/s이다.

① ㄱ　　　　② ㄴ　　　　③ ㄷ
④ ㄱ, ㄷ　　　⑤ ㄴ, ㄷ

560

●○○

다음은 운동하는 물체 (가)~(다)에 대한 설명이다.

(가) 10 m/s의 일정한 속력으로 운동하는 질량 5 kg인 물체의 운동량
(나) 수평면에서 정지해 있는 물체에 수평 방향으로 15 N의 힘을 4초 동안 작용한 직후 물체의 운동량
(다) 20 m/s의 속력으로 운동하는 질량 4 kg인 물체에 운동 방향과 반대 방향으로 5 N의 힘을 5초 동안 작용한 직후 물체의 운동량

(가)~(다)의 운동량의 크기를 옳게 비교한 것은?(단, 모든 마찰 및 공기 저항은 무시한다.)

① (가)<(나)<(다)　　② (가)<(다)<(나)
③ (나)<(가)<(다)　　④ (나)<(다)<(가)
⑤ (다)<(가)<(나)

561

●●●

그림은 지표면 근처의 지점 O에서 가만히 놓아 낙하하는 물체의 모습을 1초 간격으로 나타낸 것이다. 물체는 지점 P, Q, R를 순서대로 지나간다.
이에 대한 설명으로 옳은 것만을 <보기>에서 있는 대로 고른 것은?(단, 공기 저항은 무시한다.)

┤ 보기 ├
- ㄱ. 물체의 운동량의 크기는 P에서와 Q에서가 같다.
- ㄴ. P부터 Q까지 운동하면서 받은 충격량의 크기는 Q부터 R까지 운동하면서 받은 충격량의 크기와 같다.
- ㄷ. R에서 운동량의 크기는 Q에서의 3배이다.

① ㄴ　　　　② ㄷ　　　　③ ㄱ, ㄴ
④ ㄴ, ㄷ　　　⑤ ㄱ, ㄴ, ㄷ

562

●○○

그림은 마찰이 없는 수평면에서 직선 운동을 하는 질량 5 kg인 물체의 운동량을 시간에 따라 나타낸 것이다.

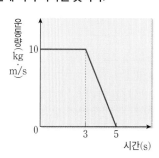

이에 대한 설명으로 옳은 것만을 <보기>에서 있는 대로 고른 것은? (단, 공기 저항은 무시한다.)

┤ 보기 ├
- ㄱ. 1초일 때 물체의 속력은 10 m/s이다.
- ㄴ. 물체의 속력은 2초일 때가 4초일 때보다 크다.
- ㄷ. 3초부터 5초까지 물체가 받은 충격량의 크기는 20 N·s 이다.

① ㄱ　　　　② ㄴ　　　　③ ㄷ
④ ㄱ, ㄷ　　　⑤ ㄴ, ㄷ

563 〈서술형〉 ●●○

그림은 마찰이 없는 경사면에서 질량이 3 kg인 물체가 운동하는 모습을 나타낸 것이다. 물체는 p점을 2 m/s의 속력으로 지나고, 이 순간으로부터 2초 뒤 q점을 5 m/s의 속력으로 지난다.

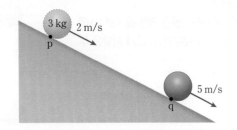

물체에 작용하는 알짜힘의 크기는 몇 N인지 풀이 과정과 함께 구하시오.

564 ●●○

다음은 야구 경기에서 타자가 야구공을 쳐서 멀리 보내는 방법에 대한 것이다.

> 야구 경기에서 타자가 야구공을 쳐서 멀리 보내기 위해서는 방망이를 강한 힘으로 휘둘러야 한다. 그리고 방망이를 휘두를 때 ㉠끝까지 휘둘러야 한다. 이렇게 하면 ㉡야구공에 가하는 충격량이 커져서 야구공이 방망이를 떠나는 순간의 (㉢)이/가 커진다. 야구공의 (㉢)의 크기는 속력에 비례하므로 야구공이 방망이를 떠나는 순간 야구공을 더 빠른 속력으로 보낼 수 있어서 야구공이 더 멀리 날아갈 수 있다.

이에 대한 설명으로 옳은 것만을 <보기>에서 있는 대로 고른 것은?

┤보기├
ㄱ. ㉠을 통해 야구공에 힘을 가하는 시간을 길게 할 수 있다.
ㄴ. ㉡은 야구공의 속력 변화량과 같다.
ㄷ. '운동량'은 ㉢으로 적절하다.

① ㄱ   ② ㄴ   ③ ㄷ
④ ㄱ, ㄷ   ⑤ ㄱ, ㄴ, ㄷ

③ 충돌과 충격량

565 ●●○

그림은 마찰이 없는 수평면에서 정지해 있는 학생 A, B가 서로 마주 보며 밀고 있는 모습을 나타낸 것이다. 질량은 A가 B보다 크다.
이에 대한 설명으로 옳은 것만을 <보기>에서 있는 대로 고른 것은?(단, 공기 저항은 무시한다.)

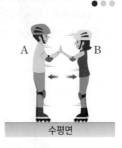

수평면

┤보기├
ㄱ. A와 B가 서로 미는 동안, A가 받은 충격량의 크기는 B가 받은 충격량의 크기와 같다.
ㄴ. 밀고 난 뒤, A와 B의 운동 방향은 서로 반대이다.
ㄷ. 밀고 난 뒤, 속력은 A와 B가 같다.

① ㄱ   ② ㄷ   ③ ㄱ, ㄴ
④ ㄱ, ㄷ   ⑤ ㄱ, ㄴ, ㄷ

566 ●●●

그림과 같이 쇼트 트랙 계주 경기에서 선수 A가 선수 B를 밀어 주었더니 A의 운동량은 감소하고, B의 운동량은 증가했다. 질량은 A가 B보다 크다.

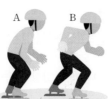

밀기 직전   밀고 난 직후

이에 대한 설명으로 옳은 것만을 <보기>에서 있는 대로 고른 것은? (단, 모든 마찰 및 공기 저항은 무시한다.)

┤보기├
ㄱ. A가 B를 미는 동안, A가 받은 충격량의 크기는 B가 받은 충격량의 크기와 같다.
ㄴ. A의 운동량 감소량과 B의 운동량 증가량은 같다.
ㄷ. A의 속력 감소량과 B의 속력 증가량은 같다.

① ㄱ   ② ㄷ   ③ ㄱ, ㄴ
④ ㄱ, ㄷ   ⑤ ㄱ, ㄴ, ㄷ

567

그림 (가)는 수평면에서 벽을 향해 속력 v로 등속 직선 운동을 하던 질량 m인 물체가 벽에 충돌한 뒤 반대 방향으로 속력 v로 등속 직선 운동을 하는 모습을 나타낸 것이다. 그림 (나)는 충돌 과정에서 물체가 벽으로부터 받은 힘의 크기를 시간에 따라 나타낸 것이다.

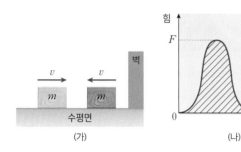

(가) (나)

이에 대한 설명으로 옳은 것만을 <보기>에서 있는 대로 고른 것은? (단, 모든 마찰 및 공기 저항은 무시한다.)

| 보기 |
ㄱ. 충돌 전후 물체의 운동량 변화량의 크기는 $2mv$이다.
ㄴ. (나)에서 빗금 친 부분의 면적은 mv이다.
ㄷ. 충돌 과정에서 물체가 벽으로부터 받은 충격량의 크기는 벽이 물체로부터 받은 충격량의 크기와 같다.

① ㄱ ② ㄴ ③ ㄷ
④ ㄱ, ㄷ ⑤ ㄴ, ㄷ

568 서술형

그림은 수평면에서 질량이 m인 물체가 $2v$의 일정한 속력으로 벽을 향해 운동하다가 벽과 충돌한 뒤 v의 일정한 속력으로 운동하는 모습을 나타낸 것이다. 물체는 벽과 시간 T 동안 충돌한다.

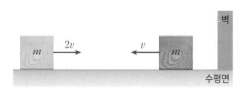

물체가 벽과 충돌하는 동안 벽으로부터 받은 충격량의 크기와 평균 힘의 크기를 각각 풀이 과정과 함께 구하시오.(단, 모든 마찰 및 공기 저항은 무시한다.)

569

그림 (가)는 마찰이 없는 수평면에서 물체 A가 정지해 있는 물체 B를 향해 일정한 속력으로 운동하는 모습을 나타낸 것이다. A, B의 질량은 각각 m, $3m$이다. 그림 (나)는 A, B의 운동량을 시간에 따라 나타낸 것이다. A와 B는 시간 T 동안 충돌하고, 충돌 후 B의 운동량의 크기는 p_B이다.

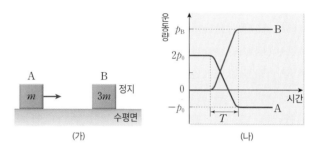

(가) (나)

이에 대한 설명으로 옳은 것만을 <보기>에서 있는 대로 고른 것은? (단, 공기 저항은 무시한다.)

| 보기 |
ㄱ. $p_B = 3p_0$이다.
ㄴ. 충돌 후 속력은 B가 A의 2배이다.
ㄷ. 충돌 과정에서 B가 A로부터 받은 평균 힘의 크기는 $\frac{p_0}{T}$이다.

① ㄱ ② ㄴ ③ ㄷ
④ ㄱ, ㄴ ⑤ ㄱ, ㄷ

570 서술형

그림 (가)는 마찰이 없는 수평면에서 물체 A, B가 같은 방향으로 각각 5 m/s, 2 m/s의 속력으로 운동하는 모습을 나타낸 것이다. 그림 (나)는 B의 속력을 시간에 따라 나타낸 것으로, 2초일 때 A와 B가 충돌한다. A, B의 질량은 각각 3 kg, 2 kg이다.

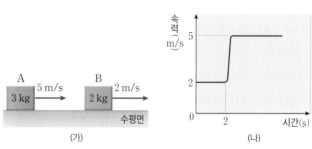

(가) (나)

충돌 후 A의 속력은 몇 m/s인지 풀이 과정과 함께 구하시오.(단, 공기 저항은 무시한다.)

 분석 문제

571 ●●●

그림 (가)는 같은 높이에 있는 동일한 달걀을 각각 마룻바닥과 방석 위에서 가만히 놓았을 때 마룻바닥에 떨어진 달걀만 깨진 모습을 나타낸 것이다. 그림 (나)의 A, B는 (가)에서 달걀이 마룻바닥이나 방석에 떨어질 때의 시간에 따른 힘 그래프를 순서 없이 나타낸 것이다. A, B가 시간 축과 이루는 면적은 같다.

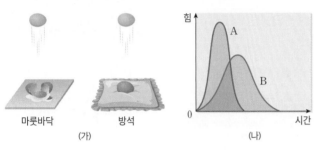

마룻바닥　　방석　　(가)　　(나)

이에 대한 설명으로 옳은 것만을 <보기>에서 있는 대로 고른 것은? (단, 공기 저항은 무시한다.)

| 보기 |
- ㄱ. 방석에 떨어진 달걀이 받은 힘을 나타낸 것은 A이다.
- ㄴ. 달걀의 속력은 마룻바닥에 충돌하기 직전과 방석에 충돌하기 직전이 같다.
- ㄷ. 달걀이 마룻바닥으로부터 받은 평균 힘의 크기는 방석으로부터 받은 평균 힘의 크기보다 크다.

① ㄱ　　　　② ㄷ　　　　③ ㄱ, ㄴ
④ ㄴ, ㄷ　　　⑤ ㄱ, ㄴ, ㄷ

④ 충돌과 안전장치

572 서술형 ●●●

다음은 자동차의 안전띠에 대한 설명이다.

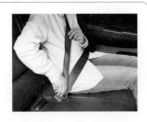

달리던 자동차가 갑자기 멈추면 자동차에 타고 있던 사람은 (　　　　　). 이때 사람이 크게 다칠 수 있으므로 자동차에 탈 때는 안전띠를 반드시 착용해야 한다.

(　　) 안에 들어갈 알맞은 문장을 설명하시오.

573 ●●●

그림은 자동차의 안전장치를 나타낸 것이다.

에어백　　　　　범퍼

이에 대한 설명으로 옳은 것만을 <보기>에서 있는 대로 고른 것은?

| 보기 |
- ㄱ. 에어백은 운전자가 받는 충격량의 크기를 증가시킨다.
- ㄴ. 범퍼는 충돌 시간을 길게 한다.
- ㄷ. 충돌할 때 에어백은 사람이 받는 평균 힘의 크기를, 범퍼는 자동차가 받는 평균 힘의 크기를 증가시킨다.

① ㄱ　　　　② ㄴ　　　　③ ㄱ, ㄴ
④ ㄱ, ㄷ　　　⑤ ㄴ, ㄷ

574 필수 유형 🔗 125쪽 꼭 나오는 자료 ❷ ●●●

그림 (가)는 마찰이 없는 수평면에서 동일한 물체가 동일한 속력으로 재질이 다른 벽 A, B를 향해 운동하는 모습을 나타낸 것이다. 그림 (나)는 물체가 벽 A, B에 충돌한 순간부터 물체에 작용하는 힘의 크기를 시간에 따라 나타낸 것이다. 그래프가 시간 축과 이루는 면적은 A에서와 B에서가 같다.

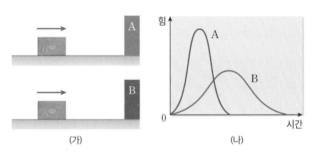

(가)　　　　　(나)

이에 대한 설명으로 옳은 것만을 <보기>에서 있는 대로 고른 것은? (단, 공기 저항은 무시한다.)

| 보기 |
- ㄱ. A로부터 물체가 받은 충격량의 크기는 B로부터 물체가 받은 충격량의 크기와 같다.
- ㄴ. 충돌 후 운동량은 A와 충돌한 물체가 B와 충돌한 물체보다 크다.
- ㄷ. 장대높이뛰기에서 착지용 매트를 만드는 재질로 A보다 B가 적절하다.

① ㄱ　　　　② ㄴ　　　　③ ㄱ, ㄴ
④ ㄱ, ㄷ　　　⑤ ㄱ, ㄴ, ㄷ

1등급 완성 문제

학교 시험 빈출 문제 중 내신 1등급을 결정하는 고난도 문제들을 수록했습니다.

575

●●○

그림은 천장에 매달린 가벼운 실 A의 끝에 무거운 추를 매달고, 추에 실 B를 매단 모습을 나타낸 것이다. 실 A와 B의 재질과 굵기는 동일하다. 이에 대한 설명으로 옳은 것만을 <보기>에서 있는 대로 고른 것은?

| 보기 |

ㄱ. B를 연직 아래로 천천히 당길 때 A와 B에 연직 아래로 작용하는 힘의 크기가 같다.
ㄴ. B를 연직 아래로 천천히 당기면 A가 B보다 먼저 끊어 진다.
ㄷ. B를 연직 아래로 빠르게 당기면 B가 A보다 먼저 끊어 진다.

① ㄱ   ② ㄷ   ③ ㄱ, ㄴ
④ ㄴ, ㄷ   ⑤ ㄱ, ㄴ, ㄷ

576 평가원 기출 변형

●●●

그림은 마찰이 없는 수평면에서 일정한 속력으로 직선 운동하는 물체 A, B, C를 나타낸 것이다. A, B, C의 질량은 각각 1 kg, 3 kg, 2 kg이고, 속력은 각각 1 m/s, 2 m/s, 3 m/s이다.

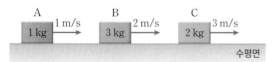

이에 대한 설명으로 옳은 것만을 <보기>에서 있는 대로 고른 것은?

| 보기 |

ㄱ. A~C 중 운동량의 크기는 A가 가장 작다.
ㄴ. A~C 중 관성은 B가 가장 크다.
ㄷ. A~C에 작용하는 알짜힘은 모두 0이다.

① ㄴ   ② ㄷ   ③ ㄱ, ㄴ
④ ㄱ, ㄷ   ⑤ ㄱ, ㄴ, ㄷ

577 ⭐신유형

●●○

그림은 빨대를 불어서 빨대 속에 정지해 있는 물체를 발사하는 모습을 나타낸 것이다. 표는 물체 A, B, C의 질량과 빨대 속에서 물체가 받은 평균 힘의 크기 및 힘을 받은 시간을 나타낸 것이다. A, B, C가 빨대를 빠져나오는 순간의 속력은 각각 v_A, v_B, v_C이다.

물체	질량	평균 힘	시간
A	$2m$	F	$2t$
B	m	$3F$	t
C	$3m$	$2F$	$0.5t$

v_A, v_B, v_C를 옳게 비교한 것은?

① $v_A < v_B < v_C$ ② $v_A < v_B = v_C$ ③ $v_B < v_A < v_C$
④ $v_B < v_A = v_C$ ⑤ $v_C < v_A < v_B$

578 ⭐신유형

●●●

그림 (가)는 마찰이 없는 수평면에서 $+x$ 방향으로 2 m/s의 속력으로 운동을 하는 질량 5 kg인 물체에 힘 F를 작용하는 모습을 나타낸 것이다. 그림 (나)는 (가)에서 힘 F를 시간 t에 따라 나타낸 것이다.

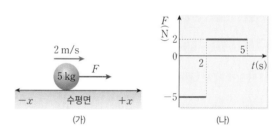

물체의 운동량 p를 시간 t에 따라 옳게 나타낸 것은?

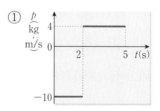
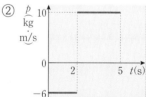
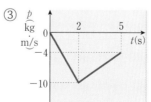
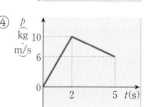
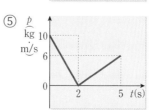

| 579~580 | 다음은 물체의 충돌 실험이다. 물음에 답하시오.(단, 모든 마찰 및 공기 저항은 무시한다.)

[실험 과정]

(가) 그림과 같이 수평면에서 질량이 m인 힘 센서를 벽 A를 향해 운동하게 한다.

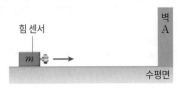

(나) 힘 센서가 벽에 충돌한 순간부터 속력이 0이 될 때까지 걸린 시간에 따른 힘 그래프를 산출한다.
(다) 재질이 다른 벽 B로 바꾼 뒤 (가), (나)를 반복한다.
(라) 그래프로부터 힘 센서가 충돌한 순간부터 속력이 0이 될 때까지 걸린 시간 T와 충돌하는 동안 평균 힘의 크기 F를 산출한다.

[실험 결과]

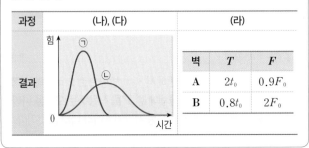

과정	(나), (다)	(라)

벽	T	F
A	$2t_0$	$0.9F_0$
B	$0.8t_0$	$2F_0$

579 ⭐신유형 ●●○

이에 대한 설명으로 옳은 것만을 <보기>에서 있는 대로 고른 것은?

┤보기├

ㄱ. A와 충돌한 결과 그래프는 ㉠이다.
ㄴ. 힘 센서가 받은 충격량의 크기는 실험 과정 (나)에서가 (다)에서보다 크다.
ㄷ. 그래프가 시간 축과 이루는 면적은 ㉠과 ㉡이 서로 같다.

① ㄱ   ② ㄴ   ③ ㄷ
④ ㄱ, ㄷ   ⑤ ㄴ, ㄷ

580 ●●●

벽 A와 B에 충돌하기 직전 힘 센서의 속력을 각각 v_A, v_B라고 할 때, $\dfrac{v_B}{v_A}$는?

① $\dfrac{2}{5}$ ② $\dfrac{8}{9}$ ③ 1
④ $\dfrac{9}{8}$ ⑤ $\dfrac{20}{9}$

581 ⭐신유형 ●●●

그림 (가)는 마찰이 없는 수평면에서 물체 A, B가 각각 벽을 향해 같은 속력 v_0으로 운동하다가 벽과 충돌한 후 충돌 전과 반대 방향으로 튕겨 나와 각각 속력 v_0, v로 운동하는 모습을 나타낸 것이다. A, B의 질량은 각각 $3m$, m이다. 그림 (나)는 A, B가 각각 벽으로부터 받는 힘을 시간에 따라 나타낸 것이다. A, B의 그래프가 시간 축과 이루는 면적은 각각 $5S$, $2S$이다.

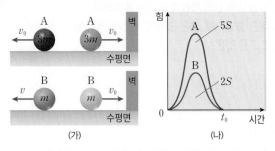

(가)   (나)

이에 대한 설명으로 옳은 것만을 <보기>에서 있는 대로 고른 것은? (단, 공기 저항은 무시한다.)

┤보기├

ㄱ. 벽에 충돌하기 전 운동량의 크기는 A가 B의 3배이다.
ㄴ. $v = \dfrac{9}{5}v_0$이다.
ㄷ. 물체가 벽으로부터 받은 평균 힘의 크기는 A가 B의 3배이다.

① ㄱ   ② ㄴ   ③ ㄱ, ㄴ
④ ㄱ, ㄷ   ⑤ ㄱ, ㄴ, ㄷ

582 ●●●

그림 (가)는 마찰이 없는 수평면에 정지해 있는 물체를 수평 방향으로 당기는 모습을 나타낸 것이다. 그림 (나)는 물체를 당기는 힘의 크기를 시간에 따라 나타낸 것이다. t일 때 물체의 운동량의 크기는 p_1이고, $2t$일 때 물체의 운동량의 크기는 p_2이다.

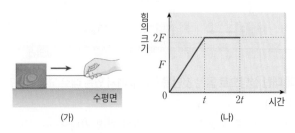

(가)   (나)

$\dfrac{p_1}{p_2}$은?(단, 공기 저항은 무시한다.)

① $\dfrac{1}{5}$ ② $\dfrac{1}{4}$ ③ $\dfrac{1}{3}$
④ $\dfrac{2}{5}$ ⑤ $\dfrac{1}{2}$

583

그림 (가)~(다)는 일상생활에서의 안전장치를 나타낸 것이다.

(가) 안전모   (나) 안전띠   (다) 뽁뽁이 포장

이에 대한 설명으로 옳은 것만을 <보기>에서 있는 대로 고른 것은?

┤ 보기 ├

ㄱ. (가)의 안쪽은 충돌 시간을 길게 할 수 있는 구조로 만든다.
ㄴ. (나)는 급정거할 때 관성을 사라지게 하는 역할을 한다.
ㄷ. (다)는 떨어뜨렸을 때 내부 물체가 받는 충격량의 크기를 감소시키는 역할을 한다.

① ㄱ   ② ㄴ   ③ ㄷ
④ ㄱ, ㄴ   ⑤ ㄴ, ㄷ

584

다음은 낙하하는 사람을 보호하는 안전 매트에 대한 설명이다.

낙하하는 사람이 매트에 충돌할 때, 매트는 사람의 충돌 시간을 길게 한다. 따라서 낙하하는 사람이 매트로부터 받는 평균 힘의 크기를 감소시켜, 사람이 받는 충격을 줄인다.

안전 매트로 충격을 줄이는 것과 같은 원리를 이용하는 사례로 적절한 것만을 <보기>에서 있는 대로 고른 것은?

┤ 보기 ├

ㄱ. 야구 선수가 방망이를 끝까지 휘둘러 공을 멀리 보낸다.
ㄴ. 멀리뛰기 선수가 모래판에 무릎을 굽히면서 착지한다.
ㄷ. 자동차가 충돌할 때, 운전자는 부풀어진 에어백에 충돌한다.

① ㄱ   ② ㄴ   ③ ㄷ
④ ㄱ, ㄴ   ⑤ ㄴ, ㄷ

585

그림 (가)는 인체 모형을 태운 자동차가 충돌할 때 에어백이 작동하는 실험을 나타낸 것이다. 그림 (나)는 동일한 충돌 과정에서 에어백 A, B가 작동할 때 인체 모형이 받는 힘을 시간에 따라 나타낸 것이다. A, B의 그래프가 시간 축과 이루는 면적은 같다.

 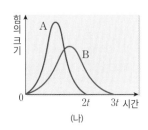

(가)   (나)

A, B 중에서 안전에 더 적합한 에어백을 고르고, 그 까닭을 설명하시오.

586

그림은 학생이 뜀틀을 넘는 모습을 나타낸 것이다.

학생이 착지할 때 무릎을 구부리는 까닭과 같은 원리가 운동 경기에서 적용된 예를 2가지 설명하시오.

587

그림 (가)는 마찰이 없는 수평면에서 질량이 같은 물체 A, B가 벽을 향해 $2v$의 일정한 속도로 운동하는 모습을 나타낸 것이다. 그림 (나)는 A, B의 속도를 시간에 따라 나타낸 것이다. A, B는 t일 때 벽과 충돌을 시작하고, 각각 $3t$, $2t$일 때 충돌이 끝난다.

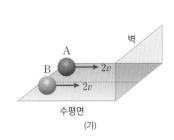 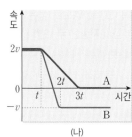

(가)   (나)

충돌 과정에서 A, B가 벽으로부터 받은 평균 힘의 크기를 각각 F_A, F_B라고 할 때 $F_A : F_B$를 풀이 과정과 함께 구하시오.

588

그림은 시간 $t=0$일 때, 마찰이 없는 경사면의 O점에 가만히 놓은 물체가 경사면을 따라 운동하는 모습을 나타낸 것이다. 물체는 $t=2$초일 때 P점을 2 m/s의 속력으로 지나고, $t=5$초일 때 Q점을 지난다.

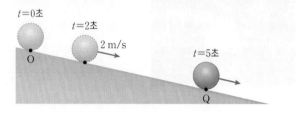

Q점에서 물체의 속력은?(단, 공기 저항은 무시한다.)

① 3 m/s   ② 3.5 m/s   ③ 4 m/s

④ 4.5 m/s   ⑤ 5 m/s

589

그림과 같이 수평면으로부터 높이가 각각 h, $2h$, h인 지점에서 가만히 놓은 물체 A, B, C가 자유 낙하 운동을 하여 수평면에 도달한다. A, B, C의 질량은 각각 m, m, $2m$이고, A, B, C가 수평면에 도달할 때까지 걸린 시간은 각각 t_A, t_B, t_C이다.

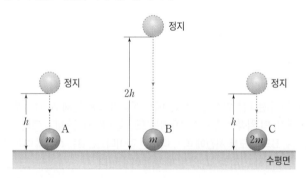

이에 대한 설명으로 옳은 것만을 <보기>에서 있는 대로 고른 것은?(단, 공기 저항은 무시한다.)

| 보기 |
ㄱ. 물체에 작용하는 중력의 크기는 A가 B보다 크다.
ㄴ. $t_A=t_B<t_C$이다.
ㄷ. 수평면에 도달하는 순간의 속력은 B가 C보다 크다.

① ㄱ   ② ㄴ   ③ ㄷ

④ ㄱ, ㄴ   ⑤ ㄴ, ㄷ

590

그림 (가)는 나무에서 사과가 떨어지는 모습을, 그림 (나)는 달이 지구 주위를 공전하는 모습을 나타낸 것이다.

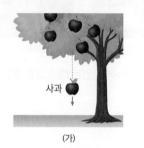 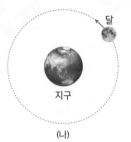

(가)   (나)

지구의 역학 시스템에서 (가), (나)와 같은 현상의 원인이 되는 힘에 대한 설명으로 옳은 것만을 <보기>에서 있는 대로 고른 것은?

| 보기 |
ㄱ. 생명체의 생명활동에 영향을 준다.
ㄴ. 물이 높은 곳에서 낮은 곳으로 흐르게 한다.
ㄷ. 비나 눈과 같은 강수 현상에서 중요한 역할을 한다.

① ㄱ   ② ㄴ   ③ ㄱ, ㄷ

④ ㄴ, ㄷ   ⑤ ㄱ, ㄴ, ㄷ

591

그림은 같은 높이에서 물체 A를 가만히 놓는 순간 물체 B를 수평 방향으로 속력 v로 던졌을 때 A, B의 운동 경로를 나타낸 것이다. A의 운동 경로상의 점 p의 높이는 h이고, 질량은 A가 B보다 크다.
이에 대한 설명으로 옳은 것만을 <보기>에서 있는 대로 고른 것은?(단, 공기 저항은 무시한다.)

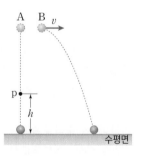

| 보기 |
ㄱ. A가 p를 지나는 순간, B의 수평 방향 속력은 v이다.
ㄴ. A가 p를 지나는 순간, B의 높이는 h보다 작다.
ㄷ. A와 B에 작용하는 중력의 방향은 같다.

① ㄱ   ② ㄴ   ③ ㄷ

④ ㄱ, ㄷ   ⑤ ㄱ, ㄴ, ㄷ

592

그림은 질량이 각각 $2m$, m인 물체 A, B를 같은 높이에서 동시에 수평 방향으로 던졌을 때 A, B의 운동 경로를 나타낸 것이다. 수평 방향으로 던진 A의 속력은 v이고, A, B가 수평면에 떨어질 때까지 수평 방향으로 이동한 거리는 각각 d, $2d$이다. A를 던진 순간부터 수평면에 도달할 때까지 걸린 시간은 3초이다.

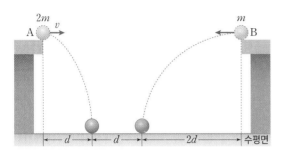

이에 대한 설명으로 옳은 것만을 <보기>에서 있는 대로 고른 것은? (단, 공기 저항은 무시한다.)

| 보기 |

ㄱ. B의 수평 방향 속력은 $2v$이다.
ㄴ. A를 던진 순간부터 1초가 지났을 때 A와 B 사이의 거리는 $3d$이다.
ㄷ. A에 작용하는 중력의 크기는 B의 2배이다.

① ㄱ   ② ㄴ   ③ ㄱ, ㄷ
④ ㄴ, ㄷ   ⑤ ㄱ, ㄴ, ㄷ

593

그림은 같은 지점에서 수평 방향으로 동시에 던진 질량이 같은 물체 A, B의 운동 경로를 나타낸 것이다. A는 점 a와 b를, B는 점 c와 d를 지난다. 수평면으로부터의 높이는 a가 c보다 높고, b와 d가 같다.
이에 대한 설명으로 옳은 것만을 <보기>에서 있는 대로 고른 것은?(단, 물체의 크기, 공기 저항은 무시한다.)

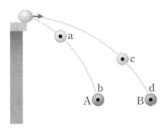

| 보기 |

ㄱ. A에 작용하는 중력의 방향은 a에서와 b에서가 같다.
ㄴ. A가 a에 도달하기 전에 B는 c에 도달한다.
ㄷ. b에서 A의 속력과 d에서 B의 속력은 같다.

① ㄱ   ② ㄴ   ③ ㄱ, ㄴ
④ ㄱ, ㄷ   ⑤ ㄴ, ㄷ

594

그림과 같이 같은 높이에서 질량이 같은 포탄 A, B, C를 각각 수평 방향으로 v_A, v_B, v_C의 속력으로 발사했더니, A, B는 지면으로 떨어졌고 C는 지구 주변을 한 바퀴 돌아 처음 발사한 위치로 돌아왔다.
이에 대한 설명으로 옳은 것만을 <보기>에서 있는 대로 고른 것은?(단, 지구는 구 모양이며, 공기 저항은 무시한다.)

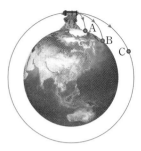

| 보기 |

ㄱ. $v_A < v_B$이다.
ㄴ. C에는 중력이 작용하지 않는다.
ㄷ. C와 동일한 포탄을 수평 방향으로 v_C보다 작은 속력으로 발사하면 포탄은 지면으로 떨어진다.

① ㄱ   ② ㄴ   ③ ㄱ, ㄴ
④ ㄱ, ㄷ   ⑤ ㄱ, ㄴ, ㄷ

595

그림은 접시가 놓인 천을 빠르게 당겼더니 접시가 천을 따라 움직이지 않고 그 자리에 있는 모습을 나타낸 것이다.

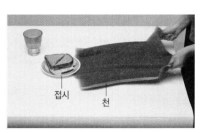

이러한 현상과 같은 원리로 설명할 수 있는 현상만을 <보기>에서 있는 대로 고른 것은?

| 보기 |

ㄱ. 버스가 갑자기 출발하면 승객들의 몸이 뒤로 쏠린다.
ㄴ. 높이뛰기 선수가 착지하는 매트는 푹신한 재질로 만든다.
ㄷ. 야구 경기에서 타자가 공을 칠 때 멀리 보내기 위해 방망이를 끝까지 휘두른다.

① ㄱ   ② ㄴ   ③ ㄱ, ㄴ
④ ㄱ, ㄷ   ⑤ ㄱ, ㄴ, ㄷ

596

표는 마찰이 없는 수평면에서 정지해 있는 세 물체 A, B, C의 질량과 수평 방향으로 일정하게 작용한 힘의 크기, 힘을 작용한 시간을 나타낸 것이다. 힘을 작용한 시간이 끝난 뒤 A, B, C의 속력은 각각 v_A, v_B, v_C이다.

구분	질량	힘의 크기	힘을 작용한 시간
A	2 kg	6 N	4초
B	1 kg	5 N	2초
C	3 kg	12 N	1초

v_A, v_B, v_C의 크기를 옳게 비교한 것은?(단, 공기 저항은 무시한다.)

① $v_A < v_B < v_C$　　② $v_B < v_A < v_C$　　③ $v_B < v_C < v_A$

④ $v_C < v_A < v_B$　　⑤ $v_C < v_B < v_A$

597

그림 (가)는 마찰이 없는 수평면에서 정지 상태인 물체를 수평 방향으로 당기는 모습을 나타낸 것이다. 그림 (나)는 (가)에서 물체를 당기는 힘의 크기를 시간에 따라 나타낸 것이다.

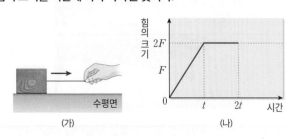

(가)　　　　　(나)

이에 대한 설명으로 옳은 것만을 <보기>에서 있는 대로 고른 것은? (단, 공기 저항은 무시한다.)

┤ 보기 ├
ㄱ. t일 때 운동량의 크기는 $2Ft$이다.
ㄴ. $2t$일 때 운동량의 크기는 $4Ft$이다.
ㄷ. $2t$일 때 물체의 속력은 t일 때의 3배이다.

① ㄱ　　　② ㄷ　　　③ ㄱ, ㄴ
④ ㄱ, ㄷ　　⑤ ㄴ, ㄷ

598

그림 (가)는 야구 경기에서 타자가 방망이로 공을 치는 순간을 나타낸 것이다. 그림 (나)의 A, B는 (가)에서 타자가 방망이를 끝까지 휘두르지 않거나 휘두를 때의 시간에 따른 힘 그래프를 순서 없이 나타낸 것이다. $\overline{F}$는 방망이가 공에 가한 평균 힘으로, A와 B가 같다.

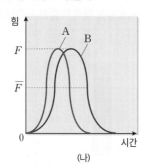

(가)　　　　　(나)

이에 대한 설명으로 옳은 것만을 <보기>에서 있는 대로 고른 것은?

┤ 보기 ├
ㄱ. (나)에서 공과 방망이가 접촉한 시간은 A가 B보다 짧다.
ㄴ. (나)에서 공이 받는 충격량의 크기는 A와 B가 같다.
ㄷ. (나)에서 방망이를 끝까지 휘두르는 것의 그래프는 B이다.

① ㄱ　　　② ㄱ, ㄴ　　　③ ㄱ, ㄷ
④ ㄴ, ㄷ　　⑤ ㄱ, ㄴ, ㄷ

599

그림은 마찰이 없는 수평면에서 질량이 m인 물체 A가 정지해 있는 질량이 $2m$인 물체 B를 향해 $+x$ 방향으로 일정한 속력으로 운동하는 모습을 나타낸 것이다. 표는 A가 B에 충돌하기 전과 후 A의 운동 방향과 속력을 나타낸 것이다. B가 A와 충돌하는 동안, B가 A로부터 받은 충격량의 크기는 I_0이고, 충돌 후 B의 속력은 v_0이다.

구분	충돌 전	충돌 후
A의 운동 방향	$+x$	$-x$
A의 속력	$3v$	v

I_0과 v_0을 옳게 짝 지은 것은?(단, 공기 저항은 무시한다.)

	I_0	v_0		I_0	v_0
①	$4mv$	v	②	$4mv$	$1.5v$
③	$4mv$	$2v$	④	$6mv$	$2v$
⑤	$6mv$	$3v$			

600

그림 (가)는 마찰이 없는 수평면에서 물체 A가 정지해 있는 물체 B를 향해 운동하는 모습을 나타낸 것이다. B의 질량은 4 kg이다. 그림 (나)는 (가)의 물체 A, B의 속도를 시간에 따라 나타낸 것이다.

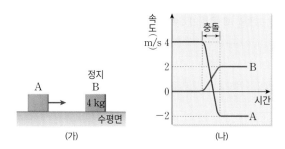

(가) (나)

A의 질량은?(단, 공기 저항은 무시한다.)

① $\frac{2}{3}$ kg   ② 1 kg   ③ $\frac{4}{3}$ kg

④ $\frac{5}{3}$ kg   ⑤ 2 kg

601

그림 (가)는 마찰이 없는 수평면에서 질량이 각각 2 kg, 1 kg인 물체 A, B가 같은 방향으로 각각 일정한 속력 5 m/s, 1 m/s로 운동하는 모습을 나타낸 것이다. 그림 (나)는 A, B가 충돌하는 동안 A가 B로부터 받은 힘의 크기를 시간에 따라 나타낸 것으로, 그래프와 시간 축이 이루는 면적은 4 N·s이다.

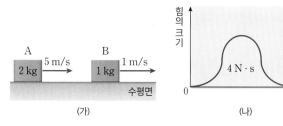

(가) (나)

이에 대한 설명으로 옳은 것만을 <보기>에서 있는 대로 고른 것은? (단, 공기 저항은 무시한다.)

┤ 보기 ├
ㄱ. 충돌 후 A의 운동량은 14 kg·m/s이다.
ㄴ. B가 A로부터 받은 충격량의 크기는 4 N·s이다.
ㄷ. 충돌 후 속력은 B가 A의 $\frac{5}{3}$배이다.

① ㄱ   ② ㄷ   ③ ㄱ, ㄴ
④ ㄱ, ㄷ   ⑤ ㄴ, ㄷ

602

그림 (가)는 마찰이 없는 수평면에서 일정한 속력으로 운동하는 질량이 같은 물체 A, B가 벽과 충돌한 뒤 정지한 모습을 나타낸 것이다. 그림 (나)는 A, B가 벽으로부터 받은 힘을 시간에 따라 나타낸 것으로, 그래프가 시간 축과 이루는 면적은 각각 2S, 3S이다.

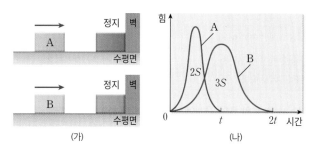

(가) (나)

이에 대한 설명으로 옳은 것만을 <보기>에서 있는 대로 고른 것은? (단, 공기 저항은 무시한다.)

┤ 보기 ├
ㄱ. 충돌하기 전 A의 속력은 B보다 작다.
ㄴ. A, B가 충돌하면서 받은 충격량의 크기는 같다.
ㄷ. A가 충돌하면서 받은 평균 힘의 크기는 B보다 크다.

① ㄱ   ② ㄴ   ③ ㄷ
④ ㄱ, ㄷ   ⑤ ㄴ, ㄷ

603

다음은 충돌에 의한 피해를 줄이기 위한 여러 가지 방법이다.

- 에어백은 자동차가 충돌할 때 운전자가 받는 피해를 줄인다.
- 공사장에서 사용하는 안전모 안쪽은 푹신한 재질이다.
- 떨어지는 사람을 보호하기 위해 에어 매트를 사용한다.

위 방법들에 공통적으로 적용되는 원리로 옳은 것만을 <보기>에서 있는 대로 고른 것은?

┤ 보기 ├
ㄱ. 물체의 관성을 작게 한다.
ㄴ. 물체가 힘을 받는 시간을 길게 한다.
ㄷ. 물체의 운동량의 크기를 증가시킨다.

① ㄱ   ② ㄴ   ③ ㄷ
④ ㄱ, ㄴ   ⑤ ㄴ, ㄷ

604

표는 행성 A, B, C의 표면 근처에서 자유 낙하 운동을 하는 물체의 속력을 일정한 시간 간격으로 나타낸 것이다. 각 행성에서 운동하는 물체의 질량은 같다.

시간(초)	0	0.1	0.2	0.3	0.4	⋯
행성 A에서 속력(m/s)	0	0.5	1.0	1.5	2.0	⋯
행성 B에서 속력(m/s)	0	0.4	0.8	1.2	1.6	⋯
행성 C에서 속력(m/s)	0	0.1	0.2	0.3	0.4	⋯

행성 A, B, C의 표면 근처에서 물체에 작용하는 중력의 크기를 각각 F_A, F_B, F_C라고 할 때, $F_A : F_B : F_C$는?(단, 물체에는 행성의 중력 외 다른 힘은 작용하지 않는다.)

605

그림은 건물의 서로 다른 층에서 물체 A, B를 수평 방향으로 던졌더니, 수평면의 같은 지점에 도달하는 모습을 나타낸 것이다. A, B를 수평 방향으로 던진 속력은 각각 v_A, v_B이다.

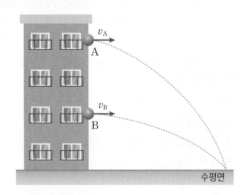

v_A, v_B의 크기를 등호 또는 부등호로 비교하고, 그 까닭을 설명하시오. (단, 물체의 크기, 공기 저항은 무시한다.)

606

그림 (가)는 마찰이 없는 수평면에서 정지해 있는 질량 2 kg인 물체를 전동기로 당기는 모습을 나타낸 것이다. 그림 (나)는 (가)의 전동기가 물체를 당기는 순간부터 당기는 힘의 크기를 시간에 따라 나타낸 것이다. 5초일 때 물체의 속력은 v_1이고, 10초일 때 물체의 속력은 v_2이다.

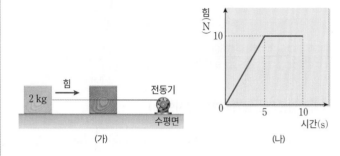

$\dfrac{v_2}{v_1}$ 를 풀이 과정과 함께 구하시오.

607

그림은 건물 위의 학생 A가 가만히 놓은 물풍선을 학생 B가 받는 모습을 나타낸 것이다.

학생 B가 별도의 도구 없이 물풍선을 터뜨리지 않고 받을 수 있는 방법을 그 까닭과 함께 설명하시오.

608

그림은 수평면으로부터 높이 $2h$ 인 지점에서 자유 낙하 운동을 하는 물체 A가 높이 h인 지점에 있는 물체 B와 같은 높이를 지나는 순간 물체 B가 자유 낙하 운동을 시작하는 모습을 나타낸 것이다. 이에 대한 설명으로 옳은 것만을 <보기>에서 있는 대로 고른 것은? (단, 물체의 크기는 무시한다.)

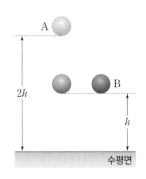

┤ 보기 ├

ㄱ. A와 B는 수평면에 동시에 도달한다.

ㄴ. A를 가만히 놓은 순간으로부터 A가 B와 같은 높이에 도달할 때까지 걸린 시간과 B를 가만히 놓은 순간으로부터 B가 수평면에 도달할 때까지 걸린 시간은 같다.

ㄷ. B가 자유 낙하 운동을 시작하는 순간부터 A가 수평면에 도달할 때까지 A, B의 속력 차는 항상 같다.

① ㄱ   ② ㄱ, ㄴ   ③ ㄱ, ㄷ
④ ㄴ, ㄷ   ⑤ ㄱ, ㄴ, ㄷ

609

그림 (가)는 높이 5 m인 지점에서 물체 A를 가만히 놓은 순간으로부터 1초 뒤 A가 수평면에 10 m/s의 속력으로 도달한 모습을 나타낸 것이다. 그림 (나)는 높이 h인 지점에서 수평 방향으로 2 m/s의 속력으로 던진 물체 B가 수평면에 도달하는 모습을 나타낸 것이다. 이 순간 B의 연직 방향 속력은 5 m/s이다. B를 던진 지점부터 수평면에 도달한 지점까지 수평 거리는 R이다.

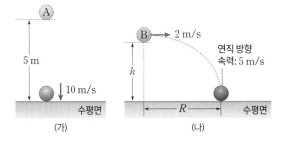

$h+R$는? (단, 물체의 크기, 공기 저항은 무시한다.)

① $\dfrac{5}{4}$ m   ② $\dfrac{9}{4}$ m   ③ $\dfrac{11}{4}$ m
④ $\dfrac{15}{4}$ m   ⑤ $\dfrac{17}{4}$ m

610

그림 (가)는 물체 A, B를 같은 높이에서 동시에 가만히 놓는 모습을 나타낸 것이다. 그림 (나)의 X, Y는 A, B가 수평면에 도달한 순간부터 정지할 때까지 운동량의 크기를 시간에 따라 순서 없이 나타낸 것이다.

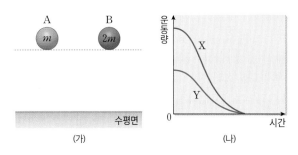

물체의 운동에 대한 설명으로 옳은 것만을 <보기>에서 있는 대로 고른 것은? (단, 공기 저항은 무시한다.)

┤ 보기 ├

ㄱ. 수평면에 도달하는 순간의 속력은 A와 B가 같다.

ㄴ. X는 A의 운동량을 시간에 따라 나타낸 것이다.

ㄷ. 수평면에 충돌한 순간부터 정지할 때까지 물체가 받은 충격량의 크기는 A가 B보다 작다.

① ㄱ   ② ㄴ   ③ ㄷ
④ ㄱ, ㄷ   ⑤ ㄴ, ㄷ

611

그림 (가)는 마찰이 없는 수평면에서 물체 A가 정지해 있는 물체 B를 향해 속력 v로 운동하는 모습을 나타낸 것이다. 그림 (나)는 B와 충돌한 뒤 A는 정지하고, B는 정지해 있는 C를 향해 속력 v로 운동하는 모습을 나타낸 것이다. 그림 (다)는 B가 C와 충돌한 뒤 B와 C가 한 덩어리가 되어 등속 직선 운동을 하는 모습을 나타낸 것이다. A와 C의 질량은 m으로 같다.

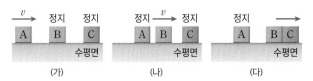

(다)에서 B가 C에 충돌할 때, B가 C로부터 받은 충격량의 크기는? (단, 공기 저항은 무시한다.)

① $\dfrac{1}{4}mv$ ② $\dfrac{1}{3}mv$ ③ $\dfrac{1}{2}mv$
④ $\dfrac{2}{3}mv$ ⑤ $\dfrac{3}{4}mv$

13 생명 시스템에서의 화학 반응

꼭 알아야 할 핵심 개념
○ 세포
○ 세포막을 통한 물질 출입
○ 물질대사
○ 효소

1 생명 시스템을 구성하는 세포

1 생명 시스템 생명체가 외부 환경 요소 및 다른 생명체와 상호작용 하며 생명활동을 수행하는 체계

2 세포

생명 시스템은 세포 → 조직 → 기관 → 개체의 유기적인 구성 단계를 갖는다.

① 세포: 생명 시스템을 구성하는 기본 단위이자 생명 유지에 필요한 화학 반응이 일어나는 기능적 단위이다.

② 동물과 식물을 구성하는 세포의 구조와 기능: 고유한 기능을 하는 여러 세포소기관이 있다.

세포소기관은 유기적으로 상호작용 하여 생명활동을 수행한다.

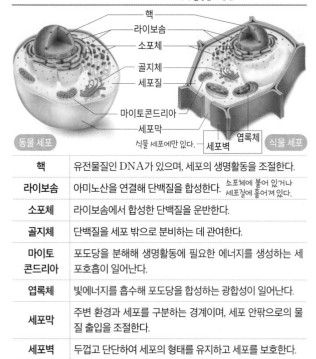

핵	유전물질인 DNA가 있으며, 세포의 생명활동을 조절한다.
라이보솜	아미노산을 연결해 단백질을 합성한다. 소포체에 붙어 있거나 세포질에 흩어져 있다.
소포체	라이보솜에서 합성한 단백질을 운반한다.
골지체	단백질을 세포 밖으로 분비하는 데 관여한다.
마이토 콘드리아	포도당을 분해해 생명활동에 필요한 에너지를 생성하는 세포호흡이 일어난다.
엽록체	빛에너지를 흡수해 포도당을 합성하는 광합성이 일어난다.
세포막	주변 환경과 세포를 구분하는 경계이며, 세포 안팎으로의 물질 출입을 조절한다.
세포벽	두껍고 단단하여 세포의 형태를 유지하고 세포를 보호한다.

라이보솜에서 합성한 단백질 중 일부는 소포체, 골지체를 거쳐 세포 밖으로 분비된다.

2 세포막을 통한 물질 출입

1 세포막

① 세포막의 구조: 주로 인지질과 단백질로 이루어져 있다.

인지질	세포 안과 밖은 물이 풍부하므로 친수성 부분(머리)은 세포막의 바깥쪽에 배열되어 물과 접해 있고, 소수성 부분(꼬리)은 안쪽으로 서로 마주 보고 배열되어 인지질 2중층을 형성한다.
단백질	인지질 2중층에 파묻혀 있거나 관통하고 있으며, 일부 단백질은 물질이 이동할 수 있는 통로로 작용한다.

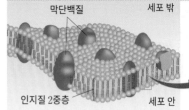

친수성은 물 분자와 잘 결합하는 성질이고, 소수성은 물 분자와 잘 결합하지 않는 성질이다.

인지질 ─ 머리(친수성)
       ─ 꼬리(소수성)
       ─ 머리(친수성)

② 세포막의 특성: 세포막을 통해 물질이 이동할 때 물질의 종류, 크기 등에 따라 물질의 이동 방식이 다르게 나타나는 선택적 투과성을 나타낸다.

2 세포막을 통한 물질 출입

세포는 세포막을 통해 물질의 출입을 조절함으로써 생명활동을 유지할 수 있다.

① 확산: 물질이 농도가 높은 쪽에서 낮은 쪽으로 이동하는 현상

인지질 2중층을 통한 확산	막단백질을 통한 확산
산소, 이산화 탄소 등과 같이 크기가 작은 물질이나 지용성 물질은 인지질 2중층을 직접 통과한다.	포도당, 아미노산과 같이 크기가 큰 물질이나 전하를 띠는 이온은 막단백질을 통해 이동한다.

② 삼투: 입자의 크기가 커서 세포막을 통과할 수 없는 용질의 농도가 세포 안팎에서 다를 때, 물 분자가 세포막을 통해 용질의 농도가 낮은 쪽에서 높은 쪽으로 이동하는 현상

꼭 나오는 자료 동물 세포와 식물 세포에서 일어나는 삼투

동물 세포(적혈구)와 식물 세포를 농도가 서로 다른 용액에 넣었을 때 세포의 부피 변화는 다음과 같다.

세포 안보다 용질의 농도가 낮은 용액	세포 안과 용질의 농도가 같은 용액	세포 안보다 용질의 농도가 높은 용액
세포 안으로 들어오는 물의 양이 많다.	세포 안팎으로 이동하는 물의 양이 같다.	세포 밖으로 빠져나가는 물의 양이 많다.
세포의 부피가 커진다. 세포가 터질 수 있다.	세포의 부피가 변하지 않는다.	세포의 부피가 작아진다.
세포의 부피가 커진다.	세포의 부피가 변하지 않는다.	세포막이 세포벽에서 분리된다.

필수 유형 세포를 농도가 서로 다른 용액에 넣었을 때 나타나는 변화를 묻는 문제가 자주 출제된다. 🔗 145쪽 637번

3 물질대사와 효소

1 물질대사   생명체에서 일어나는 모든 화학 반응

물질을 합성하는 반응 동화작용	물질을 분해하는 반응 이화작용
작고 간단한 물질을 크고 복잡한 물질로 합성하는 반응으로, 에너지가 흡수된다. 📍 광합성, 단백질합성	크고 복잡한 물질을 작고 간단한 물질로 분해하는 반응으로, 에너지가 방출된다. 📍 소화, 세포호흡

2 효소   생명체 내에서 화학 반응이 빠르게 일어나도록 도와주는 생체촉매

① 효소는 화학 반응이 일어나는 데 필요한 최소한의 에너지인 활성화에너지를 낮추어 화학 반응이 빠르게 일어나도록 한다.

② 효소는 자신의 입체 구조에 맞는 특정 반응물과만 결합해 작용한다.

③ 화학 반응이 끝난 후 효소는 반응 전과 같은 상태가 되므로 새로운 반응물과 결합해 다시 화학 반응을 촉매한다.

반응물이 활성화에너지 이상의 에너지를 가지고 있을 때 화학 반응이 일어난다.

에너지 / 반응물 📕📗 / 효소가 없을 때의 활성화에너지 / 효소가 있을 때의 활성화에너지 / 생성물 📙📘 / 반응의 진행

▲ 효소가 있을 때와 없을 때의 활성화에너지

꼭 나오는 탐구   효소 작용의 원리

카탈레이스는 과산화 수소를 물과 산소로 분해하는 효소로, 대부분의 세포에 들어 있다.

[과정 및 결과]
❶ 시험관 (가)~(다)에는 과산화 수소수를, (라)에는 에탄올을 각각 3 mL씩 넣는다.
❷ (가)는 그대로 두고, (나)와 (라)에는 감자 조각을, (다)에는 생간 조각을 각각 넣은 후 각 시험관에서 거품이 발생하는지 관찰한다.

구분	(가)	(나)	(다)	(라)
넣은 물질	과산화 수소수	과산화 수소수 + 감자 조각	과산화 수소수 + 생간 조각	에탄올 + 감자 조각
실험 결과	거품이 발생하지 않음.	거품이 발생함.	거품이 발생함.	거품이 발생하지 않음.

❸ 향에 불을 붙였다 끈 후 남은 불씨를 시험관 (가)~(라)에 각각 넣고 불씨의 변화를 관찰한다.

구분	(가)	(나)	(다)	(라)
실험 결과	불씨가 꺼짐.	불씨가 살아남.	불씨가 살아남.	불씨가 꺼짐.

[정리]
• (나)와 (다): 감자와 생간에는 모두 카탈레이스가 들어 있어 과산화 수소가 물과 산소로 분해되었다. ➡ 산소에 의해 불씨가 살아났다.
• (라): 감자 속 카탈레이스는 에탄올과 결합하지 않아 에탄올 분해 반응을 촉매하지 않았다.

필수 유형   효소가 있을 때와 없을 때 화학 반응의 속도를 비교하는 문제가 자주 출제된다.   🔗 146쪽 643번

3 효소의 활용   효소는 생명체 밖에서도 작용할 수 있으므로 식품, 의약품, 생활용품 등 다양한 분야에 활용되고 있다.

개념 확인 문제

| 612~616 | 생명 시스템과 세포에 대한 설명으로 옳은 것은 ○표, 옳지 않은 것은 ×표 하시오.

612 생명 시스템은 생명체가 외부 환경 요소 및 다른 생명체와 상호작용 하면서 이루는 체계이다. (   )

613 세포는 생명 시스템을 구성하는 기본 단위이다. (   )

614 핵은 DNA가 있으며, 세포의 생명활동을 조절한다. (   )

615 골지체는 아미노산을 연결해 단백질을 합성한다. (   )

616 엽록체에서는 세포호흡이 일어나고, 마이토콘드리아에서는 광합성이 일어난다. (   )

| 617~618 | 물질이 세포막을 통해 출입하는 방식을 옳게 연결하시오.

617 산소   •   • ㉠ 막단백질을 통한 확산

618 포도당 •   • ㉡ 인지질 2중층을 통한 확산

619 다음은 삼투에 대한 설명이다. (   ) 안에 들어갈 알맞은 말을 고르시오.

> 입자의 크기가 커서 세포막을 통과할 수 없는 용질의 농도가 세포 안이 세포 밖보다 높으면 삼투에 의해 세포 ㉠ (밖 / 안)으로 이동하는 물의 양이 많으므로 세포의 부피가 ㉡ (커진다 / 작아진다).

| 620~624 | 물질대사와 효소에 대한 설명으로 옳은 것은 ○표, 옳지 않은 것은 ×표 하시오.

620 물질을 분해하는 반응에서는 에너지가 흡수된다. (   )

621 효소는 활성화에너지를 낮추어 화학 반응이 빠르게 일어나도록 하는 생체촉매이다. (   )

622 효소는 자신의 입체 구조에 맞는 특정 반응물과만 결합해 작용한다. (   )

623 효소는 생명체 안에서만 작용할 수 있다. (   )

624 효소는 식품, 의약품, 생활용품 등 다양한 분야에 활용된다. (   )

III
3

기출 분석 문제

❶ 생명 시스템을 구성하는 세포

625 ●●○

다음은 생명 시스템에 대한 자료이다. ⓐ와 ⓑ는 개체와 세포를 순서 없이 나타낸 것이다.

> • 생명 시스템은 생명체가 ㉠다양한 요소와 상호작용 하며 생명활동을 수행하는 체계이다.
> • 생명 시스템은 (ⓐ) → 조직 → 기관 → (ⓑ)의 유기적인 구성 단계를 갖는다.

이에 대한 설명으로 옳은 것만을 <보기>에서 있는 대로 고른 것은?

> **⊢ 보기 ⊢**
> ㄱ. ㉠에는 외부 환경 요소와의 상호작용이 포함된다.
> ㄴ. ⓐ는 생명 시스템의 기본 단위이다.
> ㄷ. ⓑ는 생명 시스템에서 생명 유지에 필요한 화학 반응이 일어나는 기능적 단위이다.

① ㄱ   ② ㄴ   ③ ㄷ
④ ㄱ, ㄴ   ⑤ ㄴ, ㄷ

626 ●●○

다음은 세포소기관 (가)에 대한 자료이다.

> • 유전물질인 DNA가 있다.
> • 세포의 생명활동을 조절한다.
> • 동물 세포와 식물 세포에 모두 있다.

세포소기관 (가)의 이름으로 옳은 것은?

① 핵   ② 골지체   ③ 소포체
④ 엽록체   ⑤ 라이보솜

627 ●●●

그림은 어떤 세포의 구조를 나타낸 것이다. 이 세포는 동물 세포와 식물 세포 중 하나이며, A~C는 핵, 골지체, 마이토콘드리아를 순서 없이 나타낸 것이다.

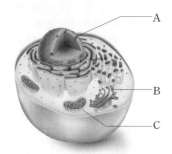

이에 대한 설명으로 옳은 것만을 <보기>에서 있는 대로 고른 것은?

> **⊢ 보기 ⊢**
> ㄱ. A에는 핵산이 있다.
> ㄴ. B는 아미노산을 연결해 단백질을 합성한다.
> ㄷ. C를 통해 이 세포가 동물 세포임을 알 수 있다.

① ㄱ   ② ㄷ   ③ ㄱ, ㄴ
④ ㄴ, ㄷ   ⑤ ㄱ, ㄴ, ㄷ

628 〔서술형〕 ●●●

그림은 어떤 세포의 구조를 나타낸 것이다. 이 세포는 사람의 세포와 무궁화의 세포 중 하나이며, A~E는 세포막, 세포벽, 소포체, 엽록체, 마이토콘드리아를 순서 없이 나타낸 것이다.

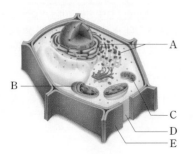

이 세포는 어떤 세포인지 쓰고, 그렇게 판단한 근거가 되는 2가지 세포소기관의 기능을 각각 설명하시오.

629

●●○

표는 세포소기관 A~D의 특징을 나타낸 것이다. A~D는 세포벽, 소포체, 엽록체, 라이보솜을 순서 없이 나타낸 것이다.

세포소기관	특징
A	포도당을 합성하는 (㉠)이/가 일어난다.
B	유전정보에 따라 아미노산을 연결해 (㉡)을/를 합성한다.
C	B에서 합성한 (㉡)을/를 운반한다.
D	?

이에 대한 설명으로 옳은 것만을 <보기>에서 있는 대로 고른 것은?

┤보기├

ㄱ. '세포호흡'은 ㉠에 해당한다.

ㄴ. ㉡에는 펩타이드결합이 있다.

ㄷ. 사람의 근육세포에는 B와 C가 모두 있다.

① ㄱ   ② ㄴ   ③ ㄱ, ㄴ
④ ㄴ, ㄷ   ⑤ ㄱ, ㄴ, ㄷ

630

●●○

그림 (가)는 어떤 세포의 구조를, (나)는 이 세포에 있는 물질 X를 나타낸 것이다. 이 세포는 사람의 간세포와 은행나무의 공변세포 중 하나이고, A~D는 핵, 엽록체, 라이보솜, 마이토콘드리아를 순서 없이 나타낸 것이다.

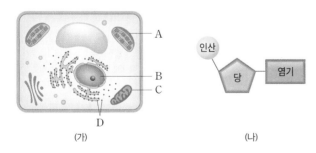

(가)   (나)

이에 대한 설명으로 옳지 <u>않은</u> 것은?

① A에서 빛에너지가 흡수된다.

② B에 X가 있다.

③ C에서 포도당이 합성된다.

④ D에서 펩타이드결합이 형성되는 반응이 일어난다.

⑤ 이 세포는 은행나무의 공변세포이다.

631

●●○

다음은 세포막에 대한 자료이다. ㉠과 ㉡은 단백질과 인지질을 순서 없이 나타낸 것이고, ⓐ와 ⓑ는 소수성과 친수성을 순서 없이 나타낸 것이다.

• 세포막은 주로 (㉠)와/과 (㉡)(으)로 이루어져 있다.

• 세포막에서 (㉡)의 (ⓐ) 부분은 세포막의 바깥쪽에 배열되고, (ⓑ) 부분은 안쪽으로 서로 마주 보고 배열된다.

이에 대한 설명으로 옳은 것만을 <보기>에서 있는 대로 고른 것은?

┤보기├

ㄱ. ⓐ는 소수성이다.

ㄴ. ㉠ 중 일부는 물질이 이동할 수 있는 통로로 작용한다.

ㄷ. 세포막에서 ㉡은 2중층을 형성한다.

① ㄱ   ② ㄷ   ③ ㄱ, ㄴ
④ ㄴ, ㄷ   ⑤ ㄱ, ㄴ, ㄷ

632 ✎서술형

●○○

그림은 세포막의 일부 구조를 나타낸 것이다.

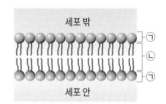

세포막에서 ㉠과 ㉡ 부분의 특성을 주어진 단어를 모두 사용하여 설명하시오.

물   결합

633

그림은 세포막의 구조를 나타낸 것이다. A와 B는 인지질과 막단백질을 순서 없이 나타낸 것이다.

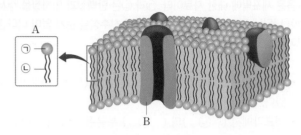

이에 대한 설명으로 옳은 것만을 <보기>에서 있는 대로 고른 것은?

┤보기├

ㄱ. A는 인지질이다.

ㄴ. 세포 안팎에 있는 모든 물질은 B를 통해 이동한다.

ㄷ. 물 분자와의 결합력은 ㉠ 부분이 ㉡ 부분보다 작다.

① ㄱ   ② ㄴ   ③ ㄷ

④ ㄱ, ㄴ   ⑤ ㄴ, ㄷ

634

그림은 세포막을 통한 물질 A와 B의 이동을 나타낸 것이다. A와 B는 산소와 포도당을 순서 없이 나타낸 것이다.

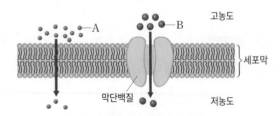

이에 대한 설명으로 옳은 것만을 <보기>에서 있는 대로 고른 것은?

┤보기├

ㄱ. A는 산소이다.

ㄴ. 포도당은 막단백질을 통해 이동한다.

ㄷ. 세포막을 통한 A와 B의 이동은 모두 삼투에 해당한다.

① ㄱ   ② ㄷ   ③ ㄱ, ㄴ

④ ㄴ, ㄷ   ⑤ ㄱ, ㄴ, ㄷ

635 🖊서술형

다음은 세포막을 통한 물질의 이동에 대한 자료이다.

- 사람의 ㉠ 모세혈관에서 허파꽈리로 이산화 탄소가 이동할 때와 ㉡ 신경세포 안으로 나트륨 이온이 이동할 때 모두 세포막을 통한 물질의 이동이 일어난다.
- ㉠과 ㉡에서 모두 물질은 세포막을 통해 농도가 높은 쪽에서 낮은 쪽으로 이동한다.

㉠과 ㉡에서 세포막을 통해 물질이 이동하는 방식의 차이점을 설명하시오.

636

그림 (가)와 (나)는 적혈구를 증류수에 넣었을 때의 변화와 10 % 소금물에 넣었을 때의 변화를 순서 없이 나타낸 것이다.

이에 대한 설명으로 옳은 것만을 <보기>에서 있는 대로 고른 것은?

┤보기├

ㄱ. (가)에서 물 분자가 적혈구 안에서 밖으로 이동했다.

ㄴ. (나)는 적혈구를 10 % 소금물에 넣었을 때의 변화이다.

ㄷ. (가)와 (나)는 모두 물 분자가 세포막을 통해 용질의 농도가 높은 쪽에서 낮은 쪽으로 이동한 결과이다.

① ㄱ   ② ㄴ   ③ ㄱ, ㄴ

④ ㄱ, ㄷ   ⑤ ㄴ, ㄷ

637 필수 유형 🔗 140쪽 꼭 나오는 자료 ●●●

그림 (가)와 (나)는 어떤 식물 세포를 용질의 농도가 서로 다른 용액에 넣었을 때의 변화를 나타낸 것이다. (가)와 (나) 중 하나는 식물 세포를 증류수에 넣었을 때이다.

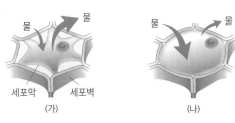

이에 대한 설명으로 옳은 것만을 <보기>에서 있는 대로 고른 것은?

┌ 보기 ┐
ㄱ. (가)와 (나)에서 모두 삼투가 일어났다.
ㄴ. (가)는 식물 세포를 증류수에 넣었을 때이다.
ㄷ. (나)는 식물 세포를 세포 안보다 용질의 농도가 높은 용액에 넣었을 때이다.

① ㄱ   ② ㄷ   ③ ㄱ, ㄴ
④ ㄴ, ㄷ   ⑤ ㄱ, ㄴ, ㄷ

638 ●●

다음은 세포막을 통한 물질의 이동에 대한 실험이다.

(가) 적양파의 비늘잎을 잘라 같은 크기의 표피 조각 ㉠과 ㉡을 만든다.
(나) ㉠은 증류수에, ㉡은 10 % 소금물에 각각 담근다.
(다) 약 5분 뒤 현미경 표본을 만들어 현미경으로 관찰한 결과는 다음과 같다. ⓐ와 ⓑ는 ㉠과 ㉡의 관찰 결과를 순서 없이 나타낸 것이다.

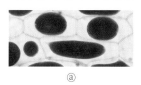 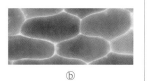
ⓐ   ⓑ

이에 대한 설명으로 옳은 것만을 <보기>에서 있는 대로 고른 것은?

┌ 보기 ┐
ㄱ. ㉠의 관찰 결과는 ⓑ이다.
ㄴ. ⓐ는 표피 조각을 세포 안보다 용질의 농도가 높은 용액에 넣었을 때의 관찰 결과이다.
ㄷ. 세포 안으로 들어온 물의 양은 ⓐ에서가 ⓑ에서보다 많다.

① ㄱ   ② ㄴ   ③ ㄷ
④ ㄱ, ㄴ   ⑤ ㄴ, ㄷ

3 물질대사와 효소

639 서술형 ●●●

그림은 세포 안에서 일어나는 화학 반응 (가)와 (나)를 나타낸 것이다.

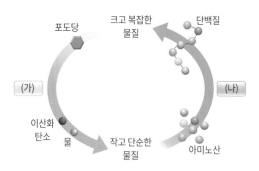

(가)와 (나)는 각각 물질을 합성하는 반응인지 분해하는 반응인지 쓰고, (가)와 (나)에서 일어나는 에너지의 출입을 비교하여 설명하시오.

640 ●●●

그림은 어떤 화학 반응에서 효소가 있을 때의 에너지 변화를 나타낸 것이다.

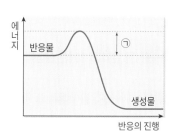

이에 대한 설명으로 옳은 것만을 <보기>에서 있는 대로 고른 것은?

┌ 보기 ┐
ㄱ. ㉠은 활성화에너지이다.
ㄴ. 효소가 없으면 ㉠의 크기가 작아진다.
ㄷ. 이 화학 반응이 일어날 때 에너지가 방출된다.

① ㄱ   ② ㄴ   ③ ㄱ, ㄷ
④ ㄴ, ㄷ   ⑤ ㄱ, ㄴ, ㄷ

Ⅲ
3

641

그림은 세포 내에서 효소에 의해 촉매되는 화학 반응을 나타낸 것이다. ㉠~㉢은 각각 카탈레이스와 과산화 수소 중 하나이다.

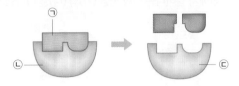

이에 대한 설명으로 옳은 것만을 <보기>에서 있는 대로 고른 것은?

┤보기├

ㄱ. ㉠에 의해 활성화에너지가 낮아진다.

ㄴ. ㉡의 주성분은 기본 단위체가 아미노산이다.

ㄷ. ㉢은 다시 반응에 이용될 수 있다.

① ㄱ   ② ㄷ   ③ ㄱ, ㄴ
④ ㄱ, ㄷ   ⑤ ㄴ, ㄷ

642 서술형

다음은 효소 작용의 원리를 알아보기 위한 실험이다.

(가) 6홈판의 홈 1~3에 표와 같이 물질을 각각 넣는다.

홈	넣은 물질
1	과산화 수소수 3 mL + 증류수 10방울
2	과산화 수소수 3 mL + 감자즙 10방울
3	에탄올 3 mL + 감자즙 10방울

(나) 각 홈에서 거품이 발생하는지 관찰한다.

(다) 실험 결과 홈 1~3 중 한 곳에서만 거품이 발생했다.

실험 결과 홈 1~3 중 거품이 발생한 곳을 쓰고, 그 까닭을 효소와 관련지어 설명하시오.

643 필수 유형 ∂ 141쪽 꼭 나오는 탐구

다음은 감자에 들어 있는 어떤 효소의 작용을 알아보기 위한 실험이다.

[실험 과정]

(가) 시험관 A와 B에 과산화 수소수를 각각 3 mL씩 넣는다.

(나) A는 그대로 두고, B에만 감자 조각을 넣은 후 거품이 발생하는지 관찰한다.

(다) 향에 불을 붙였다 끈 후 남은 불씨를 A와 B에 각각 넣고 불씨의 변화를 관찰한다.

[실험 결과]

(나)의 결과 B에서만 거품이 발생했다.

이에 대한 설명으로 옳은 것만을 <보기>에서 있는 대로 고른 것은?

┤보기├

ㄱ. 감자에는 카탈레이스가 들어 있다.

ㄴ. (다)의 결과 A와 B에서 모두 불씨가 살아난다.

ㄷ. 거품 발생이 끝난 후 B에 과산화 수소수를 더 추가하면 거품이 다시 발생한다.

① ㄱ   ② ㄴ   ③ ㄱ, ㄷ
④ ㄴ, ㄷ   ⑤ ㄱ, ㄴ, ㄷ

644

다음은 효소의 활용에 대한 자료이다.

• 화장지나 종이를 만들 때에는 ㉠섬유소를 분해하는 효소가 활용된다.

• ㉡효소는 생활용품을 비롯해 환경, 에너지 등 다양한 분야에 활용되고 있다.

이에 대한 설명으로 옳은 것만을 <보기>에서 있는 대로 고른 것은?

┤보기├

ㄱ. 단백질은 ㉠에 의해 분해된다.

ㄴ. ㉠은 화학 반응의 활성화에너지를 낮춘다.

ㄷ. ㉡은 효소가 생명체 내에서만 작용하기 때문에 가능하다.

① ㄱ   ② ㄴ   ③ ㄷ
④ ㄱ, ㄴ   ⑤ ㄴ, ㄷ

1등급 완성 문제

645

표 (가)는 세포소기관 A~C에서 특징 ㉠~㉢의 유무를, (나)는 ㉠~㉢을 순서 없이 나타낸 것이다. A~C는 골지체, 소포체, 엽록체를 순서 없이 나타낸 것이다.

구분	㉠	㉡	㉢
A	×	○	○
B	×	○	×
C	○	×	×

(○: 있음, ×: 없음.)

(가)

특징(㉠~㉢)
- 포도당을 합성한다.
- 동물 세포에 존재한다.
- 소포체에서 전달된 단백질을 세포 밖으로 분비하는 데 관여한다.

(나)

이에 대한 설명으로 옳은 것만을 <보기>에서 있는 대로 고른 것은?

| 보기 |
ㄱ. A는 빛에너지를 흡수한다.
ㄴ. B는 라이보솜에서 합성한 단백질을 운반한다.
ㄷ. C는 동물 세포와 식물 세포에 모두 존재한다.

① ㄱ ② ㄴ ③ ㄱ, ㄷ
④ ㄴ, ㄷ ⑤ ㄱ, ㄴ, ㄷ

646

그림은 동물 세포의 구조를 나타낸 것이고, 표는 이 세포에 있는 물질 ㉠에 대한 자료이다. A~C는 핵, 소포체, 라이보솜을 순서 없이 나타낸 것이다.

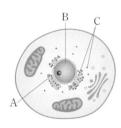

- ㉠은 두 가닥의 폴리뉴클레오타이드가 꼬여 있는 구조이다.
- ㉠은 유전정보를 저장하며, 자손에게 전달한다.

이에 대한 설명으로 옳은 것만을 <보기>에서 있는 대로 고른 것은?

| 보기 |
ㄱ. B에는 ㉠이 있다.
ㄴ. C에서 에너지를 흡수하는 물질대사가 일어난다.
ㄷ. C에서 합성된 호르몬은 A, B를 거쳐 세포 밖으로 분비된다.

① ㄱ ② ㄷ ③ ㄱ, ㄴ
④ ㄴ, ㄷ ⑤ ㄱ, ㄴ, ㄷ

647 ★신유형

표는 세포 Ⅰ과 Ⅱ에서 세포소기관 A와 B의 유무를, 그림은 물질대사 ㉠과 ㉡을 나타낸 것이다. Ⅰ과 Ⅱ는 소의 간세포와 장미의 잎세포를 순서 없이 나타낸 것이고, A와 B는 엽록체와 마이토콘드리아를 순서 없이 나타낸 것이다. ⓐ는 '있음.'과 '없음.' 중 하나이다.

구분	A	B
Ⅰ	ⓐ	있음.
Ⅱ	있음.	있음.

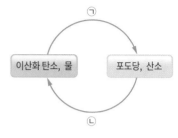

이에 대한 설명으로 옳은 것만을 <보기>에서 있는 대로 고른 것은?

| 보기 |
ㄱ. Ⅰ과 Ⅱ에서 모두 ㉡이 일어난다.
ㄴ. A에서 빛에너지가 흡수된다.
ㄷ. Ⅰ에서 세포벽의 유무는 ⓐ이다.

① ㄱ ② ㄷ ③ ㄱ, ㄴ
④ ㄴ, ㄷ ⑤ ㄱ, ㄴ, ㄷ

648

다음은 세포 (가)와 (나)에 대한 자료이다. (가)와 (나)는 사람의 신경세포와 시금치의 공변세포를 순서 없이 나타낸 것이고, ㉠과 ㉡은 각각 세포벽, 엽록체, 라이보솜 중 하나이다.

- (가)와 (나)는 모두 (㉠)을/를 갖는다.
- (가)와 (나) 중 (가)에만 (㉡)이/가 있다.

이에 대한 설명으로 옳은 것만을 <보기>에서 있는 대로 고른 것은?

| 보기 |
ㄱ. ㉠은 단백질을 합성한다.
ㄴ. (가)는 사람의 신경세포이다.
ㄷ. (가)와 (나)에는 모두 인지질 2중층 구조가 있다.

① ㄱ ② ㄷ ③ ㄱ, ㄴ
④ ㄱ, ㄷ ⑤ ㄴ, ㄷ

649

●●●

그림은 생명체를 구성하는 3가지 물질을 구분하는 과정을 나타낸 것이다. B와 C는 모두 수많은 기본 단위체가 결합한 물질이다.

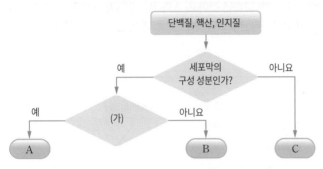

이에 대한 설명으로 옳은 것만을 <보기>에서 있는 대로 고른 것은?

| 보기 |

ㄱ. A는 세포막에서 2중층 구조를 이룬다.
ㄴ. 동물 세포와 식물 세포에는 모두 C가 있다.
ㄷ. '세포막에서 물질의 이동 통로 역할을 하는가?'는 (가)에 해당한다.

① ㄱ   ② ㄷ   ③ ㄱ, ㄴ
④ ㄱ, ㄷ   ⑤ ㄴ, ㄷ

650 교육청 기출 변형

●●●

그림은 세포막을 통한 물질 A와 B의 확산을 나타낸 것이다. A와 B는 산소와 포도당을 순서 없이 나타낸 것이다.

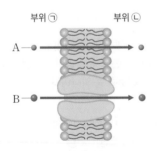

이에 대한 설명으로 옳은 것만을 <보기>에서 있는 대로 고른 것은?

| 보기 |

ㄱ. A는 산소이다.
ㄴ. A와 B의 농도는 모두 ㉠에서가 ㉡에서보다 낮다.
ㄷ. 이산화 탄소는 A와 B 중 B와 같은 방식으로 세포막을 통해 이동한다.

① ㄱ   ② ㄴ   ③ ㄱ, ㄷ
④ ㄴ, ㄷ   ⑤ ㄱ, ㄴ, ㄷ

651 ☆신유형

●●●

그림은 적혈구를 소금물 ㉠에 넣고 일정 시간이 지난 후 소금물 ㉡으로 옮겨 넣었을 때 적혈구의 부피 변화를 나타낸 것이다.

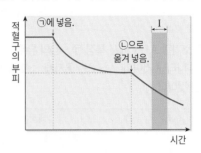

이 자료에 대한 설명으로 옳은 것만을 <보기>에서 있는 대로 고른 것은?(단, 삼투에 의한 이동만 고려한다.)

| 보기 |

ㄱ. 소금물의 농도는 ㉠이 ㉡보다 높다.
ㄴ. 구간 I에서 물이 적혈구 안에서 밖으로 이동한다.
ㄷ. 적혈구를 ㉠에 넣은 직후 단위 부피당 물 분자의 수는 ㉠에서가 적혈구 안에서보다 많다.

① ㄱ   ② ㄴ   ③ ㄱ, ㄴ
④ ㄱ, ㄷ   ⑤ ㄴ, ㄷ

652

●●●

그림 (가)는 효소 X에 의한 화학 반응을, (나)는 X가 있을 때와 없을 때 화학 반응에서의 에너지 변화를 나타낸 것이다.

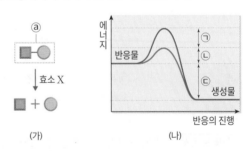

이에 대한 설명으로 옳은 것만을 <보기>에서 있는 대로 고른 것은?

| 보기 |

ㄱ. ⓐ는 X와 결합한다.
ㄴ. X는 ⓐ를 분해하는 반응을 촉매한다.
ㄷ. X가 있을 때의 활성화에너지는 ㉡+㉢이다.

① ㄱ   ② ㄷ   ③ ㄱ, ㄴ
④ ㄴ, ㄷ   ⑤ ㄱ, ㄴ, ㄷ

653

표는 같은 양의 과산화 수소수가 든 시험관 A와 B에 각각 ㉠과 ㉡ 중 하나를 넣었을 때 과산화 수소의 분해에 의한 거품 발생 결과를 나타낸 것이다. ㉠과 ㉡은 증류수와 소의 간 조각을 순서 없이 나타낸 것이다.

구분	시험관에 넣은 물질			거품 발생 결과
	과산화 수소수	㉠	㉡	
A	○	○	×	발생하지 않음.
B	○	×	○	발생함.

(○: 첨가함, ×: 첨가하지 않음.)

이에 대한 설명으로 옳은 것만을 <보기>에서 있는 대로 고른 것은?

| 보기 |
ㄱ. ㉡에는 카탈레이스가 들어 있다.
ㄴ. 거품 발생이 끝난 B에 ㉠을 넣으면 거품이 다시 발생한다.
ㄷ. A와 B에서 과산화 수소가 분해되는 반응의 활성화에너지는 같다.

① ㄱ   ② ㄴ   ③ ㄷ
④ ㄱ, ㄴ   ⑤ ㄴ, ㄷ

654 교육청 기출 변형

다음은 효소의 활용에 대한 자료이다.

- 효소 세제에는 빨래의 ㉠ 얼룩을 분해하는 효소가 들어 있어 일반 세제로는 잘 지워지지 않는 얼룩을 제거할 수 있다.
- 건강 진단에 사용되는 소변 검사지에는 ㉡ 당산화효소가 들어 있으며, 소변에 포도당이 있는 경우 이 효소에 의해 포도당이 산화되어 검사지가 파란색으로 변한다.

㉠과 ㉡의 공통점으로 옳은 것만을 <보기>에서 있는 대로 고른 것은?

| 보기 |
ㄱ. 세포 밖에서 작용할 수 있다.
ㄴ. 화학 반응의 활성화에너지를 높인다.
ㄷ. 화학 반응에 의해 다른 물질로 전환된다.

① ㄱ   ② ㄴ   ③ ㄷ
④ ㄱ, ㄴ   ⑤ ㄴ, ㄷ

서술형 문제

655

그림은 세포소기관 (가)와 (나)를 나타낸 것이다. (가)와 (나)는 엽록체와 마이토콘드리아를 순서 없이 나타낸 것이다.

 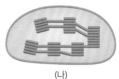

(가)   (나)

동물 세포에 있는 세포소기관의 기호를 모두 쓰고, 세포 내에서 (가)와 (나)의 기능을 각각 설명하시오.

656

그림은 식물 세포 (가)를 설탕 용액 A에 넣고 충분한 시간이 지난 후의 상태를 나타낸 것이다.

물   물
세포막   세포벽

설탕 용액 A는 식물 세포 (가)보다 농도가 높은지 낮은지 쓰고, 그렇게 판단한 까닭을 주어진 단어를 모두 사용하여 설명하시오.

| 농도   이동   세포막 |

657

그림은 어떤 화학 반응에서의 에너지 변화를 나타낸 것이다. (가)와 (나)는 효소가 있을 때와 없을 때를 순서 없이 나타낸 것이다.

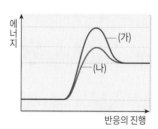
에너지
(가)
(나)
반응의 진행

(가)와 (나) 중 화학 반응의 속도가 더 빠른 경우를 쓰고, 그렇게 판단한 까닭을 설명하시오.

14 세포 내 정보의 흐름

1 유전자와 형질

1 형질 생물이 나타내는 여러 가지 특징으로, 부모로부터 물려받는 유전형질은 DNA에 저장되어 있는 유전정보에 의해 결정된다.
    ㉔ 고양이의 털 무늬, 사람의 머리카락 색깔

2 유전자와 형질
① 유전자: DNA에서 각각의 형질에 대한 유전정보가 저장되어 있는 특정 부위로, 염색체를 구성하는 DNA에는 수많은 유전자가 각각 정해진 위치에 있다.
② 유전자와 단백질의 관계: 각 유전자에는 특정 단백질의 아미노산서열에 대한 유전정보가 저장되어 있으며, 이러한 유전정보에 따라 단백질이 합성된다.

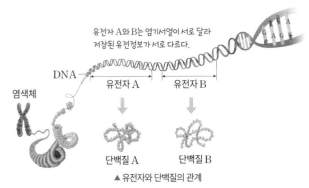

유전자 A와 B는 염기서열이 서로 달라 저장된 유전정보가 서로 다르다.

▲ 유전자와 단백질의 관계

③ 유전자에 의해 형질이 나타나는 원리: 유전자에 저장된 유전정보에 따라 합성된 단백질의 작용으로 형질이 나타난다.
    ㉔ 식물의 꽃 색깔이 붉은색을 띠게 되는 과정

> DNA의 특정 위치에 붉은 색소 합성 효소 유전자가 있다.
> ↓
> 붉은 색소 합성 효소 유전자에 저장되어 있는 유전정보에 따라 붉은 색소 합성 효소가 만들어진다.
> ↓
> 붉은 색소 합성 효소의 작용으로 붉은 색소가 만들어진다.
> ↓
> 붉은 색소에 의해 꽃의 색깔이 붉은색을 띤다.

▲ 유전자에 의해 형질이 나타나는 원리
─염색체나 유전자의 이상으로 발생하는 질병
3 유전자 이상과 유전병 유전자의 염기서열이 변하면 정상적인 단백질이 만들어지지 않아 유전병이 나타날 수 있다.
    ㉔ 낫모양적혈구빈혈증

정상 헤모글로빈 유전자 / 돌연변이 헤모글로빈 유전자

↓

아미노산 1 / 아미노산 2

정상 헤모글로빈 / 돌연변이 헤모글로빈

정상 적혈구 / 낫모양적혈구

> 적혈구 헤모글로빈 유전자의 염기 1개가 바뀐다.
> ↓
> 단백질의 아미노산서열이 달라져 돌연변이 헤모글로빈이 만들어진다.
> ↓
> 돌연변이 헤모글로빈으로 인해 만들어진 낫모양적혈구는 산소를 운반하는 능력이 떨어져 빈혈을 일으킨다.

▲ 낫모양적혈구빈혈증이 나타나는 과정

2 세포 내 유전정보의 흐름

1 세포 내 유전정보의 흐름 세포 내에서 유전정보는 DNA, RNA, 단백질 순으로 전달된다. ➡ 생명중심원리
① 전사: DNA의 유전정보가 RNA로 옮겨지는 과정
② 번역: RNA의 정보를 이용해 단백질이 합성되는 과정

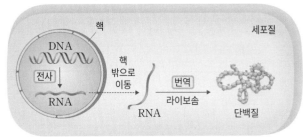

▲ 세포 내 유전정보의 흐름

2 유전부호 하나의 아미노산을 지정하는 부호

3염기조합	연속된 3개의 염기로 이루어진 DNA의 유전부호로, 하나의 아미노산을 지정한다.
코돈	연속된 3개의 염기로 이루어진 RNA의 유전부호로, 하나의 아미노산을 지정한다.

① 유전부호의 염기 개수와 아미노산의 종류: DNA를 구성하는 염기는 4종류이고 아미노산은 약 20종류이므로 염기를 3개씩 조합하면 $64(=4^3)$종류의 유전부호가 만들어져 모든 아미노산을 지정할 수 있다.
② 3염기조합과 코돈의 관계
• DNA의 3염기조합이 각 염기에 상보적인 염기로 전사되면 RNA의 코돈이 된다.
• RNA에는 타이민(T)은 없지만 유라실(U)이 있다. ➡ DNA의 아데닌(A)은 RNA의 유라실(U)로 전사된다.

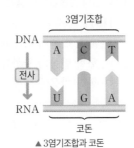

▲3염기조합과 코돈

3 전사와 번역에 의해 단백질이 합성되는 과정

유전자를 구성하는 DNA의 이중나선이 2개의 단일 가닥으로 풀어지고, 분리된 두 가닥 중 한 가닥을 사용해 전사가 일어난다.

↓

DNA의 아데닌(A), 구아닌(G), 사이토신(C), 타이민(T)이 각각 RNA의 유라실(U), 사이토신(C), 구아닌(G), 아데닌(A)으로 전사되어 DNA의 염기서열에 상보적인 염기서열을 갖는 RNA가 합성된다.

↓

RNA는 핵에서 나와 세포질에 있는 라이보솜과 결합하여 번역에 이용된다.

↓

라이보솜에서 RNA의 각 코돈이 지정하는 아미노산이 차례대로 펩타이드 결합으로 연결되어 폴리펩타이드가 만들어진다.

↓

폴리펩타이드가 구부러지고 접혀 고유한 입체 구조를 갖는 단백질이 만들어진다.

꼭 나오는 자료 | 전사와 번역에 의한 단백질 합성

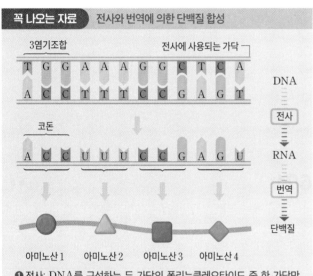

❶ 전사: DNA를 구성하는 두 가닥의 폴리뉴클레오타이드 중 한 가닥만 전사에 사용되며, 이 가닥의 염기서열에 상보적인 염기서열을 갖는 RNA가 만들어진다.
❷ 번역: 라이보솜에서 RNA의 코돈에 따라 각 코돈이 지정하는 아미노산이 차례대로 펩타이드결합으로 연결되어 폴리펩타이드가 만들어지고, 폴리펩타이드가 구부러지고 접혀 고유한 입체 구조를 갖는 단백질이 된다.

3염기조합	TGG	AAA	GGC	TCA
코돈	ACC	UUU	CCG	AGU
지정하는 아미노산	1(●)	2(▲)	3(■)	4(◆)

필수 유형 DNA로부터 전사가 일어나 만들어진 RNA의 염기서열이나 번역이 일어나 만들어진 단백질의 아미노산서열을 묻는 문제가 자주 출제된다. 🔗155쪽 683번

---

4 유전부호와 진화 지구의 모든 생명체는 같은 유전부호 체계를 사용하며, 유전정보의 흐름이 동일하다. → 모든 생명체가 공통조상으로부터 진화하였음을 의미한다.

개념 확인 문제

| 658~661 | 유전자와 형질에 대한 설명으로 옳은 것은 ○표, 옳지 않은 것은 ×표 하시오.

658 고양이의 털 무늬는 DNA에 저장된 유전정보에 의해 결정되는 유전형질이다. ( )

659 하나의 DNA에는 하나의 유전자만 있다. ( )

660 유전자에는 특정 단백질을 만드는 데 필요한 유전정보가 저장되어 있다. ( )

661 유전자에 저장된 유전정보에 따라 합성된 단백질의 작용으로 형질이 나타난다. ( )

662 다음은 생명중심원리에 대한 설명이다. ( ) 안에 들어갈 알맞은 말을 쓰시오.

세포 내에서 단백질이 만들어질 때 DNA의 유전 정보가 (㉠)(으)로 옮겨지는 (㉡)이/가 일어난 뒤, (㉠)의 정보를 이용해 단백질을 합성하는 (㉢)이/가 일어난다.

| 663~665 | 유전부호와 유전정보의 흐름에 대한 설명으로 옳은 것은 ○표, 옳지 않은 것은 ×표 하시오.

663 DNA에서는 연속된 2개의 염기가 1개의 아미노산을 지정하는 유전부호가 된다. ( )

664 전사가 일어날 때 전사에 사용되는 DNA 가닥의 아데닌(A)은 RNA의 유라실(U)로 전사된다. ( )

665 번역이 일어날 때 RNA의 염기 1개가 1개의 아미노산을 지정한다. ( )

666 표는 전사에 사용된 DNA 가닥과 이 가닥이 전사되어 만들어진 RNA의 염기서열을 나타낸 것이다. ㉠~㉣에 알맞은 염기를 각각 쓰시오.

전사에 사용된 DNA 가닥	A	C	㉠	C	C	G	㉡	G	T
전사되어 만들어진 RNA	㉢	G	G	G	G	C	U	C	㉣

667 표는 RNA의 염기서열과 이 RNA가 번역되어 만들어진 폴리펩타이드의 아미노산서열을 나타낸 것이다. 아미노산 ㉢을 지정하는 코돈을 쓰시오.

RNA	AUGAAAGGCUCA
폴리펩타이드	㉠-㉡-㉢-㉣

1 유전자와 형질

668
●●○

다음은 형질에 대한 자료이다. ㉠과 ㉡은 단백질과 유전자를 순서 없이 나타낸 것이다.

> • 부모로부터 물려받는 유전형질은 DNA의 (㉠)에 저장되어 있는 유전정보에 의해 결정된다.
> • (㉠)에 저장된 유전정보에 따라 합성된 (㉡)의 작용으로 형질이 나타난다.

이에 대한 설명으로 옳은 것만을 <보기>에서 있는 대로 고른 것은?

> ┤보기├
> ㄱ. ㉠은 유전자이다.
> ㄴ. ㉡의 기본 단위체는 뉴클레오타이드이다.
> ㄷ. 사람의 머리카락 색깔은 유전형질에 해당한다.

① ㄱ   ② ㄴ   ③ ㄱ, ㄷ
④ ㄴ, ㄷ   ⑤ ㄱ, ㄴ, ㄷ

669

그림은 유전자와 단백질의 관계를 나타낸 것이다.

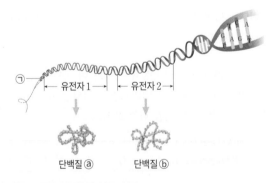

이에 대한 설명으로 옳지 않은 것은?

① ㉠은 이중나선구조이다.
② 유전자 1과 2는 모두 자손에게 전달될 수 있다.
③ 단백질 ⓐ와 ⓑ의 작용으로 특정 형질이 나타난다.
④ 유전자 1과 2에는 동일한 유전정보가 저장되어 있다.
⑤ 유전자 1에 단백질 ⓐ의 아미노산서열에 대한 유전정보가 저장되어 있다.

670 ✎서술형
●●●

그림은 어떤 식물의 꽃 색깔이 붉은색이 되는 과정을 나타낸 것이다. ㉠~㉢은 붉은 색소, 붉은 색소 합성 효소, 붉은 색소 합성 효소 유전자를 순서 없이 나타낸 것이다.

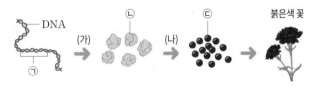

㉠~㉢이 무엇인지 각각 쓰고, (가)와 (나)에서 일어나는 과정을 각각 설명하시오.

671
●●●

다음은 어떤 동물의 털 색깔이 검은색이 되는 과정을 나타낸 것이다. 이 동물은 자손의 털 색깔도 검은색이며, ㉠과 ㉡은 멜라닌 합성 효소와 멜라닌 합성 효소 유전자를 순서 없이 나타낸 것이다.

> (㉠)에 저장된 ⓐ유전정보에 따라 (㉡)이/가 합성된다.

↓

> (㉡)의 작용으로 멜라닌 색소가 합성된다.

↓

> 멜라닌 색소에 의해 털 색깔이 검은색이 된다.

이에 대한 설명으로 옳은 것만을 <보기>에서 있는 대로 고른 것은?

> ┤보기├
> ㄱ. ㉠은 DNA의 특정한 위치에 있다.
> ㄴ. ⓐ는 ㉡의 아미노산서열에 대한 정보이다.
> ㄷ. 이 동물의 자손의 털 색깔이 검은색을 나타내는 것은 ㉡이 자손에게 전달되었기 때문이다.

① ㄱ   ② ㄴ   ③ ㄷ
④ ㄱ, ㄴ   ⑤ ㄴ, ㄷ

672

● ● ● ●

표는 사람의 유전병 (가)와 (나)의 특징을 나타낸 것이다. ⊙과 ⓒ은 효소와 유전자를 순서 없이 나타낸 것이다.

유전병	특징
(가)	(⊙)의 이상으로 페닐알라닌을 분해하는 데 필요한 (ⓒ)이/가 만들어지지 않아 나타난다.
(나)	(⊙)에 변화가 일어나 만들어진 ⓐ돌연변이 헤모글로빈에 의해 적혈구가 낫 모양으로 바뀐다.

이에 대한 설명으로 옳은 것만을 <보기>에서 있는 대로 고른 것은?

┤ 보기 ├
ㄱ. ⊙은 효소이다.
ㄴ. ⓐ는 정상 헤모글로빈과 구조가 다르다.
ㄷ. (가)와 (나)는 모두 DNA의 염기서열이 달라져서 나타난다.

① ㄱ ② ㄴ ③ ㄷ
④ ㄱ, ㄴ ⑤ ㄴ, ㄷ

---

2 세포 내 유전정보의 흐름

673

● ● ● ●

그림은 세포 내 유전정보의 흐름을 나타낸 것이다. ⊙~ⓒ은 단백질, DNA, RNA를 순서 없이 나타낸 것이다.

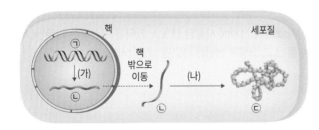

이에 대한 설명으로 옳은 것만을 <보기>에서 있는 대로 고른 것은?

┤ 보기 ├
ㄱ. ⓒ은 RNA이다.
ㄴ. (가)에서 ⊙의 유전정보가 ⓒ으로 옮겨진다.
ㄷ. (나)에 라이보솜이 관여한다.

① ㄱ ② ㄷ ③ ㄱ, ㄴ
④ ㄴ, ㄷ ⑤ ㄱ, ㄴ, ㄷ

674

● ● ● ●

표는 세포 내 유전정보의 흐름에 관여하는 물질 (가)~(다)의 특징을 나타낸 것이다. (가)~(다)는 단백질, DNA, RNA를 순서 없이 나타낸 것이다.

물질	특징
(가)	펩타이드결합이 있다.
(나)	?
(다)	두 가닥의 폴리뉴클레오타이드로 구성된다.

이에 대한 설명으로 옳은 것만을 <보기>에서 있는 대로 고른 것은?

┤ 보기 ├
ㄱ. 유전자는 (나)에 있는 특정 부위이다.
ㄴ. (다)의 유전부호는 3염기조합이다.
ㄷ. 세포 내에서 유전정보는 (나) → (다) → (가) 순으로 흐른다.

① ㄱ ② ㄴ ③ ㄷ
④ ㄱ, ㄴ ⑤ ㄴ, ㄷ

675

● ● ○

표는 사람의 간세포 내 유전정보의 흐름에서 일어나는 과정 (가)와 (나)의 특징을 나타낸 것이다. (가)와 (나)는 번역과 전사를 순서 없이 나타낸 것이고, ⊙~ⓒ은 단백질, DNA, RNA를 순서 없이 나타낸 것이다.

과정	특징
(가)	(⊙)의 염기서열이 (ⓒ)의 (ⓐ)서열로 바뀐다.
(나)	(ⓒ)의 염기서열이 (⊙)의 염기서열로 바뀐다.

이에 대한 설명으로 옳은 것만을 <보기>에서 있는 대로 고른 것은? (단, 돌연변이는 고려하지 않는다.)

┤ 보기 ├
ㄱ. '염기'는 ⓐ에 해당한다.
ㄴ. (가)는 핵 안에서 일어난다.
ㄷ. ⓒ을 구성하는 아데닌(A)의 개수와 타이민(T)의 개수는 같다.

① ㄱ ② ㄴ ③ ㄷ
④ ㄱ, ㄴ ⑤ ㄴ, ㄷ

676 ✏️서술형 ● ● ●

그림 (가)~(다)는 DNA의 유전부호가 서로 다른 개수의 염기로 이루어질 때를 나타낸 것이다.

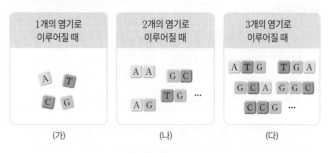

1개의 염기로 이루어질 때	2개의 염기로 이루어질 때	3개의 염기로 이루어질 때

(가)   (나)   (다)

(가)~(다) 중 실제 DNA의 유전부호에 해당하는 것의 기호를 쓰고, 그렇게 판단한 까닭을 설명하시오.

677 ● ● ●

그림 (가)와 (나)는 DNA의 유전부호와 RNA의 유전부호를 순서 없이 나타낸 것이다.

(가)   (나)

이에 대한 설명으로 옳은 것만을 <보기>에서 있는 대로 고른 것은?

┤보기├
ㄱ. '코돈'은 (가)에 해당한다.
ㄴ. '유라실(U)'은 ㉠에 해당한다.
ㄷ. (나)의 염기 3개는 각각 서로 다른 아미노산을 지정한다.

① ㄱ   ② ㄴ   ③ ㄷ
④ ㄱ, ㄴ   ⑤ ㄴ, ㄷ

678 ● ● ●

그림은 유전자 x를 구성하는 DNA와 유전자 x가 전사되어 만들어진 RNA를 나타낸 것이다.

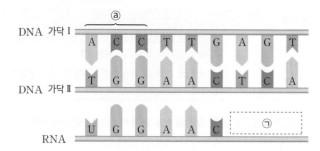

이에 대한 설명으로 옳은 것만을 <보기>에서 있는 대로 고른 것은?

┤보기├
ㄱ. ⓐ는 코돈이다.
ㄴ. ㉠은 UCA이다.
ㄷ. DNA 가닥 Ⅱ는 전사에 사용된 가닥이다.

① ㄱ   ② ㄴ   ③ ㄷ
④ ㄱ, ㄴ   ⑤ ㄴ, ㄷ

| 679~680 | 그림은 유전자 x가 전사되어 만들어진 RNA를 나타낸 것이다. 물음에 답하시오.(단, 돌연변이는 고려하지 않는다.)

679 ✏️서술형 ● ● ●

유전자 x에서 전사에 사용된 DNA 가닥을 구성하는 아데닌(A)의 개수를 쓰고, 그렇게 판단한 까닭을 설명하시오.

680 ✏️서술형 ● ● ●

이 RNA가 번역되어 만들어진 폴리펩타이드를 구성하는 아미노산의 개수를 쓰고, 그렇게 판단한 까닭을 설명하시오.

681

그림은 세포 내 유전정보의 흐름을 나타낸 것이다. (가)와 (나)는 번역과 전사를 순서 없이 나타낸 것이다.

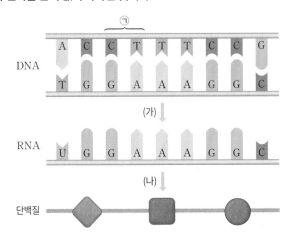

이에 대한 설명으로 옳은 것만을 <보기>에서 있는 대로 고른 것은?

┤ 보기 ├
ㄱ. ㉠은 3염기조합이다.
ㄴ. (가)에서 DNA의 유전정보는 RNA로 전달된다.
ㄷ. (가)와 (나)는 모두 핵 안에서 일어난다.

① ㄱ   ② ㄴ   ③ ㄱ, ㄴ
④ ㄱ, ㄷ   ⑤ ㄴ, ㄷ

682

그림은 세포 내 유전정보의 흐름을, 표는 일부 코돈이 지정하는 아미노산을 나타낸 것이다.

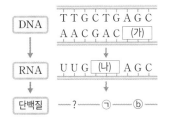

코돈	아미노산
GAC	ⓐ
AGC	ⓑ
CGA	ⓒ
CUG, UUG	ⓓ

이에 대한 설명으로 옳은 것만을 <보기>에서 있는 대로 고른 것은? (단, 돌연변이는 고려하지 않는다.)

┤ 보기 ├
ㄱ. (가)는 UCG이다.
ㄴ. (나)에서 구아닌(G)의 개수는 1개이다.
ㄷ. ㉠은 ⓐ이다.

① ㄱ   ② ㄴ   ③ ㄱ, ㄴ
④ ㄱ, ㄷ   ⑤ ㄴ, ㄷ

683 필수 유형   🔗 151쪽 꼭 나오는 자료

그림은 세포 내 유전정보의 흐름을 나타낸 것이다. (가)~(다)는 DNA, RNA, 폴리펩타이드를 순서 없이 나타낸 것이고, ㉠~㉢은 구아닌(G), 아데닌(A), 유라실(U), 타이민(T)을 순서 없이 나타낸 것이다.

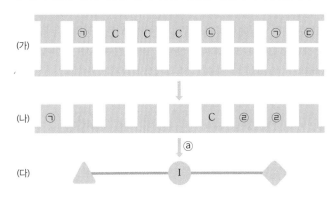

이에 대한 설명으로 옳은 것만을 <보기>에서 있는 대로 고른 것은? (단, 돌연변이는 고려하지 않는다.)

┤ 보기 ├
ㄱ. ⓐ에는 라이보솜과 아미노산이 모두 이용된다.
ㄴ. I은 코돈 CCC에 의해 지정된다.
ㄷ. DNA에서 한쪽 가닥의 ㉠은 다른 쪽 가닥의 ㉢과 결합한다.

① ㄱ   ② ㄷ   ③ ㄱ, ㄴ
④ ㄱ, ㄷ   ⑤ ㄴ, ㄷ

684

표는 폴리뉴클레오타이드 (가)~(다)의 염기서열을 나타낸 것이다. (가)~(다) 중 두 가닥은 유전자 x를 구성하는 DNA 가닥이고, 나머지 한 가닥은 유전자 x가 전사되어 만들어진 RNA이다.

폴리뉴클레오타이드	염기서열
(가)	ATGCGCTGCAATGGCTACCTG
(나)	AUGCGCUGCAAUGGCUACCUG
(다)	TACGCGACG ㉠ ATGGAC

이에 대한 설명으로 옳은 것만을 <보기>에서 있는 대로 고른 것은? (단, 돌연변이는 고려하지 않는다.)

┤ 보기 ├
ㄱ. ㉠은 TTACCG이다.
ㄴ. (가)는 전사에 사용된 DNA 가닥이다.
ㄷ. (나)는 21개의 유전부호로 이루어져 있다.

① ㄱ   ② ㄷ   ③ ㄱ, ㄴ
④ ㄴ, ㄷ   ⑤ ㄱ, ㄴ, ㄷ

685

그림은 어떤 식물에서 꽃의 색깔이 붉은색이 되는 과정의 일부를 나타낸 것이다. ㉠과 ㉡은 효소와 유전자를 순서 없이 나타낸 것이다.

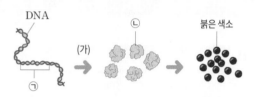

이에 대한 설명으로 옳은 것만을 <보기>에서 있는 대로 고른 것은?

| 보기 |

ㄱ. ㉠에는 염기서열의 형태로 유전정보가 저장되어 있다.
ㄴ. ㉡은 붉은 색소가 합성되는 반응을 촉매한다.
ㄷ. (가) 과정에서 번역 → 전사 순으로 유전정보의 흐름이 일어난다.

① ㄱ   ② ㄷ   ③ ㄱ, ㄴ
④ ㄴ, ㄷ   ⑤ ㄱ, ㄴ, ㄷ

686

그림은 사람의 정상 적혈구와 낫모양적혈구가 형성되는 과정을 나타낸 것이다.

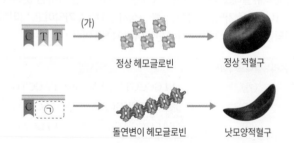

이에 대한 설명으로 옳은 것만을 <보기>에서 있는 대로 고른 것은?

| 보기 |

ㄱ. ㉠은 TT이다.
ㄴ. (가)에서 전사와 번역이 일어난다.
ㄷ. 정상 헤모글로빈과 돌연변이 헤모글로빈의 아미노산서열은 같다.

① ㄱ   ② ㄴ   ③ ㄱ, ㄷ
④ ㄴ, ㄷ   ⑤ ㄱ, ㄴ, ㄷ

687

그림 (가)는 세포의 일부 구조를, (나)는 세포 내 유전정보의 흐름을 나타낸 것이다. A~C는 핵, 소포체, 라이보솜을 순서 없이 나타낸 것이고, ㉠~㉢은 단백질, DNA, RNA를 순서 없이 나타낸 것이다.

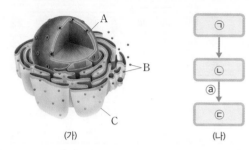

이에 대한 설명으로 옳은 것만을 <보기>에서 있는 대로 고른 것은?

| 보기 |

ㄱ. A에는 ㉠과 ㉡이 모두 있다.
ㄴ. B에서 ⓐ가 일어나 합성된 단백질은 C를 통해 이동한다.
ㄷ. ㉢에는 유전부호인 코돈이 있다.

① ㄱ   ② ㄴ   ③ ㄷ
④ ㄱ, ㄴ   ⑤ ㄴ, ㄷ

688 교육청 기출 변형

그림은 세포 내 유전정보의 흐름을 나타낸 것이다.

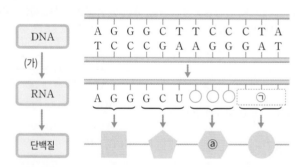

이에 대한 설명으로 옳은 것만을 <보기>에서 있는 대로 고른 것은? (단, 돌연변이는 고려하지 않는다.)

| 보기 |

ㄱ. '전사'는 (가)에 해당한다.
ㄴ. ㉠은 GAU이다.
ㄷ. 아미노산 ⓐ를 지정하는 코돈은 AGG이다.

① ㄱ   ② ㄴ   ③ ㄱ, ㄴ
④ ㄱ, ㄷ   ⑤ ㄴ, ㄷ

689 ★신유형 •••

표는 폴리뉴클레오타이드 가닥 (가)~(다)를 구성하는 염기 개수를 나타낸 것이다. (가)~(다)의 총 염기 개수는 모두 같다. (가)~(다) 중 두 가닥은 유전자 x를 구성하며, 나머지 한 가닥은 유전자 x가 전사되어 만들어진 RNA이다.

구분	아데닌(A)	구아닌(G)	사이토신(C)	㉠	㉡
(가)	25	10	20	ⓐ	0
(나)	15	20	ⓑ	ⓒ	25
(다)	25	10	20	ⓓ	15

(단위: 개)

이에 대한 설명으로 옳은 것만을 <보기>에서 있는 대로 고른 것은? (단, 돌연변이는 고려하지 않는다.)

┤ 보기 ├
ㄱ. '유라실(U)'은 ㉠에 해당한다.
ㄴ. ⓐ+ⓑ+ⓒ+ⓓ=25이다.
ㄷ. 전사에 사용된 DNA 가닥은 (나)이다.

① ㄱ ② ㄷ ③ ㄱ, ㄴ
④ ㄴ, ㄷ ⑤ ㄱ, ㄴ, ㄷ

690 ★신유형 •••

표 (가)는 유전자 x의 이중나선 DNA를 구성하는 염기의 개수를, (나)는 단백질 Ⅰ과 Ⅱ를 구성하는 아미노산 ㉠~㉢의 개수를 나타낸 것이다. 유전자 x에 의해 Ⅰ과 Ⅱ 중 하나가 만들어지며, Ⅰ과 Ⅱ는 모두 ㉠~㉢으로만 구성된다.

염기	아데닌(A)	구아닌(G)	사이토신(C)	타이민(T)
개수	48	60	ⓐ	?

(단위: 개)
(가)

구분	㉠	㉡	㉢
Ⅰ	10	10	?
Ⅱ	15	15	10

(단위: 개)
(나)

이에 대한 설명으로 옳은 것만을 <보기>에서 있는 대로 고른 것은? (단, 돌연변이는 고려하지 않는다.)

┤ 보기 ├
ㄱ. ⓐ는 60이다.
ㄴ. 유전자 x에 의해 Ⅱ가 만들어진다.
ㄷ. Ⅰ과 Ⅱ는 입체 구조가 서로 다르다.

① ㄱ ② ㄴ ③ ㄱ, ㄷ
④ ㄴ, ㄷ ⑤ ㄱ, ㄴ, ㄷ

✎ 서술형 문제

| 691~692 | 그림은 DNA로부터 폴리펩타이드가 합성되는 과정을 나타낸 것이다. ㉠과 ㉡은 아데닌(A)과 타이민(T)을 순서 없이 나타낸 것이다. 물음에 답하시오.(단, 돌연변이는 고려하지 않는다.)

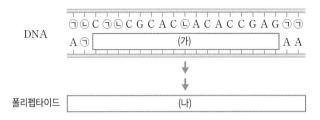

691 ••

(가)의 염기서열을 쓰고, 그렇게 판단한 까닭을 설명하시오.

692 •••

(나)에는 몇 개의 펩타이드결합이 있는지 쓰고, 그렇게 판단한 까닭을 설명하시오.

693 ••

다음은 유전자 x에 대한 자료이다.

• 유전자 x를 이루는 DNA는 가닥 Ⅰ과 Ⅱ로 구성된다.
• Ⅰ과 Ⅱ 중 한 가닥이 전사에 사용되어 RNA ㉠이 만들어졌다. Ⅰ, Ⅱ, ㉠을 구성하는 염기의 총개수는 서로 같다.
• Ⅱ에 있는 사이토신(C)의 개수는 ㉠에 있는 구아닌(G)의 개수보다 많다.

DNA 가닥 Ⅱ와 RNA ㉠의 염기서열에는 어떤 차이가 있는지 설명하시오.(단, 돌연변이는 고려하지 않는다.)

중간 · 기말고사에 대비할 수 있도록 시험에 자주 출제되는 문제들을 엄선하여 수록했습니다.

694

그림은 생명 시스템의 구성 단계를 나타낸 것이다. ⊙과 ⓒ은 기관과 조직을 순서 없이 나타낸 것이다.

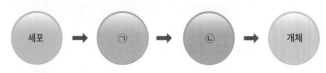

이에 대한 설명으로 옳은 것만을 <보기>에서 있는 대로 고른 것은?

| 보기 |
ㄱ. ⊙은 조직, ⓒ은 기관이다.
ㄴ. ⊙은 생명 시스템을 구성하는 기본 단위이다.
ㄷ. ⓒ에는 인지질과 단백질이 있다.

① ㄱ   ② ㄴ   ③ ㄱ, ㄷ
④ ㄴ, ㄷ   ⑤ ㄱ, ㄴ, ㄷ

695

그림은 사람의 이자세포를 나타낸 것이다. ⊙~ⓒ은 핵, 골지체, 라이보솜을 순서 없이 나타낸 것이며, 이 세포에서는 인슐린이 분비된다.

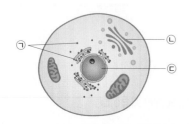

이에 대한 설명으로 옳은 것만을 <보기>에서 있는 대로 고른 것은?

| 보기 |
ㄱ. ⊙에서 번역이 일어난다.
ㄴ. ⓒ은 인슐린을 분비하는 데 관여한다.
ㄷ. 사람의 인슐린 유전자는 ⓒ에 있다.

① ㄱ   ② ㄷ   ③ ㄱ, ㄴ
④ ㄴ, ㄷ   ⑤ ㄱ, ㄴ, ㄷ

696

그림 (가)와 (나)는 엽록체와 마이토콘드리아를 순서 없이 나타낸 것이다.

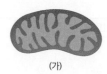 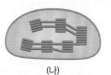

(가)   (나)

이에 대한 설명으로 옳은 것만을 <보기>에서 있는 대로 고른 것은?

| 보기 |
ㄱ. (가)에서 생명활동에 필요한 에너지가 생성된다.
ㄴ. (나)에서 물과 이산화 탄소를 이용해 포도당을 합성하는 반응이 일어난다.
ㄷ. (나)의 유무를 기준으로 동물 세포와 식물 세포를 구분할 수 있다.

① ㄱ   ② ㄷ   ③ ㄱ, ㄴ
④ ㄴ, ㄷ   ⑤ ㄱ, ㄴ, ㄷ

697

그림은 세포막의 구조를 나타낸 것이다. A와 B는 세포막을 구성하는 물질이다.

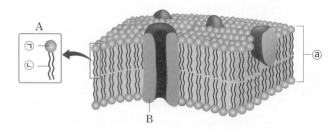

이에 대한 설명으로 옳은 것만을 <보기>에서 있는 대로 고른 것은?

| 보기 |
ㄱ. B는 폴리펩타이드가 입체 구조를 이루고 있는 물질이다.
ㄴ. ⓒ은 ⊙보다 물 분자와 잘 결합하는 부분이다.
ㄷ. ⓐ는 동물 세포와 식물 세포에서 모두 관찰되는 구조이다.

① ㄱ   ② ㄴ   ③ ㄱ, ㄷ
④ ㄴ, ㄷ   ⑤ ㄱ, ㄴ, ㄷ

698

그림은 세포막을 통해 물질 A와 B가 확산하는 모습을 나타낸 것이다. A와 B는 산소와 포도당을 순서 없이 나타낸 것이다.

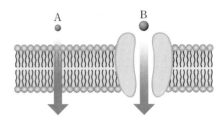

이에 대한 설명으로 옳은 것만을 <보기>에서 있는 대로 고른 것은?

| 보기 |
- ㄱ. A는 B보다 분자의 크기가 작다.
- ㄴ. 나트륨 이온은 A와 같은 방법으로 확산한다.
- ㄷ. A와 B는 모두 농도가 낮은 쪽에서 높은 쪽으로 이동한다.

① ㄱ   ② ㄴ   ③ ㄷ
④ ㄱ, ㄴ   ⑤ ㄴ, ㄷ

699

그림 (가)는 어떤 식물 세포를 설탕 용액 A에 넣고 충분한 시간이 지난 후의 상태를, (나)는 (가)의 식물 세포를 설탕 용액 B로 옮기고 충분한 시간이 지난 후의 상태를 나타낸 것이다.

(가)   (나)

이에 대한 설명으로 옳은 것만을 <보기>에서 있는 대로 고른 것은?

| 보기 |
- ㄱ. (가)는 세포막이 세포벽에서 분리된 상태이다.
- ㄴ. 설탕 용액의 농도는 A가 B보다 높다.
- ㄷ. (가)의 식물 세포를 증류수에 넣으면 세포 안에서 밖으로 물이 이동한다.

① ㄱ   ② ㄴ   ③ ㄱ, ㄴ
④ ㄱ, ㄷ   ⑤ ㄴ, ㄷ

700

그림은 세포 내에서 일어나는 반응 ㉠과 ㉡을 나타낸 것이다.

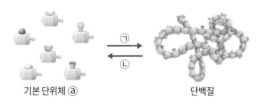

기본 단위체 ⓐ   단백질

이에 대한 설명으로 옳은 것만을 <보기>에서 있는 대로 고른 것은?

| 보기 |
- ㄱ. 생명체에는 약 20종류의 ⓐ가 있다.
- ㄴ. ㉠에서 에너지가 흡수된다.
- ㄷ. ㉠과 ㉡은 모두 효소에 의해 촉매된다.

① ㄱ   ② ㄷ   ③ ㄱ, ㄴ
④ ㄴ, ㄷ   ⑤ ㄱ, ㄴ, ㄷ

701

그림 (가)와 (나)는 화학 반응 A가 생명체 내에서 일어나는 경우와 생명체 밖에서 일어나는 경우를 순서 없이 나타낸 것이다. ㉠~㉢은 효소, 반응물, 생성물을 순서 없이 나타낸 것이다.

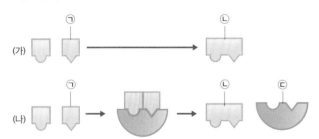

(가)
(나)

이에 대한 설명으로 옳은 것만을 <보기>에서 있는 대로 고른 것은?

| 보기 |
- ㄱ. ㉢은 다시 ㉠과 결합할 수 있다.
- ㄴ. 활성화에너지는 (가)에서가 (나)에서보다 높다.
- ㄷ. 단위 시간당 ㉡의 생성량은 (가)에서가 (나)에서보다 많다.

① ㄱ   ② ㄷ   ③ ㄱ, ㄴ
④ ㄴ, ㄷ   ⑤ ㄱ, ㄴ, ㄷ

702

다음은 감자즙을 이용한 실험이다.

(가) 6홈판의 홈 1~3에 과산화 수소수를 같은 양씩 넣는다.
(나) 홈 1에 감자즙을, 홈 2에 가열한 감자즙을, 홈 3에 증류수를 같은 양씩 넣는다.
(다) (나)의 결과 ⑤1개의 홈에서만 ⓐ가 생성되는 반응이 일어나 ⑤에 ⓑ가 있음을 확인했다. ⓐ와 ⓑ는 산소와 효소를 순서 없이 나타낸 것이다.
(라) 반응이 끝난 ⑤에 과산화 수소수를 더 넣는다.

이에 대한 설명으로 옳은 것만을 <보기>에서 있는 대로 고른 것은?

| 보기 |
ㄱ. '홈 1'은 ⑤에 해당한다.
ㄴ. (라)에서 ⑤의 ⓑ와 과산화 수소가 결합한다.
ㄷ. 이 실험을 통해 ⓐ는 가열하면 원래의 기능을 수행하지 못함을 알 수 있다.

① ㄱ   ② ㄷ   ③ ㄱ, ㄴ
④ ㄴ, ㄷ   ⑤ ㄱ, ㄴ, ㄷ

703

다음은 유전정보의 흐름에 대한 자료이다.

- 생명 시스템에서 유전정보는 ⑤ → ⓒ → ⓒ 순으로 전달된다. ⑤~ⓒ은 단백질, DNA, RNA를 순서 없이 나타낸 것이다.
- ⓐ유전자 x에 저장된 유전정보에 따라 효소 X가 만들어진다.
- ⓑ효소 X의 작용으로 특정 물질대사가 일어난다.

이에 대한 설명으로 옳은 것만을 <보기>에서 있는 대로 고른 것은?

| 보기 |
ㄱ. 효소 X의 주성분은 ⓒ이다.
ㄴ. ⓐ는 염기서열의 형태로 저장되어 있다.
ㄷ. 유전자 x에 의해 결정되는 형질이 나타날 때 ⓑ가 일어난다.

① ㄱ   ② ㄴ   ③ ㄷ
④ ㄱ, ㄴ   ⑤ ㄴ, ㄷ

704

그림은 생명체를 구성하는 단백질, DNA, RNA를 특징 (가)와 (나)를 이용해 구분하는 과정을 나타낸 것이다. (가)와 (나) 중 하나는 '3개의 염기가 유전부호로 작용하는가?'이다.

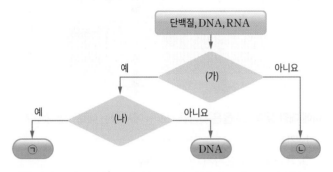

이에 대한 설명으로 옳은 것만을 <보기>에서 있는 대로 고른 것은?

| 보기 |
ㄱ. 코돈은 ⑤의 유전부호이다.
ㄴ. '전사가 일어나 만들어지는가?'는 (나)에 해당한다.
ㄷ. 번역에 의해 ⓒ에서 ⑤으로 유전정보의 흐름이 일어난다.

① ㄱ   ② ㄴ   ③ ㄷ
④ ㄱ, ㄴ   ⑤ ㄴ, ㄷ

705

그림은 사람의 세포에서 일어나는 유전정보의 흐름을 나타낸 것이다. ⑤~ⓒ은 단백질, DNA, RNA를 순서 없이 나타낸 것이다.

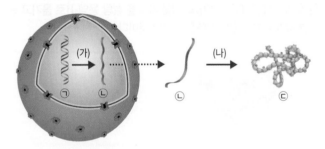

이에 대한 설명으로 옳은 것만을 <보기>에서 있는 대로 고른 것은?

| 보기 |
ㄱ. '전사'는 (가)에 해당한다.
ㄴ. 라이보솜에서 (나)가 일어난다.
ㄷ. ⑤~ⓒ은 모두 기본 단위체가 반복적으로 결합해 형성된다.

① ㄱ   ② ㄴ   ③ ㄱ, ㄷ
④ ㄴ, ㄷ   ⑤ ㄱ, ㄴ, ㄷ

706

표 (가)는 유전자 x에 의해 만들어진 폴리펩타이드 X의 아미노산서열을, (나)는 일부 코돈이 지정하는 아미노산을 나타낸 것이다.

(가)	폴리펩타이드 X		ⓒ－ⓑ－ⓐ－ⓓ－ⓔ			

(나)	코돈	UCC	UAC	AUG	ACG	AGG
	아미노산	ⓐ	ⓑ	ⓒ	ⓓ	ⓔ

이에 대한 설명으로 옳은 것만을 <보기>에서 있는 대로 고른 것은? (단, 돌연변이는 고려하지 않는다.)

┤보기├
ㄱ. 유전자 x에는 7개의 유라실(U)이 있다.
ㄴ. X에는 5개의 펩타이드결합이 있다.
ㄷ. 유전자 x에는 염기서열이 ATGTAC인 부위가 있다.

① ㄱ   ② ㄷ   ③ ㄱ, ㄴ
④ ㄱ, ㄷ   ⑤ ㄴ, ㄷ

707

다음은 유전자 (가)에 대한 자료이다.

- (가)는 두 가닥의 폴리뉴클레오타이드 ㉠과 ㉡으로 구성된다.
- ㉠을 구성하는 염기서열은 다음과 같다.

  TACGCGGATATTGCGAATAGC

- ㉠은 전사에 사용되는 가닥이며, ㉠이 전사되면 RNA ㉢이 만들어진다. ㉠~㉢을 구성하는 기본 단위체의 개수는 서로 같다.

이에 대한 설명으로 옳은 것만을 <보기>에서 있는 대로 고른 것은? (단, 돌연변이는 고려하지 않는다.)

┤보기├
ㄱ. ㉡에 있는 타이민(T)의 개수는 6개이다.
ㄴ. ㉢에는 7개의 3염기조합이 있다.
ㄷ. ㉢에 염기서열이 CCUAUA인 부위가 있다.

① ㄱ   ② ㄴ   ③ ㄱ, ㄴ
④ ㄴ, ㄷ   ⑤ ㄱ, ㄴ, ㄷ

708

그림은 세포 내 유전정보의 흐름 일부를 나타낸 것이다. (가)와 (나)는 DNA와 RNA를 순서 없이 나타낸 것이고, ㉠~㉢은 아데닌(A), 유라실(U), 타이민(T)을 순서 없이 나타낸 것이다.

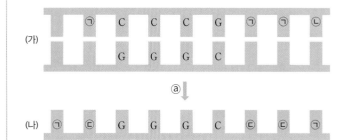

이에 대한 설명으로 옳은 것만을 <보기>에서 있는 대로 고른 것은? (단, 돌연변이는 고려하지 않는다.)

┤보기├
ㄱ. ㉢은 유라실(U)이다.
ㄴ. ⓐ는 라이보솜에서 일어난다.
ㄷ. (가)에서 ㉠의 개수는 ㉡의 개수보다 많다.

① ㄱ   ② ㄴ   ③ ㄷ
④ ㄱ, ㄴ   ⑤ ㄴ, ㄷ

709

그림은 어떤 사람의 세포에서 일어나는 유전정보의 흐름을, 표는 일부 코돈이 지정하는 아미노산을 나타낸 것이다.

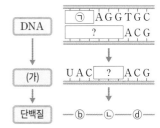

코돈	아미노산
UCC	ⓐ
UAC	ⓑ
AUG	ⓒ
ACG	ⓓ
AGG	ⓔ

이에 대한 설명으로 옳은 것만을 <보기>에서 있는 대로 고른 것은? (단, 돌연변이는 고려하지 않는다.)

┤보기├
ㄱ. ㉠은 ATG이다.
ㄴ. ㉡은 ⓔ이다.
ㄷ. (가)는 세포질에서 핵으로 이동한 뒤 번역에 이용된다.

① ㄱ   ② ㄷ   ③ ㄱ, ㄴ
④ ㄴ, ㄷ   ⑤ ㄱ, ㄴ, ㄷ

710

그림은 어떤 세포의 구조를, 표는 이 세포에서 일어나는 유전정보의 흐름 (가)와 (나)를 나타낸 것이다. A~D는 핵, 골지체, 소포체, 라이보솜을 순서 없이 나타낸 것이다.

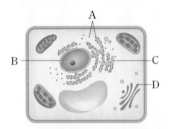

구분	유전정보의 흐름
(가)	DNA → RNA
(나)	RNA → 단백질

A~D 중 (가)와 (나)가 일어나는 세포소기관의 기호와 이름을 각각 쓰고, 세포 내에서의 기능을 각각 설명하시오.

711

그림 (가)는 적혈구를 설탕 용액 ㉠에 넣었을 때, (나)는 적혈구를 설탕 용액 ㉡에 넣었을 때 적혈구의 부피 변화와 세포막을 통한 물의 이동을 나타낸 것이다.

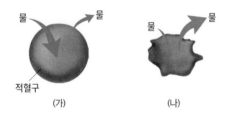

설탕 용액 ㉠과 ㉡ 중 농도가 더 낮은 것을 쓰고, 그렇게 판단한 까닭을 (가)와 (나)에서 세포막을 통한 물의 이동과 관련지어 설명하시오.

| 712~713 | 그림은 포도당이 분해되는 반응에서 ㉠과 ㉡일 때의 에너지 변화를 나타낸 것이다. ㉠과 ㉡은 효소가 없을 때와 있을 때를 순서 없이 나타낸 것이다. 물음에 답하시오.

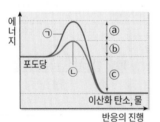

712

효소가 있을 때의 활성화에너지를 ⓐ~ⓒ를 이용하여 쓰시오.

713

세포 안에서 포도당이 분해될 때의 에너지 변화는 ㉠과 ㉡ 중 무엇인지 쓰고, 그렇게 판단한 까닭을 설명하시오.

| 714~715 | 그림 (가)는 어떤 세포에서 일어나는 유전정보의 흐름 Ⅰ과 Ⅱ를, (나)는 ㉠의 구조를 나타낸 것이다. Ⅰ과 Ⅱ는 번역과 전사를 순서 없이 나타낸 것이다. 물음에 답하시오.

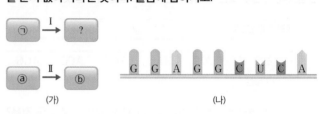

714

ⓐ와 ⓑ는 무엇인지 각각 쓰시오.

715

Ⅰ이 무엇인지 쓰고, Ⅰ에서 일어나는 현상을 설명하시오.

| 716~717 | 표는 폴리뉴클레오타이드 (가)와 (나)의 염기서열을 나타낸 것이다. (가)는 유전자 x를 구성하는 두 가닥 중 하나이고, (나)는 유전자 x가 전사되어 만들어진 RNA이다. ㉠~㉢은 구아닌(G), 유라실(U), 타이민(T)을 순서 없이 나타낸 것이다. 물음에 답하시오. (단, 돌연변이는 고려하지 않는다.)

폴리뉴클레오타이드	염기서열
(가)	A㉡㉠㉠A㉡CACC㉠AA㉡AA㉡㉠AA㉠
(나)	A㉢㉠㉠A㉢CACC㉠AA㉢AA㉢㉠AA㉠

716

㉠~㉢이 무엇인지 각각 쓰시오.

717

(나)가 번역되어 폴리펩타이드 X가 만들어질 때, X는 몇 개의 아미노산으로 이루어지는지 그렇게 판단한 까닭과 함께 설명하시오.

718

그림 (가)는 어떤 세포의 구조를, (나)는 세포 안에서 만들어져 세포 밖으로 분비되는 물질 X를 나타낸 것이다. ⊙~ⓒ은 골지체, 라이보솜, 마이토콘드리아를 순서 없이 나타낸 것이다.

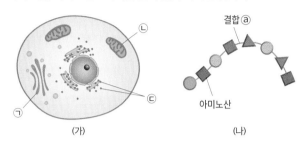

이에 대한 설명으로 옳은 것만을 <보기>에서 있는 대로 고른 것은?

┤보기├
ㄱ. ⊙은 X를 분비하는 데 관여한다.
ㄴ. ⓒ에서 빛에너지가 화학 에너지로 전환된다.
ㄷ. ⓒ에서 ⓐ가 형성되는 물질대사가 일어난다.

① ㄱ   ② ㄴ   ③ ㄱ, ㄷ
④ ㄴ, ㄷ   ⑤ ㄱ, ㄴ, ㄷ

719

그림 (가)는 어떤 효소에 의한 화학 반응을, (나)는 효소가 있을 때 이 화학 반응에서 에너지의 변화를 나타낸 것이다.

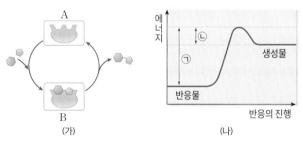

이에 대한 설명으로 옳은 것만을 <보기>에서 있는 대로 고른 것은?

┤보기├
ㄱ. (가)에서는 에너지가 흡수된다.
ㄴ. B일 때 화학 반응의 활성화에너지가 낮아진다.
ㄷ. ⊙에서 ⓒ을 뺀 값은 A가 없을 때가 A가 있을 때보다 크다.

① ㄱ   ② ㄷ   ③ ㄱ, ㄴ
④ ㄴ, ㄷ   ⑤ ㄱ, ㄴ, ㄷ

720

다음은 물질 ⊙~ⓒ에 대한 자료이다. ⊙~ⓒ은 단백질, DNA, RNA를 순서 없이 나타낸 것이다.

• ⊙에는 타이민(T)이 있다.
• ⓒ에는 5개의 펩타이드결합이 있다.
• ⊙과 ⓒ은 모두 뉴클레오타이드로 이루어져 있다.

이에 대한 설명으로 옳은 것만을 <보기>에서 있는 대로 고른 것은? (단, 돌연변이는 고려하지 않는다.)

┤보기├
ㄱ. 전사가 일어나 ⊙이 만들어진다.
ㄴ. ⓒ의 작용으로 형질이 나타난다.
ㄷ. ⓒ이 번역에 이용되어 ⓒ이 만들어진다.

① ㄱ   ② ㄴ   ③ ㄷ
④ ㄱ, ㄴ   ⑤ ㄴ, ㄷ

721

그림은 세포 내 유전정보의 흐름을, 표는 일부 코돈이 지정하는 아미노산을 나타낸 것이다. ⓐ는 (가)~(마) 중 하나이다.

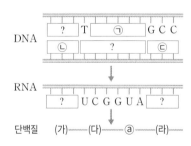

코돈	아미노산
AUG	(가)
CAC	(나)
UCG	(다)
GCC	?
GCU	(라)
GUA	(마)

이에 대한 설명으로 옳은 것만을 <보기>에서 있는 대로 고른 것은? (단, 돌연변이는 고려하지 않는다.)

┤보기├
ㄱ. ⓐ는 (마)이다.
ㄴ. 코돈 GCC와 GCU는 서로 다른 아미노산을 지정한다.
ㄷ. ⊙에서 구아닌(G)의 개수는 ⓒ과 ⓒ에서 사이토신(C)의 개수를 더한 값보다 작다.

① ㄱ   ② ㄷ   ③ ㄱ, ㄴ
④ ㄱ, ㄷ   ⑤ ㄴ, ㄷ

SUMMARY

MEMO

_____

_____

_____

_____

_____

_____

_____

_____

_____

_____

_____

_____

_____

CHECK LIST

-
-
-
-
-
-
-
-

기출 분석 문제집

1등급 만들기

빠른답
체크
Speed Check

통합과학1 721제

◀ 이곳을 열면 정답을 바로 확인할 수 있습니다.

기출 분석 문제집

1등급 만들기

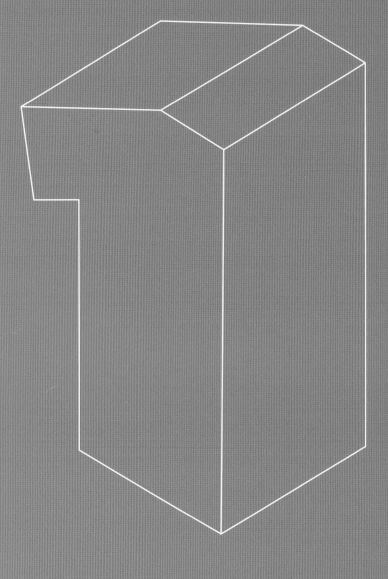

고등
도서 안내

문학 입문서

손쉬운

작품 이해에서 문제 해결까지
손쉬운 비법을 담은 문학 입문서

현대 문학, 고전 문학

비주얼 개념서

룩 LOOK

이미지 연상으로 필수 개념을 쉽게 익히는
비주얼 개념서

국어   문법
영어   분석독해

수학 개념 기본서

수학중심

개념과 유형을 한 번에 잡는 강력한
개념 기본서

수학Ⅰ, 수학Ⅱ, 확률과 통계, 미적분, 기하

수학 문제 기본서

유형중심

체계적인 유형별 학습으로 실전에서 강력한
문제 기본서

수학Ⅰ, 수학Ⅱ, 확률과 통계, 미적분

사회·과학 필수 기본서

개념 학습과 유형 학습으로 내신과 수능을 잡는
필수 기본서

엔픽

[2022 개정]
사회   통합사회1, 통합사회2*, 한국사1, 한국사2*
과학   통합과학1, 통합과학2, 물리학*, 화학*, 생명과학*,
       지구과학*

       *2025년 상반기 출간 예정

NEW 올리드

[2015 개정]
사회   한국지리, 사회·문화, 생활과 윤리, 윤리와 사상
과학   물리학Ⅰ, 화학Ⅰ, 생명과학Ⅰ, 지구과학Ⅰ

기출 분석 문제집

완벽한 기출 문제 분석으로 시험에 대비하는 1등급 문제집

1등급 만들기

[2022 개정]
수학   공통수학1, 공통수학2, 대수, 확률과 통계*, 미적분Ⅰ*
사회   통합사회1, 통합사회2*, 한국사1, 한국사2*,
       세계시민과 지리, 사회와 문화, 세계사, 현대사회와 윤리
과학   통합과학1, 통합과학2

       *2025년 상반기 출간 예정

[2015 개정]
국어   문학, 독서
수학   수학Ⅰ, 수학Ⅱ, 확률과 통계, 미적분, 기하
사회   한국지리, 세계지리, 생활과 윤리, 윤리와 사상,
       사회·문화, 정치와 법, 경제, 세계사, 동아시아사
과학   물리학Ⅰ, 화학Ⅰ, 생명과학Ⅰ, 지구과학Ⅰ,
       물리학Ⅱ, 화학Ⅱ, 생명과학Ⅱ, 지구과학Ⅱ

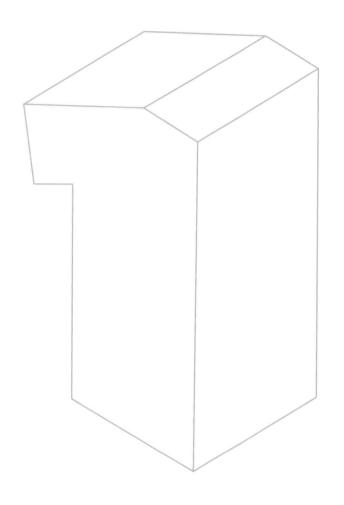

1등급
만들기

통합과학1
721제

바른답★
알찬풀이

Mirae N 에듀

바른답★
알찬풀이

Study Point

1. 알찬 해설
정확하고 자세한 해설을 통해 문제의 핵심을 찾을 수 있습니다.

2. 오답 피하기
옳지 않은 보기에 대한 자세한 해설을 통해 오답의 함정을 피할 수 있습니다.

3. 개념 더하기, 자료 분석하기, 서술형 해결 전략
개념 더하기, 자료 분석하기, 서술형 해결 전략을 통해 문제 해결의 접근법을 알 수 있습니다.

기 출 분 석 문 제 집

1등급 만들기

통합과학1
721제

바른답★
알찬풀이

I 과학의 기초

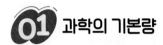

과학의 기본량

001
답 규모

규모는 자연 현상이 일어나는 시간과 공간의 크기 범위를 의미한다. 그리고 규모에 따라 미시 세계와 거시 세계로 구분하기도 한다.

002
답 미시

미시 세계는 원자나 전자와 같이 인간의 감각으로 경험하지 못하는 매우 작은 규모를 의미한다. 경우에 따라 매우 짧은 시간에 일어나는 현상을 포함하기도 한다.

003
답 세슘

세슘 원자시계는 세슘 원자에서 나오는 빛의 진동수를 이용해 몇백만 분의 1초 단위의 매우 짧은 시간까지 측정할 수 있어 정밀도가 높다.

004
답 거

첨성대의 높이는 거시 세계에서 인간의 감각으로 측정 가능한 길이이다.

005
답 거

혹등고래와 같이 육안으로 접할 수 있는 규모는 거시 세계에 해당한다.

006
답 거

안드로메다은하는 빛의 속력으로 갈 때 약 250만 년 걸리는 먼 곳에 있는 방대한 크기의 은하로 거시 세계에 해당한다.

007
답 미

원자핵은 크기가 10^{-12} m보다 작은 아주 작은 규모로, 미시 세계에 해당한다.

008
답 미

수소 분자와 같이 매우 작은 자연계의 현상은 미시 세계에 해당한다.

009
답 ㉠ 질량, ㉡ m, ㉢ K

국제단위계에서 길이의 단위는 m(미터)이고, 질량의 단위는 kg(킬로그램), 온도의 단위는 K(켈빈)이다.

010
답 ○

길이의 단위로 m(미터), 시간의 단위로 s(초), 온도의 단위로 K(켈빈)을 사용하는 것과 같이 기본량마다 표준이 되는 단위를 정해 사용한다.

011
답 ×

속력은 길이와 시간을 조합해 나타내는 유도량에 해당한다.

012
답 ○

밀도는 단위 부피당 질량이며, 부피는 길이³과 같다. 즉, 밀도의 단위는 질량과 길이를 이용해 유도한다.

013
답 ○

넓이와 부피는 모두 기본량 중에서 길이를 이용해 유도하는 유도량이다.

기출 분석 문제
● 9쪽 ~ 10쪽

014
답 ③

ㄱ. 과거에는 지상에서 관측한 태양의 운동이나 달의 위상 변화, 별자리의 고도와 같은 천체 현상을 시간의 기준으로 사용해 시간을 측정했다.
ㄴ. 현대에는 세슘 원자시계를 이용해 시간을 측정한다. 세슘 원자시계는 세슘 원자에서 나오는 빛의 진동수(9192631770 Hz)를 이용해 몇백만 분의 1초 단위까지 정밀한 시간을 측정할 수 있는 시계이다.
오답 피하기 ㄷ. 태양의 위치나 달의 모양 변화 등은 주로 거시 세계 현상에 대한 년, 월 등의 시간을 측정하는 데 사용할 수 있다. 한편 세슘 원자시계를 이용하면 미시 세계 현상에 대한 정밀한 시간 측정이 가능하다.

015
답 ②

자료 분석하기 미시 세계와 거시 세계의 측정

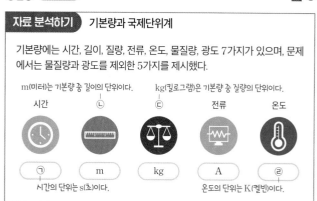

- 수소 원자의 크기: 약 0.5×10^{-10} m로 미시 세계의 측정 방법을 사용한다.
- 태양에서 지구까지의 거리: 1 AU≒1.5×10^{11} m로 거시 세계의 측정 방법을 사용한다.

ㄴ. 거시 세계 규모 중 태양계와 같은 규모를 탐구할 때에는 단위로 AU(천문단위)를 사용하기도 한다. AU란 지구에서 태양까지의 거리를 1로 하는 길이 단위이다.

오답 피하기 ㄱ. 위성 위치 확인 시스템은 지구 표면과 같은 거시 세계 규모 측정에 적절하다.

ㄷ. 자연을 탐구할 때는 탐구 대상의 규모에 따라 적절한 측정 방법과 단위를 선택해야 한다.

016
답 ③

A. 옛날에는 발 길이, 엄지손가락의 폭 등 신체의 일부를 이용해 길이를 측정하기도 했다.

B. 현대에는 거리를 측정하고자 하는 지점에 레이저를 쏘아 레이저가 반사되어 돌아오는 데 걸리는 시간을 이용해 정밀한 길이를 측정하기도 한다.

오답 피하기 C. 현대에는 위성 위치 확인 시스템(GPS)을 이용해 지구의 크기를 측정할 수 있고, 레이저를 이용해 지구에서 달까지의 거리를 측정하기도 한다.

017
답 ①

① 기본량은 시간, 길이, 질량, 온도, 전류, 물질량, 광도의 7가지로 정한다.

오답 피하기 ② 과학에서는 기본량의 단위로 국제도량형총회에서 정한 국제단위계(SI)를 사용한다.

③ 유도량은 기본량을 조합하여 나타낼 수 있는 물리량이다.

④ 온도는 기본량에 해당하며, 온도의 기본 단위는 K(켈빈)이다.

⑤ 밀도는 단위 부피당 질량이다. 부피는 길이를 이용해 나타낼 수 있는 유도량이므로, 밀도는 질량과 길이를 이용해 나타낼 수 있는 유도량이다.

018
답 ④

스피드 건은 야구 경기에서 투수가 던진 공의 속력을 측정해 알려 주는 장치이다. 속력은 단위 시간당 이동한 거리로, 이동 거리를 걸린 시간으로 나누어 구할 수 있다. 따라서 속력은 기본량 중 시간, 길이를 이용해 나타낼 수 있다.

019 필수 유형
답 ⑤

자료 분석하기 기본량과 국제단위계

기본량에는 시간, 길이, 질량, 전류, 온도, 물질량, 광도 7가지가 있으며, 문제에서는 물질량과 광도를 제외한 5가지를 제시했다.

m(미터)는 기본량 중 길이의 단위이다.   kg(킬로그램)은 기본량 중 질량의 단위이다.

시간	ⓛ	ⓒ	전류	온도
ⓐ	m	kg	A	ⓔ

시간의 단위는 s(초)이다.   온도의 단위는 K(켈빈)이다.

ㄱ. 국제단위계에서 시간의 단위는 s(초)이다.

ㄴ. 밀도는 단위 부피당 질량이다. 부피는 길이를 이용해 나타낼 수 있는 유도량이므로, 밀도는 길이(ⓛ)와 질량(ⓒ)으로부터 유도해 나타낼 수 있는 유도량이다.

ㄷ. 국제단위계에서 온도의 단위는 K(켈빈)이다. 일상생활에서는 온도의 단위로 K보다는 ℃(섭씨도)를 많이 사용하며, ℉(화씨도)를 사용하는 국가도 있다.

020

자료 분석하기 단위 사용의 중요성

- A와 C의 의견이 충돌하는 것과 관계 있는 기본량은 온도이다.

온도를 ℃(섭씨) 단위로 나타냈다.   온도를 ℉(화씨) 단위로 나타냈다.

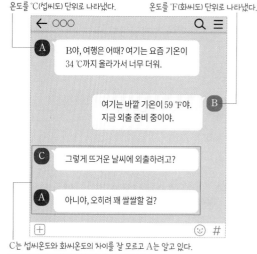

A: B야, 여행은 어때? 여기는 요즘 기온이 34 ℃까지 올라가서 너무 더워.

B: 여기는 바깥 기온이 59 ℉야. 지금 외출 준비 중이야.

C: 그렇게 뜨거운 날씨에 외출하려고?

A: 아니야, 오히려 꽤 쌀쌀할 걸?

C는 섭씨온도와 화씨온도의 차이를 잘 모르고 A는 알고 있다. 따라서 59 ℉에 관한 생각 차이가 생긴 것이다.

- 섭씨온도는 물이 어는 온도를 0, 끓는 온도를 100으로 하고 그 사이의 온도를 100등분 한 온도이다. 화씨온도는 물이 어는 온도를 32, 끓는 온도를 212로 하고 그 사이의 온도를 180등분 한 온도이다.
- 59 ℉는 15 ℃와 같으므로 34 ℃에 비해 쌀쌀하다고 할 수 있다.

예시 답안 기본량 중 온도를 다루고 있다. A와 B가 사용하는 온도의 단위가 다르기 때문에 온도를 쉽게 비교하지 못해 A와 C의 의견이 충돌하게 되었다.

채점 기준	배점(%)
기본량을 명시하고, 의견 충돌의 까닭을 온도의 단위가 다르다는 것을 들어 옳게 설명한 경우	100
의견 충돌의 까닭만 옳게 설명한 경우	70
기본량만 명시한 경우	30

021 ③　　**022 ①**　　**023 ②**　　**024 해설 참조**

021
답 ③

자료 분석하기　거시 세계와 미시 세계 탐구

(가)

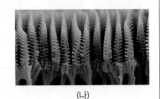
(나)

• 모르포 나비 날개의 독특한 미세 구조 때문에 보는 위치에 따라 다른 색으로 보이기도 한다.
→ 거시 세계에서 보는 위치에 따라 다른 색으로 보이는 현상이 나타나는 까닭을 미시 세계를 탐구한 결과로 알게 되었다.
• 거시 세계에서 나타나는 현상의 원인을 알기 위해서는 미시 세계 규모를 탐구해야 하기도 한다.

ㄱ. 모르포 나비의 날개가 파랗게 보이는 것은 인간의 감각으로 관찰 가능한 거시 세계의 현상이다.
ㄴ. 날개 표면의 미세 구조는 전자 현미경을 통해 알아낸 미시 세계의 현상이다.

오답 피하기 ㄷ. 빛이 날개에 들어오는 방향에 따라 반사하는 빛의 색이 달라지는 까닭은 전자 현미경을 통해 관찰한 날개 구조, 즉 미시 세계를 탐구해 알아낸 사실이다.

022
답 ①

자료 분석하기　지질시대 규모와 측정

• 고생대, 중생대, 신생대는 지질시대를 구분한 것으로, 지구가 생성된 이후로부터 역사 시대 이전까지 기간의 일부에 해당한다.
→ 그래프의 가로축은 시간에 따른 지질시대를 나타낸다.
• 수억 년에 걸친 생물의 변화를 나타낸 것이므로 거시 세계 규모의 현상이다.

ㄱ. 대멸종은 긴 시간 동안 넓은 지역에서 일어나는 사건으로 거시 세계 규모의 자연 현상이다.

오답 피하기 ㄴ. 가로축은 지질시대를 나타낸다. 즉, 기본량 중 시간을 나타낸다.
ㄷ. 지질시대 해양 동물 과의 수 변화는 화석을 통해 알아낸 것으로, 거시 세계와 미시 세계를 측정 및 탐구하는 방법을 모두 사용해 얻은 결과이다.

023
답 ②

ㄷ. 부피는 기본량 중 길이를 이용해 나타낼 수 있는 유도량이다. 피트는 국제단위계에 해당하지는 않지만 길이의 단위이므로 상자의 부피를 피트를 이용해 나타낼 수도 있다.

오답 피하기 ㄱ, ㄴ. 인치나 피트는 신체를 이용해 기본량 중 길이를 나타내는 단위이다. 국제단위계에서 길이의 단위는 m(미터)이다.

024

서술형 해결 전략

[STEP 1] **문제 포인트 파악**
기본량과 유도량의 차이를 이해하고 유도량의 정의를 이용해 유도량을 나타낼 때 필요한 기본량을 파악할 수 있어야 한다.

[STEP 2] **자료 파악**

차량 앞뒤 길이 4.64 m
중량 1555 kg
배기량 1598 mL
CO_2 배출량 133 g/km
타이어 지름 17인치

표시된 정보	단위	물리량	기본량 또는 유도량
중량	kg	질량	기본량
차량 앞뒤 길이	m	길이	기본량
배기량	mL	부피(길이³)	유도량
CO_2 배출량	g/km	질량/길이	유도량
타이어 지름	인치	길이	기본량

[STEP 3] **관련 개념 모으기**
❶ 기본량과 유도량의 차이는?
→ 기본량은 다른 물리량으로 바꾸어 사용할 수 없는 물리량이고, 유도량은 기본량을 조합하여 유도하는 물리량이다.
❷ 배기량은 어떤 의미의 유도량인가?
→ mL 단위로부터 배기량은 부피를 의미한다는 것을 알 수 있다.
❸ CO_2 배출량은 어떤 의미의 유도량인가?
→ g/km 단위로부터 CO_2 배출량은 1 km당 몇 g의 이산화 탄소를 배출하는지를 의미한다는 것을 알 수 있다.

예시 답안 • 배기량, 부피를 나타내므로 이를 정의하기 위해 기본량 중 길이가 필요하다.
• CO_2 배출량, 1 km마다 얼마만큼의 이산화 탄소를 배출하는지 나타내므로 기본량 중 질량과 길이가 필요하다.

채점 기준	배점(%)
유도량 2가지를 모두 옳게 찾고, 그 유도량을 정의하기 위해 필요한 기본량을 모두 옳게 설명한 경우	100
유도량 1가지를 옳게 찾고, 그 유도량을 정의하기 위해 필요한 기본량을 옳게 설명한 경우	50
유도량 2가지만 모두 옳게 찾은 경우	40

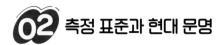

02 측정 표준과 현대 문명

025
답 측정

적절한 단위와 도구를 사용하여 어떤 대상의 물리량을 재는 활동을 측정이라고 한다.

026
답 측정 표준

어떤 양을 측정하는 기준으로 쓰기 위해 단위를 정의하고, 측정 방법 등을 정한 것을 측정 표준이라고 한다.

027
답 어림

어림은 현재 알고 있는 정보를 이용해 그 양을 대략적으로 가늠하고 추론하여 근삿값을 얻는 과정이다.

028
답 ✕

측정 표준은 다양한 국가, 산업, 기업이 협업하는 개발이나 연구에 유용하게 활용되어 과학 발전을 돕는다.

029
답 ✕

병원에서 약의 양을 정하거나, 공사 현장에서 유해 물질 농도를 표시할 때 등 측정 표준은 의료, 안전 분야와도 밀접한 관련이 있다.

030
답 ○

연구나 실험 등에서 측정 표준을 이용해야 신뢰할 수 있는 결과를 얻을 수 있다.

031
답 ㉠ 아날로그, ㉡ 디지털, ㉢ 연속적, ㉣ 불연속적

아날로그 신호는 물리량이 연속적으로 변하는 신호로, 자연계에서 발생하는 대부분의 신호는 이에 해당한다. 한편 디지털 신호는 물리량이 불연속적인 값으로 나타나는 신호로, 저장, 분석, 전송, 편집이 용이하다.

032
답 ○

자연계에서 생긴 변화가 빛, 소리, 열, 힘, 압력, 지진파 등 여러 가지 형태로 전달되는 것을 신호라고 한다. 정보는 이러한 신호를 측정하고 분석해 쓸모 있는 자료로 만든 것이다.

033
답 ✕

디지털 신호는 물리량이 불연속적으로 변하는 신호이다.

034
답 ✕

센서를 이용하면 인간의 감각으로 감지할 수 없는 초음파, 적외선 등도 감지할 수 있다.

035
답 ○

현대 문명은 디지털 신호를 이용한 정보 통신 기술을 기반으로 한다.

036
답 ③

ㄱ. 정확하고 일관성 있는 측정을 위해 국제도량형총회에서 기본량의 정의와 국제단위계를 포함하여 측정 표준을 정하였다. 측정 표준에는 적절한 측정 도구를 사용하는 것도 포함된다.
ㄴ. 어림은 물리량을 대략적으로 가늠하고 논리적인 추론을 통해 근삿값을 얻는 활동이다. 어림값과 비교해 측정값이 타당한지를 검토 및 판단하기도 한다.
오답 피하기 ㄷ. 어림할 양과 관련한 측정 경험을 토대로 하여 논리적인 추론이나 자료를 통해 어림해야 한다.

037 필수 유형
답 ①

자료 분석하기 측정 표준 활용 사례

- 새 건물에서 어떤 물질의 농도가 특정 값 이하인지를 안전의 기준으로 삼거나, 아파트 층간 소음 차단 정도를 성능의 기준으로 삼기 위해서는 특정 물질의 농도 및 소음의 단위, 측정 방법, 측정 도구, 측정 장소 등을 표준으로 정해야 한다.
- 새집 증후군 관련한 측정 표준이나, 아파트 층간 소음 차단 성능의 측정 표준을 예외로 적용해서는 안 된다. 만약 측정 표준을 적용하기에 적합한 장소나 상황이 아니라면 다른 측정 표준을 마련해야 한다.

ㄱ. 화학 물질의 농도를 규제하여 관리하기 위해서는 화학 물질의 농도 단위와 측정 도구, 측정 방식 등을 측정 표준으로 정해야 한다.
오답 피하기 ㄴ. 소음의 단위뿐만 아니라 소음을 측정하는 기기, 소음을 발생하는 방법 등을 포함해 측정 표준을 정해야 한다.
ㄷ. 측정 표준은 어떠한 양을 측정하는 기준이므로 예외를 적용해 사용해서는 안 된다. 만약 현장의 특수성을 반영하여 측정 표준을 임의로 바꾼다면 측정 결과를 바탕으로 의사소통하기 힘들고 합리적인 판단을 내리기 어렵다.

038
답 ④

ㄴ. 다양한 기관이 참여하는 연구나 개발을 할 때에는 원활한 의사소통과 협업을 위해서 측정 표준을 따른다. 이때 사용하는 단위는 국제단위계를 따른다.

ㄷ. 사용한 전력량을 표준에 따른 전력량계로 측정하고 이를 표준에 따른 단위로 나타내어 전기 요금을 부과하는 것은 측정 표준을 활용한 사례로 볼 수 있다.

오답 피하기 ㄱ. 다양한 단어를 이용하여 묘사하는 것은 측정 표준을 활용한 사례로 볼 수 없다.

039
답 ②

② 정보는 신호를 측정하고 분석해 쓸모 있는 자료로 만든 것으로, 신호 자체가 곧 정보라고 말할 수는 없다.

오답 피하기 ①, ③ 에너지 변화를 포함한 자연계의 변화가 주변으로 전달되는 것이 신호이고, 이 변화는 연속적으로 일어나므로 자연계에서 발생하는 신호는 대부분 연속적인 아날로그 신호이다.
④ 아날로그 신호는 물리량이 시간에 따라 연속적으로 변하는 신호이고, 디지털 신호는 불연속적으로 변하는 신호이다.
⑤ 신호에는 빛, 소리, 지진파와 같은 파동의 형태로 전달되는 것도 있고, 힘, 냄새 등과 같은 것도 있다.

040

자료 분석하기 센서의 역할

열화상 카메라로 촬영한 열화상 사진을 보면 육안으로는 볼 수 없는 온도 차이를 한눈에 파악할 수 있다.

건물의 표면 온도에 해당하는 적외선 신호가 방출된다.

육안으로 보이지 않는 아날로그 적외선 신호를 열화상 카메라 내 센서가 감지한다. 이렇게 감지한 신호를 디지털 신호로 변환하면, 정보를 편집 및 저장하여 온도에 따른 색 정보를 담은 열화상 화면으로 표현할 수 있다.

예시 답안 인간의 감각으로 감지할 수 없는 신호를 측정할 수 있다. 아날로그 신호를 디지털 신호로 변환하여 처리할 수 있다 등

채점 기준	배점(%)
센서의 유용성을 2가지 이상 옳게 설명한 경우	100
센서의 유용성을 1가지만 옳게 설명한 경우	50

041 필수 유형
답 ④

자료 분석하기 아날로그 신호와 디지털 신호

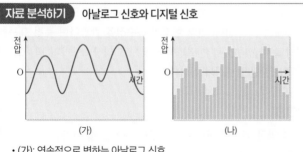

(가) (나)

• (가): 연속적으로 변하는 아날로그 신호
• (나): 불연속적으로 변하는 디지털 신호 ➡ 저장, 전송, 분석 등이 용이하다.

ㄱ. (가)는 아날로그 악기 소리를 마이크를 통해 아날로그 전기 신호로 변환한 형태이다. 따라서 마이크는 센서의 역할을 한다.
ㄷ. (나)는 디지털 신호로, 아날로그 신호에 비해 전송, 분석이 용이하다.

오답 피하기 ㄴ. 악기 소리는 (가)와 같이 연속적인 형태의 신호인 아날로그 신호이다.

042
답 ⑤

ㄱ. 던져진 공의 속력은 연속적으로 변하는 아날로그 신호이다.
ㄴ, ㄷ. 스피드 건에는 공에서 반사되어 온 레이저를 인식하는 광센서와, 공의 아날로그 속력 신호를 디지털 정보로 변환한 뒤 화면에 표시하는 장치가 포함되어 있다.

개념 더하기 스피드 건의 신호 변환

아날로그 신호	→	광센서	→	전기 신호	→	디지털 정보
공의 속력		스피드 건				화면 표시

• 공의 속력을 스피드 건의 센서에서 감지해 전기 신호로 변환하고 이를 화면에 디지털 방식으로 표시한다.

1등급 완성 문제 ────────── ● 15쪽

043 ③   **044** ④   **045** 해설 참조   **046** 해설 참조

043
답 ③

ㄷ. 그림에서 반사된 빛을 디지털 카메라가 인식해 그림의 정보를 담은 디지털 신호를 생성한다. 따라서 디지털 카메라에는 광센서가 포함되어 있다.

오답 피하기 ㄱ. 측정은 적절한 도구와 단위를 이용하여 대상의 물리량을 재는 것이다. 따라서 ㉠만 측정에 해당한다.
ㄴ. ㉢에서 어림한 값인 농도는 기본량에 해당하지 않는다.

044
답 ④

관측의 대상이 되는 물리량을 측정하는 기준으로 쓰기 위해 측정 단위를 정의하고, 측정 방법과 측정 도구를 포함하여 체계를 정한 것을 측정 표준이라고 한다. 따라서 ㉠은 측정 표준이다.
ㄴ. 여러 기관이 참여하는 연구를 할 때에는 길이, 질량, 시간 등의 측정 표준을 따라야 안전하게 진행할 수 있고, 신뢰할 수 있는 연구 결과를 얻을 수 있다. 또, 연구 진행 과정에서의 원활한 의사소통에도 측정 표준이 중요한 역할을 한다.
ㄷ. 문맥 상 ㉡에는 측정 표준이 필요한 까닭이 들어가야 한다. 따라서 '원활한 의사소통과 공정한 거래'는 ㉡으로 적절하다.

오답 피하기 ㄱ. '한 모금'과 같이 정확한 양을 나타낼 수 없는 단위는 측정 표준으로 삼을 수 없다.

[045~046]

서술형 해결 전략

STEP 1 문제 포인트 파악

신호가 스마트 기기 화면으로 나타나기까지의 과정을 파악할 수 있어야 한다.

STEP 2 자료 파악

신체 능력을 분석하기 위해 수집하는 신호로, 센서가 인식해 디지털 정보로 변환한다.

A: 제 몸에 붙어 있는 이 장치들은 무엇이죠?

B: ㉠심박수나 체온, 호흡과 같은 신체 신호를 인식하는 센서입니다.

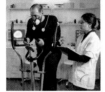
㉣에서 전송 받은 신호를 화면에 그래프로 나타낸 것이다.

A: 신체 신호요?

B: 네, 다양한 신체 신호를 수집해 운동 과정에서 당신의 상태를 ㉢스마트 기기 화면의 그래프로 관찰할 수 있습니다.

아날로그 형태인 ㉠의 신호를 센서가 인식해 디지털 신호로 변환한다.

A: 신기하군요.

B: 네, ㉢센서가 신호를 인식해 실시간으로 제 ㉣스마트 기기로 무선 전송 해 준답니다.

A: 그 결과를 분석해서 제 훈련 방법을 개선해 경기력을 높일 수 있는 거군요.

B: 맞습니다. 이 결과는 A님께도 공유해 드릴 예정입니다. 또, 다양한 분야의 전문가들이 참여해 결과를 함께 분석하고 적절한 훈련 프로그램을 만들 것입니다. 그럼 가볍게 뛰기를 시작해 볼까요?

센서가 신호를 스마트 기기로 무선 전송 했다는 것은 센서에서 디지털 형태로 신호를 보냈다는 의미이다. 스마트 기기는 받은 신호를 편집 및 저장 등의 과정을 거쳐 화면에 그래프로 표현한다.

STEP 3 관련 개념 모으기

❶ 신체 신호는 최종적으로 어떤 형태의 정보로 나타났는가?

➔ 스마트 기기 화면의 그래프로 나타났다.

❷ 신체 신호가 스마트 기기 화면으로 나타나려면 어떤 과정이 필요한가?

➔ 센서가 아날로그 신체 신호를 아날로그 전기 신호로 변환하며, 이를 스마트 기기로 전송하려면 디지털 전기 신호로 변환해야 한다.

045

예시 답안 ㉠-㉢-㉣-㉡, 신호 전송에는 디지털 형태가 용이하므로 센서에서 아날로그 신호를 디지털 신호로 변환한다.

채점 기준	배점(%)
신호 변환 과정을 옳게 나열하고, 아날로그 신호를 디지털 신호로 변환해 주는 장치가 센서임을 신호 전송을 근거로 들어 설명한 경우	100
신호 변환 과정을 옳게 나열하고, 아날로그 신호를 디지털 신호로 변환해 주는 장치가 센서라는 것만 쓴 경우	60
신호 변환 과정만 옳게 나열하거나, 아날로그 신호를 디지털 신호로 변환해 주는 장치가 센서라는 것만 쓴 경우	30

046

예시 답안 신체 신호와 관련해 원활한 의사소통에 필요하기 때문이다, 여러 분야에서 참여해 프로그램을 만드는 데 유용한 기준이 되기 때문이다 등

채점 기준	배점(%)
측정 표준이 필요한 까닭을 2가지 이상 옳게 설명한 경우	100
측정 표준이 필요한 까닭을 1가지만 옳게 설명한 경우	50

실전 대비 평가 문제 ──────── ●16쪽~19쪽

047 ③	**048** ①	**049** ④	**050** ⑤	**051** ③
052 ②	**053** ①	**054** ⑤	**055** ④	
056 질량, 시간, 길이		**057** (가)-(라)-(나)-(다)		
058 해설 참조		**059** 해설 참조		
060 해설 참조		**061** 해설 참조		
062 해설 참조		**063** ②	**064** ②	**065** ⑤
066 ④				

047
답 ③

ㄱ. A는 선조들이 사용한 해시계의 한 종류인 앙부일구, B는 오늘날 매우 정밀한 시간까지 정확하게 측정할 수 있는 시계인 세슘 원자시계이다.

ㄴ. 세슘 원자시계는 세슘에서 나오는 빛이 1초 동안 9192631770번 진동하는 것을 이용해 시간을 몇백만 분의 1초 단위까지 정밀하게 측정하며, 이는 시간의 측정 표준에 포함된다.

오답 피하기 ㄷ. 위도에 따라 태양의 고도가 다르기 때문에 그림자의 길이나 위치 또한 다르다. 따라서 위도에 따라 A를 이용해 측정한 시간이 다를 수도 있다.

048
답 ①

ㄴ. 디지털 자에는 아날로그 정보를 디지털 정보로 변환하는 장치가 포함되어 있어 아날로그 측정값을 디지털 정보로 변환하여 보여 준다.

오답 피하기 ㄱ. 해시계는 태양의 움직임을 이용해 시간을 측정하기 때문에 해가 보이지 않는 날씨나 시간대에는 사용할 수 없다.

ㄷ. 전자 현미경은 미시 세계를 관측하는 도구이다.

049
답 ④

ㄴ, ㄷ. 원자나 분자와 같이 크기를 nm(나노미터) 단위로 표현할 정도로 매우 작은 규모는 미시 세계의 규모에 해당한다.

오답 피하기 ㄱ. 고사리 화석의 크기와 질량을 측정하는 것은 거시 세계의 규모에 해당한다.

050
답 ⑤

ㄱ. 속력은 단위 시간당 이동 거리로, 기본량 중 길이와 시간으로 나타낼 수 있는 유도량이다.

ㄴ. 파장은 마루에서 이웃한 마루, 또는 골에서 이웃한 골 사이의 거리이다. 즉, 파장은 기본량 중 길이로 나타낸다.

ㄷ. 전자 현미경은 매우 빠른 전자를 이용해 인간의 감각으로 관측할 수 없는 미시 세계를 탐구하는 데 사용하는 관측 장비이다.

051
답 ③

자동차 속력계나 과속 단속 장비로 측정하는 물리량은 속력으로, 기본량 중 길이와 시간을 이용해 나타낼 수 있는 유도량이다.

052

답 ②

자료 분석하기　　생활 속 기본량과 유도량

현재 날씨에 관한 다양한 정보를 표현할 때 기본량과 유도량을 이용한다.

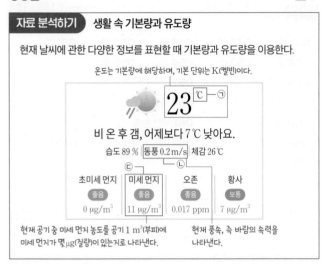

온도는 기본량에 해당하며, 기본 단위는 K(켈빈)이다.

23 ℃ ㉠

비 온 후 갬, 어제보다 7℃ 낮아요.

습도 89 % | 동풍 0.2 m/s | 체감 26℃

초미세 먼지 | 미세 먼지 | 오존 | 황사
좋음 | 좋음 | 좋음 | 보통
0 μg/m³ | 11 μg/m³ | 0.017 ppm | 7 μg/m³

현재 공기 중 미세 먼지 농도를 공기 1 m³(부피)에
미세 먼지가 몇 μg(질량)이 있는지로 나타낸다.

현재 풍속, 즉 바람의 속력을
나타낸다.

ㄷ. 미세 먼지 농도의 단위는 μg/m³로 기본량 중 질량과 길이를
이용해 나타낸다.

오답 피하기 ㄱ. 국제단위계에서 온도의 기본 단위는 K(켈빈)이다.

ㄴ. 속력은 유도량으로, 기본량 중 길이와 시간을 이용해 나타낸다.

053

답 ①

ㄱ. 기체의 부피는 주사기의 단면적과 길이의 곱으로, 길이를 이
용해 나타내는 유도량이다.

오답 피하기 ㄴ. 피스톤 속 기체의 부피 변화는 육안으로 관찰할 수
있는 거시 세계 규모의 현상이다.

ㄷ. 시간에 따른 기체의 부피 변화는 연속적인 아날로그 신호이다.

054

답 ⑤

ㄱ. ㉠은 질량이다. 밀도는 단위 부피당 질량으로, 질량과 길이로
나타낼 수 있는 유도량이다.

ㄴ. 온도의 SI 단위는 K(켈빈)이다.

ㄷ. s(초)를 SI 단위로 사용하는 기본량은 시간이다.

055

답 ④

ㄴ. CCTV는 주변의 모습을 디지털 영상 정보로 변환하는 장치
이다. 따라서 CCTV에는 빛을 전기 신호로 변환하는 광센서가
포함되어 있어야 한다.

ㄷ. 현대 문명은 센서와 디지털 정보 통신 기술에 기반하여 발달
하고 있다.

오답 피하기 ㄱ. 스마트폰으로 촬영한 사진이나 영상 정보는 저장,
전송, 편집 등에 용이한 디지털 형태이다.

056

답 질량, 시간, 길이

글에는 기본량 중 온도, 질량, 길이, 시간이 나타나 있다. 운동 에

너지는 $\frac{1}{2}$ × 질량 × 속력² 과 같다. 여기서 속력은 길이를 시간으로

나눈 것과 같으므로, 물체의 운동 에너지를 나타내기 위해 필요한
기본량은 질량, 길이, 시간이다.

057

답 (가)-(라)-(나)-(다)

자동화된 센서를 이용해 자연계 곳곳의 신호를 측정하고, 측정 결
과를 하나의 시스템에서 수집한다. 이렇게 수집한 신호를 분석해
우리에게 의미 있는 정보로 만들고, 만든 정보를 공유하기도 한다.

[058~059]

서술형 해결 전략

STEP 1 문제 포인트 파악

자료에서 신호와 정보를 구별하고, 센서의 역할을 파악할 수 있어야 한다.

STEP 2 관련 개념 모으기

❶ 체온이라는 정보를 어떻게 얻었는가?

➡ 몸에서 나오는 적외선 신호를 체온계가 인식해 체온을 측정했다.

❷ 체온을 측정하는 과정에서 센서는 어떤 역할을 했는가?

➡ 적외선 신호를 인식해 디지털 형태의 전기 신호로 변환했다.

058

예시 답안 적외선 신호를 측정 및 분석하여 체온에 관한 정보를 얻는다.

채점 기준	배점(%)
몸에서 방출된 적외선이 신호이고, 적외선을 통해 알게 된 체온이 정보라는 것을 옳게 설명한 경우	100
적외선이 신호이고 체온이 정보라고만 설명한 경우	70
몸에서 방출된 적외선이 신호인 것 또는 적외선을 통해 알게 된 체온이 정보라는 것 중 1가지만 옳게 설명한 경우	40

059

예시 답안 광센서, 사람의 몸에서 나오는 아날로그 형태의 빛 신호를 디지털 형태의 전기 신호로 변환한다.

채점 기준	배점(%)
광센서 또는 적외선 센서를 쓰고, 센서의 역할을 옳게 설명한 경우	100
광센서 또는 적외선 센서만 쓴 경우	30

060

서술형 해결 전략

STEP 1 문제 포인트 파악

그래프의 형태를 보고 아날로그와 디지털을 구분할 수 있어야 한다.

STEP 2 관련 개념 모으기

❶ (가), (나)는 각각 어떤 신호인가?

➡ (가)는 연속적으로 변하는 아날로그 신호이고, (나)는 불연속적으로 변
하는 디지털 신호이다.

❷ 디지털 신호는 아날로그 신호에 비해 어떤 장점이 있는가?

➡ 정보의 저장, 전송, 분석, 편집에 용이하다.

예시 답안 저장이 용이하다, 전송에 용이하다, 분석에 용이하다, 편집에 용이하
다 등

채점 기준	배점(%)
(가)에 비해 (나)가 갖는 장점을 2가지 이상 옳게 설명한 경우	100
(가)에 비해 (나)가 갖는 장점을 1가지만 옳게 설명한 경우	50

061

서술형 해결 전략

STEP 1 문제 포인트 파악
디지털 정보의 장점 때문에 생길 수 있는 단점을 파악할 수 있어야 한다.

STEP 2 관련 개념 모으기
❶ CCTV 영상이 담긴 디지털 정보는 어떤 장점이 있는가?
➡ 저장 장치로 쉽게 전송되고, 전송된 정보는 쉽게 저장되며, 편리하게 분석할 수 있다.
❷ CCTV 영상이 담긴 디지털 정보는 어떤 문제를 불러올 수 있을까?
➡ 쉽게 전송 및 저장될 수 있기 때문에 잘못 사용되면 사생활이나 개인 정보가 무분별하게 배포될 수 있다.
➡ 전국 수많은 CCTV에서 만들어진 영상 정보가 전송 및 저장되는 과정에서 많은 에너지를 사용한다.

디지털 정보는 저장, 복사, 편집, 전송이 용이한 장점이 있다. 하지만 디지털 기술이 발달할수록 그만큼 많은 양의 정보가 생성 및 처리되면서 많은 에너지를 소모한다. 또, 정보가 무분별하게 복제 및 배포되면서 저작권 문제, 사생활 침해 문제, 개인 정보 유포 문제와 같은 사회적 문제가 대두된다.

예시 답안 영상 정보가 저작자의 동의 없이 쉽게 복제되어 무분별하게 배포되기 쉽다, 사생활이나 개인 정보가 광범위하게 유포되는 문제가 발생한다, 수많은 CCTV로부터 수집된 대량의 영상 정보를 처리하고 저장하기 위해 많은 에너지를 사용한다 등

채점 기준	배점(%)
㉠에 알맞은 예를 2가지 이상 옳게 설명한 경우	100
㉠에 알맞은 예를 1가지만 옳게 설명한 경우	50

062

서술형 해결 전략

STEP 1 문제 포인트 파악
자료를 통해 센서가 갖는 장점을 추론할 수 있어야 한다.

STEP 2 관련 개념 모으기
❶ 주어진 자료는 어디에서 촬영된 사진인가?
➡ 우주 공간으로 보낸 제임스 웹 망원경에서 촬영된 사진이다.
❷ 주어진 자료와 관련한 센서의 장점에는 무엇이 있는가?
➡ 사람이 직접 가지 않아도 센서를 제어해 사진을 촬영할 수 있다.
➡ 육안으로는 볼 수 없는 아주 먼 곳의 모습을 센서를 통해 얻을 수 있다.

제임스 웹 우주 망원경에 탑재된 적외선 센서는 우주 먼 곳에서 온 미세한 적외선 신호까지도 인식해, 이를 지구로 보낸다. 센서를 사용하면 인간이 인식하기 어려운 미세한 신호를 인식하거나, 인간이 직접 가기 어려운 장소에서 물리량을 측정할 수 있다.

예시 답안 시간 및 공간적인 제약으로 인간이 직접 가기 어려운 장소에서 신호를 측정할 수 있다, 인간의 감각으로 감지할 수 없는 미세한 신호를 측정할 수 있다, 자연계의 아날로그 신호를 디지털 신호로 변환할 수 있는 매개체가 된다 등

채점 기준	배점(%)
(가), (나)로부터 알 수 있는 센서의 유용성을 2가지 이상 옳게 설명한 경우	100
(가), (나)로부터 알 수 있는 센서의 유용성을 1가지만 옳게 설명한 경우	50

063

답 ②

자료 분석하기 생활 속 기본량과 유도량

자동차에 관한 다양한 정보를 표현할 때 기본량과 유도량을 이용한다.

공기압은 압력, 즉 단위 면적당 작용한 힘이다. 이때 넓이와 힘은 모두 유도량이다. 디지털 화면에 타이어 속 공기의 압력을 표시하기 위해서는 타이어에 연결된 센서가 압력을 감지해야 한다.

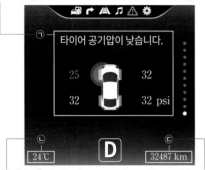

센서가 자동차 밖 온도를 감지한다. 온도의 단위 ℃는 SI 기본 단위에 해당하지 않는다.

센서가 자동차가 이동한 거리를 감지한다. 길이의 단위 km는 SI 기본 단위에 해당하지 않는다.

ㄴ. ㉠~㉢ 모두 아날로그 신호를 전기 신호로 변환하는 센서가 있어야 디지털 화면에 정보를 표시할 수 있다.

오답 피하기 ㄱ. 힘은 질량, 길이, 시간을 이용하여 나타내는 유도량이고, 넓이는 길이를 이용하여 나타내는 유도량이다.
ㄷ. 온도의 SI 기본 단위는 K(켈빈)이고, 길이의 SI 기본 단위는 m(미터)이다.

064

답 ②

ㄷ. 액체의 부피를 측정한 경험이 있어야 부피를 측정할 액체의 양을 어림해 적절한 크기의 눈금실린더를 선택할 수 있다.

오답 피하기 ㄱ. 부피는 유도량에 해당한다.
ㄴ. 액체의 부피를 측정할 때는 측정 대상의 부피를 어림한 뒤 적절한 용량의 측정 도구를 선택한다. 또 액체의 표면이 눈금과 눈금 사이에 있을 때에는 두 눈금 사이의 값을 어림하여 측정한다.

065

답 ⑤

ㄱ. 속력 센서는 수레가 운동할 때 시간과 이동 거리를 측정하여 속력을 구하고, 이를 디지털 정보로 변환하여 전송한다.
ㄴ. 속력은 단위 시간당 이동한 거리로, 기본량 중 길이와 시간으로 나타내는 유도량이다.
ㄷ. 추가 수레에 한 일은 수레의 운동 에너지 차이와 같다. 운동 에너지는 $\frac{1}{2} \times$ 질량 $\times$ 속력^{2}이므로, 추가 수레에 한 일은 기본량 중 질량, 길이, 시간으로 나타낼 수 있는 물리량이다.

066

답 ④

ㄴ. 진동수는 단위 시간당 진동한 횟수로, 기본량 중 시간을 이용해 나타낼 수 있는 유도량이다.
ㄷ. 소음 측정기로 소리의 세기를 측정한다는 것은 소음 측정기에 소리 센서가 포함되어 있다는 의미이다.

오답 피하기 ㄱ. 스피커 진동판의 떨림이 공기로 전달되어 소리가 발생하므로 연속적인 아날로그 신호이다.

1. 원소의 생성과 규칙성

 우주 초기에 생성된 원소

067　　　　　　　　　　답 ⓒ

기체 방전관에서는 특정한 파장에서 밝은 선이 보이는 방출 스펙트럼이 나타난다.

068　　　　　　　　　　답 ⓛ

백열등에서는 무지개색의 연속적인 빛의 띠가 나타난다.

069　　　　　　　　　　답 ㉠

태양에서는 연속 스펙트럼을 배경으로 특정한 파장에서 검은 선이 보이는 흡수 스펙트럼이 나타난다.

070　　　　　　　　　　답 ○

빅뱅 우주론에 따르면 우주는 매우 작은 고온·고밀도의 한 점에서 대폭발로 시작되었다.

071　　　　　　　　　　답 ✕

우주 초기에는 수소와 헬륨 등의 가벼운 원소가 생성되었고 무거운 원소는 별의 진화 과정에서 생성되었다.

072　　　　　　　　　　답 ✕

우주가 팽창함에 따라 우주의 밀도는 작아진다.

073　　　답 ㉠ 원자핵, ⓛ 전자, ⓒ 중성자, ⓔ 양성자, ⓜ 쿼크

물질을 구성하는 원자는 원자핵과 전자로 구성되어 있다. 원자핵은 양성자와 중성자로 이루어져 있고, 양성자와 중성자는 기본 입자인 쿼크로 이루어져 있다. 그림에서 전자 ㄴ이 3개이므로 양성자도 3개이다. 따라서 ㄹ이 양성자이다.

074　　　　　　　　　답 (가) - (나) - (라) - (다)

빅뱅 직후 기본 입자인 전자와 쿼크가 가장 먼저 생성되었고, 이

후 쿼크가 결합하여 양성자와 중성자가 생성되었다. 양성자와 중성자가 결합하여 헬륨 원자핵을 생성하였고, 우주의 온도가 충분히 낮아진 다음 원자핵과 전자가 결합하여 원자가 생성되었다.

075　　　　　　　　　　답 ✕

우주에서 가장 풍부한 원소는 수소이다.

076　　　　　　　　　　답 ○

빅뱅 후 약 38만 년이 지났을 때, 원자핵과 전자가 결합하여 중성 상태의 원자가 만들어졌다.

077　　　　　　　　　　답 ✕

우주에 존재하는 수소와 헬륨의 질량비는 약 3 : 1이다.

078　　　　　　　　　　답 ○

원소마다 고유한 선 스펙트럼을 나타내므로, 천체에서 방출되는 빛을 분석하여 우주의 주요 구성 원소를 알아낼 수 있다.

기출 분석 문제　　　　　　　　　　● 24쪽 ~ 27쪽

079　　　　　　　　　　답 ⑤

ㄱ. 원소마다 고유한 파장의 빛을 흡수하거나 방출하므로 원소마다 고유한 방출 스펙트럼이 나타난다.
ㄴ. 저온의 기체가 연속 스펙트럼의 빛 중 특정한 파장의 빛을 흡수하면 흡수 스펙트럼이 만들어진다.
ㄷ. 원소마다 고유한 선 스펙트럼이 나타나므로, 천체에서 방출된 빛을 분석하면 구성 원소를 알아낼 수 있다.

080　　　　　　　　　　답 ②

ㄷ. 형광등을 분광기에 통과시키면 특정한 파장의 선이 밝게 보이므로 ㉠과 유사한 방출 스펙트럼이 나타난다.
오답 피하기 ㄱ. 기체 방전관에서는 방출 스펙트럼이 나타난다.
ㄴ. 백열 전구에서는 연속 스펙트럼이 나타난다.

081　　　　　　　　　　답 ④

ㄱ. (가)는 고온의 기체에서 관측되는 방출 스펙트럼이다.
ㄷ. ㉠과 ⓛ은 파장이 같으므로 같은 원소에 의해 생성된 것이다.
오답 피하기 ㄴ. (나)는 별빛에서 관측되는 흡수 스펙트럼이므로 태양의 스펙트럼은 (나)와 유사하다.

082 필수 유형 답 ③

자료 분석하기 스펙트럼 비교하기

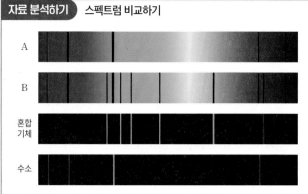

- A와 B의 스펙트럼에서 검은색의 흡수선이 나타난다. → 흡수선의 파장이 수소 스펙트럼에서 관측된 방출선의 파장과 같다. → A와 B에는 수소가 포함되어 있다.
- 혼합 기체의 방출선 파장과 수소의 방출선 파장이 다르다. → 혼합 기체에는 수소가 포함되어 있지 않다.

ㄱ. A와 B의 스펙트럼에서 관측된 검은색의 흡수선 중에서 수소의 방출선과 파장이 같은 것이 존재한다. 따라서 A와 B에는 모두 수소가 존재한다.

ㄷ. 별의 스펙트럼에서 관측되는 흡수선들은 모두 별의 대기에서 특정한 파장의 빛이 흡수되어 만들어진다.

오답 피하기 ㄴ. 혼합 기체와 수소의 방출 스펙트럼을 비교해 보면 혼합 기체의 방출선 파장과 수소의 방출선 파장이 다르다. 따라서 혼합 기체에는 수소가 포함되어 있지 않다.

083 답 ②

이 우주론은 대폭발(빅뱅)로 우주가 시작되어 계속 팽창한다고 주장하는 빅뱅 우주론이다.

ㄴ. 우주가 팽창하더라도 새로운 물질이 생성되지 않으므로 우주의 질량은 일정하다.

오답 피하기 ㄱ. 우주가 팽창함에 따라 우주의 크기는 증가한다.

ㄷ, ㄹ. 우주가 팽창함에 따라 우주의 온도는 점점 낮아지고, 우주의 밀도는 작아진다.

084 답 ①

ㄱ. 우주에 존재하는 헬륨은 거의 대부분 우주 초기에 생성되었으며, 별의 진화 과정에서 생성된 헬륨은 이보다 적다.

오답 피하기 ㄴ. 우주 초기에는 수소와 헬륨 등의 가벼운 원소만 생성되었으며, 생성된 수소와 헬륨의 질량비는 약 3 : 1이었다.

ㄷ. 현재 우주에 존재하는 원소 중 가벼운 원소(수소, 헬륨)는 빅뱅 직후 우주 초기에 생성되었고, 나머지 무거운 원소는 모두 별의 진화 과정에서 생성되었다.

085

양성자는 쿼크가 결합하여 만들어졌고, 중성 원자는 원자핵과 전자가 결합하여 만들어졌다.

예시 답안 (가) 시기에 기본 입자인 쿼크와 전자 등이 생성되었고, (나) 시기에 헬륨 원자핵이 생성되었다.

채점 기준	배점(%)
(가), (나) 시기에 생성된 입자를 모두 옳게 설명한 경우	100
(가), (나) 시기에 생성된 입자 중 1가지만 옳게 설명한 경우	50

086 답 ⑤

그림의 ㉠은 원자핵, ㉡은 전자, ㉢은 중성자, ㉣은 양성자, ㉤은 쿼크이다.

ㄱ. 원자핵은 양전하, 전자는 음전하를 띠므로 둘 사이에 전기적인 인력이 작용한다.

ㄴ. 전자는 양성자와 중성자에 비해 질량이 훨씬 작다.

ㄷ. ㉠~㉤ 중에서 더 작게 나누어지지 않는 기본 입자는 쿼크와 전자이다.

087 필수 유형 답 ③

자료 분석하기 우주 초기에 입자의 생성 과정

- A 시기 : 양성자 2개, 중성자 2개가 결합하여 헬륨 원자핵이 만들어졌다. → 수소 원자핵과 헬륨 원자핵의 질량비가 약 3 : 1이 되었다.
- B 시기 : 원자핵과 전자가 결합하여 원자가 만들어졌다. → 빛이 자유롭게 진행할 수 있는 '투명한 우주'가 되었다. → 우주 배경 복사가 형성되었다.

ㄱ. 헬륨 원자핵은 중성자 2개와 양성자 2개가 결합하여 만들어졌으며, 자료에서 A 시기에 생성되었음을 알 수 있다.

ㄴ. 빅뱅(대폭발) 후 현재까지 우주는 계속 팽창하면서 온도가 낮아졌다.

오답 피하기 ㄷ. B 시기에는 원자핵과 전자가 결합하여 원자가 생성되었다. 이때부터 빛은 입자의 방해를 받지 않고 직진할 수 있게 되었다.

088 답 ⑤

ㄱ. (가)는 헬륨 원자핵으로 양성자 2개를 가진다. 따라서 +2가의 전하를 띤다.

ㄴ. (가)는 헬륨 원자핵이고, (나)는 중성자이다. 헬륨 원자핵은 양성자와 중성자가 결합하여 생성되었으므로 (가)는 (나)보다 나중에 생성되었다.

ㄷ. 헬륨 원자를 구성하는 전자와 양성자는 각각 2개이다. 한편 중성자는 쿼크 3개가 결합하여 만들어지므로 중성자 2개는 쿼크 6개로 이루어진다. 따라서 ㉠은 2, ㉡은 2, ㉢은 6이다.

089
답 ①

ㄱ. 우주 초기에 입자가 생성된 순서는 (가) 쿼크 → (나) 양성자 → (라) 헬륨 원자핵 → (다) 수소 원자이다.

오답 피하기 ㄴ. 우주의 온도가 약 3000 K으로 낮아졌을 때 원자가 생성되었다. 양성자가 생성되었을 당시에 우주의 온도는 이보다 훨씬 높았다.

ㄷ. 수소 원자는 빅뱅 후 약 38만 년이 지났을 때 원자핵과 전자가 결합하여 생성되었으며, 이 시기에 헬륨 원자도 함께 생성되었다.

090
답 ③

ㄱ, ㄴ. 우주 배경 복사는 하늘의 모든 방향에서 거의 균일하게 관측되며, 빅뱅 우주론이 옳다는 중요한 증거이다.

오답 피하기 ㄷ. 우주 배경 복사의 온도는 약 2.7 K에 해당하며, 방향에 따른 온도 차이가 매우 미세하다. 따라서 A 영역과 B 영역은 온도 차가 극히 적다.

091
답 ④

(나), (다) 우주 배경 복사와 우주에 존재하는 수소와 헬륨의 질량비는 빅뱅 우주론이 옳다는 중요한 증거이다.

오답 피하기 (가) 허블의 관측 결과로, 우주가 팽창하고 있다는 증거이다.

(라) 우주는 매우 거대하고, 우주에는 매우 많은 별이 존재한다는 것을 나타낸다.

092
답 ③

ㄱ. ㉠일 때 수소 원자와 헬륨 원자가 생성되었으므로 헬륨 원자핵은 이보다 먼저인 A 시기에 생성되었다.

ㄷ. ㉡일 때 최초의 별이 생성되었으므로 이 시기의 별에는 극소량의 리튬을 제외하고 헬륨보다 무거운 원소가 존재하지 않았다.

오답 피하기 ㄴ. ㉠일 때 수소와 헬륨의 질량비는 약 3 : 1이었고, 개수비는 약 12 : 1이었다.

093 필수 유형
답 ②

자료 분석하기 빛과 입자의 상호작용

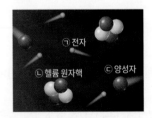

ㄱ 전자
ㄴ 헬륨 원자핵
ㄷ 양성자

• 우주 공간에 전기를 띤 입자들이 존재한다.
• 빛은 전기를 띤 입자와 활발하게 상호작용을 한다. ➜ 빛이 자유롭게 직진할 수 없다. ➜ 불투명한 우주

ㄷ. ㉠, ㉡, ㉢은 모두 전기를 띠고 있는 입자들이다. 빛은 전기를 띤 입자와 활발하게 상호작용을 한다.

오답 피하기 ㄱ. 이 시기는 빛이 입자들과 활발하게 상호작용을 하는 불투명한 우주였다.

ㄴ. 빅뱅 후 약 38만 년이 지났을 때 원자핵과 전자가 결합하여 원자가 생성되었다.

094
답 ①

㉠은 헬륨, ㉡은 수소, ㉢은 헬륨보다 무거운 원소들이다.

ㄱ. 원자 1개의 질량은 헬륨이 수소의 약 4배이다.

오답 피하기 ㄴ. 사람의 몸에는 물을 구성하는 수소가 비교적 많이 존재하지만, 헬륨은 거의 존재하지 않는다.

ㄷ. 수소와 헬륨은 거의 대부분 우주 초기에 생성되었고, ㉢에 속하는 무거운 원소들은 우주 배경 복사가 형성된 이후에 별의 진화 과정을 거쳐 생성되었다.

095
답 ④

ㄴ. 우주에서 입자가 등장한 시기는 ㉠ 전자 → ㉡ 양성자(수소 원자핵) → ㉢ 헬륨 원자핵의 순이다.

ㄷ. 태양에서 방출된 빛의 스펙트럼을 분석하면 흡수선을 형성한 주요 구성 원소의 질량비를 알아낼 수 있다.

오답 피하기 ㄱ. (가)는 수소, (나)는 헬륨이므로 원자핵의 전하량은 (나)가 (가)의 2배이다.

096

우주 전역에 분포하는 천체들의 스펙트럼을 분석한 결과 우주는 수소 74 %, 헬륨 24 %, 기타 2 %로 이루어져 있다는 것을 확인하였다.

예시 답안 우주를 구성하는 물질은 거의 대부분 수소와 헬륨이 차지하고 있다. 따라서 우주 전역에 분포하는 천체에서 수소와 헬륨에 의해 형성된 스펙트럼이 관측된다.

채점 기준	배점(%)
천체를 구성하는 주요 구성 원소와 천체의 스펙트럼 특징을 관련지어 설명한 경우	100
천체를 구성하는 주요 구성 원소만 언급한 경우	50

 완성 문제 ━━━━━━━━━━ ● 28쪽 ~ 29쪽

097 ③   098 ③   099 ⑤   100 ①   101 ②
102 ⑤   103 해설 참조   104 해설 참조
105 해설 참조

097
답 ③

ㄱ. (가)는 연속 스펙트럼이 나타나는 백열등이다.

ㄴ. (나)는 노란색의 방출선만 뚜렷하게 나타나므로 노란색의 나트륨 전등이다.

오답 피하기 ㄷ. 저온의 나트륨 기체는 노란색 빛을 잘 흡수하므로 연속 스펙트럼에서 노란색 빛이 제거되어 상대적으로 노란색 빛이 약해진다.

098
답 ③

ㄷ. 수소 원자에서 전자의 위치가 B에서 A로 바뀔 경우 빛을 흡수했을 때와 같은 파장의 빛을 방출한다. 따라서 파장 L의 방출선이 만들어진다.

오답 피하기 ㄱ. 전자가 빛을 흡수하면 더 높은 에너지 상태가 된다. 따라서 전자의 에너지 상태는 B가 A보다 높다.

ㄴ. 원소마다 고유한 스펙트럼을 가지므로 수소 기체를 헬륨 기체로 바꾸면 파장 L인 빛을 흡수할 수 없다.

099
답 ⑤

ㄱ. (가)는 새로운 물질이 계속 생성된다고 설명하는 정상 우주론이다.

ㄴ. (나)는 빅뱅 우주론이며, 우주가 팽창함에 따라 단위 부피당 은하의 개수가 감소한다.

ㄷ. (가)에서는 우주의 온도가 시간에 관계없이 일정한 상태를 유지한다고 주장하고, (나)에서는 과거로 갈수록 우주의 온도가 더 높았다고 주장한다.

100
답 ①

자료 분석하기 헬륨의 형성 과정

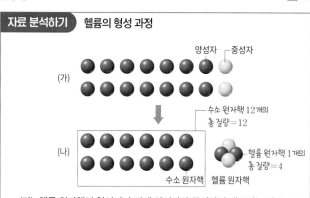

양성자 중성자

(가)

수소 원자핵 12개의
총 질량=12

(나)

헬륨 원자핵 1개의
총 질량=4

수소 원자핵   헬륨 원자핵

- (가): 헬륨 원자핵이 형성되기 전에 양성자와 중성자의 개수비는 약 7 : 1이었다.
- (나): 양성자 2개와 중성자 2개가 결합하여 헬륨 원자핵이 형성되었다. → 수소 원자핵과 헬륨 원자핵의 개수비는 약 12 : 1, 질량비는 약 3 : 1이 되었다. → 이 시기에 생성된 수소와 헬륨의 비율은 현재 우주와 큰 차이가 없다.

ㄱ. 시간이 흐를수록 우주의 온도는 낮아진다. 따라서 우주의 온도는 (가)일 때가 (나)일 때보다 높았다.

오답 피하기 ㄴ. 우주 배경 복사는 중성 원자가 생성될 때 형성되었다.

ㄷ. 양성자와 중성자의 질량은 거의 비슷하므로 (가)일 때 양성자와 중성자의 질량비는 약 7 : 1이었다.

101
답 ②

ㄴ. (나)의 빛은 우주 공간을 채우고 있는 우주 배경 복사에 해당한다.

오답 피하기 ㄱ. (가)는 중성 원자가 생성되기 이전이고, (나)는 중성 원자가 생성된 이후이다.

ㄷ. 중성 상태의 원자가 생성된 이후 빛은 입자의 방해를 받지 않고 직진할 수 있었다.

102
답 ⑤

자료 분석하기 우주의 구성 원소

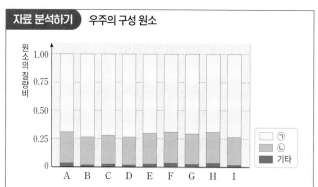

- 천체 A~I는 모두 ㉠과 ㉡으로 이루어져 있다. → ㉠은 수소, ㉡은 헬륨이다.
- ㉠과 ㉡의 질량비는 천체 A~I에서 모두 약 3 : 1이다. → 질량은 ㉡이 ㉠보다 약 4배 크므로 ㉠과 ㉡의 개수비는 약 12 : 1이다.
- 우주 전역에서 천체의 스펙트럼을 관측하여 주요 구성 원소를 알 수 있다.

ㄱ. 우주 전역에 분포하는 천체들은 모두 수소와 헬륨이 대부분을 차지하고 있으므로 ㉠은 수소, ㉡은 헬륨이다. 수소와 헬륨의 질량비는 약 3 : 1이다.

ㄴ. A~I에서는 모두 수소와 헬륨의 질량비가 약 3 : 1이다. 질량은 헬륨이 수소의 약 4배이므로 수소와 헬륨의 개수비는 약 12 : 1이다. 따라서 A~I에서는 모두 $\dfrac{㉠의\ 총\ 개수}{㉡의\ 총\ 개수}$≒12이다.

ㄷ. 우주 전역에 분포하는 여러 천체의 구성 원소는 스펙트럼 분석을 통해 알아낼 수 있다.

103

서술형 해결 전략

STEP 1 문제 포인트 파악
원소마다 고유한 선 스펙트럼이 나타난다는 사실을 알아야 한다.

STEP 2 관련 개념 모으기
❶ 스펙트럼의 종류는?
→ 연속 스펙트럼, 방출 스펙트럼, 흡수 스펙트럼
❷ 원소마다 선 스펙트럼의 파장이 고유한 까닭은?
→ 원자 내부의 전자는 원소의 종류에 따라 고유한 파장의 빛을 흡수하거나 방출하기 때문이다.
❸ 별의 구성 성분을 알아내는 원리는?
→ 별의 스펙트럼에서 관측된 흡수선의 파장과 원소의 방출선 파장을 비교하여 알아낸다.

예시 답안 별 S의 스펙트럼에서는 원소 ㉠, ㉡, ㉣의 방출선 파장과 같은 파장의 흡수선이 존재한다. 따라서 별 S의 대기에 존재하는 원소의 종류는 ㉠, ㉡, ㉣이다.

채점 기준	배점(%)
원소의 종류를 옳게 제시하고, 그 까닭을 옳게 설명한 경우	100
원소의 종류만 옳게 제시한 경우	40

104

서술형 해결 전략

STEP 1 문제 포인트 파악
초기 우주에서 헬륨 원자핵이 생성되는 과정을 양성자와 중성자의 비율 변화와 관련지어 설명할 수 있어야 한다.

STEP 2 관련 개념 모으기

❶ 양성자와 중성자의 질량을 비교하면?
  ➡ 거의 같다.

❷ 헬륨 원자핵과 수소 원자핵의 질량을 비교하면?
  ➡ 헬륨 원자핵은 양성자 2개와 중성자 2개로 구성되므로 질량이 수소 원자핵의 약 4배이다.

❸ 양성자 14개와 중성자 2개일 때, 생성되는 헬륨 원자핵의 수는?
  ➡ 헬륨 원자핵 1개가 생성되고, 양성자(수소 원자핵) 12개가 남는다.

예시 답안 ㉠ 7 : 1, ㉡ 헬륨, 헬륨 원자핵보다 무거운 원자핵은 헬륨 원자핵이 생성된 이후에 만들어질 수 있으며, 헬륨이 생성되는 온도보다 더 높은 온도에서 생성된다. 하지만 빅뱅 후 헬륨이 생성된 이후 우주의 온도가 계속 낮아졌기 때문에 헬륨보다 무거운 원자핵이 생성될 수 없었다.

채점 기준	배점(%)
㉠, ㉡을 모두 옳게 쓰고, 헬륨 원자핵보다 무거운 원자핵이 생성될 수 없는 까닭을 옳게 설명한 경우	100
헬륨 원자핵보다 무거운 원자핵이 생성될 수 없는 까닭만 옳게 설명한 경우	60
㉠, ㉡만 옳게 쓴 경우	40

105

서술형 해결 전략

STEP 1 문제 포인트 파악
우주 초기에 입자들이 생성된 과정을 알아야 한다.

STEP 2 관련 개념 모으기

❶ 빅뱅 직후 처음으로 등장한 입자는?
  ➡ 우주에 처음 등장한 입자는 기본 입자로, 쿼크와 전자 등이 있다.

❷ 우주 배경 복사가 형성된 시기는?
  ➡ 빅뱅 후 약 38만 년이 지났을 때 원자핵과 전자가 결합하여 수소 원자와 헬륨 원자가 생성되었다. 이때부터 빛은 자유롭게 진행할 수 있게 되었다.

❸ 최초의 별이 형성된 시기는?
  ➡ 우주에서 원자가 생성된 후 이들이 모여 성간 물질을 이루었고, 성간 물질에서 최초의 별이 형성되었다.

우주 배경 복사가 형성되기 이전에는 불투명한 우주였고, 우주 배경 복사가 형성되면서 투명한 우주가 되었다.

예시 답안 (다) → (나) → (라) → (가), (나) 시기에는 빛이 입자들과 상호작용 하여 끊임없이 흡수·산란되었다. 따라서 이 시기의 빛은 현재 관측할 수 없다.

채점 기준	배점(%)
우주의 진화 과정을 순서대로 옳게 나열하고, (나) 시기의 빛을 현재 관측할 수 없는 까닭을 옳게 설명한 경우	100
(나) 시기의 빛을 현재 관측할 수 없는 까닭만 옳게 설명한 경우	60
우주의 진화 과정만 옳게 나열한 경우	40

---

04 별의 진화와 원소의 생성

개념 확인 문제 ● 31쪽

106 ×   **107** ×   **108** ○   **109** ○
110 ㉠ 탄소, ㉡ 철   **111** (라) → (나) → (가) → (다)
112 ○   **113** ×   **114** ○   **115** ㉢   **116** ㉡
117 ㉠

106   답 ×
별은 성운 내에 밀도가 크고 온도가 낮은 영역에서 탄생한다.

107   답 ×
수소 핵융합 반응이 일어나는 별의 중심부에서 헬륨이 생성된다.

108   답 ○
질량이 태양보다 훨씬 큰 별의 중심부에서는 연속적인 핵융합 반응이 일어나 탄소, 산소, 마그네슘, 규소 등을 포함해 최종적으로 무거운 철까지 생성된다.

109   답 ○
철보다 무거운 금은 초신성 폭발 과정에서 생성된다.

110   답 ㉠ 탄소, ㉡ 철
질량이 태양과 비슷한 별의 중심부에서는 탄소까지 생성되며, 질량이 태양보다 훨씬 큰 별의 중심부에서는 철까지 생성될 수 있다.

111   답 (라) → (나) → (가) → (다)
태양계의 형성 과정은 (라) 태양계 성운 형성 → (나) 원시 원반 형성 → (가) 미행성체 형성 → (다) 원시 행성 형성 순이다.

112   답 ○
원시 지구는 태양과 가까운 곳에서 무거운 물질이 모여 형성되었으며, 이들의 주성분은 금속과 암석이다.

113   답 ×
원시 지구에서 마그마 바다가 형성된 이후에 무거운 물질은 가라앉고 가벼운 물질은 떠올라 핵과 맨틀이 분리되었다.

114   답 ○
원시 지각이 형성된 이후에 대기 중의 수증기가 비로 내려 원시 바다가 형성되었다.

115   답 ㉢
지구에 존재하는 수소는 빅뱅 직후 초기 우주에서 생성되었다.

116
답 ㉡

지구에 존재하는 규소는 질량이 태양보다 훨씬 큰 별의 내부에서 핵융합 반응으로 생성되었다.

117
답 ㉠

지구에 존재하는 우라늄은 초신성 폭발 과정에서 생성되었다.

1등급 분석 문제 — 32쪽 ~ 35쪽

118 해설 참조	**119** ③	**120** ③	**121** ③
122 ③	**123** ④	**124** ④	**125** 해설 참조
126 ②	**127** ①	**128** ③	**129** ②	**130** ①
131 ②	**132** ③	**133** ②	**134** 해설 참조
135 ⑤	**136** ④		

118

성간 물질의 중력 수축이 잘 일어나려면 밀도가 크고, 온도가 낮아야 한다.

예시 답안 원시별은 성운 내에 밀도가 크고 온도가 낮은 영역에서 탄생한다.

채점 기준	배점(%)
밀도와 온도 조건을 모두 포함하여 옳게 설명한 경우	100
밀도와 온도 조건 중 1가지만 옳게 설명한 경우	50

119
답 ③

기체(수소와 헬륨), 티끌 등으로 이루어진 성간 물질이 모여 성운이 형성되고, 성운이 중력에 의해 수축하면 원시별이 형성된다. 원시별이 계속 수축하여 중심부의 온도가 1000만 K에 도달하면 중심부에서 수소 핵융합 반응이 일어나는 별이 탄생한다.

120
답 ③

ㄱ. 중심부에서 수소 핵융합 반응이 일어나는 별은 핵융합 반응에서 생성된 에너지를 빛의 형태로 긴 시간 동안 방출한다.

ㄹ. 중심부에서 수소 핵융합 반응으로 수소가 헬륨으로 바뀌면서 에너지를 생성한다.

오답 피하기 ㄴ. 수소 핵융합 반응은 중심부의 온도가 1000만 K에 도달할 때 일어나므로 중심부의 온도는 1000만 K 이상이다.

ㄷ. 중심부에서 수소 핵융합 반응이 일어나면 별의 중력과 내부 압력에 의한 힘이 평형을 이루어 크기가 일정하게 유지된다. 중력 수축하면서 크기가 작아지는 별은 원시별이다.

121
답 ③

그림은 수소 원자핵 4개가 융합해 헬륨 원자핵 1개를 생성하는 수소 핵융합 반응이다.

ㄷ. 수소 핵융합 반응은 중심부의 수소가 모두 헬륨으로 바뀔 때까지 일어난다.

오답 피하기 ㄱ, ㄴ. 원시별의 중심부 온도가 1000만 K에 도달하면 중심부에서 수소 핵융합 반응이 일어나는 별이 탄생한다.

122
답 ③

③ 질량이 태양과 비슷한 별은 중심부의 온도가 충분히 상승하기 어렵기 때문에 중심부에서 탄소까지 생성된다.

오답 피하기 ① 원시별의 중심부는 온도가 낮아 핵융합 반응이 일어나기 어렵다.

② 원시별이 수축함에 따라 중심부의 온도가 상승한다.

④ 중심부의 온도가 높을수록 무거운 원소의 핵융합 반응이 일어날 수 있다.

⑤ 질량이 태양보다 훨씬 큰 별의 중심부에서는 철까지 생성되며, 철보다 무거운 원소는 초신성 폭발 과정에서 생성된다.

123
답 ④

ㄴ, ㄷ. 질량이 태양보다 훨씬 큰 별의 마지막 진화 단계에서 초신성 폭발이 일어난다. 초신성 폭발 과정에서 철보다 무거운 금, 우라늄, 은 등의 원소가 생성된다. 초신성 폭발로 별의 진화 과정에서 생성된 다양한 원소들은 우주 공간으로 방출된다. 이때 방출된 물질들은 초신성 잔해를 이루고, 새로운 별을 만드는 재료가 된다.

오답 피하기 ㄱ. 초신성 폭발은 질량이 태양보다 훨씬 큰 별의 진화 과정에서 일어난다.

124
답 ④

ㄴ. 현재 태양은 중심부에서 수소 핵융합 반응으로 수소가 헬륨으로 바뀌고 있다. 따라서 현재 태양의 중심부에서 수소 함량이 감소하고, 헬륨 함량이 증가하고 있다.

ㄹ. 태양의 질량은 상대적으로 매우 크지 않기 때문에 중심부에서 핵융합 반응으로 탄소까지 생성될 수 있다.

오답 피하기 ㄱ. 태양은 일생의 대부분을 원시별이 중력 수축하여 탄생한 별로 보낸다.

ㄷ. 태양의 질량은 상대적으로 매우 크지 않기 때문에 진화의 마지막 단계에서 초신성 폭발이 일어날 수 없다.

125

태양과 지구에 존재하는 탄소보다 무거운 원소들은 질량이 태양보다 훨씬 큰 별의 진화 과정에서 생성되었으며, 초신성 폭발 과정을 거쳐 성운에 포함되었다. 이후 성운이 수축하여 현재의 태양계를 형성했다.

예시 답안 칼슘, 마그네슘, 철 등의 원소들은 질량이 태양보다 훨씬 큰 별의 진화 과정에서 생성된 이후, 태양이 형성될 당시에 이 원소들이 태양계 성운에 포함되었기 때문이다.

채점 기준	배점(%)
탄소보다 무거운 원소들은 질량이 태양보다 훨씬 큰 별의 진화 과정에서 생성된 이후, 태양이 형성될 당시에 이 원소들이 태양계 성운에 포함되었음을 모두 옳게 설명한 경우	100
이 원소들은 태양이 형성될 당시에 태양계 성운에 포함되었음만 옳게 설명한 경우	50

126 답 ②

(가)는 질량이 태양의 1배인 별의 내부 구조이고, (나)는 질량이 태양의 10배인 별의 내부 구조이다.

ㄴ. 질량이 태양의 1배인 별의 중심부에서 헬륨 핵융합 반응이 일어나 탄소까지 생성된다. 질량이 태양의 10배인 별의 중심부에서 연속적인 핵융합 반응이 일어나 무거운 철까지 생성된다. 따라서 ㉠은 탄소, ㉡은 철이다.

오답 피하기 ㄱ. 별의 질량은 (가)가 (나)보다 작다.

ㄷ. 철은 다른 원소보다 매우 안정한 원자핵을 갖고 있는 원소이기 때문에 별의 중심부에 철이 생성되면 더 이상 핵융합 반응이 일어나지 않는다.

127 필수 유형 답 ①

자료 분석하기 별 내부에서 원소의 생성

별	핵융합 반응
(가)	수소 (㉠) 원자핵 → 헬륨 원자핵
(나)	헬륨 원자핵 → 탄소 원자핵
(다)	규소 또는 황 (㉡) 원자핵 → 철 원자핵

• 핵융합 반응을 거치면서 더 무거운 원자핵이 생성된다. → ㉠은 헬륨보다 가벼운 수소, ㉡은 철보다 가벼운 규소 또는 황이다.
• 별 내부의 온도가 높을수록 무거운 원자핵이 생성된다. → 핵융합 반응이 일어나는 중심부의 온도: (가)<(나)<(다)

ㄱ. ㉠이 핵융합하여 헬륨이 생성되므로 ㉠은 수소이다.

오답 피하기 ㄴ. 핵융합 반응을 거치면서 더 무거운 원자핵이 생성되며, ㉡은 규소 또는 황이다. 따라서 원자핵의 질량은 규소 또는 황이 철보다 작다.

ㄷ. 핵융합 반응이 일어나는 별 중심부의 온도가 높을수록 무거운 원자핵이 생성된다. 따라서 중심부의 온도는 (가)<(나)<(다)이다.

128 답 ③

ㄷ. 이 별은 중심부의 온도가 1000만 K 이상일 때 수소 핵융합 반응이 일어난다.

오답 피하기 ㄱ, ㄴ. 이 별은 원시별이 중력 수축하여 탄생한 별이며, 중심부에서 수소 핵융합 반응으로 헬륨이 생성된다.

129 답 ②

이 별은 내부에서 탄소보다 무거운 원소가 존재하므로 질량이 태양보다 훨씬 큰 별이다.

ㄴ. 별의 중심부로 갈수록 온도가 높아지고, 무거운 원자핵이 존재하므로 별 내부의 온도는 (가)>(나)>(다)이다.

오답 피하기 ㄱ. (가)는 ㉠층, (나)는 ㉡층, (다)는 ㉢층에 해당한다. 이는 중심부에서 연속적인 핵융합 반응이 일어난 별의 내부 구조를 통해 알 수 있다. 또 핵융합 반응을 거치면서 더 무거운 원자핵이 생성되기 때문에 원자핵의 질량을 비교하여 알 수 있다. 원자핵의 질량은 철>규소>마그네슘이다.

ㄷ. 금, 우라늄 등의 원소는 별의 내부가 아닌 초신성 폭발 과정에서 생성된다.

130 답 ①

자료 분석하기 별의 탄생과 진화 과정

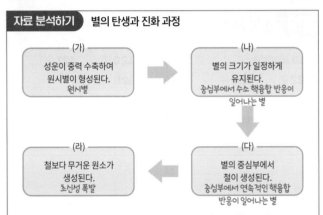

• (가): 원시별 → 별의 크기가 작아지고, 중심부의 온도가 상승한다.
• (나): 중심부에서 수소 핵융합 반응이 일어나는 별 → 별의 크기가 일정하게 유지되고, 중심부에서 헬륨이 생성된다.
• (다): 중심부에서 연속적인 핵융합 반응이 일어나는 별 → 별의 크기가 커지고, 중심부에서 산소, 마그네슘, 규소, 황 등을 포함해 철까지 생성된다.
• (라): 초신성 폭발 → 철보다 무거운 금, 은, 우라늄 등이 생성되고, 별의 진화 과정에서 생성된 다양한 원소들은 우주 공간으로 방출되어 흩어진다.

ㄱ. (다) 시기에 중심부에서 무거운 철까지 생성되므로 이 별의 질량은 태양보다 훨씬 크다.

오답 피하기 ㄴ. (나) 시기에 별의 중심부에서 수소 핵융합 반응이 일어나 헬륨이 생성된다.

ㄷ. (라) 시기에 초신성 폭발이 일어나 철보다 무거운 원소가 생성된다. 따라서 초신성 폭발은 (라) 시기일 때 일어난다.

131 답 ②

ㄷ. 초신성이 폭발하는 과정에서 철보다 무거운 금, 은, 우라늄 등의 원소가 생성되며, 이 원소들은 초신성 잔해에 포함되어 있다.

오답 피하기 ㄱ. 이 별은 초신성 폭발이 일어났으므로 이 별의 질량은 태양보다 훨씬 크다.

ㄴ. 초신성 잔해는 온도가 매우 높은 상태이며, 우주 공간으로 점점 흩어져 성간 물질로 되돌아간다.

132 답 ③

ㄱ. 태양계 성운이 회전하면서 수축하여 회전축에 수직 방향으로 납작한 원시 원반이 형성되었다.

ㄴ. 원시 원반에서 고체 물질들로 이루어진 미행성체가 서로 충돌하면서 성장하여 원시 행성이 형성되었다.

오답 피하기 ㄷ. 태양과 먼 곳에서 가벼운 물질(수소, 헬륨, 메테인)이 모여 기체로 이루어진 목성형 행성이 형성되었다. 태양과 가까운 곳에서 무거운 물질(철, 규소, 산소)이 모여 주로 금속과 암석으로 이루어진 지구형 행성이 형성되었다.

133 답 ②

ㄷ. 태양과 가까운 곳에서는 주로 금속과 암석으로 이루어진 지구형 행성이 형성되었고, 태양과 먼 곳에서는 기체로 이루어진 목성형 행성이 형성되었다. 따라서 원시 행성의 밀도는 태양과 가까운 곳에 있는 행성이 태양과 먼 곳에 있는 행성보다 크다.

오답 피하기 ㄱ. 미행성체는 고체 물질로 이루어져 있다.

ㄴ. 원시 원반에서 미행성체가 서로 충돌하면서 성장해 원시 행성이 형성되었다.

134

예시 답안 미행성체의 충돌로 원시 지구의 온도가 상승하여 마그마 바다가 형성되었다. 이때 무거운 물질은 가라앉아 핵이 형성되었고, 가벼운 물질은 떠올라 맨틀이 형성되었다. 이후 미행성체의 충돌이 줄어들면서 지표면이 식어 원시 지각이 형성되었다.

채점 기준	배점(%)
마그마 바다 형성 이후 밀도 차에 의해 핵과 맨틀이 형성되고, 원시 지각이 형성된 과정까지 모두 옳게 설명한 경우	100
마그마 바다 형성 이후 밀도 차에 의해 핵과 맨틀이 형성된 과정만 옳게 설명한 경우	50

135 답 ⑤

ㄱ, ㄴ. 미행성체들이 충돌하면서 원시 지구의 질량이 점점 증가했고, 마그마 바다 상태에서 미행성체의 충돌이 줄어들면서 지구 표면의 온도가 낮아져 원시 지각이 형성되었다.

ㄷ. 원시 지구의 형성 과정은 (다) 미행성체 충돌 → (나) 마그마 바다 형성 → (가) 원시 지각과 바다 형성 순이다.

136 필수 유형 답 ④

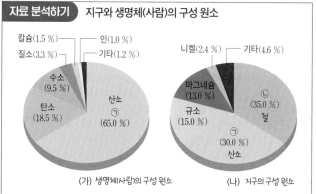

자료 분석하기 **지구와 생명체(사람)의 구성 원소**

칼슘(1.5 %) — 인(1.0 %)
질소(3.3 %) — 기타(1.2 %)
수소(9.5 %)
탄소(18.5 %)
산소 ㉠(65.0 %)

니켈(2.4 %) — 기타(4.6 %)
마그네슘(13.0 %)
규소(15.0 %)
철 ㉡(35.0 %)
산소 ㉠(30.0 %)

(가) 생명체(사람)의 구성 원소 / (나) 지구의 구성 원소

• (가): 산소>탄소>수소>질소 … → 생명체(사람)의 구성 원소
• (나): 철>산소>규소>마그네슘 … → 지구의 구성 원소
• 지구와 생명체(사람)에서 공통적으로 많은 양을 차지하는 원소는 산소이다.

ㄴ. 지구의 주요 구성 원소는 철, 산소, 규소이며, 생명체(사람)의 주요 구성 원소는 산소, 탄소, 수소이다. 따라서 ㉠은 산소, ㉡은 철이다.

ㄷ. 산소(㉠)와 철(㉡)은 별의 진화 과정에서 핵융합 반응으로 생성되었다.

오답 피하기 ㄱ. (가)는 생명체(사람)의 구성 원소이다.

1등급 완성 문제 ● 36쪽 ~ 37쪽

137 ③	138 ①	139 ②	140 ③	141 ④
142 ①	143 해설 참조		144 해설 참조	
145 해설 참조		146 해설 참조		

137 답 ③

ㄷ. (나) → (다)는 원시별의 중력 수축으로 중심부에서 수소 핵융합 반응이 일어나는 별이 탄생하는 과정이다. 이 과정에서 별의 반지름이 감소하고 중심부의 온도가 상승한다.

오답 피하기 ㄱ. 성운 내에 밀도가 큰 영역에서 중력 수축이 일어나 원시별이 형성된다.

ㄴ. 수소 핵융합 반응은 (다)일 때 중심부에서 일어난다.

138 답 ①

ㄱ. ㉠은 헬륨, ㉡은 철이다.

오답 피하기 ㄴ. 태양계 성운에 가장 풍부한 원소는 수소였다.

ㄷ. 우주에 존재하는 철(㉡)은 별의 진화 과정에서 생성되었다. 우주에 존재하는 헬륨(㉠) 중 대부분은 빅뱅 직후 초기 우주에서 생성되었고, 나머지 일부는 별의 진화 과정에서 생성되었다.

139 답 ②

자료 분석하기 **별 내부의 핵융합 반응**

수소 핵융합 반응
A
수소 핵융합 반응

수소 핵융합 반응
A
B
헬륨 핵융합 반응

(가) T_1 / (나) T_2

• (가): A에서 수소 핵융합 반응이 일어난다.
• (나): A에서 수소 핵융합 반응, B에서 헬륨 핵융합 반응이 일어난다.
• 별의 중심부 온도는 (가)보다 (나)일 때 높다. → 평균 온도: A<B
• 별의 진화 순서는 (가)에서 (나) 순이다. → 시간: T_1 → T_2

ㄷ. A는 수소 핵융합 반응이 일어나는 영역이고, A보다 더 안쪽에서 일어나는 B가 헬륨 핵융합 반응이 일어나는 영역이다.

오답 피하기 ㄱ. 별의 중심부 온도가 높을수록 핵융합 반응을 거쳐 더 무거운 원소가 생성될 수 있으므로 평균 온도는 B가 A보다 높다.

ㄴ. 별의 진화가 진행될수록 별의 중심부에서 점점 더 무거운 원소가 생성될 수 있다. 따라서 시간은 T_1이 T_2보다 먼저이다.

140
답 ③

ㄱ. 금은 철보다 무거운 원소이므로 초신성 폭발 과정에서 생성된다.

ㄴ. 태양은 질량이 상대적으로 매우 큰 별이 아니므로 진화 과정에서 탄소까지 생성될 수 있다. 금은 초신성 폭발 과정에서 생성되며, 규소는 질량이 태양보다 훨씬 큰 별에서 생성된다. 따라서 금과 규소는 태양의 진화 과정에서 생성될 수 없다.

오답 피하기 ㄷ. 원시별에서는 핵융합 반응이 일어나지 않으므로 (다)와 (라)가 생성될 수 없다.

141
답 ④

ㄱ. 태양계 성운이 회전하면서 수축하여 회전축에 수직 방향으로 납작한 원시 원반이 형성되었다.

ㄴ. (나) → (다)에서 미행성체들이 충돌하면서 성장하여 원시 행성이 형성되었다.

오답 피하기 ㄷ. 태양과 가까운 곳에 위치한 ㉠ 집단은 주로 금속과 암석으로 이루어진 지구형 행성, 태양과 먼 곳에 위치한 ㉡ 집단은 기체로 이루어진 목성형 행성이다. 따라서 행성의 평균 밀도는 ㉠ 집단이 ㉡ 집단보다 크다.

142
답 ①

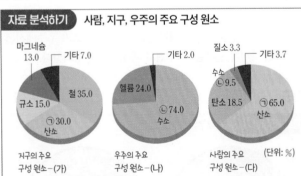

자료 분석하기   사람, 지구, 우주의 주요 구성 원소

지구의 주요 구성 원소-(가)
우주의 주요 구성 원소-(나)
사람의 주요 구성 원소-(다)   (단위: %)

- (가): 철이 가장 풍부하므로 지구의 주요 구성 원소이다. → ㉠은 산소이다.
- (나): 헬륨이 두 번째로 풍부하므로 우주의 주요 구성 원소이다. → ㉡은 수소이다.
- (다): 탄소가 두 번째로 풍부하므로 사람의 주요 구성 원소이다.

ㄱ. ㉠은 산소, ㉡은 수소이므로 양성자의 수는 ㉠>㉡이다.

오답 피하기 ㄴ. 사람을 구성하는 원소들은 대부분 별의 진화 과정에서 핵융합 반응으로 생성되었다.

ㄷ. 사람에서 가장 풍부한 원소인 산소와 지구에서 가장 풍부한 원소인 철은 우주에서 풍부한 원소에 해당하지 않는다. 우주에서 풍부한 원소는 수소와 헬륨이다.

143

서술형 해결 전략

STEP 1 문제 포인트 파악
별의 질량에 따라 내부에서 생성될 수 있는 가장 무거운 원소를 알아야 한다.

STEP 2 자료 파악

- 이 별은 내부에서 산소보다 무거운 원소들이 존재하므로 질량이 태양보다 훨씬 큰 별이다.
- 질량이 태양보다 훨씬 큰 별은 중심부에서 연속적인 핵융합 반응으로 무거운 철까지 생성된다.
- 별의 중심부가 헬륨일 경우, 헬륨 핵융합 반응이 일어나 탄소와 산소(또는 질소)가 생성된다. →㉠은 탄소와 산소(또는 질소)이다.

STEP 3 관련 개념 모으기
❶ 별의 내부에서 온도 분포와 원소 종류의 관계는?
→ 별의 중심부로 갈수록 온도가 점점 높아지고, 온도가 높아질수록 점점 더 무거운 원소가 생성될 수 있다.
❷ 별의 내부에서 생성될 수 있는 가장 무거운 원소는?
→ 질량이 태양보다 훨씬 큰 별의 내부에서는 철까지 생성될 수 있고, 질량이 태양과 비슷한 별의 내부에서는 탄소까지 생성될 수 있다.

예시 답안 탄소와 산소(또는 질소), 별의 중심부로 갈수록 내부의 온도가 높아지기 때문에 더 무거운 원소가 생성될 수 있다.

채점 기준	배점(%)
㉠ 영역에 존재하는 원소 2가지를 쓰고, 별의 중심부로 갈수록 무거운 원소가 존재하는 까닭을 옳게 설명한 경우	100
㉠ 영역에 존재하는 원소 2가지만 옳게 쓴 경우	30

144

서술형 해결 전략

STEP 1 문제 포인트 파악
별의 진화 과정과 각 과정에서 생성될 수 있는 원소의 종류를 알아야 한다.

STEP 2 관련 개념 모으기
❶ 성운에서 원시별이 형성되는 과정은?
→ 성운의 중력 수축으로 밀도가 커져 원시별이 형성된다.
❷ 원시별에서 별이 탄생하는 과정은?
→ 원시별이 중력 수축하여 중심부의 온도가 1000만 K에 도달하면 중심부에서 수소 핵융합 반응이 일어나는 별이 탄생한다.
❸ 질량이 태양과 비슷한 별의 내부에서 생성되는 원소의 순서는?
→ 수소 → 헬륨 → 탄소 순이다.
❹ 질량이 태양보다 훨씬 큰 별의 내부에서 생성되는 원소의 순서는?
→ 수소 → 헬륨 → 탄소, 산소, 질소 → 네온, 마그네슘 → 규소, 황 → 철 순이다.
❺ 철보다 무거운 원소가 생성되는 과정은?
→ 별의 중심부에 철이 생성되면 더 이상 핵융합 반응이 일어나지 않고, 중심부가 급격히 수축하다가 초신성 폭발이 일어난다. 이때 철보다 무거운 금, 은, 우라늄 등의 원소가 생성된다.

이 별은 초신성 폭발이 일어났으므로 태양보다 질량이 훨씬 큰 별이다.

예시 답안 (가) → (다) → (라) → (나), (나) 시기에는 철보다 무거운 금, 은, 우라늄 등이 생성되고, (다) 시기에는 헬륨이 생성된다.

채점 기준	배점(%)
별의 진화 과정을 순서대로 쓰고, (나)와 (다) 시기에 생성되는 원소의 종류를 옳게 설명한 경우	100
별의 진화 과정 순서만 옳게 쓴 경우	30

[145~146]

서술형 해결 전략

STEP 1 문제 포인트 파악
원시 지구가 형성되는 과정과 핵, 맨틀, 지각의 구성 성분에 따른 밀도 차이를 알아야 한다.

STEP 2 관련 개념 모으기
❶ 원시 지구를 형성한 미행성체의 주요 성분은?
→ 주로 금속과 암석 성분으로 이루어져 있다.
❷ 원시 지구가 형성되는 과정은?
→ 미행성체가 서로 충돌하면서 합쳐져 원시 지구가 형성되었다. 이때, 미행성체들이 충돌하는 과정에서 원시 지구의 크기와 질량이 점점 증가했다.
❸ 지구의 층상 구조(핵, 맨틀, 지각)가 형성되는 과정은?
→ 마그마 바다 시기에 무거운 물질(주로 철)은 가라앉고, 가벼운 물질(산소, 규소)은 떠올라 분리되어 핵과 맨틀이 형성되었다. 이후 미행성체의 충돌이 줄어들면서 지표면이 식어 원시 지각이 형성되었다.
❹ 핵, 맨틀, 지각이 분리되는 까닭은?
→ 주요 구성 성분에 따른 밀도 차이에 의해 분리된다.

145
원시 지구의 형성 과정은 미행성체 충돌 → 마그마 바다 형성 → 핵과 맨틀 분리 → 원시 지각 형성 → 원시 바다 형성 순이다.

예시 답안 (가), 미행성체의 충돌에 의한 열로 마그마 바다가 형성되었고, 이후 핵과 맨틀이 분리되었기 때문이다.

채점 기준	배점(%)
마그마 바다가 형성된 시기를 쓰고, 그 까닭을 옳게 설명한 경우	100
마그마 바다가 형성된 시기만 옳게 쓴 경우	30

146

예시 답안 ⊙ > ⊙ > ⊙, 지구 중심으로 갈수록 밀도가 커지기 때문이다.

채점 기준	배점(%)
⊙~⊙의 평균 밀도 크기를 비교하여 쓰고, 그 까닭을 옳게 설명한 경우	100
⊙~⊙의 평균 밀도 크기만 옳게 비교하여 쓴 경우	50

05 원소의 주기성과 결합

개념 확인 문제 ●39쪽

147 ✕ **148** ○ **149** ⊙ 금속, ⓛ 비금속, ⓒ 금속
150 ○ **151** ○ **152** ✕ **153** ○

147
답 ✕

주기율표는 원소를 원자 번호 순서와 화학적 성질을 기준으로 배열하여 만든 원소 분류표이다.

148
답 ○

원자가 전자는 원자의 전자 배치에서 가장 바깥 전자 껍질에 채워진 전자로, 화학 결합과 화학적 성질에 관여한다. 원자 번호가 증가함에 따라 원소의 원자가 전자 수가 주기적으로 변하기 때문에 원소의 주기성이 나타난다. 따라서 같은 족 원소들은 원자가 전자 수가 같다.

149
답 ⊙ 금속, ⓛ 비금속, ⓒ 금속

금속 원소는 주기율표에서 주로 왼쪽과 가운데 부분에 위치하고 실온에서 주로 고체로 존재한다. 또 대부분 광택이 있고 열을 잘 전달하며 전기가 잘 통한다. 비금속 원소는 주기율표에서 주로 오른쪽 부분에 위치하고 실온에서 주로 기체 또는 고체로 존재한다. 또 광택이 없고 열을 잘 전달하지 않으며 전기가 잘 통하지 않는다.

150
답 ○

(가)에 속한 원소는 알칼리 금속이므로 물과 반응하면 수소 기체가 발생한다. 이때 수산화 이온이 생성되므로 반응 후 수용액은 염기성을 띤다.

151
답 ○

(나)에 속한 원소는 17족 비금속 원소인 할로젠이다. 원자 번호가 증가함에 따라 원소의 원자가 전자 수가 주기적으로 변하는데 할로젠은 원자가 전자 수가 같기 때문에 비슷한 화학적 성질을 갖는다.

152
답 ✕

원소 X는 전자가 들어 있는 전자 껍질이 2개이고 원자가 전자 수가 7이다. 전자가 들어 있는 전자 껍질 수는 각 원소의 주기 번호와 같고, 원자가 전자 수는 각 원소의 족 번호의 끝자리 수와 같으므로 원소 X는 2주기 17족 원소이다.

153
답 ○

원소 X는 17족 원소이므로 전자 1개를 얻어 18족 원소와 같은 전자 배치를 하여 안정해진다.

154 ⑤	**155** ①	**156** ④	**157** ③	**158** ②
159 ④	**160** ③	**161** 해설 참조		**162** ⑤
163 ⑤	**164** ⑤	**165** ③	**166** ①	
167 해설 참조		**168** ③	**169** ③	**170** ④
171 ⑤	**172** ③	**173** ②	**174** ④	**175** ③
176 해설 참조		**177** ①	**178** ⑤	

154
답 ⑤

주기율표에서 가로줄은 주기, 세로줄은 족이다. 따라서 ㉠은 주기, ㉡은 족이다.
ㄴ. 같은 주기(㉠) 원소들은 전자가 들어 있는 전자 껍질 수가 같다.
ㄷ. 같은 족(㉡) 원소들은 화학적 성질이 비슷하다.
오답 피하기 ㄱ. '주기'는 ㉠에 해당한다.

155
답 ①

가장 바깥 전자 껍질에 들어 있는 전자 수가 2이므로 X는 2족 원소이다. 또 전자가 들어 있는 전자 껍질 수가 3이므로 3주기 원소이다.
① X는 금속 원소이므로 광택이 있다.
오답 피하기 ② X는 원자가 전자 수가 2인 2족 원소이다.
③ X는 전자가 들어 있는 전자 껍질 수가 3이므로 3주기 원소이다.
④ X는 금속 원소이므로 고체 상태에서 전기 전도성이 있다.
⑤ X는 금속 원소이므로 힘을 가하면 얇게 펴지는 성질이 있다.

156
답 ④

ㄱ. 금속 원소는 열을 잘 전달한다.
ㄷ. 금속 원소는 외부에서 힘을 가하면 가늘게 늘어나거나 얇게 펴지는 성질이 있다.
오답 피하기 ㄴ. 금속 원소는 주기율표에서 주로 왼쪽과 가운데 부분에 위치한다.

157
답 ③

자료 분석하기 **주기율표에서 원소의 위치**

족\주기	1	2	13	14	15	16	17	18
2	A—Li						F—B	
3	C—Na							Ar—D

• A는 2주기 1족 원소인 리튬(Li)이다. ➡ 알칼리 금속이다.
• B는 2주기 17족 원소인 플루오린(F)이다. ➡ 할로겐이다.
• C는 3주기 1족 원소인 나트륨(Na)이다. ➡ 알칼리 금속이다.
• D는 3주기 18족 원소인 아르곤(Ar)이다. ➡ 비활성 기체이다.

ㄱ. A와 C는 같은 족 원소이므로 화학적 성질이 비슷하다.
ㄷ. C와 D는 같은 주기 원소이므로 전자가 들어 있는 전자 껍질 수가 같다.
오답 피하기 ㄴ. B는 할로겐으로 금속이나 수소와 잘 반응하지만 D는 18족 원소인 비활성 기체로 잘 반응하지 않는다.

158
답 ②

F은 2주기 17족 원소, Ne은 2주기 18족 원소, Na은 3주기 1족 원소, Mg은 3주기 2족 원소이다.
나. 전자가 들어 있는 전자 껍질 수가 3인 원소는 3주기 원소이므로 Na과 Mg이다.
오답 피하기 가. 할로겐은 F이다. Ne은 할로겐이 아닌 비활성 기체이다.
다. 화학적으로 안정하여 다른 원소와 반응하지 않는 원소는 비활성 기체인 Ne이다.

159
답 ④

Ⅰ에 해당하는 원소는 금속 원소이고, Ⅱ에 해당하는 원소는 비금속 원소이다.
④ Ⅱ에 해당하는 대부분의 비금속 원소는 광택이 없고 열을 잘 전달하지 않는다.
오답 피하기 ① 비금속 원소인 수소는 Ⅱ에 해당한다.
② Ⅰ에 해당하는 원소는 금속 원소이다.
③ Ⅰ에 해당하는 대부분의 금속 원소는 고체 상태에서 전기 전도성이 있다.
⑤ Ⅱ에 해당하는 대부분의 비금속 원소는 실온에서 기체 또는 고체 상태이다.

160
답 ③

A와 B는 물과 반응하여 수소 기체를 발생하므로 알칼리 금속이다. 또 B와 C는 전자가 들어 있는 전자 껍질 수가 모두 3이므로 A는 2주기 알칼리 금속, B는 3주기 알칼리 금속, C는 3주기 할로겐이다.
ㄱ. A는 2주기 1족 원소인 알칼리 금속이다.
ㄷ. C는 3주기 17족 원소이므로 A~C 중 원자 번호가 가장 크다.
오답 피하기 ㄴ. C는 염소(Cl)로 실온에서 기체 상태로 존재한다.

161

철과 구리는 금속 원소이고 아이오딘과 황은 비금속 원소이다.
예시 답안 고체 상태에서 열을 잘 전달하는가?, 철과 구리는 금속 원소로 고체 상태에서 열을 잘 전달하고, 아이오딘과 황은 비금속 원소로 고체 상태에서 열을 잘 전달하지 않는다.

채점 기준	배점(%)
4가지 원소를 주어진 자료처럼 분류할 수 있는 기준을 제시하고, 그 까닭을 옳게 설명한 경우	100
4가지 원소를 주어진 자료처럼 분류할 수 있는 기준을 제시했지만 그 까닭에 대한 설명이 미흡한 경우	50

162 답 ⑤

ㄱ. (가)에 해당하는 원소는 알칼리 금속이다.

ㄴ. (나)에 해당하는 원소는 할로겐으로 이원자 분자로 존재하며 특유의 색을 갖는다.

ㄷ. (가)에 해당하는 알칼리 금속과 (나)에 해당하는 할로겐은 전자를 잃거나 얻기 쉬우므로 반응성이 크다.

163 필수 유형 답 ⑤

자료 분석하기 금속 M의 성질 탐구하기

[실험 과정 및 결과]

(가) 금속 M은 칼로 쉽게 잘라지며, 공기 중에서 자른 단면의 광택이 빨리 사라졌다.

(나) 물이 든 시험관에 금속 M을 넣었더니 물의 표면에서 격렬하게 반응하면서 기체가 발생했다.

수소 기체

M
물

• 금속 M은 칼로 쉽게 잘린다. ➡ 금속 M은 무르다.

• 금속 M의 자른 단면은 공기 중에서 광택이 빨리 사라졌다. ➡ 금속 M은 공기 중의 산소와 빠르게 반응한다.

• 금속 M을 물에 넣으면 물의 표면에서 격렬하게 반응한다. ➡ 금속 M은 물보다 밀도가 작고, 물과 빠르게 반응해 수소 기체를 발생하며, 반응 후 수용액은 염기성이 된다.
└─ 알칼리 금속과 물이 반응하면 수산화 이온(OH⁻)이 생성되므로 수용액은 염기성이다.

ㄱ. 금속 M은 공기 중의 산소와 빠르게 반응하고, 물과 격렬하게 반응하므로 반응성이 크다.

ㄴ. (가)에서 금속 M은 공기 중의 산소와 반응하여 광택이 사라진다.

ㄷ. (나)에서 금속 M이 물과 반응하면 수소 기체가 발생한다.

164 답 ⑤

B는 실온에서 고체 상태이므로 1족 원소이고, C는 실온에서 기체 상태이므로 17족 원소이다.

ㄱ. 족 번호는 B가 1(x), C가 17(y)이다.

ㄴ. A는 2주기 또는 3주기의 1족 원소이므로 실온에서 고체 상태이다.

ㄷ. A와 B는 같은 1족 원소이다.

165 답 ③

2주기 원소는 Li과 F이므로 ㉠은 F이고, ㉡은 Na이다.

ㄱ. F은 비금속 원소, Li은 금속 원소이므로 '비금속 원소인가?'는 (가)에 해당한다.

ㄷ. ㉡인 Na은 반응성이 커 공기 중의 산소와 반응하므로 칼로 자르면 단면의 색이 은백색에서 회백색으로 빠르게 변한다.

오답 피하기 ㄴ. ㉠인 F은 할로겐이다.

166 답 ①

ㄱ. 전자는 원자핵과 가까운 전자 껍질부터 채워진다.

오답 피하기 ㄴ. 첫 번째 전자 껍질에는 전자가 최대 2개, 두 번째 전자 껍질에는 전자가 최대 8개가 채워진다.

ㄷ. 원자가 전자는 원자의 전자 배치에서 가장 바깥 전자 껍질에 들어 있는 전자이다.

167

예시 답안

X는 2주기 16족 원소이므로 전자 수는 8이다. 전자는 원자핵에 가까운 전자 껍질부터 채워지며, 첫 번째 전자 껍질에는 최대 2개의 전자가 채워지므로 나머지 6개의 전자는 두 번째 전자 껍질에 채워진다.

채점 기준	배점(%)
X의 전자 배치를 모형으로 나타내고, 그렇게 나타낸 까닭을 옳게 설명한 경우	100
X의 전자 배치를 모형으로 나타냈지만, 그렇게 나타낸 까닭에 대한 설명이 미흡한 경우	50

168 답 ③

ㄱ. 원자는 전기적으로 중성이므로 양성자수와 전자 수가 같고, 원자 번호는 원자핵의 양성자수와 같다. 따라서 X의 원자 번호는 3이다.

ㄴ. 전자 껍질에 전자가 채워질 때 원자핵에 가까운 전자 껍질부터 채워지고, 가장 바깥 전자 껍질의 전자는 원자가 전자이다. X는 원자가 전자가 1개이므로 1족 원소이다.

오답 피하기 ㄷ. 원자가 전자는 가장 바깥 전자 껍질에 들어 있는 전자이므로 b이다.

169 답 ③

원자 X는 원자 번호가 15이므로 전자 수도 15이다. 따라서 첫 번째 전자 껍질에 2개, 두 번째 전자 껍질에 8개, 세 번째 전자 껍질에 5개의 전자가 채워진다.

ㄱ. 가장 바깥 전자 껍질에 5개의 전자가 채워지므로 원자가 전자 수는 5이다.

ㄴ. 첫 번째 전자 껍질에 2개의 전자가 채워진다.

오답 피하기 ㄷ. 두 번째 전자 껍질에 8개의 전자가 채워진다.

170 필수 유형 답 ④

자료 분석하기 원자의 전자 배치

3주기 1족 원소

• 양성자 수가 11이다. ➡ 원자 번호가 11이다.
➡ 전자 수가 11이다.

• 전자가 들어 있는 전자 껍질이 3개 있다. ➡ 3주기 원소이다.

• 가장 바깥 전자 껍질에 전자 1개가 채워진다. ➡ 원자가 전자 수가 1인 1족 원소이다.

ㄴ. 원자 X는 전자가 들어 있는 전자 껍질 수가 3인 3주기 원소이다.

ㄷ. 원자 X는 가장 바깥 껍질에 전자가 1개 채워지므로 원자가 전자 수가 1이다.

오답 피하기 ㄱ. 원자 X는 1족 원소이다.

171
답 ⑤

X는 2주기 1족 원소, Y는 2주기 16족 원소, Z는 2주기 17족 원소이다.

ㄱ, ㄴ. 원소 X~Z 모두 2주기 원소이고, 금속 원소는 X 1가지이다.

ㄷ. 원자가 전자수는 Y는 6, Z는 7이므로 Z가 Y보다 크다.

개념 더하기 전자 배치와 원소의 주기성

	같은 족	같은 주기
	• 원자가 전자 수가 같다. → 1, 2족, 13족~17족 원소의 원자가 전자 수는 각 원소의 족 번호의 끝자리 수와 같다.	• 전자가 들어 있는 전자 껍질 수가 같다. → 전자가 들어 있는 전자 껍질 수는 각 원소의 주기 번호와 같다.

172
답 ③

A는 전자 수가 3이므로 2주기 1족 원소인 Li, B는 전자가 들어 있는 전자 껍질 수가 1이고 원자가 전자 수가 1이므로 1주기 1족 원소인 H이다. C는 전자 수가 7이므로 2주기 15족 원소인 N이다.

ㄱ. $x+y=1+5=6$이다.

ㄷ. A와 C는 같은 2주기 원소이다.

오답 피하기 ㄴ. A와 B의 원자가 전자 수는 1로 같다.

173
답 ②

A는 1주기 18족 원소, B는 2주기 1족 원소, C는 2주기 17족 원소, D는 3주기 2족 원소이다.

ㄴ. 3주기 원소는 D 1가지이다.

오답 피하기 ㄱ. 2족 원소는 D 1가지이다.

ㄷ. 고체 상태에서 열을 잘 전달하고 전기 전도성이 있는 원소는 금속 원소이므로 B와 D 2가지이다.

174
답 ④

④ 18족 원소는 반응성이 매우 작으므로 전자를 얻어 음이온이 되기 어렵다.

오답 피하기 ① 비활성 기체는 18족 원소이다.

② 비활성 기체는 반응성이 매우 작다.

③ 비활성 기체는 헬륨(He), 네온(Ne), 아르곤(Ar) 등의 18족 비금속 원소이다.

⑤ 비활성 기체는 반응성이 매우 작으므로 다른 원소와 화학 결합을 거의 하지 않는다.

개념 더하기 18족 원소(비활성 기체)

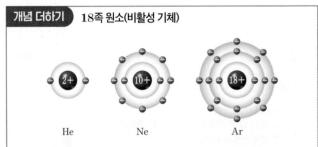

He　　Ne　　Ar

• 헬륨(He)을 제외한 나머지 원소들은 가장 바깥 전자 껍질에 8개의 전자가 배치되어 있어, 매우 안정한 전자 배치를 갖는다.(헬륨은 2개)
• 화학적으로 안정하고, 반응성이 작아 다른 원소와 잘 반응하지 않는다.
→ 다른 원자와 반응하여 전자를 얻거나 잃으려 하지 않는다.

175
답 ③

자료 분석하기 주기율표에서 원소 찾기

• A는 1주기 18족 원소인 헬륨(He)이다. → 비활성 기체이다.
• B는 2주기 1족 원소인 리튬(Li)이다. → 알칼리 금속이다.
• C는 2주기 18족 원소인 네온(Ne)이다. → 비활성 기체이다.
• D는 3주기 2족 원소인 마그네슘(Mg)이다. → 금속 원소이다.
• E는 3주기 17족 원소인 염소(Cl)이다. → 비금속 원소이다.

ㄱ. B는 금속 원소이므로 전자 1개를 잃고 He(A)과 같은 전자 배치를 하여 안정해진다.

ㄴ. B와 D는 금속 원소이므로 고체 상태에서 전기 전도성이 있다.

오답 피하기 ㄷ. D는 금속 원소이므로 전자를 잃고 Ne(C)과 같은 전자 배치를 하며 안정해지지만, E는 비금속 원소이므로 전자를 얻어 Ar과 같은 전자 배치를 하여 안정해진다.

176

원소는 18족 원소와 같은 전자 배치일 때 안정하다.

예시 답안 A와 C는 가장 바깥 전자 껍질에 채워진 전자 수가 각각 2, 8로 가장 바깥 전자 껍질에 전자가 모두 채워진 안정한 전자 배치를 이루기 때문에 안정하다.

채점 기준	배점(%)
A와 C가 안정한 까닭을 가장 바깥 껍질의 전자 배치와 관련하여 옳게 설명한 경우	100
A와 C가 안정한 까닭을 가장 바깥 껍질에 전자가 모두 채워져 있기 때문이라고만 설명한 경우	50

177
답 ①

ㄱ. 18족 원소 이외의 원소는 18족 원소와 같은 전자 배치를 갖기 위해 전자를 잃거나 얻어서, 또는 전자를 공유하여 화학 결합을 형성한다.

오답 피하기 ㄴ. 안정해지기 위해 전자를 공유할 뿐 아니라 잃거나 얻어서 결합을 형성한다.

ㄷ. 3주기 2족 원소는 금속 원소로 전자를 잃고 양이온이 되어 네온(Ne)과 같은 전자 배치를 하여 안정해진다.

178
답 ⑤

자료 분석하기 원소가 잃거나 얻은 전자 수 파악하기

원소	A	B	C
주기	2	2	3
족	$2-x$	17	1
잃거나 얻은 전자 수	2개 잃음.	$1-y$개 얻음.	1개 잃음.

- A: 안정해지기 위해 전자를 2개 잃음. → 2족 원소이다.
- B: 2주기 17족 원소 → 안정해지기 위해 전자를 1개 얻는다.
- C: 3주기 1족 원소 → 안정해지기 위해 전자를 1개 잃는다.

A는 전자 2개를 잃어 18족 원소와 전자 배치가 같아지므로 2주기 2족 원소이고 B는 2주기 17족 원소이므로 전자 1개를 얻어 18족 원소와 전자 배치가 같아진다.

ㄱ. $x=2$, $y=1$이므로 $x>y$이다.

ㄴ. 원자가 전자 수는 A가 2, C가 1이다.

ㄷ. B는 2주기 17족 원소이므로 전자를 1개 얻어 네온(Ne)과 전자 배치가 같은 B 이온이 되고, C는 3주기 1족 원소이므로 전자를 1개 잃어 Ne과 전자 배치가 같은 C 이온이 된다.

1등급 완성 문제 ● 45쪽 ~ 47쪽

179 ③	180 ③	181 ④	182 ⑤	183 ④
184 ⑤	185 ①	186 ③	187 ⑤	188 ②
189 해설 참조		190 해설 참조		
191 해설 참조				

179
답 ③

A와 E는 금속 원소이고, B, C, D는 비금속 원소이다.

ㄱ. 금속 원소는 A와 E 2가지이다.

ㄴ. 화학적 성질이 비슷한 원소는 원자가 전자 수가 같은 원소이므로 A와 E 2가지이다.

오답 피하기 ㄷ. 전자가 들어 있는 전자 껍질 수가 3인 원소는 3주기 원소이므로 E 1가지이다.

180
답 ③

③ (가)가 '금속 원소인가?'이면 A와 B는 각각 Li과 Na 중 하나이므로 C와 D는 각각 Cl와 Ar 중 하나이다. O는 2주기 원소, Cl와 Ar은 모두 3주기 원소이므로 '2주기 원소인가?'는 (나)로 적절하다.

오답 피하기 ① (가)가 '1족 원소인가?'이면 A와 B는 각각 Li과 Na 중 하나이고 C와 D는 각각 Cl와 Ar 중 하나이다. 이때 O는 16족 원소이므로 '17족 원소인가?'는 (나)로 적절하지 않다.

② 18족 원소는 Ar 1가지이므로 '18족 원소인가?'는 (가)로 적절하지 않다.

④ O는 2주기 원소이므로 '2주기 원소인가?'는 (가)로 적절하지 않다.

⑤ 3주기 원소는 Na, Cl, Ar 3가지이므로 '3주기 원소인가?'는 (가)로 적절하지 않다.

181
답 ④

원자가 전자 수는 각 원소의 족 번호의 끝자리 수와 같으므로 A ~C는 각각 1족, 2족, 13족 원소이다.

ㄴ. A는 3주기 1족 원소이므로 Na이다. Na은 물과 반응하여 수소 기체를 발생한다.

ㄷ. B는 3주기 2족 원소이므로 Mg이고, C는 3주기 13족 원소이므로 Al이다. 즉, B와 C 모두 금속 원소이므로 고체 상태에서 열을 잘 전달하고 전기 전도성이 있다.

오답 피하기 ㄱ. Na의 원자 번호는 11이고, 원자 번호는 원자핵 속 양성자수와 같으므로 $n=11$이다.

182
답 ⑤

자료 분석하기 자료를 이용해 원소 파악하기

원소	A	B	C
족	1	13	16
원자가 전자 수	1	3	6
$\dfrac{\text{원자가 전자 수}}{\text{전자가 들어 있는 전자 껍질 수}}$	1	1	3
전자가 들어 있는 전자 껍질 수	1	3	2

- A: 1주기 1족 원소 → 수소(H)
- B: 3주기 13족 원소 → 알루미늄(Al)
- C: 2주기 16족 원소 → 산소(O)

원자가 전자 수는 각 원소의 족 번호의 끝자리 수와 같다. 그러므로 A~C의 원자가 전자 수는 각각 1, 3, 6이다. 이때 A~C의 $\dfrac{\text{원자가 전자 수}}{\text{전자가 들어 있는 전자 껍질 수}}$는 각각 1, 1, 3이므로 A~C의 전자가 들어 있는 전자 껍질 수는 각각 1, 3, 2이다. 즉, A는 1주기 1족 원소, B는 3주기 13족 원소, C는 2주기 16족 원소이다.

ㄴ. A는 수소(H), C는 산소(O)이므로 모두 비금속 원소이다.

ㄷ. 18족 원소의 전자 배치를 하기 위해 B는 전자 3개를 잃어야 하고, C는 전자 2개를 얻어야 한다.

오답 피하기 ㄱ. B는 3주기 원소이다.

183
답 ④

㉠과 ㉢은 금속 원소이고, ㉡과 ㉣은 비금속 원소이며 ㉠~㉣의 원자가 전자 수는 각각 1, 6, 2, 7이다. A와 B는 금속 원소이므로 ㉠과 ㉢ 중 하나이고, B와 C는 원자가 전자 수의 합이 9이므로 ㉢과 ㉣ 중 하나이다. 즉, B는 ㉢, A는 ㉠, C는 ㉣, D는 ㉡이다.

ㄴ. A는 ㉠이므로 원자가 전자 수는 1이다.

ㄷ. B는 ㉢, C는 ㉣이므로 모두 3주기 원소이다.

오답 피하기 ㄱ. D는 ㉡이다.

184
답 ⑤

자료 분석하기 원자의 전자 배치에서 각 전자 껍질에 들어 있는 전자 수

전자 껍질	(가)	(나)	(다)
들어 있는 전자 수	x ³	$x+5$ ₈	$x-1$ ₂

(세 번째 전자 껍질 → (가), 두 번째 전자 껍질 → (나), 첫 번째 전자 껍질 → (다))

원자의 전자 배치에서 첫 번째 전자 껍질에는 최대 2개, 두 번째 전자 껍질에는 최대 8개의 전자가 채워진다.
- $x=1$인 경우 → (다)에 들어 있는 전자 수가 0이 되므로 $x=1$이 아니다.
- $x=2$인 경우 → (가)에 들어 있는 전자 수가 2여서 첫 번째 전자 껍질이 되고 (나)에 들어 있는 전자 수는 7, (다)에 들어 있는 전자 수는 1이 되어 두 번째 전자 껍질에 전자 수가 최대로 채워지지 않았다.
- $x=3$인 경우 → (가)~(다)에 들어 있는 전자 수는 각각 3, 8, 2이며 (가)는 세 번째 전자 껍질, (나)는 두 번째 전자 껍질, (다)는 첫 번째 전자 껍질이 된다.
- $x=4$인 경우 → 전자가 최대 2개 들어 있는 첫 번째 전자 껍질이 없으므로 전자 배치 규칙에 어긋난다.

ㄱ. A는 전자가 들어 있는 전자 껍질 수가 3이므로 3주기 원소이다.

ㄴ. A의 가장 바깥 전자 껍질인 (가)에 들어 있는 전자 수가 3이므로 원자가 전자 수는 3이다.

ㄷ. (가)~(다) 중 (다)는 첫 번째 전자 껍질이므로 원자핵에 가장 가까운 전자 껍질이다.

185
답 ①

자료 분석하기 원자가 전자 수와 전자가 들어 있는 전자 껍질 수의 차

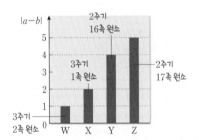

- $|a-b|=1$인 W → 2주기 1족 또는 3주기 2족 원소 중 하나인데 $|a-b|=2$인 X가 3주기 1족 원소이므로 W는 3주기 2족 원소이다. → 마그네슘(Mg)
- $|a-b|=2$인 X → 3주기 1족 원소이다. → 나트륨(Na)
- $|a-b|=4$인 Y → 2주기 16족 또는 3주기 17족 원소 중 하나인데 $|a-b|=5$인 Z가 2주기 17족 원소이므로 Y는 2주기 16족 원소이다. → 산소(O)
- $|a-b|=5$인 Z → 2주기 17족 원소이다. → 플루오린(F)

W~Z는 각각 Mg, Na, O, F이다.

ㄱ. 3주기 원소는 W와 X 2가지이다.

오답 피하기 ㄴ. W는 3주기 2족 원소이므로 W~Z 중 원자 번호가 가장 크다.

ㄷ. Y는 16족, Z는 17족 원소이므로 화학적 성질이 다르다.

186
답 ③

A는 1주기 18족 원소, B는 2주기 2족 원소, C는 3주기 2족 원소이다.

ㄱ. 2주기 원소는 B 1가지이다.

ㄴ. B와 C는 모두 금속 원소이다.

오답 피하기 ㄷ. 원자가 전자 수가 2인 원소는 2족 원소인 B와 C 2가지이다.

187
답 ⑤

ㄱ. 할로젠의 원자가 전자 수는 7이다.

ㄴ. Li과 Na 원자는 물과 반응하며 이때 수소 기체가 발생한다.

ㄷ. 탐구 결과 원자가 전자 수가 1로 같은 Li과 Na의 성질이 비슷하고, 7로 같은 F과 X의 성질이 비슷하므로 원자가 전자 수가 같은 원소의 화학적 성질이 비슷함을 알 수 있다.

188
답 ②

원자가 전자 수는 A>B이므로 B는 Na이고, 전자가 들어 있는 전자 껍질 수는 B>C이므로 C는 F이다. 따라서 A는 Cl이다.

ㄴ. F(C)은 충치 예방 효과가 있어서 치약에 사용된다.

오답 피하기 ㄱ. A는 Cl이다.

ㄷ. Na(B)은 3주기 원소이고 F(C)은 2주기 원소이므로 전자가 들어 있는 전자 껍질 수가 다르다.

189

서술형 해결 전략

STEP 1 문제 포인트 파악
주기율표에 임의의 원소 기호로 표시된 원소의 족과 주기로부터 그 원소의 특징들을 파악할 수 있어야 한다.

STEP 2 관련 개념 모으기
❶ 주기율표에서 금속과 비금속의 위치는?
→ 주기율표에서 금속 원소는 주로 왼쪽과 가운데 부분에 위치하고, 비금속 원소는 주로 오른쪽 부분에 위치한다.
❷ 금속의 특징은?
→ 대부분 실온에서 고체이고, 광택이 있으며, 열을 잘 전달하고 전기가 잘 통한다. 또, 외부에서 힘을 가하면 늘어나거나 얇게 펴진다.
❸ 비금속의 특징은?
→ 대부분 실온에서 기체 또는 고체이고, 광택이 없으며, 열을 잘 전달하지 않고 전기가 잘 통하지 않는다. 또, 외부에서 힘을 가하면 부서지거나 쪼개진다.

예시 답안 고체 상태에서 전기 전도성이 있는가?, A, B는 금속 원소이고 C, D는 비금속 원소이므로 고체 상태에서의 전기 전도성을 측정하면 (A, B)와 (C, D)로 분류할 수 있다.

채점 기준	배점(%)
원소 A~D를 (A, B)와 (C, D)로 분류할 수 있는 기준을 제시하고 그 까닭을 옳게 설명한 경우	100
원소 A~D를 분류할 수 있는 기준만 제시한 경우	50

190

서술형 해결 전략

STEP 1 문제 포인트 파악

원소의 화학적 성질을 결정하는 특징을 파악할 수 있어야 한다.

STEP 2 관련 개념 모으기

❶ 원자가 전자란?

➜ 원자의 전자 배치에서 가장 바깥 전자 껍질에 채워진 전자로, 화학 결합과 화학적 성질에 관여한다.

❷ 원소의 주기성이란?

➜ 주기율표에서 주기적으로 성질이 비슷한 원소가 나타난다.

❸ 원소의 주기성이 나타나는 까닭은?

➜ 원자 번호가 증가함에 따라 원소의 원자가 전자 수가 주기적으로 변하기 때문이다.

예시 답안 B, D, 원자가 전자 수가 같은 원소는 화학적 성질이 비슷하므로 원자가 전자 수가 1로 같은 B와 D는 화학적 성질이 비슷하다.

채점 기준	배점(%)
원소 A~D 중 화학적 성질이 비슷한 원소를 찾고 그 까닭을 옳게 설명한 경우	100
원소 A~D 중 화학적 성질이 비슷한 원소를 찾아 썼지만, 그 까닭에 대한 설명이 미흡한 경우	50

191

서술형 해결 전략

STEP 1 문제 포인트 파악

실험 결과를 통해 금속 나트륨(Na)의 성질을 파악하고 이를 실생활에 활용하는 방법을 알아야 한다.

STEP 2 관련 개념 모으기

❶ Na을 칼로 잘랐을 때 단면의 색이 은백색에서 회백색으로 변한 까닭은?

➜ Na은 알칼리 금속이므로 물러서 쉽게 칼로 잘리고, 잘린 표면은 공기 중의 산소와 빠르게 반응해 은백색에서 회백색으로 변한다.

❷ Na을 물이 들어 있는 시험관에 넣었을 때 수소 기체가 발생하는 까닭은?

➜ Na은 알칼리 금속이므로 물과 격렬하게 반응하여 수소 기체를 발생한다.

❸ 알칼리 금속을 석유 속에 보관하는 까닭은?

➜ 알칼리 금속을 다른 물질과 반응하지 못하게 하기 위해서이다.

예시 답안 Na을 칼로 잘랐을 때 단면의 색이 변하는 까닭은 공기 중의 산소와 반응하기 때문이고, Na은 물과도 쉽게 반응한다. 이처럼 나트륨은 공기 중의 산소 및 수증기와 쉽게 반응하므로 산소와 물의 접촉을 막기 위해 석유 속에 넣어 보관해야 한다.

채점 기준	배점(%)
Na을 석유 속에 넣어 보관하는 까닭 2가지를 실험 결과를 이용하여 모두 제시한 경우	100
Na을 석유 속에 넣어 보관하는 까닭을 1가지만 제시한 경우	50

06 이온 결합과 공유 결합

개념 확인 문제 ● 49쪽

| **192** 양이온 | **193** 정전기적 인력 | **194** 0 | **195** × |
| **196** ○ | **197** ○ | **198** ○ | **199** ○ | **200** × |
| **201** × |

192
답 양이온

금속 원소는 전자를 잃고 양이온을 형성한다.

193
답 정전기적 인력

이온 결합은 금속 원소의 양이온과 비금속 원소의 음이온 사이의 정전기적 인력에 의해 형성되는 결합이다.

194
답 0

이온 결합 화합물은 전기적으로 중성이기 때문에 양이온과 음이온의 총 전하의 합이 0이 되는 개수비로 결합한다.

195
답 ×

A와 B가 결합을 형성할 때 전자는 A에서 B로 이동한다.

196
답 ○

AB에서 2주기 원소인 A 이온의 전자 배치는 네온(Ne)과 같다.

197
답 ○

물 분자에서 2주기 원소인 O의 전자 배치는 네온(Ne)과 같다.

198
답 ○

물 분자에서 O 원자 1개와 H 원자 1개는 전자쌍 1개를 공유한다.

199
답 ○

이온 결합 물질은 수용액 상태에서 양이온과 음이온이 자유롭게 이동할 수 있으므로 전기 전도성이 있다.

200
답 ×

중성인 분자로 이루어진 공유 결합 물질은 물에 녹여도 이온으로 나누어지지 않고 분자 상태로 존재하므로 전기 전도성이 없다.

201
답 ×

이온 결합 물질과 공유 결합 물질은 고체 상태일 때 모두 전기 전도성이 없으므로 고체 상태에서의 전기 전도성을 비교해서는 구별할 수 없다.

202
답 ①

이온 결합은 양이온과 음이온 사이의 정전기적 인력에 의해 형성되는 결합이다.

203 필수 유형
답 ④

자료 분석하기　　이온 결합 형성 과정

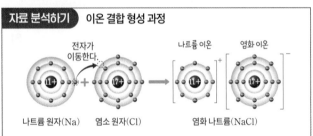

• 금속 원소인 나트륨은 전자를 잃어 양이온이 되고, 비금속 원소인 염소는 전자를 얻어 음이온이 된다. → 나트륨 이온과 염화 이온은 비활성 기체와 같은 전자 배치를 한다.
• 나트륨 이온과 염화 이온이 결합하여 염화 나트륨이 된다. → 나트륨 이온과 염화 이온 사이의 정전기적 인력에 의해 이온 결합이 형성된다.

ㄱ. 나트륨 원자와 염소 원자는 전자가 들어 있는 전자 껍질 수가 모두 3이므로 3주기 원소이다.
ㄷ. 염화 나트륨에서 나트륨 이온은 전자 수가 10이므로 네온(Ne)과 전자 배치가 같다.

오답 피하기 ㄴ. 염소 원자는 전자를 얻어 이온이 될 때 전자가 들어 있는 전자 껍질 수가 변하지 않는다.

204
답 ①

1족 원소 중 A는 수소(H)로 비금속 원소이다. 따라서 A와 C는 공유 결합으로 화합물을 형성한다. B와 E는 금속 원소, C와 F는 비금속 원소이므로 BC, B_2F, EC_2, EF는 모두 이온 결합으로 형성된 물질이다.

205
답 ③

ㄱ. B는 금속 원소이므로 이온 결합을 형성할 때 전자 1개를 잃고 양이온이 된다.
ㄷ. C와 E로 형성된 화합물에서 C는 전자를 얻어 D와 전자 배치가 같아지고, E는 전자를 잃어 D와 전자 배치가 같아진다.

오답 피하기 ㄴ. F가 전자를 얻어 음이온이 될 때 전자가 들어 있는 전자 껍질 수는 변하지 않는다.

206
답 ③

자료 분석하기　　이온의 전자 배치

나트륨 　　　　　　　　　　　　　　　 + 나트륨 이온
[11+] → 전자를 1개 잃음. [11+]

플루오린 　　　　　　　　　　　　　　 플루오린화 이온
[9+] → 전자를 1개 얻음. [9+]

• 전자 1개를 잃어 Ne의 전자 배치를 하는 원소 → 나트륨(Na)
• 전자 1개를 얻어 Ne의 전자 배치를 하는 원소 → 플루오린(F)

ㄱ. X는 전자를 잃고 X^+이 되고, Y는 전자를 얻어 Y^-이 되므로 원자 번호는 X＞Y이다.
ㄴ. 이온 결합 화합물은 전기적으로 중성이기 때문에 양이온의 총 전하량과 음이온의 총 전하량의 합이 0이 되는 개수비로 결합한다. 따라서 X^+과 Y^-은 1 : 1의 개수비로 결합한다.

오답 피하기 ㄷ. X^+과 Y^- 사이에는 정전기적 인력이 작용하여 이온 결합을 형성한다.

207
답 ②

이온 결합을 형성할 때 B는 전자 1개를 얻었고, A 이온과 B 이온은 1 : 2의 개수비로 결합을 하므로 A 이온의 전하는 2＋이다. 따라서 A는 3주기 2족 원소, B는 3주기 17족 원소이다.
② B의 원자가 전자 수는 7이다.

오답 피하기 ① A는 전자 2개를 잃어 A^{2+}이 되므로 $n=2$이다.
③ A는 3주기 2족 원소, B는 3주기 17족 원소이다.
④ A는 금속 원소이고 산소는 비금속 원소이므로 A는 산소와 이온 결합을 형성한다.
⑤ A^{2+}과 B^-은 정전기적 인력으로 이온 결합을 형성한다.

208
답 ③

각 화합물에서 Li^+은 헬륨(He), O^{2-}, F^-, Na^+, Mg^{2+}은 네온(Ne), Cl^-, K^+, Ca^{2+}은 아르곤(Ar)과 전자 배치가 같다. 따라서 양이온과 음이온의 전자 배치가 같은 화합물은 MgO이다.

209
답 ④

B는 2주기 16족 원소이므로 이온 결합 물질에서 전자 2개를 얻어 네온(Ne)의 전자 배치를 한다. A는 이온의 전자 배치가 B 이온과 같고 원자가 전자 수가 2이므로 3주기 2족 원소이며 전자 2개를 잃고 Ne의 전자 배치를 하는 이온이 된다.
ㄴ, ㄷ. A와 B는 1 : 1의 개수비로 이온 결합을 형성하는데, 이때 전자는 A에서 B로 이동한다.

오답 피하기 ㄱ. A는 3주기 2족 원소이다.

210

A와 B는 각각 안정한 이온이 되어 정전기적 인력에 의해 이온 결합을 형성한다.

예시답안 A는 2족 원소이므로 전자 2개를 잃어 A^{2+}이 되고, B는 16족 원소이므로 전자 2개를 얻어 B^{2-}이 되며, A^{2+}과 B^{2-} 사이에 정전기적 인력이 작용해 이온 결합이 형성된다.

채점 기준	배점(%)
A와 B가 각각 안정한 이온을 형성하고 정전기적 인력에 의해 이온 결합을 형성함을 정확히 설명한 경우	100
A와 B가 이온 결합을 형성한다고만 쓴 경우	30

211 필수 유형   답 ⑤

자료 분석하기 공유 결합 형성 과정

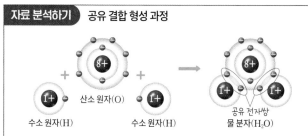

• 비금속 원소인 수소와 산소가 각각 전자를 내놓아 전자쌍을 만들고, 서로 공유하여 결합한다. ➡ 물 분자에서 수소는 헬륨(He)과 같은 전자 배치를, 산소는 네온(Ne)과 같은 전자 배치를 한다.

ㄱ. A는 1주기 1족 원소이고, B는 2주기 16족 원소이므로 A와 B는 모두 비금속 원소이다.

ㄴ. B 원자 1개는 A 원자 2개와 각각 전자쌍 1개를 공유하여 결합한다.

ㄷ. A_2B에서 B는 전자 2개를 얻어 Ne과 같은 전자 배치를 한다.

212   답 ②

ㄷ. A 원자와 A 원자는 전자쌍 2개를 공유하여 결합을 형성해 A_2가 되고, C 원자와 C 원자는 전자쌍 1개를 공유하여 결합을 형성해 C_2가 된다.

오답 피하기 ㄱ. 원자가 전자 수는 A가 6, B가 2, C가 7이므로 C가 가장 크다.

ㄴ. A 원자는 전자 2개를 얻고, B 원자는 전자 2개를 잃어 1 : 1의 개수비로 이온 결합을 형성한다.

213   답 ④

A는 1주기 1족 원소이고, B는 2주기 16족 원소이므로 모두 비금속 원소이다.

ㄴ. A_2B에서 A의 전자 배치는 헬륨(He)과 같고, B의 전자 배치는 네온(Ne)과 같다.

ㄷ. A_2B에서 B 원자 1개는 A 원자 2개와 각각 전자쌍 1개씩을 공유하여 공유 결합을 형성한다. 그러므로 A_2B에서 공유한 전자쌍의 수는 2이다.

오답 피하기 ㄱ. A와 B는 모두 비금속 원소이므로 공유 결합을 형성한다.

214   답 ④

ㄱ. X는 16족 원소, Y는 17족 원소이므로 원자가 전자 수는 Y가 X보다 크다.

ㄷ. XY_2에서 X와 Y의 전자 배치는 모두 Z와 같다.

오답 피하기 ㄴ. W_2에서 W 원자 사이에 1개의 전자쌍을 공유하여 결합하고, Y_2에서 Y 원자 사이에 1개의 전자쌍을 공유하여 결합한다.

개념 더하기 H_2와 F_2의 공유 결합

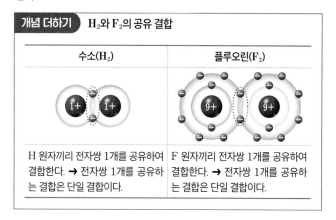

수소(H_2)	플루오린(F_2)
H 원자끼리 전자쌍 1개를 공유하여 결합한다. ➡ 전자쌍 1개를 공유하는 결합은 단일 결합이다.	F 원자끼리 전자쌍 1개를 공유하여 결합한다. ➡ 전자쌍 1개를 공유하는 결합은 단일 결합이다.

215 필수 유형   답 ③

자료 분석하기 O_2와 H_2O의 공유 결합 형성

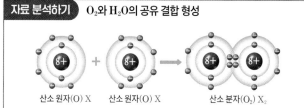

• X는 O이므로 X_2는 O_2이다. ➡ 2개의 산소 원자가 전자를 2개씩 내놓아 총 2개의 전자쌍을 이루고, 서로 공유하여 결합한다.

• X는 O이므로 Y는 H이고 Y_2X는 H_2O이다. ➡ 산소가 2개의 수소 원자와 각각 1개씩 총 2개의 전자쌍을 이루고, 서로 공유하여 결합한다.

ㄱ. X_2는 분자에서 공유한 전자쌍의 수가 2이므로 X의 원자가 전자 수는 6이다.

ㄴ. X_2와 Y_2X에서 X의 전자 배치는 모두 네온(Ne)과 같다.

오답 피하기 ㄷ. X_2와 Y_2X에서 공유한 전자쌍의 총수는 모두 2이다.

216   답 ④

ㄱ. 질소(N) 원자 1개와 염소(Cl) 원자 1개는 전자쌍 1개를 공유하므로 분자 (가)에서 Cl의 전자 배치는 아르곤(Ar)과 같다.

ㄷ. (가)는 N 원자 1개와 Cl 원자 3개로 이루어져 있으므로 공유한 전자쌍의 총수는 3이고, (나)는 산소(O) 원자 1개와 Cl 원자 2개로 이루어져 있으므로 공유한 전자쌍의 총수는 2이다.

오답 피하기 ㄴ. 분자 (나)는 O와 Cl의 공유 결합에 의해 형성된다.

217
답 ⑤

ㄱ. 리튬(Li)은 전자 1개를 잃어 Li^+이 되므로 2주기 원소이고, 산소(O)는 전자 2개를 얻어 O^{2-}이 되므로 2주기 원소이다.

ㄴ. O와 F은 비금속 원소이므로 공유 결합을 한다. 따라서 플루오린화 산소(OF_2)는 공유 결합 물질이다.

ㄷ. 플루오린화 리튬(LiF)은 이온 결합 물질이므로 수용액 상태에서 전기 전도성이 있다.

218
답 ②

ㄷ. AB는 공유 결합 물질이고, CB는 이온 결합 물질이므로 수용액 상태에서 전기 전도성은 CB가 AB보다 크다.

오답 피하기 ㄱ. A는 1주기 1족 원소인 수소(H)이므로 비금속 원소이다. 따라서 금속 원소는 C 1가지이다.

ㄴ. CB에서 이온의 전자 배치는 모두 네온(Ne)과 같다.

개념 더하기 이온 결합 물질과 공유 결합 물질의 전기 전도성

구분		이온 결합 물질	공유 결합 물질
전기 전도성	고체 상태	×	×
	수용액 상태	○	×

(○: 전기 전도성 있음, ×: 전기 전도성 없음.)

• 이온 결합 물질
➔ 고체 상태에서 양이온과 음이온이 강하게 결합하고 있어 이온의 이동이 어려우므로 전기 전도성이 없다.
➔ 액체와 수용액 상태에서는 양이온과 음이온이 자유롭게 이동할 수 있어 전기 전도성이 있다.
• 공유 결합 물질
➔ 고체 상태에서 중성인 분자로 이루어져 있으므로 전기 전도성이 없다.
➔ 액체와 수용액 상태에서 이온으로 나누어지지 않고 분자 상태로 존재하므로 전기 전도성이 없다.

219
답 ⑤

자료 분석하기 주기율표에서 원소의 특징

• W와 X는 같은 족 원소이므로 17족 원소이다.
• W와 Y는 이온 결합을 형성하는데 W는 17족의 비금속 원소이므로 Y는 금속 원소이다. ➔ Y는 3주기 2족 원소인 마그네슘(Mg)이다.
• X와 Z로 형성된 화합물에서 구성 입자의 전자 배치가 서로 같으므로 둘 다 2주기 비금속 원소이다. ➔ Z는 2주기 16족 원소인 산소(O)이고, X는 2주기 17족 원소인 플루오린(F)이다.
• W는 3주기 17족 원소인 염소(Cl)이다.

ㄱ. Z는 2주기 16족 원소인 산소(O)이므로 원자가 전자 수가 6이다.

ㄴ. W는 비금속, Y는 금속이므로 W와 Y로 형성된 화합물은 이온 결합 물질이고 수용액 상태에서 전기 전도성이 있다.

ㄷ. 비금속 X와 금속 Y로 형성된 이온 결합 물질에서 구성 입자의 전자 배치는 모두 네온(Ne)과 같다.

220

예시 답안 Z 원자는 원자가 전자 수가 6, W 원자는 원자가 전자 수가 7이므로 Z 원자는 2개의 W 원자와 각각 1개씩 총 2개의 전자쌍을 공유하면서 결합을 형성하여 ZW_2 분자를 형성한다.

채점 기준	배점(%)
결합의 형성 과정을 생성된 물질의 화학식을 포함하여 모두 옳게 설명한 경우	100
결합의 형성 과정은 옳게 설명했으나 생성된 물질의 화학식을 쓰지 못한 경우	60
전자쌍을 공유하여 결합을 형성한다고만 쓴 경우	30

221 필수 유형
답 ③

자료 분석하기 화합물의 전기 전도성

수용액	염화 칼슘	설탕 또는 포도당	
	X	Y	Z
전기 전도성	○	×	×

(○: 전기 전도성 있음, ×: 전기 전도성 없음.)

• 수용액 X는 전기 전도성이 있다. ➔ X는 이온 결합 물질이다. ➔ X는 염화 칼슘이다.
• Y와 Z는 각각 설탕과 포도당 중 하나이다. ➔ Y와 Z는 공유 결합 물질이다. ➔ 수용액 Y와 Z는 전기 전도성이 없다.

ㄱ. 염화 칼슘(X)은 이온 결합 물질이므로 물에 녹아 이온화된다. 따라서 X 수용액에는 이온이 존재한다.

ㄷ. 설탕과 포도당은 모두 공유 결합 물질이다.

오답 피하기 ㄴ. 설탕과 포도당은 모두 공유 결합 물질로 물에 녹아도 이온화되지 않으므로 수용액에 전류를 흘려주어도 전류가 흐르지 않는다.

222
답 ②

ㄴ. 공유 결합 물질인 설탕은 수용액에서 이온으로 나누어지지 않고 분자로 존재하므로 수용액은 전기 전도성이 없다.

오답 피하기 ㄱ. 설탕은 공유 결합 물질이다.

ㄷ. 이온 결합 물질인 염화 나트륨은 물에 녹아 이온화되므로 수용액 상태에서 양이온과 음이온이 자유롭게 이동할 수 있다. 따라서 수용액 상태에서 전기 전도성이 있다.

223
답 ①

X와 Y를 물에 녹였을 때 X는 이온화되지 않았고, Y는 이온화되었으므로 X는 공유 결합 물질인 설탕, Y는 이온 결합 물질인 염화 나트륨이다.

ㄱ. X는 공유 결합 물질인 설탕이다.

오답 피하기 ㄴ. 이온 결합 물질인 Y는 액체나 수용액 상태에서 전기 전도성이 있지만, 고체 상태에서는 이온의 이동이 어려워 전기 전도성이 없다.

ㄷ. Y는 이온 결합 물질인 염화 나트륨이므로 구성 입자 사이의 정전기적 인력에 의한 결합으로 형성된 물질이지만 X는 설탕으로 공유 결합으로 형성된 공유 결합 물질이다.

224
답 ①

수용액 상태에서 설탕은 전기 전도성이 없고, 염화 나트륨은 전기 전도성이 있으며, 고체 상태에서 설탕과 염화 나트륨은 모두 전기 전도성이 없으므로 (가)는 수용액, (나)는 고체, A는 설탕, B는 염화 나트륨이다.

ㄱ. (가)는 수용액이다.

오답 피하기 ㄴ. B는 고체 상태에서 이온의 이동이 어려워 전기 전도성이 없으므로 '×'는 ㉠에 해당한다.

ㄷ. 고체 상태에서는 A와 B 모두 전기 전도성이 없다.

1등급 완성 문제
●55쪽 ~ 57쪽

225 ③	**226** ②	**227** ④	**228** ③	**229** ⑤
230 ②	**231** ⑤	**232** ⑤	**233** ④	**234** ①
235 해설 참조		**236** 해설 참조		

225
답 ③

(가)에서 중심 원자는 2개의 전자쌍을 공유하고 있으므로 원자가 전자 수가 6인 산소(O)이고, O에 결합된 원자는 수소(H)이다. (나)에서 중심 원자는 4개의 전자쌍을 공유하고 있으므로 원자가 전자 수가 4인 탄소(C)이고, C에 결합된 원자는 H이다.

ㄱ. (가)와 (나)에 모두 H가 포함되어 있다.

ㄷ. 분자에서 원자들이 공유한 전자쌍의 총수는 (가)는 2, (나)는 4이다.

오답 피하기 ㄴ. (가)의 중심에 있는 원자는 O이므로 원자가 전자 수는 6이고 (나)의 중심에 있는 원자는 C이므로 원자가 전자 수는 4이다.

226
답 ②

X^-은 X가 전자 1개를 얻어 형성된 것이므로 양성자수는 9이고, 원자가 전자 수는 7이다.

ㄴ. X_2에서 두 원자는 1개의 전자쌍을 공유하고 있다.

오답 피하기 ㄱ. X^-의 양성자 수는 9이다.

ㄷ. Ca은 전자 2개를 잃어 Ca^{2+}이 되고, 이온 결합 물질은 전기적으로 중성이므로 X^-과 Ca^{2+}은 2 : 1의 개수비로 결합한다.

227
답 ④

ㄴ. W는 원자가 전자 수가 1이고 X는 원자가 전자 수가 4이므로 공유 결합하여 공유 결합 물질인 XW_4를 형성한다.

ㄷ. Y는 금속 원소이고 Z는 비금속 원소이므로 Y와 Z가 결합하여 형성된 화합물은 이온 결합 물질이고, 수용액 상태에서 전기 전도성이 있다.

오답 피하기 ㄱ. W와 Z는 모두 비금속 원소이므로 WZ는 전자쌍을 공유하여 결합한 공유 결합 물질이다.

228
답 ③

ㄱ. X는 3주기 2족 원소, Y는 2주기 16족 원소이므로 $n=2$이다.

ㄴ. 전자가 들어 있는 전자 껍질 수는 3주기 원소인 X가 2주기 원소인 Z보다 크다.

오답 피하기 ㄷ. XY는 고체 상태에서 이온이 이동할 수 없으므로 전기 전도성이 없다.

229
답 ⑤

X_2에서 X 원자는 공유 결합을 형성하고 있으므로 결합을 형성할 때 전자가 들어 있는 전자 껍질 수의 변화는 없다. 따라서 X는 2주기 원소이고, Y는 3주기 원소이다. 또 X와 Y의 원자 번호 차는 2이므로 X는 2주기 17족 원소, Y는 3주기 1족 원소이다.

ㄱ, ㄴ. X는 2주기 17족 원소이므로 X_2에서 X 원자 사이에 공유한 전자쌍 수는 1이다.

ㄷ. YX는 이온 결합 물질이므로 액체 상태에서 전기 전도성이 있다.

230
답 ②

ㄴ. 기준 I로 제외된 물질은 NaF, $CaCl_2$으로 모두 이온 결합 물질이다.

오답 피하기 ㄱ. 기준 I로 제외된 물질은 모두 이온 결합 물질이므로 '수용액 상태에서 전기 전도성이 있는가?'는 기준 I에 해당하지 않는다.

ㄷ. 기준 II로 제외된 물질은 N_2, O_2인데 모두 공유 결합 물질로 N_2는 전자쌍 3개를, O_2는 전자쌍 2개를 공유한다.

231
답 ⑤

자료 분석하기 화합물의 전기 전도성

	이온 결합 물질	공유 결합 물질	
화합물	(가)	(나)	(다)
화학식	AB	BD_2	AC_2
수용액 상태에서 전기 전도성	○	×	㉠ ○

(○: 전기 전도성 있음, ×: 전기 전도성 없음.)

- BD_2는 수용액 상태에서 전기 전도성이 없다. ➡ BD_2는 공유 결합 물질이므로 B와 D는 비금속 원소이다.
- AB는 수용액 상태에서 전기 전도성이 있다. ➡ AB는 이온 결합 물질인데 B는 비금속 원소이므로 A는 금속 원소이다.
- AC_2에서 A는 금속 원소이므로 C는 비금속 원소이다. ➡ AC_2는 이온 결합 물질이다.

ㄱ. C는 비금속 원소이므로 전자를 얻어 음이온이 되기 쉽다.

ㄴ. (다)인 AC_2는 이온 결합 물질이므로 수용액 상태에서 전기 전도성이 있다.

ㄷ. B와 C는 모두 비금속 원소이므로 BC_2는 공유 결합 물질이다.

232
답 ⑤

전자가 들어 있는 전자 껍질 수와 원자가 전자 수

3주기 17족 원소
2주기 16족 원소
2주기 1족 원소
3주기 2족 원소

• 원자가 전자 수는 각 원소의 족 번호의 끝자리 수와 같다.
• 전자가 들어 있는 전자 껍질 수는 각 원소의 주기 번호와 같다.
  → A는 2주기 16족 원소인 산소(O), B는 3주기 17족 원소인 염소(Cl), C는 2주기 1족 원소인 리튬(Li), D는 3주기 2족 원소인 마그네슘(Mg)이다.

ㄱ. A 1개는 B 2개와 각각 공유 결합하여 AB_2를 형성하며, A 원자 1개와 B 원자 1개 사이에 공유한 전자쌍 수는 1이다.

ㄴ. 화합물 AD에서 A는 전자 2개를 얻어 네온(Ne)과 같은 전자 배치를 하고, D는 전자 2개를 잃고 네온(Ne)과 같은 전자 배치를 한다.

ㄷ. B는 비금속 원소, C는 금속 원소이므로 B와 C가 결합할 때 전자는 C에서 B로 이동한다.

233
답 ④

㉠은 황산 구리(Ⅱ)($CuSO_4$), ㉡은 설탕($C_{12}H_{22}O_{12}$), ㉢은 염화 나트륨(NaCl)이다.

ㄱ. ㉠의 수용액은 전기 전도성이 있으므로 수용액 속에 이온이 존재한다.

ㄷ. ㉢은 이온 결합으로 형성된 이온 결합 물질이다.

ㄴ. ㉡은 분자로 구성되어 있어 고체 상태에서 전기 전도성이 없다.

234
답 ①

이온의 전자 수와 양성자수

	Na^+	Cl^-
전자 수	10	18
양성자수	11	17

• $\dfrac{전자 수}{양성자수}$ 는 $Cl^- > Na^+$이다. → ㉠은 Cl^-이고, ㉡은 Na^+이다.

ㄱ. ㉠은 Cl^-이므로 (−)전하를 띤다.

ㄴ, ㄷ. ㉠인 Cl^-과 ㉡인 Na^+은 정전기적 인력에 의해 이온 결합을 형성하고, HCl은 H 원자와 Cl 원자가 전자쌍 1개를 공유하여 공유 결합을 형성한다.

235

STEP 1 문제 포인트 파악
원소의 전자 배치 모형을 통해 원자를 파악하고 원자가 결합을 형성하는 과정과 형성한 화합물의 특징을 알아야 한다.

STEP 2 관련 개념 모으기
❶ 금속 원소의 이온 형성은?
  → 대부분의 금속 원소는 전자를 잃어 양이온을 형성한다.
❷ 비금속 원소의 이온 형성은?
  → 대부분 비금속 원소는 전자를 얻어 음이온을 형성한다.
❸ 이온 결합이란?
  → 금속 원소의 양이온과 비금속 원소의 음이온 사이의 정전기적 인력에 의해 형성된다.

A는 2주기 16족의 비금속 원소이고, B는 3주기 1족의 금속 원소이다. A는 전자 2개를 얻어 A^{2-}이 되고, B는 전자 1개를 잃어 B^+이 되어 정전기적 인력에 의해 결합한다. 이때 형성되는 물질은 전기적으로 중성이어야 하므로 A^{2-}과 B^+은 1 : 2의 개수비로 결합한다.

채점 기준	배점(%)
A와 B가 각각 안정한 이온을 형성해 정전기적 인력에 의해 1 : 2의 개수비로 이온 결합을 형성한다는 것을 정확히 설명한 경우	100
A와 B가 각각 안정한 이온을 형성해 정전기적 인력에 의해 이온 결합을 형성한다고만 설명한 경우	50
A와 B가 1 : 2의 개수비로 결합한다고만 설명한 경우	30

236

STEP 1 문제 포인트 파악
이온의 전자 배치 모형을 통해 원자를 파악하고 원자가 결합을 형성하는 과정을 알아야 한다.

STEP 2 관련 개념 모으기
❶ 음이온을 형성하는 원소는?
  → 대부분 비금속 원소의 원자가 전자를 얻어 음이온을 형성한다.
❷ 이온 결합을 형성하는 원소는?
  → 금속 원소는 비금속 원소와 전자를 주고 받아 이온을 형성하여 정전기적 인력에 의해 이온 결합을 형성한다.

Mg, Li, A는 2주기 17족 원소인 비금속 원소로 금속 원소와 전자를 주고 받아 정전기적 인력에 의해 이온 결합을 형성하므로 금속 원소인 Mg, Li과 이온 결합을 형성한다.

채점 기준	배점(%)
A와 이온 결합을 형성하는 원소를 옳게 고르고 그 까닭을 옳게 설명한 경우	100
주어진 원소 중에서 A와 이온 결합을 형성하는 원소만 옳게 고른 경우	50

237 ④	**238** ②	**239** ⑤	**240** ①	**241** ⑤
242 ③	**243** ⑤	**244** ①	**245** ④	**246** ③
247 ②	**248** ②	**249** ④	**250** ⑤	**251** ②
252 ③	**253** ④	**254** ③	**255** ⑤	**256** ④
257 ③	**258** ②	**259** ③	**260** ③	**261** ④

262 해설 참조   **263** ㉠ 수소, ㉡ 헬륨
264 해설 참조   **265** (가) → (다) → (나), ㉠ 중력, ㉡ 마그마 바다   **266** 해설 참조   **267** 해설 참조
268 해설 참조   **269** ③   **270** ①   **271** ①
272 ⑤

237
답 ④

ㄴ. 저온의 기체는 원소 고유의 파장에 해당하는 빛을 흡수해 특정한 위치에 흡수선을 만든다.

ㄷ. 기체의 스펙트럼을 분석하면 원소마다 고유한 선 스펙트럼을 나타내므로 원소의 종류를 알아낼 수 있다.

오답 피하기 ㄱ. 고온의 기체에서는 특정한 파장의 빛이 밝게 보이는 방출 스펙트럼이 나타난다.

238
답 ②

ㄴ. 우주에 존재하는 모든 물질은 빅뱅 이후 우주의 진화 과정에서 형성되었다.

오답 피하기 ㄱ. 우주는 빅뱅으로 시작되었으므로 우주의 나이는 계산이 가능하다.

ㄷ. 우주가 팽창할수록 우주의 크기는 커지지만 우주 공간 안에 존재하는 물질의 양은 일정하다. 따라서 우주의 평균 밀도는 감소한다.

> **개념 더하기** 빅뱅 우주론
> - 빅뱅 우주론: 1940년대 가모프가 주장했으며, 모든 물질과 에너지가 모인 한 점에서 빅뱅이 일어나 우주가 시작되었다는 이론이다.
> - 우주의 진화: 우주가 팽창함에 따라 우주의 크기는 증가하지만 우주의 온도와 밀도는 감소한다.
> - 증거: 우주 배경 복사의 관측, 우주에 존재하는 가벼운 원소의 비율 등은 빅뱅 우주론이 옳다는 증거이다.

239
답 ⑤

ㄱ. A는 원자핵 주위에 있는 전자이고, C는 중성자를 이루고 있는 쿼크이다. 전자와 쿼크는 모두 기본 입자이다.

ㄴ. 원자는 양성자 수와 전자 수가 같으므로 전기적으로 중성이다.

ㄷ. 원자핵은 양성자와 중성자로 이루어져 있으므로 B는 양성자이다. 양성자의 개수는 원소의 종류에 따라 달라진다.

240
답 ①

ㄱ. A 원자핵은 중성자 2개, 양성자 2개로 이루어져 있으므로 헬륨 원자핵이다.

오답 피하기 ㄴ. A 원자핵이 생성되기 이전에 ㉠과 ㉡의 개수비는 1 : 7이다. 따라서 ㉠은 중성자, ㉡은 양성자이다.

ㄷ. 헬륨 원자핵이 생성될 당시 우주의 온도는 약 1억 K이었으며, 헬륨 원자가 생성될 당시 우주의 온도는 약 3000 K이었다.

241
답 ⑤

⑤ (나)일 때 수소 원자핵과 헬륨 원자핵의 질량비는 약 3 : 1이다.

오답 피하기 ① (가)일 때 원자가 존재하고, (나)일 때 수소 원자핵(양성자), 헬륨 원자핵, 전자가 존재한다. 따라서 우주의 온도는 (가)가 (나)보다 낮다.

② (가)는 빅뱅 후 약 40만 년이 지났을 때이고, (나)는 빅뱅 후 약 3분이 지났을 때이다.

③, ④ (나)일 때 빛은 전기를 띤 입자들과 활발하게 상호작용 하였으므로 불투명한 우주였다.

242
답 ③

ㄱ, ㄴ. 원시별 단계에 있을 때 별은 중력 수축이 일어나 크기가 작아지고, 중심부 온도가 계속 상승한다.

오답 피하기 ㄷ. 안정적인 별이 되었을 때 중심부에서 수소 핵융합 반응이 일어난다. 원시별의 에너지원은 중력 수축에 의한 에너지이다.

> **개념 더하기** 원시별의 형성과 진화
> - 원시별은 밀도가 크고 온도가 낮은 성운에서 탄생한다.
> - 원시별은 중력이 내부 압력에 의한 힘보다 크기 때문에 수축이 일어난다.
>   ➜ 수축될 때 위치(포텐셜) 에너지가 열에너지로 전환되어 온도가 상승한다.
> - 원시별이 중력 수축을 계속하여 중심부 온도가 약 1000만 K에 이르면 수소 핵융합 반응을 하는 주계열성이 된다. ➜ 원시별의 질량이 클수록 중력 수축이 빠르게 일어나므로 주계열성이 되는 데 걸리는 시간이 짧다.

243
답 ⑤

ㄱ, ㄴ. 이 별은 진화 과정에서 철이 생성되므로 태양보다 질량이 훨씬 큰 별이다. 따라서 초신성 폭발(㉠)을 일으킨다.

ㄷ. (마)의 성간 물질에는 초신성 폭발 과정에서 형성된 금, 우라늄 등의 원소가 포함되어 있다.

244
답 ①

ㄱ. 마지막 단계의 모습은 초신성 잔해이다.

오답 피하기 ㄴ. 이 별은 질량이 매우 큰 별이므로 중심부에서는 철까지 생성될 수 있다.

ㄷ. 핵융합 반응은 온도가 높을수록 더 무거운 원소가 생성될 수 있다. 따라서 수소 핵융합 반응은 탄소 핵융합 반응보다 낮은 온도에서 일어난다.

245
답 ④

ㄴ. (나)의 원소는 전자 수가 6개인 탄소이다. 탄소의 최외각 전자 수는 4개이므로 원자가 전자 수는 4이다.

ㄷ. (나)의 원자핵은 헬륨보다 별의 중심에 가까운 ㉠층에 존재한다.

오답 피하기 ㄱ. 이 별은 질량이 태양과 비슷하므로 초신성 폭발이 일어나지 않는다. 이 별의 중심부에서는 탄소까지 생성된다.

246
답 ③

자료 분석하기 태양계 형성 과정

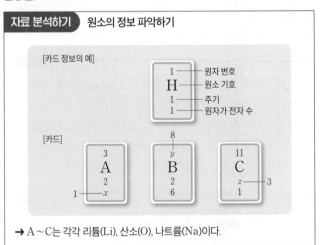

(가) 성운의 회전 및 수축   (나) 태양계 원반 형성

(다) 미행성체 형성   (라) 원시 행성 형성

- (가) → (나): 회전하는 성운이 수축하였다. ➡ 거의 대부분의 물질은 중심부에 모여 원시 태양을 형성하였고, 나머지 물질은 납작한 원시 원반을 형성하였다.
- (나) → (다): 원반에서 티끌로 이루어진 고체 물질이 미행성체를 형성하였다.
- (다) → (라): 미행성체들이 서로 충돌하면서 성장하여 원시 행성을 형성하였다. ➡ 태양과 가까운 곳에 지구형 행성이 형성되었고, 먼 곳에 목성형 행성이 형성되었다.

ㄱ. (가) → (나)에서 성운 중심부에 원시 태양이 형성되면서 온도가 높아진다.

ㄴ. (다)의 미행성체는 원반에서 고체 물질이 모여 형성되었다.

오답 피하기 ㄷ. (다) → (라)에서 미행성체들이 합쳐져 원시 행성이 형성되었으므로 미행성체의 수는 감소하였다.

247
답 ②

ㄴ. (가)의 마그마 바다 시기에 밀도 차에 의해 무거운 물질과 가벼운 물질의 분리가 일어났다.

오답 피하기 ㄱ. (가)의 마그마 바다를 형성한 주요 에너지원은 미행성체의 충돌열이다.

ㄷ. 지각의 주요 구성 성분은 맨틀과 유사한 암석 성분이다.

개념 더하기 지구의 층상 구조 형성

- 마그마 바다 형성: 미행성체의 충돌에 의한 열에너지, 방사성 원소의 붕괴열 등으로 지표 부근이 완전히 녹아 마그마 바다가 형성되었다.
- 핵의 형성: 주로 철과 니켈로 이루어진 무거운 성분이 지구 중심부로 가라앉아 핵을 형성하였다. ➡ 이후 중심 부근의 핵은 높은 압력에 의해 고체 상태가 되어 내핵을 형성하였고, 내핵을 둘러싼 영역은 액체 상태의 외핵을 형성하였다.
- 맨틀과 지각의 형성: 상대적으로 가벼운 암석 성분은 핵의 바깥쪽 층을 이루어 맨틀이 되었다. 가장 가벼운 성분은 최종적으로 원시 지각을 형성하였다.

248
답 ②

ㄴ. 원시 지구의 형성 과정은 (라) 미행성체 충돌→(가) 핵과 맨틀 분리→(다) 원시 지각과 원시 바다 형성→(나) 생명체 탄생이다.

오답 피하기 ㄱ. 원시 지구를 형성한 미행성체(㉠)의 주성분은 금속과 암석이다.

ㄷ. 원시 지각이 형성된 이후 대기 중의 수증기가 비로 내려 원시 바다가 형성되었다.

249
답 ④

ㄱ. ㉠은 철, ㉡은 탄소이므로 ㉠은 ㉡보다 원자 번호가 크다.

ㄴ. 지구를 구성하는 원소의 성분비는 철(㉠)>산소>규소이다.

오답 피하기 ㄷ. 생명체를 구성하는 주요 원소 중 수소는 대부분 우주 초기에 생성되었고, 산소와 탄소는 별의 핵융합 반응으로 생성되었다.

250
답 ⑤

ㄱ. B는 2주기 16족 원소이므로 전자가 들어 있는 전자 껍질 수는 2, 원자가 전자 수는 6이다.

ㄴ. A와 E는 모두 1족 알칼리 금속이므로 물과 반응하여 수소 기체를 발생한다.

ㄷ. 화합물 EC를 구성하는 이온은 E^+, C^-으로 전자 배치는 D와 같다.

251
답 ②

A는 2주기 1족 원소인 리튬(Li), B는 2주기 16족 원소인 산소(O), C는 2주기 18족 원소인 네온(Ne), D는 3주기 1족 원소인 나트륨(Na)이다.

ㄷ. B는 전자 2개를 얻어 B^{2-}이 되고 D는 전자 1개를 잃어 D^+이 된다. 이때 두 이온의 전자 배치는 C와 같다.

오답 피하기 ㄱ. 원자가 전자는 가장 바깥 전자 껍질에 있는 전자로 화학 결합에 관여한다. 따라서 A와 D의 원자가 전자 수는 각각 1로 같다.

ㄴ. A는 금속 원소, B는 비금속 원소이므로 A와 B는 이온 결합을 형성한다.

252
답 ③

자료 분석하기 원소의 정보 파악하기

[카드 정보의 예]

1 ── 원자 번호
H ── 원소 기호
1 ── 주기
1 ── 원자가 전자 수

[카드]

3	8	11
A	B	C
2	y	z ── 3
1 ── x	2	1
	6	

➡ A~C는 각각 리튬(Li), 산소(O), 나트륨(Na)이다.

A의 원자 번호는 3이므로 A는 2주기 1족 원소이고, B는 2주기 원소이면서 원자가 전자 수가 6이므로 원자 번호가 8이다. 또 C의 원자 번호는 11이므로 3주기 1족 원소이다. 따라서 $x=1$, $y=8$, $z=3$이다.

ㄱ. A와 C는 모두 1족 원소인 알칼리 금속이므로 화학적 성질이 비슷하다.

ㄷ. B는 비금속 원소, C는 금속 원소이므로 B와 C는 이온 결합으로 화합물을 형성한다.

오답 피하기 ㄴ. $y=8$, $x+z=1+3=4$이므로 $y>x+z$이다.

253
답 ④

이온 결합 물질 CA, DB에서 이온의 개수비는 1 : 1이므로 구성 입자끼리 주고받는 전자 수가 같다. 즉, CA에서 C의 원자가 전자 수가 2이므로 전자 2개를 잃어 C^{2+}이 되고 A 원자는 2개의 전자를 얻으므로 A의 원자가 전자 수는 6이다. 또한 B는 원자가 전자 수가 7이므로 전자 1개를 얻어 B^-이 되고 D 원자는 1개의 전자를 잃으므로 D의 원자가 전자 수는 1이다. 따라서 $x=6$, $y=1$이다.

ㄴ. A와 B는 전자가 들어 있는 전자 껍질 수가 같으므로 모두 2주기 원소이다.

ㄷ. C는 3주기 2족 원소, D는 3주기 1족 원소이므로 원자 번호는 C가 D보다 크다.

오답 피하기 ㄱ. $x+y=6+1=7$이다.

254
답 ③

이온	A^{2+}, B^-	C^+, D^{2-}
전자 배치 모형	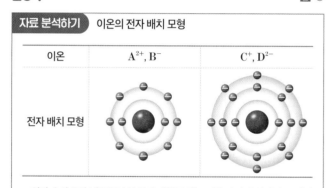	

• 원자 A와 B가 네온(Ne)의 전자 배치를 하는 이온이 되기 위해 A는 전자 2개를 잃고, B는 전자 1개를 얻는다. → A는 3주기 2족 원소, B는 2주기 17족 원소이다.
• 원자 C와 D가 아르곤(Ar)의 전자 배치를 하는 이온이 되기 위해 C는 전자 1개를 잃고, D는 전자 2개를 얻는다. → C는 4주기 1족 원소, D는 3주기 16족 원소이다.

ㄱ. A와 D는 같은 3주기 원소이다.

ㄴ. C는 4주기 1족 원소이므로 A~D 중 원자 번호가 가장 크다.

오답 피하기 ㄷ. B의 원자가 전자 수는 7이고 D의 원자가 전자 수는 6이다.

255
답 ⑤

ㄱ. A~C는 1, 2주기 원소이고, 2가지 원소는 원자가 전자 수가 같으므로 $x=1$이다.

ㄴ. A는 1주기 1족 원소인 수소(H), B는 2주기 1족 원소인 리튬(Li), C는 2주기 17족 원소인 플루오린(F)이다. 따라서 H(A) 원자와 F(C) 원자는 전자쌍 1개를 공유하여 결합한다.

ㄷ. 금속 Li(B) 원자와 비금속 F(C) 원자는 이온 결합으로 화합물을 형성한다.

256
답 ④

AB에서 A와 B는 전자쌍 1개를 공유하여 결합을 형성하므로 A는 수소(H), B는 플루오린(F)이고, CB에서 B는 원자가 전자 수가 7이므로 전자 1개를 얻어 B^-이 되며, C는 전자 1개를 잃어 C^+이 되므로 C는 리튬(Li)이다.

ㄴ. AB에서 A는 전자쌍 1개를 공유하고 있으므로 헬륨(He)과 전자 배치가 같다.

ㄷ. CB는 이온 결합 물질이므로 수용액 상태에서 이온이 자유롭게 움직일 수 있어 전기 전도성이 있다.

오답 피하기 ㄱ. $n=1$이다.

257
답 ③

ㄱ. A와 C는 전자를 얻어 음이온이 되므로 2주기 원소이고, B는 전자를 잃고 양이온이 되므로 3주기 원소이다.

ㄷ. 이온의 전하의 크기는 B : C=1 : 2이므로 B와 C는 2 : 1의 개수비로 결합하여 안정한 화합물을 형성한다.

오답 피하기 ㄴ. 비금속 원소가 음이온이 될 때 전자를 (8−원자가 전자 수)만큼 얻는다. 따라서 얻은 전자 수가 적을수록 원자가 전자 수가 크므로 원자가 전자 수는 A>C이다.

258
답 ②

ㄴ. ㉠은 O_2, ㉡은 H_2O, ㉢은 NaCl이다.

오답 피하기 ㄱ. O_2에서 두 원자 사이에 공유한 전자쌍 수는 2이다.

ㄷ. Na은 전자 1개를 잃고 Na^+이 되므로 네온(Ne)과 전자 배치가 같고, Cl는 전자 1개를 얻어 Cl^-이 되므로 아르곤(Ar)과 전자 배치가 같다.

259
답 ③

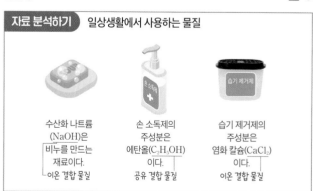

수산화 나트륨(NaOH)은 비누를 만드는 재료이다. └ 이온 결합 물질

손 소독제의 주성분은 에탄올(C_2H_5OH)이다. └ 공유 결합 물질

습기 제거제의 주성분은 염화 칼슘($CaCl_2$)이다. └ 이온 결합 물질

ㄱ. 수산화 나트륨(NaOH)은 나트륨 이온(Na^+)과 수산화 이온(OH^-)으로 구성된 이온 결합 물질이다.

ㄴ. 염화 칼슘($CaCl_2$)은 이온 결합 물질이므로 액체 상태에서 전기 전도성이 있다.

ㄷ. 에탄올(C_2H_5OH)은 공유 결합 물질이므로 구성 입자 사이의 공유 결합으로 형성된 물질이다

260

답 ③

AB는 수용액 상태에서 전기 전도성이 있으므로 이온 결합 물질이고, B_3D는 수용액 상태에서 전기 전도성이 없으므로 공유 결합 물질이다. 따라서 B와 D는 비금속이므로 A는 금속이다. A_2C에서 A는 금속이므로 C는 비금속이다.

ㄱ. A는 금속 원소이다.

ㄷ. (다)는 이온 결합 물질이므로 정전기적 인력이 작용해 형성된 화합물이다.

ㄴ. B_2C는 공유 결합 물질이므로 수용액 상태에서 전기 전도성이 없다. 따라서 ㉠에 해당하는 것은 '×'이다.

261

답 ④

X 수용액과 Y 수용액에 전류를 흘려주었을 때, Y 수용액에서만 전류가 흘렀으므로 X는 설탕, Y는 염화 나트륨이다.

ㄱ. X인 설탕은 공유 결합 물질이므로 구성 원자 사이의 공유 결합으로 형성된 물질이다.

ㄷ. Y인 염화 나트륨은 이온 결합 물질로 수용액 상태에서 이온이 자유롭게 이동할 수 있으므로 전류가 흐른다.

ㄴ. Y인 염화 나트륨은 고체 상태에서 이온이 자유롭게 이동할 수 없으므로 전류가 흐르지 않는다.

262

서술형 해결 전략

STEP 1 문제 포인트 파악
원소 고유의 스펙트럼을 이용하여 별의 구성 성분을 알아낼 수 있는 원리를 설명할 수 있어야 한다.

STEP 2 관련 개념 모으기

❶ 기체 A, B에서 관측되는 스펙트럼의 특징은?
➜ 방출 스펙트럼이 나타나며, 방출선의 파장은 각각 다르다.

❷ 별 S의 스펙트럼에서 관측되는 특징은?
➜ 연속 스펙트럼을 바탕으로 여러 개의 흡수선이 나타난다.

❸ 별 S에 존재하는 원소의 종류는?
➜ 별 S의 스펙트럼에 나타난 흡수선의 파장을 기체 A와 B의 방출선 파장과 비교하면 별 S에는 기체 A만 존재한다는 것을 알 수 있다.

예시 답안 별 S의 스펙트럼에서는 기체 A의 스펙트럼에서 관측된 방출선과 같은 파장의 흡수선이 관측되었지만, 기체 B의 스펙트럼에서 관측된 방출선과 같은 파장의 흡수선은 관측되지 않았다. 따라서 별 S의 대기에는 기체 A만 포함되어 있다.

채점 기준	배점(%)
별 S의 대기에 A가 존재한다는 사실을 선 스펙트럼의 파장과 관련 지어 옳게 설명한 경우	100
A만 존재한다고 설명한 경우	40

263

답 ㉠ 수소, ㉡ 헬륨

태양을 구성하는 주요 원소 중 수소가 가장 많은 비율을 차지하며, 그 다음으로 많은 것은 헬륨이다.

264

서술형 해결 전략

STEP 1 문제 포인트 파악
태양을 구성하는 원소들이 어디에서 유래되었는지 설명할 수 있어야 한다.

STEP 2 관련 개념 모으기

❶ 태양을 구성하는 주요 원소는?
➜ 수소와 헬륨이 대부분을 차지하고, 산소, 탄소, 철 등이 일부 존재한다.

❷ 현재 태양 내부에서 일어나는 핵융합 반응의 종류는?
➜ 태양은 주계열성이므로 현재 수소 핵융합 반응이 일어난다.

❸ 헬륨보다 무거운 원소는 어디에서 유래되었을까?
➜ 산소, 탄소, 철 등은 모두 태양보다 질량이 큰 별의 진화 과정에서 만들어진 후 태양을 형성한 성간 물질에 포함된 것이다.

예시 답안 산소, 탄소, 철은 모두 별의 진화 과정에서 생성된 후 최종 단계에서 성간 물질에 포함되었다. 이후 이 성간 물질이 태양계 성운을 형성하였고, 원시 태양이 형성되는 과정에서 포함되었다.

채점 기준	배점(%)
산소, 탄소, 철이 별의 진화 과정에서 생성되어 성간 물질에 포함되었고, 태양계 성운에서 원시 태양이 형성되었음을 모두 설명한 경우	100
산소, 탄소, 철이 별의 진화 과정에서 생성되었다고만 설명한 경우	50

265

답 (가) → (다) → (나), ㉠ 중력, ㉡ 마그마 바다

우리은하의 나선팔에 위치한 성간 물질이 중력 수축하여 원시 태양과 원시 원반을 형성하였다. 원시 원반에서 미행성체가 충돌하여 원시 지구가 형성되었고, 마그마 바다 상태를 거쳐 지구의 층상 구조가 형성되었다.

266

서술형 해결 전략

STEP 1 문제 포인트 파악
원자의 전자 배치 모형을 통해 원소를 파악하고 주기율표에서의 위치를 알아야 한다.

STEP 2 관련 개념 모으기

❶ 주기율표란?
➜ 원소를 원자 번호 순서와 화학적 성질을 기준으로 배열하여 만든 원소 분류표이다.

❷ 전자 껍질이란?
➜ 전자가 운동하는 특정한 에너지 준위의 궤도로, 전자는 원자핵과 가까운 안쪽의 전자 껍질부터 차례로 배치된다.

❸ 원자가 전자란?
➜ 원자의 전자 배치에서 가장 바깥 전자 껍질에 채워진 전자로, 화학 결합과 화학적 성질에 관여한다.

예시 답안 플루오린은 2주기 17족, 염소는 3주기 17족에 속한다., 전자가 들어 있는 전자 껍질 수가 플루오린은 2이므로 2주기 원소이고, 염소는 3이므로 3주기 원소이다. 또 플루오린과 염소는 원자가 전자 수가 7이므로 17족 원소이다.

채점 기준	배점(%)
플루오린과 염소가 속한 주기와 족을 쓰고 그 까닭을 주어진 단어를 모두 포함하여 옳게 설명한 경우	100
플루오린과 염소가 속한 주기와 족만 옳게 쓴 경우	40

267

STEP 1 문제 포인트 파악

원소의 전자 배치 설명을 통해 원소를 파악하고 화합물 형성 과정과 형성한 화합물의 특징을 알아야 한다.

STEP 2 관련 개념 모으기

❶ 화학 결합의 원리란?

→ 18족 원소에 속하지 않는 원소들은 가장 바깥 전자 껍질에 18족 원소와 같이 전자를 채워 안정한 전자 배치를 가지려는 경향이 있어서 전자를 잃거나 얻어서 또는 원자들끼리 전자를 공유하여 화학 결합을 형성한다.

❷ 이온 결합 물질의 전기 전도성은?

→ 고체 상태에서 양이온과 음이온이 강하게 결합하고 있어 이온의 이동이 어려우므로 전기 전도성이 없다. 수용액 상태에서는 양이온과 음이온이 자유롭게 이동할 수 있어 전기 전도성이 있다.

예시 답안 BA_2, A는 원자가 전자 수가 7이므로 전자 1개를 얻어 A^-이 되고, B는 원자가 전자 수가 2이므로 전자 2개를 잃어 B^{2+}이 된다. 두 이온은 정전기적 인력으로 결합해 이온 결합 물질을 형성하므로 고체 상태에서는 전기 전도성이 없고, 수용액 상태에서는 전기 전도성이 있다.

채점 기준	배점(%)
물질의 화학식을 쓰고, 이 물질의 고체와 수용액 상태에서의 전기 전도성을 옳게 설명한 경우	100
물질의 화학식은 썼지만, 고체와 수용액 상태에서의 전기 전도성을 설명하지 못한 경우	50
물질의 화학식은 쓰지 못했지만 이 물질의 고체와 수용액 상태에서의 전기 전도성을 옳게 설명한 경우	50

268

STEP 1 문제 포인트 파악

이온 결합 물질과 공유 결합 물질의 특성을 파악해야 한다.

STEP 2 관련 개념 모으기

❶ 이온 결합 물질의 전기 전도성은?

→ 고체 상태에서는 양이온과 음이온이 강하게 결합하고 있어 이온의 이동이 어려우므로 전기 전도성이 없다. 액체와 수용액 상태에서는 양이온과 음이온이 자유롭게 이동할 수 있어 전기 전도성이 있다.

❷ 공유 결합 물질의 전기 전도성은?

→ 고체 상태일 때 중성인 분자로 이루어져 있으므로 전기 전도성이 없다. 또한, 물에 녹여도 대부분 이온으로 나누어지지 않고 분자 상태로 존재하므로 전기 전도성이 없다.

설탕은 공유 결합 물질이고, 염화 나트륨은 이온 결합 물질이므로 수용액 상태에서 전기 전도성이 없으면 설탕, 있으면 염화 나트륨이다.

예시 답안 (가) 2개의 비커에 증류수를 각각 100 mL씩 넣는다.
(나) (가)의 비커에 설탕과 염화 나트륨 10 g씩을 각각 넣어 모두 녹인다.
(다) (나)에서 만든 수용액의 전기 전도성을 측정한다.

채점 기준	배점(%)
전기적 성질을 이용하여 설탕과 염화 나트륨을 구별할 수 있는 실험을 옳게 설계한 경우	100
전기적 성질을 이용하여 설탕과 염화 나트륨을 구별할 수 있는 실험을 설계했으나 그 과정이 미흡한 경우	30

269 답 ③

ㄱ. A 시기는 불투명한 우주이므로 이 시기의 빛이 지구에 도달할 수 없다. 따라서 현재 지구에서는 A 시기의 빛을 관측할 수 없다.

ㄴ. 헬륨보다 무거운 원소는 별의 진화 과정에서 생성되므로 B 시기에 생성될 수 있다.

오답 피하기 ㄷ. 우주가 팽창함에 따라 우주의 평균 밀도는 감소한다. 따라서 우주의 평균 밀도는 A 시기가 B 시기보다 크다.

270 답 ①

ㄱ. ㉠은 산소, ㉡은 규소, ㉢은 철이다. 생명체에는 산소와 탄소가 풍부하고 철은 상대적으로 희박하다.

오답 피하기 ㄴ. 철은 지구에 가장 풍부한 원소이지만, 태양계를 형성한 성운에 가장 풍부한 원소는 수소이다.

ㄷ. (가)에서 별의 중심으로 갈수록 더 무거운 원소가 존재하며, 무거운 원소일수록 나중에 생성된다. 따라서 생성 순서는 ㉠ → ㉡ → ㉢이다.

271 답 ①

화합물의 화학식 찾기

화합물	(가)	(나)
화학식의 구성 원자 수	2	3
원자 수 비	A B	A C
화학식	AB	C_2A

• A~C는 각각 O, H, Mg 중 하나이고, (가)는 수용액 상태에서 전기 전도성이 있다. → A~C는 각각 O, Mg, H이고, AB는 MgO, C_2A는 H_2O이다.

A~C는 각각 산소(O), 마그네슘(Mg), 수소(H)이고, (가)인 AB는 산화 마그네슘(MgO), (나)인 C_2A는 물(H_2O)이다.

ㄱ. (가)는 MgO이므로 이온 결합 물질이다.

오답 피하기 ㄴ. (나)에서 A는 전자쌍 2개를 공유하므로 네온(Ne)과 전자 배치가 같고, C는 전자쌍 1개를 공유하므로 헬륨(He)과 전자 배치가 같다.

ㄷ. 고체 상태에서는 (가)와 (나) 모두 전기 전도성이 없다.

272 답 ⑤

X는 고체와 수용액 상태에서 전류가 흐르지 않았으므로 공유 결합 물질인 설탕이고, Y와 Z는 수용액 상태에서 전류가 흐르므로 이온 결합 물질인 염화 나트륨과 염화 칼슘 중 하나이다.

ㄴ. Y 수용액은 전류가 흐르므로 수용액 속에 이온이 존재한다.

ㄷ. Z는 이온 결합 물질이므로 양이온과 음이온 사이에 정전기적 인력이 작용해 형성된 물질이다.

오답 피하기 ㄱ. X는 설탕이다.

2. 자연의 구성 물질

 지각과 생명체의 구성 물질

개념 확인 문제 ● 67쪽

273 ○   274 ×   275 ×   276 ㉠   277 ㉢
278 ㉤   279 ㉣   280 ㉡   281 ×   282 ○
283 ○   284 뉴클레오타이드   285 이중나선
286 타이민(T)   287 유라실(U)

273   답 ○

규산염 광물의 기본 단위체는 규소와 산소로 이루어진 규산염 사면체이다.

274   답 ×

규산염 사면체는 중심부에 있는 규소 원자 1개가 산소 원자 4개와 공유 결합 한 물질이다.

275   답 ×

규산염 사면체는 이웃한 다른 규산염 사면체와 산소를 공유하면서 결합하며, 공유하는 산소의 개수에 따라 다양한 결합 구조가 나타난다.

276   답 ㉠

석영은 규산염 사면체가 망상 구조로 결합한 규산염 광물이다.

277   답 ㉢

휘석은 규산염 사면체가 단사슬 구조로 결합한 규산염 광물이다.

278   답 ㉤

각섬석은 규산염 사면체가 복사슬 구조로 결합한 규산염 광물이다.

279   답 ㉣

감람석은 규산염 사면체가 독립형 구조를 이루고 있는 규산염 광물이다.

280   답 ㉡

흑운모는 규산염 사면체가 판상 구조로 결합한 규산염 광물이다.

281   답 ×

단백질의 기본 단위체는 아미노산이며, 뉴클레오타이드는 핵산의 기본 단위체이다.

282   답 ○

단백질의 기본 단위체는 아미노산이며, 단백질은 수많은 아미노산이 펩타이드결합으로 연결되어 형성된다.

283   답 ○

단백질의 기본 단위체는 아미노산이다. 단백질은 아미노산의 종류와 개수, 배열 순서에 따라 입체 구조가 달라지며, 이 입체 구조에 따라 기능이 결정되어 다양한 종류의 단백질이 만들어진다.

284   답 뉴클레오타이드

핵산의 기본 단위체는 인산, 당, 염기가 1 : 1 : 1로 결합한 뉴클레오타이드이다.

285   답 이중나선

DNA는 두 가닥의 폴리뉴클레오타이드가 꼬여 있는 이중나선구조이다.

286   답 타이민(T)

DNA에서 한쪽 가닥의 아데닌(A)은 항상 다른 쪽 가닥의 타이민(T)과 상보적으로 결합한다.

287   답 유라실(U)

RNA를 구성하는 염기에는 아데닌(A), 구아닌(G), 사이토신(C), 유라실(U)의 4종류가 있다.

기출 분석 문제 ● 68쪽 ~ 71쪽

288 ⑤   289 ③   290 ③   291 ①   292 ②
293 해설 참조   294 ④   295 ③   296 ⑤
297 해설 참조   298 ③   299 ②   300 ②
301 ③   302 해설 참조   303 해설 참조
304 ④

288

답 ⑤

자료 분석하기 규산염 사면체

- ㉠ 산소
- ㉡ 규소
- 규산염 사면체

- 규산염 사면체는 중심부에 있는 규소 원자 1개가 산소 원자 4개와 공유 결합 한 물질이다. → ㉠은 산소, ㉡은 규소이다.
- 지각을 이루는 암석은 광물로 구성되어 있고, 광물의 대부분은 규산염 광물이 차지하고 있다. → 지각을 구성하는 원소의 질량비는 산소가 가장 높고, 그다음으로 규소가 높다.

ㄱ. (가)는 규산염 광물의 기본 단위체인 규산염 사면체이다.

ㄴ. 규소(㉡)는 14족 원소로, 원자가 전자가 4개이므로 최대 4개의 산소(㉠)와 결합할 수 있다.

ㄷ. 지각을 구성하는 원소의 질량비는 산소(㉠)가 규소(㉡)보다 높다.

289

답 ③

ㄷ. 규산염 사면체는 이웃한 다른 규산염 사면체와 산소를 공유하면서 결합하며, 공유하는 산소의 개수에 따라 판상 구조, 단사슬 구조, 복사슬 구조 등과 같은 다양한 결합 구조가 나타난다.

오답 피하기 ㄱ. ㉠은 산소이다.

ㄴ. 석영은 규산염 사면체가 망상 구조로 결합한 규산염 광물이다. 규산염 사면체가 독립적으로 존재(ⓐ)하는 규산염 광물에는 감람석이 있다.

290

답 ③

(가)는 규산염 사면체가 두 줄로 길게 결합한 복사슬 구조이며, 각섬석은 복사슬 구조를 갖는 규산염 광물이다. (나)는 규산염 사면체가 입체적으로 결합한 망상 구조이며, 석영은 망상 구조를 갖는 규산염 광물이다. (다)는 규산염 사면체가 서로 결합하지 않고 독립적으로 존재하는 독립형 구조이며, 감람석은 독립형 구조를 갖는 규산염 광물이다. 휘석은 단사슬 구조, 흑운모는 판상 구조, 장석은 망상 구조를 갖는 규산염 광물이다.

개념 더하기 규산염 사면체의 결합 구조

독립형 구조	단사슬 구조	복사슬 구조	판상 구조	망상 구조
감람석	휘석	각섬석	흑운모	석영, 장석
규산염 사면체가 독립적으로 존재함.	규산염 사면체가 한 줄로 길게 결합함.	규산염 사면체가 두 줄로 길게 결합함.	규산염 사면체가 얇은 판 모양으로 결합함.	규산염 사면체가 입체적으로 결합함.

291

답 ①

ㄱ. (가)는 규산염 사면체가 한 줄로 길게 결합한 단사슬 구조이다.

오답 피하기 ㄴ. (나)는 규산염 사면체가 얇은 판 모양으로 결합한 판상 구조이다. 판상 구조를 갖는 규산염 광물에는 흑운모가 있으며, 각섬석은 규산염 사면체가 두 줄로 길게 결합한 복사슬 구조를 갖는다.

ㄷ. 규산염 사면체의 결합 구조에 따라 규산염 광물의 구조와 특징이 달라져 다양한 규산염 광물이 만들어진다.

292

답 ②

ㄴ. (나)는 규산염 사면체가 한 줄로 길게 결합한 단사슬 구조를 가지므로 휘석이다. 휘석(나)은 기둥 모양(㉠)으로 결정이 형성된다.

오답 피하기 ㄱ. (가)는 규산염 사면체가 얇은 판 모양으로 결합한 판상 구조를 가지므로 흑운모이다.

ㄷ. (다)는 석영이다. 석영(다)은 규산염 사면체가 망상 구조로 결합한 규산염 광물이다. 규산염 사면체가 독립적으로 존재하는 규산염 광물은 감람석이다.

293

(나)는 규산염 사면체가 망상 결합 구조로 결합하고 있으므로 장석이고, (다)는 규산염 사면체가 복사슬 결합 구조로 결합하고 있으므로 각섬석이다. 따라서 (가)는 규산염 사면체가 독립적으로 존재하는 감람석이다.

예시 답안 (가) 감람석, (나) 장석, (다) 각섬석, 감람석(가)은 규산염 사면체가 독립적으로 존재해 잘 깨지고 풍화에 약하다. 장석(나)은 규산염 사면체가 입체적으로 결합한 형태로, 풍화에 강하다. 각섬석(다)은 규산염 사면체가 두 줄로 길게 결합한 형태로, 기둥 모양으로 결정이 형성된다.

채점 기준	배점(%)
(가)~(다)가 무엇인지 쓰고, (가)~(다)의 특징을 결합 구조와 관련 지어 모두 옳게 설명한 경우	100
(가)~(다)가 무엇인지만 옳게 쓴 경우	30

294

답 ④

ㄴ. 생명체를 구성하는 물질 중 물을 제외하고 탄수화물, 단백질, 지질, 핵산 등과 같은 물질은 모두 탄소(㉠) 원자를 중심으로 수소, 산소, 질소 등의 원소가 결합한 탄소 화합물(ⓐ)이다.

ㄷ. 생명체를 구성하는 원소의 질량비는 산소가 탄소(㉠)보다 높다.

오답 피하기 ㄱ. ㉠은 탄소이다.

295

답 ③

ㄱ. 단백질의 기본 단위체는 아미노산(㉠)이며, 단백질은 수많은 아미노산(㉠)으로 이루어져 있다.

ㄷ. 아미노산(㉠)의 종류와 개수, 배열 순서에 따라 단백질의 입체 구조가 달라지며, 이 입체 구조에 따라 기능이 결정되어 다양한 종류의 단백질이 만들어진다.

오답 피하기 ㄴ. 수많은 아미노산(㉠)이 펩타이드결합으로 연결되어 폴리펩타이드(㉡)가 되며, 폴리펩타이드(㉡)가 구부러지고 접혀 고유한 입체 구조를 형성하면서 단백질이 된다.

296
답 ⑤

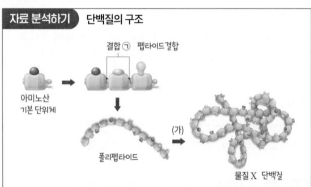

자료 분석하기 **단백질의 구조**

결합 ㉠ 펩타이드결합

아미노산
기본 단위체

폴리펩타이드

(가)

물질 X 단백질

• 아미노산은 단백질의 기본 단위체이다. ➡ X는 단백질이다.
• 이웃한 2개의 아미노산은 아미노산과 아미노산 사이에서 물이 빠져나가면서 형성되는 펩타이드결합으로 연결된다. ➡ ㉠은 펩타이드결합이다.
• 수많은 아미노산이 펩타이드결합(㉠)으로 길게 연결되어 폴리펩타이드가 형성되며, 폴리펩타이드가 구부러지고 접혀 입체 구조를 형성하면서 단백질(X)이 된다.

ㄱ. 생명체에서 단백질(X)은 효소와 호르몬의 주성분으로 이용되어 몸속에서 일어나는 여러 화학 반응을 조절하고, 생명활동이 원활하게 일어나도록 해 준다.

ㄴ. 수많은 아미노산이 길게 연결된 폴리펩타이드가 (가)에서 구부러지고 접혀 고유한 입체 구조를 형성하면서 단백질(X)이 된다.

ㄷ. ㉠은 펩타이드결합으로, 아미노산과 아미노산 사이에서 물이 빠져나가면서 형성된다.

297

단백질의 기본 단위체는 아미노산이며, 아미노산의 종류와 개수, 배열 순서에 따라 구조와 기능이 서로 다른 단백질이 만들어진다.

예시 답안 (가)와 (나)를 구성하는 ㉠~㉢의 개수를 모두 더한 값이 서로 다르므로 단백질을 구성하는 아미노산의 개수와 배열 순서가 서로 달라 (가)와 (나)는 입체 구조가 서로 다르다.

채점 기준	배점(%)
(가)와 (나)는 아미노산의 개수와 배열 순서가 다르므로 입체 구조가 서로 다르다는 것을 옳게 설명한 경우	100
(가)와 (나)는 입체 구조가 서로 다르다는 것만 설명한 경우	50

298
답 ③

ㄱ. 단백질과 핵산은 모두 탄소 원자를 중심으로 여러 원소가 결합한 탄소 화합물이다.

ㄴ. 단백질은 기본 단위체인 아미노산이 반복적으로 결합해 형성되며, 핵산은 기본 단위체인 뉴클레오타이드가 반복적으로 결합해 형성된다.

오답 피하기 ㄷ. 단백질은 수많은 아미노산이 펩타이드결합으로 연결되어 형성되며, 핵산은 수많은 뉴클레오타이드가 인산과 당 사이의 공유 결합으로 연결되어 형성된다.

299
답 ②

핵산에는 DNA와 RNA가 있으며, DNA는 유전정보를 저장하고 자손에게 전달하며, RNA는 세포 내에서 DNA의 유전정보를 전달하거나 단백질을 합성하는 과정에 관여한다. 따라서 (가)는 DNA이고, (나)는 RNA이다.

ㄷ. 핵산의 기본 단위체인 뉴클레오타이드(㉠)는 인산, 당, 염기(㉡)로 구성된다. RNA(나)를 구성하는 염기(㉡)에는 아데닌(A), 구아닌(G), 사이토신(C), 유라실(U)이 있다.

오답 피하기 ㄱ. (가)는 DNA이고, (나)는 RNA이다.

ㄴ. ㉠은 핵산의 기본 단위체인 뉴클레오타이드이다.

300
답 ②

ㄴ. 타이민(T)은 DNA를 구성하는 염기이므로 ㉠은 DNA를 구성하는 기본 단위체이다.

오답 피하기 ㄱ. DNA를 구성하는 당은 디옥시라이보스이다.

ㄷ. 타이민(T)을 염기로 갖는 뉴클레오타이드는 아데닌(A)을 염기로 갖는 뉴클레오타이드와 상보적으로 결합한다.

301
답 ③

ㄱ. 뉴클레오타이드는 인산, 당, 염기가 1 : 1 : 1로 결합한 물질이므로 ㉠은 인산이다.

ㄷ. (가)에서 하나의 뉴클레오타이드에 포함된 인산이 다른 뉴클레오타이드의 당과 공유 결합 하여 연결되며, 수많은 뉴클레오타이드가 공유 결합으로 연결되어 긴 가닥의 폴리뉴클레오타이드(X)가 만들어진다.

오답 피하기 ㄴ. X는 폴리뉴클레오타이드이다.

302

(가)는 단일 가닥 구조인 RNA이고, (나)는 이중나선구조인 DNA이다.

예시 답안 (나), DNA(나)를 구성하는 염기에는 아데닌(A), 구아닌(G), 사이토신(C), 타이민(T)이 있고, RNA(가)를 구성하는 염기에는 아데닌(A), 구아닌(G), 사이토신(C), 유라실(U)이 있기 때문이다.

채점 기준	배점(%)
(나)를 쓰고, 그 까닭을 DNA와 RNA의 염기 종류와 관련지어 옳게 설명한 경우	100
(나)만 쓴 경우	30

303

㉠은 사이토신(C)이다.

예시 답안 15, DNA를 이루는 두 가닥의 폴리뉴클레오타이드에서 한쪽 가닥의 구아닌(G)은 항상 다른 쪽 가닥의 사이토신(C)과 상보적으로 결합하므로 사이토신(C, ㉠)의 개수는 구아닌(G)의 개수와 같은 15이다.

채점 기준	배점(%)
15를 쓰고, ㉠의 개수를 DNA에서 사이토신(C)과 구아닌(G)의 상보적 결합과 관련지어 옳게 설명한 경우	100
15만 쓴 경우	30

304 필수 유형

답 ④

자료 분석하기 DNA의 구조

이중나선구조의 DNA

- (가)는 두 가닥의 폴리뉴클레오타이드가 꼬여 있는 이중나선구조이다. → (가)는 DNA이다.
- DNA를 이루는 두 가닥의 폴리뉴클레오타이드는 염기 사이의 결합으로 연결되는데, 한쪽 가닥의 아데닌(A)은 항상 다른 쪽 가닥의 타이민(T)과, 구아닌(G)은 항상 사이토신(C)과 상보적으로 결합한다. → ㉠은 타이민(T)이다.

ㄱ. (가)는 두 가닥의 폴리뉴클레오타이드가 꼬여 있는 이중나선구조이다.

ㄷ. 핵산의 기본 단위체는 뉴클레오타이드이며, 뉴클레오타이드는 인산, 당, 염기가 1 : 1 : 1로 결합한 물질이다. 따라서 ㉠은 뉴클레오타이드를 구성하는 염기이고, ㉡은 당이다.

오답 피하기 ㄴ. DNA(가)에서 한쪽 가닥의 아데닌(A)은 항상 다른 쪽 가닥의 타이민(T)과 상보적으로 결합하므로 ㉠은 타이민(T)이다. 타이민(T)은 DNA에는 있지만, RNA에는 없는 염기이다.

1등급 완성 문제 ● 72쪽 ~ 73쪽

305 ② **306** ① **307** ⑤ **308** ⑤ **309** ②
310 ⑤ **311** 해설 참조 **312** 해설 참조
313 해설 참조

305

답 ②

자료 분석하기 지각과 사람을 구성하는 원소의 질량비

지각을 구성하는 원소의 질량비 —— (가)
(나) —— 사람을 구성하는 원소의 질량비

- (가)에는 알루미늄이 있고, (나)에는 탄소가 있으므로 (가)는 지각을 구성하는 원소의 질량비이고, (나)는 사람을 구성하는 원소의 질량비이다.
- 지각을 구성하는 원소의 질량비는 산소가 규소보다 높다. → ㉠은 산소, ㉡은 규소이다. 따라서 ㉢은 수소이다.

ㄷ. 규소(㉡)는 원자가 전자가 4개이므로 최대 4개의 원자와 결합할 수 있다.

오답 피하기 ㄱ. 규산염 사면체는 산소(㉠)와 규소(㉡)로 이루어져 있다.

ㄴ. (가)는 지각을 구성하는 원소의 질량비를 나타낸 것이다.

306

답 ①

ㄱ. (나)는 규산염 사면체가 얇은 판 모양으로 결합한 판상 구조이며, 이러한 결합 구조를 갖는 규산염 광물은 흑운모이다. 따라서 X는 흑운모이며, 흑운모(X)는 이러한 결합 구조로 인해 판 모양으로 쌓인 부분을 따라 얇게 쪼개지는 특징을 갖는다.

오답 피하기 ㄴ. 규산염 사면체는 중심부에 있는 규소 원자 1개가 산소 원자 4개와 결합하고 있으므로 ㉠은 규소이다. 지각을 구성하는 원소의 질량비는 산소가 가장 높다.

ㄷ. 규산염 사면체(가)는 이웃한 다른 규산염 사면체와 산소를 공유하며 결합한다.

307

답 ⑤

ㄱ. DNA는 유전정보를 저장하며, 단백질은 호르몬, 효소 등의 주성분이므로 (가)는 DNA, (나)는 단백질이다. 따라서 ㉠은 '×', ㉡은 '○'이다.

ㄴ. DNA(가)는 두 가닥의 폴리뉴클레오타이드가 꼬여 있는 이중나선구조이다.

ㄷ. 단백질(나)은 기본 단위체인 아미노산의 종류와 개수, 배열 순서에 따라 입체 구조가 달라지며, 이 입체 구조에 따라 기능이 결정된다.

308

답 ⑤

ㄴ. A와 B는 단백질의 기본 단위체인 아미노산이며, (가)는 A와 B를 비롯한 수많은 아미노산이 펩타이드결합으로 연결되어 있는 폴리펩타이드이다.

ㄷ. ㉡에서 폴리펩타이드(가)가 구부러지고 접혀 입체 구조를 형성해 단백질 X가 된다.

오답 피하기 ㄱ. ㉠에서 아미노산(A)과 아미노산(B) 사이에서 공유결합인 펩타이드결합이 형성된다.

309

답 ②

(가)는 이중나선구조이므로 DNA이고, (나)는 기본 단위체가 아미노산인 폴리펩타이드이다.

ㄷ. DNA(가)는 유전정보를 저장하고, 자손에게 전달한다.

오답 피하기 ㄱ. DNA의 이중나선구조에서 한쪽 가닥의 구아닌(G)은 다른 쪽 가닥의 사이토신(C)과 상보적으로 결합한다. 따라서 ㉠은 구아닌(G)이다.

ㄴ. 폴리펩타이드는 여러 아미노산이 펩타이드결합으로 연결되어 형성된다. (나)는 11개의 아미노산으로 이루어져 있으므로 (나)에는 10개의 펩타이드결합이 있다.

310

자료 분석하기 생명체 구성 물질의 특징

구분	㉠	㉡	㉢	특징(㉠~㉢)
A	×	○	○	• 핵산에 속한다. ㉢
B	×	?○	?○	• 탄소 화합물이다. ㉡
단백질 C	○	?○	×	• 기본 단위체가 ⓐ이다. ㉠

(○: 있음, ×: 없음.)

　　　　(가)　　　　　　　　　　　　　(나)

• 단백질, DNA, RNA는 모두 탄소 원자를 중심으로 수소, 산소, 질소 등의 원소가 결합한 탄소 화합물이다. → '탄소 화합물이다.'는 ㉡이다.
• DNA와 RNA는 모두 핵산에 속하지만 단백질은 핵산에 속하지 않는다. → '핵산에 속한다.'는 ㉢이다. 따라서 A와 B는 각각 DNA와 RNA 중 하나이고, C는 단백질이다.
• '기본 단위체가 ⓐ이다.'는 ㉠이다.

ㄱ. A는 DNA 또는 RNA이며, 핵산의 기본 단위체인 뉴클레오타이드는 인산, 당, 염기가 1 : 1 : 1로 결합한 물질이므로 A에는 염기가 있다.

ㄴ. '기본 단위체가 ⓐ이다.'는 ㉠이고, ㉠은 단백질(C)만 갖는 특징이므로 ⓐ는 단백질(C)의 기본 단위체인 아미노산이다.

ㄷ. 생명체에서 단백질(C)은 항체의 주성분으로 이용되어 면역반응을 돕는다.

311

STEP 1 문제 포인트 파악
규산염 사면체의 구조와 규산염 광물이 만들어지는 원리를 파악할 수 있어야 한다.

STEP 2 관련 개념 모으기
❶ 규산염 사면체는?
→ 중심부에 있는 규소 원자 1개가 산소 원자 4개와 공유 결합 한 물질로, 규산염 광물의 기본 단위체이다.
❷ 규산염 사면체 사이의 결합 규칙성은?
→ 규산염 사면체는 독립적으로 존재하거나 다른 규산염 사면체와 결합하여 다양한 종류의 규산염 광물을 이루는데, 이때 규산염 사면체는 이웃한 다른 규산염 사면체와 산소를 공유하면서 결합한다.
❸ 다양한 종류의 규산염 광물이 형성되는 원리는?
→ 규산염 사면체가 이웃한 다른 규산염 사면체와 결합할 때 공유하는 산소의 개수에 따라 다양한 결합 구조가 나타나며, 규산염 사면체의 결합 구조에 따라 특징이 서로 다른 다양한 종류의 규산염 광물이 만들어진다.

예시 답안 ㉠ 산소, ㉡ 규소, 규산염 사면체는 독립적으로 존재하거나, 다른 규산염 사면체와 산소를 공유하면서 결합한다. 이때 공유하는 산소의 개수에 따라 다양한 결합 구조가 나타나며, 규산염 사면체의 결합 구조에 따라 특징이 서로 다른 다양한 종류의 규산염 광물이 만들어진다.

채점 기준	배점(%)
㉠과 ㉡이 무엇인지 쓰고, 규산염 사면체의 다양한 결합 구조에 따라 다양한 종류의 규산염 광물이 만들어진다고 옳게 설명한 경우	100
㉠과 ㉡이 무엇인지만 옳게 쓴 경우	30

312

STEP 1 문제 포인트 파악
DNA와 RNA의 구조적인 특징을 파악할 수 있어야 한다.

STEP 2 관련 개념 모으기
❶ DNA와 RNA에 있는 염기는?
→ DNA를 구성하는 염기에는 아데닌(A), 구아닌(G), 사이토신(C), 타이민(T)의 4종류가 있고, RNA를 구성하는 염기에는 아데닌(A), 구아닌(G), 사이토신(C), 유라실(U)의 4종류가 있다.
❷ DNA를 이루는 두 가닥의 폴리뉴클레오타이드에서 염기 간 상보적 결합으로 알 수 있는 사실은?
→ DNA에서 한쪽 가닥의 아데닌(A)은 항상 다른 쪽 가닥의 타이민(T)과, 구아닌(G)은 항상 사이토신(C)과 상보적으로 결합한다. 따라서 DNA를 구성하는 아데닌(A)의 비율은 타이민(T)의 비율과 같고, 구아닌(G)의 비율은 사이토신(C)의 비율과 같다.
❸ DNA와 RNA의 구조는?
→ DNA는 두 가닥의 폴리뉴클레오타이드가 꼬여 있는 이중나선구조이고, RNA는 한 가닥의 폴리뉴클레오타이드로 이루어진 단일 가닥 구조이다.

(나)에 유라실(U)이 있으므로 (나)는 RNA이고, ㉡과 ㉢은 구아닌(G) 또는 사이토신(C)이다. 따라서 ㉠이 타이민(T)이므로 (가)는 DNA이다.

예시 답안 ㉠ 타이민(T), ㉡ 사이토신(C), ㉢ 구아닌(G), (가)는 두 가닥의 폴리뉴클레오타이드가 꼬여 있는 이중나선구조이고, (나)는 한 가닥의 폴리뉴클레오타이드로 이루어진 단일 가닥 구조이다.

채점 기준	배점(%)
㉠~㉢이 무엇인지 쓰고, (가)와 (나)의 구조적인 차이점을 옳게 설명한 경우	100
㉠~㉢이 무엇인지만 옳게 쓴 경우	30

313

STEP 1 문제 포인트 파악
DNA와 단백질을 구성하는 기본 단위체와 구조적인 특징을 파악할 수 있어야 한다.

STEP 2 관련 개념 모으기
❶ DNA의 기본 단위체는?
→ 인산, 당, 염기가 1 : 1 : 1로 결합한 뉴클레오타이드이다.
❷ 단백질의 기본 단위체는?
→ 아미노산이다.
❸ DNA와 단백질의 구조적인 공통점은?
→ DNA와 단백질은 모두 수많은 기본 단위체가 반복적으로 결합해 만들어진다.

예시 답안 (가)의 기본 단위체: 아미노산, (나)의 기본 단위체: 뉴클레오타이드, 단백질(가)과 DNA(나)는 모두 수많은 기본 단위체가 반복적으로 결합해 만들어진 물질이다.

채점 기준	배점(%)
(가)와 (나)의 기본 단위체를 쓰고, (가)와 (나)의 공통점을 기본 단위체가 결합하여 만들어진 물질이라고 옳게 설명한 경우	100
(가)와 (나)의 기본 단위체만 옳게 쓴 경우	30

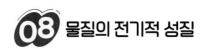

08 물질의 전기적 성질

개념 확인 문제 ● 75쪽

314 도체	**315** 크다	**316** 반도체	**317** 크다	**318** 3
319 전자	**320** ○	**321** ✕	**322** ○	**323** ㉢
324 ㉡	**325** ㉠			

314
답 도체

도체는 자유 전자가 많아서 전류가 잘 흐른다.

315
답 크다

전기 전도도는 도체가 부도체보다 크다.

316
답 반도체

전기 전도도가 도체와 부도체의 중간인 물질은 반도체이다.

317
답 크다

순수 반도체에 소량의 불순물을 섞으면 순수 반도체보다 전기 전도도가 커진다.

318
답 3

p형 반도체는 주로 양공이 전류를 흐르게 하므로 순수 반도체에 원자가 전자가 3개인 원소를 첨가한다.

319
답 전자

n형 반도체는 주로 전자가 전류를 흐르게 한다.

320
답 ○

전류를 한쪽 방향으로 흐르게 하는 것을 정류 작용이라고 한다.

321
답 ✕

트랜지스터는 불순물 반도체인 p형 반도체와 n형 반도체를 조합하여 만든 소자이다.

322
답 ○

발광 다이오드는 전기 신호를 빛 신호로 변환하는 데 이용된다.

323
답 ㉢

태양 전지는 p형 반도체와 n형 반도체를 접합한 기판에서 빛에너지를 전기 에너지로 전환하는 장치이다.

324
답 ㉡

절연 장갑은 전기가 잘 통하지 않는 부도체 재질로 만들어 감전 사고로부터 작업자를 보호한다.

325
답 ㉠

정전기 제거 패드는 도체로 만들어 사람 몸에 모인 전하가 손을 통해 이동하도록 한다.

기출 분석 문제 ● 76쪽 ~ 79쪽

326 ②	**327** ②	**328** 해설 참조	**329** ③
330 ④	**331** ㉠ 부도체, ㉡ 도체, ㉢ 반도체		**332** ①
333 ③	**334** ④	**335** ④	**336** 해설 참조
337 해설 참조	**338** ①	**339** ⑤	**340** ⑤
341 ③	**342** ⑤	**343** ④	

326
답 ②

도체 물질에는 구리, 철 등이 있고, 반도체 물질에는 규소, 저마늄 등이 있으며, 부도체 물질에는 고무, 유리, 플라스틱 등이 있다.

327
답 ②

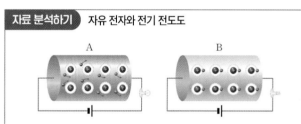

자료 분석하기 자유 전자와 전기 전도도

- A: 물질 내에 자유 전자가 많아 전류가 잘 흐른다.
  → 전기 전도도가 크다. → 도체
- B: 물질 내에 자유 전자가 거의 없어 전류가 흐르지 않는다.
  → 전기 전도도가 작다. → 부도체

ㄴ. A를 연결할 때가 B를 연결할 때보다 전류가 잘 흐르므로 전기 전도도는 A가 B보다 크다.

오답 피하기 ㄱ. A의 전자는 원자핵에 속박되지 않아 자유롭게 움직이며, 회로에 전류가 흘러 전구가 켜졌다. B의 전자는 원자핵에 속박되어 움직이지 못하며, 회로에 전류가 흐르지 않아 전구가 켜지지 않았다. 따라서 A는 도체, B는 부도체이다.

ㄷ. 철은 도체의 한 종류로 A에 해당한다.

328

유리는 전기가 잘 통하지 않는 부도체이고, 구리는 전기가 잘 통하는 도체이다.

예시 답안 (가)는 부도체, (나)는 도체이다. (나)의 전기 전도도가 (가)의 전기 전도도보다 크다.

채점 기준	배점(%)
(가), (나)의 물질 종류를 쓰고, 전기 전도도를 옳게 비교한 경우	100
전기 전도도만 옳게 비교한 경우	50
(가), (나)의 종류만 옳게 쓴 경우	30

329 답 ③

ㄱ. A를 연결할 때 전류가 흐르므로 A는 도체이다.

ㄴ. A는 도체, B는 부도체이므로 전기 전도도는 A가 B보다 크다.

오답 피하기 ㄷ. 자유 전자의 수는 도체인 A가 부도체인 B보다 많다.

330 답 ④

①, ② 도체는 자유 전자가 많아서 전기 전도도가 크고, 부도체는 자유 전자가 거의 없어 전기 전도도가 작다.

③ 반도체의 재료가 되는 규소(Si)는 지각을 구성하는 물질이다.

⑤ 피뢰침, 전선 케이블, 정전기 제거 패드 등은 전기가 잘 통하는 물질로 만든다.

오답 피하기 ④ 특정한 조건에 따라 전기적 성질을 바꿀 수 있는 것은 반도체의 특성이다.

331 답 ㉠ 부도체, ㉡ 도체, ㉢ 반도체

도체는 자유 전자가 많아 전류가 잘 흐르는 물질이다. 부도체는 전류가 잘 흐르지 않는 물질로 전기 안전 사고를 막는 절연 용도로 활용된다. 반도체는 불순물을 섞으면 전류가 잘 흐르는 물질이다.

332 답 ①

원자가 전자가 4개인 순수 반도체에 원자가 전자가 3개인 원소를 첨가하면 공유 결합 하는 전자가 부족해 양공이 생긴다. 따라서 A는 p형 반도체이다.

333 답 ③

ㄱ. 규소(Si)로만 이루어진 A는 순수 반도체이다.

ㄴ. 순수 반도체에 원자가 전자가 3개인 원소를 첨가한 B는 주로 양공이 전류를 흐르게 하는 p형 반도체이다.

오답 피하기 ㄷ. C는 n형 반도체로 주로 전자가 전류를 흐르게 한다.

334 필수 유형 답 ④

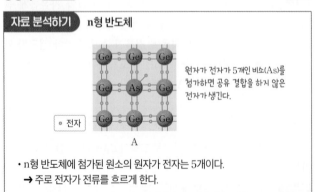

자료 분석하기　n형 반도체

원자가 전자가 5개인 비소(As)를 첨가하면 공유 결합을 하지 않은 전자가 생긴다.

• 전자

A

• n형 반도체에 첨가된 원소의 원자가 전자는 5개이다.
　➡ 주로 전자가 전류를 흐르게 한다.

ㄴ. n형 반도체는 주로 전자가 전류를 흐르게 한다.

ㄷ. 비소(As)의 원자가 전자는 5개이므로 A에는 공유 결합에 참여하지 않고 남는 전자가 생긴다.

오답 피하기 ㄱ. A는 저마늄(Ge)에 원자가 전자가 5개인 비소(As)를 첨가한 n형 반도체이다.

335 답 ④

ㄱ. 순수 반도체에 불순물을 첨가해 전기적 성질을 조절할 수 있다.

ㄴ. 자유 전자가 많아서 전류가 잘 흐르는 B는 도체이고 전류가 잘 흐르지 않는 C는 부도체이므로, 전기 전도도는 B가 C보다 크다.

오답 피하기 ㄷ. p형 반도체는 순수 반도체 A에 원자가 전자가 3개인 원소를 첨가한 것이다.

336

예시 답안 전기 전도도는 B가 A보다 크다.

채점 기준	배점(%)
전기 전도도를 옳게 비교한 경우	100
그 외의 경우	0

337

예시 답안 A는 전자가 공유 결합으로 원자에 속박되어 있어 전류가 흐르기 어렵고, B는 원자가 전자가 5개인 인(P)을 첨가하여 공유 결합을 하지 않은 전자가 이동하면서 전류를 흐르게 하기 때문이다.

채점 기준	배점(%)
주어진 단어 3가지를 모두 사용하여 까닭을 옳게 설명한 경우	100
까닭을 옳게 설명했으나 주어진 단어 중 2가지만 포함한 경우	70
까닭을 옳게 설명했으나 주어진 단어 중 1가지만 포함한 경우	40

338 답 ①

ㄱ. 다이오드는 전류를 한 방향으로 흐르게 하는 정류 작용을 한다.

오답 피하기 ㄴ. 트랜지스터는 작은 전기 신호를 크게 증폭하는 작용과 전류 흐름을 조절하는 스위치 작용을 한다.

ㄷ. 발광 다이오드는 전류를 한쪽 방향으로만 흐르게 하므로, 빛이 방출되는 전류의 방향이 정해져 있다.

339 답 ⑤

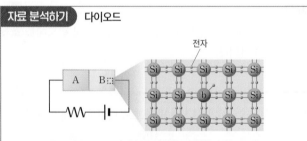

자료 분석하기　다이오드

전자

A　B

• p-n 접합 다이오드는 p형 반도체와 n형 반도체를 접합해서 만든다.
　➡ A, B는 각각 p형 반도체와 n형 반도체 중 하나이다.
• B의 원자 구조에서 공유 결합에 참여하지 않은 전자 1개가 남으므로 첨가한 불순물 b의 원자가 전자는 5개이다.
　➡ B는 n형 반도체이다. 따라서 A는 p형 반도체이다.

ㄱ. A는 원자가 전자가 3개인 불순물 a를 첨가한 p형 반도체이고, B는 원자가 전자가 5개인 불순물 b를 첨가한 n형 반도체이다.

ㄷ. 다이오드는 전류를 한쪽 방향으로만 흐르게 한다.

오답 피하기 ㄴ. B에는 공유 결합을 하지 않은 1개의 전자가 있으므로 b의 원자가 전자는 5개이다. p형 반도체인 A에 첨가한 불순물 a의 원자가 전자는 3개이다.

340 필수 유형   답 ⑤

A에서 출력된 전류는 A에 입력된 전류보다 진폭이 크므로 A는 증폭 작용을 하는 트랜지스터이다. B에서 출력된 전류는 한 방향으로만 흐르는 전류이므로 B는 정류 작용을 하는 다이오드이다.

341   답 ③

스마트 기기에서 반도체는 회로의 제어, 카메라 센서, 접거나 휘는 디스플레이, 데이터 송수신과 저장 등에 다양하게 쓰인다.

342   답 ⑤

ㄱ. 순수한 반도체에 해당하는 물질에는 규소(Si), 저마늄(Ge) 등이 있다.
ㄷ. p형 반도체와 n형 반도체로 만들어진 태양 전지의 기판에 빛을 비추면 빛 신호를 전기 신호로 변환한다.
오답 피하기 ㄴ. 순수 반도체에 원자가 전자가 3개인 원소를 첨가하면 p형 반도체가 만들어지고, 원자가 전자가 5개인 원소를 첨가하면 n형 반도체가 만들어진다.

343   답 ④

(가)는 발광 다이오드, (나)는 트랜지스터, (다)는 집적 회로이다.
ㄱ. 발광 다이오드는 전류가 흐르면 빛을 방출하므로 조명이나 다양한 영상 표현 장치에 이용된다.
ㄷ. 집적 회로에는 약한 신호를 큰 신호로 바꿀 수 있는 트랜지스터가 포함되어 있으며, 대용량의 데이터를 처리하고 저장하는 데 이용된다.
오답 피하기 ㄴ. 트랜지스터는 p형 반도체와 n형 반도체를 조합해 만든다.

![1등급 완성 문제] ● 80쪽 ~ 81쪽

| 344 ⑤ | 345 ④ | 346 ③ | 347 ① | 348 ⑤ |
| 349 ① | 350 해설 참조 | | 351 해설 참조 | |

344

ㄴ. B는 반도체이다. 규소(Si)는 반도체에 해당한다.
ㄷ. 불순물을 첨가하여 전기적인 특성을 변화시킬 수 있는 물질은 반도체이다.
오답 피하기 ㄱ. A는 부도체, B는 반도체, C는 도체이다. 따라서 자유 전자의 개수는 A가 C보다 적다.

345   답 ④

자료 분석하기 공유 결합과 불순물 반도체

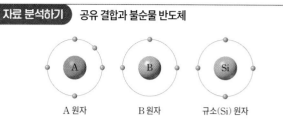

A 원자   B 원자   규소(Si) 원자

• 규소(Si)는 원자가 전자 4개로 이웃한 원자와 공유 결합을 하는 순수 반도체이다.
• 순수 반도체에 원자가 전자가 3개인 B를 첨가하면 공유 결합에 전자 1개가 부족하게 되어 양공이 생긴다. → 규소+B → p형 반도체
• 순수 반도체에 원자가 전자가 5개인 A를 첨가하면 공유 결합을 하고 전자 1개가 남게 된다. → 규소+A → n형 반도체

p형 반도체는 원자가 전자가 4개인 순수 반도체인 규소(Si)에 원자가 전자가 3개인 B를 첨가해 만들 수 있다. n형 반도체는 순수 반도체인 규소(Si)에 원자가 전자가 5개인 A를 첨가해 만들 수 있다.

346   답 ③

ㄷ. 규소(Si)의 원자가 전자는 4개이다. Y는 X에 인듐(In)을 첨가해 전자의 빈자리인 양공이 생긴 것이므로 인듐(In)의 원자가 전자는 3개이다.
오답 피하기 ㄱ. Y는 양공이 주로 전류를 흐르게 하므로 p형 반도체이다.
ㄴ. 순수 반도체에 불순물을 첨가하면 전기 전도성이 좋아지므로 전기 전도성은 Y가 X보다 좋다.

347   답 ①

자료 분석하기 다이오드 회로

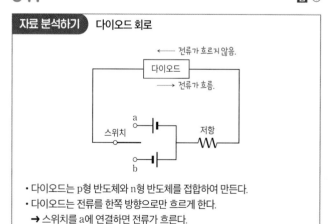

• 다이오드는 p형 반도체와 n형 반도체를 접합하여 만든다.
• 다이오드는 전류를 한쪽 방향으로만 흐르게 한다.
→ 스위치를 a에 연결하면 전류가 흐른다.
→ 전지의 극이 반대 방향인 b에 스위치를 연결하면 전류가 흐르지 않는다.

ㄱ. 다이오드는 전류를 한쪽 방향으로 흐르게 하는 정류 작용을 한다.
오답 피하기 ㄴ. 다이오드는 불순물 반도체인 p형 반도체와 n형 반도체를 접합하여 만든다.
ㄷ. 다이오드는 전류를 한쪽 방향으로만 흐르게 한다. 스위치를 a에 연결했을 때 회로에 전류가 흘렀다면, 전지의 극이 반대인 b에 스위치를 연결하면 전류가 흐르지 않는다.

348

답 ⑤

ㄴ. (나)는 전류의 세기를 증가시키는 증폭 작용을 한다.

ㄷ. (가)와 (나)는 모두 불순물 반도체를 결합하여 만든 소자이다.

오답 피하기 ㄱ. (가)는 전류를 한쪽 방향으로만 흐르게 하는 정류 작용을 한다.

349

답 ①

ㄱ. A는 전류를 한쪽 방향으로만 흐르게 하는 다이오드이다.

오답 피하기 ㄴ. 다이오드는 불순물 반도체인 p형 반도체와 n형 반도체를 조합해서 만들어진 소자이다.

ㄷ. A는 정류 작용을 한다. 증폭 작용을 하는 것은 트랜지스터이다.

350

서술형 해결 전략

STEP 1 문제 포인트 파악
도체와 부도체의 전기적 성질이 회로에서 어떻게 나타나는지 파악할 수 있어야 한다.

STEP 2 관련 개념 모으기
❶ A와 B를 회로에 연결할 때 전류는?
➡ A를 연결하면 전압이 증가함에 따라 전류가 증가한다.
➡ B를 연결하면 전압과 관계없이 전류가 흐르지 않는다.
❷ A와 B의 전기적 성질은?
➡ A는 전류가 잘 흐르는 도체, B는 전류가 흐르지 않는 부도체이다.

예시 답안 실험 결과의 그래프에서 A에는 전류가 흐르고 B에는 전류가 흐르지 않으므로 전기 전도성은 A가 B보다 크다. 따라서 A는 도체인 구리 막대이고, B는 부도체인 나무 막대이다.

채점 기준	배점(%)
A와 B를 옳게 쓰고, 주어진 그래프로부터 근거를 옳게 설명한 경우	100
A와 B를 옳게 썼으나 근거에 대한 설명이 부족한 경우	50
A와 B가 각각 무엇인지만 쓴 경우	30

351

서술형 해결 전략

STEP 1 문제 포인트 파악
스마트 기기에 활용되는 반도체 장치의 역할을 설명할 수 있어야 한다.

STEP 2 관련 개념 모으기
❶ 스마트 기기의 화면을 나타내는 역할을 하는 반도체 장치는?
➡ 영상 표시 장치(디스플레이)
❷ 스마트 기기의 화면을 나타내는 반도체 활용 장치의 원리는?
➡ 전기 신호를 빛 신호로 변환하여 화면에 나타낸다.

예시 답안 영상 표시 장치(디스플레이), 전기 신호를 빛 신호로 변환하여 화면에 표시한다.

채점 기준	배점(%)
장치의 이름을 쓰고 기능을 옳게 설명한 경우	100
장치의 기능만 옳게 설명한 경우	50
장치의 이름만 옳게 쓴 경우	30

352 ⑤	**353** ①	**354** ④	**355** ①	**356** ②
357 ④	**358** ②	**359** ②	**360** ①	**361** ②
362 ④	**363** ③	**364** ⑤	**365** ②	**366** ①
367 ①	**368** 해설 참조		**369** 해설 참조	
370 해설 참조		**371** 해설 참조		
372 X: p형 반도체, Y: n형 반도체			**373** 해설 참조	
374 ②	**375** ③	**376** ③	**377** ⑤	

352

답 ⑤

ㄱ. ⓐ는 지각과 생명체를 구성하는 원소 중 가장 질량비가 높은 산소이다.

ㄴ. (가)는 산소(ⓐ) 다음으로 탄소의 비율이 높으므로 생명체를 구성하는 원소의 질량비이다. 생명체(㉠)를 구성하는 탄수화물, 단백질, 지질, 핵산 등은 모두 탄소 화합물이다.

ㄷ. (나)는 산소(ⓐ) 다음으로 규소의 비율이 높으므로 지각을 구성하는 원소의 질량비이다. 지각(㉡)을 구성하는 암석은 광물로 이루어져 있고, 광물의 대부분은 규산염 사면체가 기본 단위체인 규산염 광물이 차지하고 있다.

개념 더하기 **지각과 생명체의 구성 원소**

· 지각을 구성하는 암석은 광물로 이루어져 있고, 광물의 대부분은 규소와 산소로 이루어진 규산염 사면체를 기본 단위체로 하는 규산염 광물이 차지하고 있다. ➡ 지각을 구성하는 원소의 질량비는 산소가 가장 높고, 그다음으로 규소가 높다.

· 생명체를 구성하는 물질 중 물을 제외한 대부분의 물질은 탄소 원자를 중심으로 수소, 산소, 질소 등의 원소가 결합한 탄소 화합물이다. ➡ 생명체를 구성하는 원소의 질량비는 산소가 가장 높고, 그다음으로 탄소가 높다.

353

답 ①

ㄱ. (가)는 규산염 사면체가 한 줄로 길게 연결된 단사슬 구조이고, (나)는 규산염 사면체가 두 줄로 길게 연결된 복사슬 구조이다. 각섬석은 (나)와 같은 복사슬 구조를 갖는다.

오답 피하기 ㄴ. 규산염 사면체는 중심부에 있는 규소(㉠) 원자 1개가 산소(㉡) 원자 4개와 공유 결합 한 물질이며, 규산염 사면체 사이의 결합(ⓐ)은 규산염 사면체 사이에 산소(㉡)를 공유하면서 형성된다.

ㄷ. 지각을 구성하는 규산염 광물은 단사슬 구조(가)나 복사슬 구조(나) 이외에도 독립형 구조, 판상 구조, 망상 구조 등 다양한 구조를 갖는다.

354

답 ④

석영과 휘석 중 규산염 사면체가 단사슬 구조로 결합하고 있는 휘석만 기둥 모양으로 결정이 형성된다. 따라서 '기둥 모양으로 결정이 형성된다.'가 ㉠이고, ⓐ는 '있음.'이며, A는 석영, B는 휘석이다.

ㄴ. 석영(A)은 규산염 사면체가 망상 구조로 결합하고 있다.

ㄷ. 석영(A)과 휘석(B)은 모두 규산염 사면체가 기본 단위체인 규산염 광물이다.

오답 피하기 ㄱ. A는 석영, B는 휘석이다.

355 답 ①

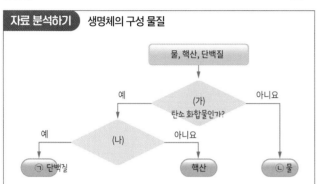

자료 분석하기 생명체의 구성 물질

- 물은 탄소 화합물이 아니며, 핵산과 단백질은 모두 탄소 화합물이다. ➡ '탄소 화합물인가?'는 (가)이며, ㉠은 단백질, ㉡은 물이다.
- 단백질(㉠)은 기본 단위체인 아미노산이 공유 결합인 펩타이드결합으로 연결되어 형성된다.
- 핵산은 기본 단위체인 뉴클레오타이드가 공유 결합으로 연결되어 형성된다.
- (나)는 단백질(㉠)에만 해당하는 특징이므로 '기본 단위체가 아미노산인가?' 등이 해당한다.

ㄱ. 단백질(㉠)에는 펩타이드결합이 있다.

오답 피하기 ㄴ. 물(㉡)은 기본 단위체가 없다. 단백질(㉠)은 아미노산을 기본 단위체로 하고 있으며, 단백질(㉠)을 구성하는 아미노산에는 약 20종류가 있다.

ㄷ. 핵산의 기본 단위체가 뉴클레오타이드이므로 '기본 단위체가 뉴클레오타이드인가?'는 (가)와 (나)에 모두 해당하지 않는다.

356 답 ②

효소와 항체의 주성분은 단백질이므로 A는 단백질이고, 유전정보를 자손에게 전달하는 것은 DNA이므로 C는 DNA이다. 따라서 B는 RNA이다.

ㄷ. 단백질(A), RNA(B), DNA(C)는 모두 수많은 기본 단위체가 결합하여 만들어진다. 따라서 '기본 단위체의 결합으로 형성된다.'는 A~C의 공통점인 ㉣에 해당한다.

오답 피하기 ㄱ. 단백질(A)은 수많은 아미노산이 펩타이드결합으로 연결된 폴리펩타이드가 입체 구조를 이루고 있다.

ㄴ. RNA(B)는 한 가닥의 폴리뉴클레오타이드로 이루어진 단일 가닥 구조이다.

357 답 ④

ㄴ. A와 B는 모두 단백질의 기본 단위체인 아미노산이며, A와 B 사이에서 물이 방출되면서 형성되는 펩타이드결합으로 연결된다.

ㄷ. 기본 단위체인 아미노산의 종류와 개수, 배열 순서에 따라 단백질의 종류가 달라져 구조와 기능이 서로 다른 단백질이 만들어진다.

오답 피하기 ㄱ. A는 아미노산이다. 뉴클레오타이드는 핵산의 기본 단위체이다.

358 답 ②

ㄴ. ㉠은 한 가닥의 폴리뉴클레오타이드로 이루어진 단일 가닥 구조이므로 RNA이다. RNA(㉠)는 세포 내에서 DNA의 유전정보를 전달하거나 단백질 합성에 관여한다.

오답 피하기 ㄱ. RNA(㉠)를 구성하는 염기는 아데닌(A), 구아닌(G), 사이토신(C), 유라실(U)이므로 ⓐ는 유라실(U)이다.

ㄷ. RNA(㉠)는 한 가닥의 폴리뉴클레오타이드로 이루어져 있다.

359 답 ②

(가)는 이중나선구조이므로 DNA이고, (나)는 단일 가닥 구조이므로 RNA이다.

ㄴ. DNA를 이루는 두 가닥의 폴리뉴클레오타이드에서 한쪽 가닥의 아데닌(A)은 항상 다른 쪽 가닥의 타이민(T)과, 구아닌(G)은 항상 사이토신(C)과 상보적으로 결합한다. 따라서 ㉠이 아데닌(A)이라면 ㉡은 타이민(T)이다.

오답 피하기 ㄱ. DNA(가)와 RNA(나)를 구성하는 염기는 아데닌(A), 구아닌(G), 사이토신(C), 타이민(T), 유라실(U)로 총 5가지이다.

ㄷ. RNA(나)는 단일 가닥 구조로, 염기들이 상보적으로 결합하지 않는다. 따라서 RNA(나)를 구성하는 사이토신(C)과 구아닌(G)의 개수는 항상 같지는 않다.

360 답 ①

도체 A가 연결된 회로 (가)에는 전류가 흐르고, 부도체 B가 연결된 회로 (나)에는 전류가 흐르지 않는다.

ㄱ. 철은 도체이므로 전류가 흐르는 회로는 (가)이다.

오답 피하기 ㄴ. B는 부도체이므로 전류가 흐르지 않는다. 양공이 주로 전류를 흐르게 하는 것은 p형 반도체이다.

ㄷ. 전원 장치의 연결 방향에 관계 없이 도체는 전류가 흐르고, 부도체는 전류가 흐르지 않는다.

361 답 ②

자료 분석하기 불순물 반도체

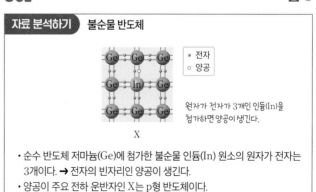

• 전자
○ 양공

원자가 전자가 3개인 인듐(In)을 첨가하면 양공이 생긴다.

- 순수 반도체 저마늄(Ge)에 첨가한 불순물 인듐(In) 원소의 원자가 전자는 3개이다. ➡ 전자의 빈자리인 양공이 생긴다.
- 양공이 주요 전하 운반자인 X는 p형 반도체이다.

ㄴ. p형 반도체는 주로 양공이 전류를 흐르게 한다.

오답 피하기 ㄱ. 공유 결합 하는 전자가 1개 부족해 양공이 생겼으므로 X는 p형 반도체이다.

ㄷ. 불순물 반도체는 전자나 양공이 전류를 흐르게 하므로 순수 반도체보다 전기 전도도가 크다.

362

①, ③ 지각을 구성하는 규산염 광물에 많이 포함되어 있는 규소(Si)는 대표적인 순수 반도체 물질이다.

② 반도체는 조건에 따라 전기 전도성이 변하는 특성이 있다.

⑤ 순수 반도체에 원자가 전자가 5개인 불순물을 첨가하면 n형 반도체가 된다.

오답 피하기 ④ 전기가 잘 통하지 않는 절연체로 사용하는 물질은 부도체이다.

363

답 ③

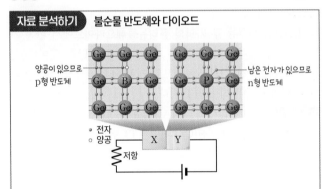

자료 분석하기 불순물 반도체와 다이오드

양공이 있으므로 p형 반도체 / 남은 전자가 있으므로 n형 반도체

전자 / 양공

X Y / 저항

- 다이오드는 p형 반도체와 n형 반도체를 접합해 만든다.
  → X, Y는 각각 p형 반도체와 n형 반도체 중 하나이다.
- X는 원자가 전자가 3개인 붕소(B)를 첨가하여 양공이 생긴 것이다.
- Y는 원자가 전자가 5개인 인(P)을 첨가하여 남은 전자가 생긴 것이다.
  → X는 p형 반도체, Y는 n형 반도체이다.
- p-n 접합 다이오드는 전류를 흐르게 하는 방향이 정해져 있어서 이와 반대 방향으로 연결하면 회로에 전류가 흐르지 않는다.

ㄱ. X는 공유 결합 할 전자가 1개 부족하여 양공이 생겼으므로 p형 반도체이다.

ㄷ. X와 Y의 방향을 바꾸어 회로에 연결하면 다이오드에 걸리는 전압의 방향이 반대가 된다. 다이오드는 전류를 한쪽 방향으로만 흐르게 하므로 회로에 전류가 흐르지 않게 된다.

오답 피하기 ㄴ. X는 p형 반도체로 붕소(B)의 원자가 전자는 3개이다. Y는 공유 결합 하지 않는 전자 1개가 남았으므로 P(인)의 원자가 전자는 5개이다.

364

답 ⑤

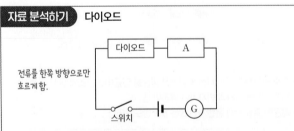

자료 분석하기 다이오드

다이오드   A

전류를 한쪽 방향으로만 흐르게 함.

스위치   G

- (다)에서 다이오드와 B를 연결했을 때 전류가 흐른다.
  → 다이오드는 전류가 흐르는 방향으로 연결되어 있고, B는 도체라는 것을 알 수 있다.
  → A, B가 각각 도체, 부도체 중의 하나이므로 A는 부도체이다.
- (라)에서 전지의 방향을 반대로 연결하면 다이오드에 걸리는 전압이 반대가 되므로 회로에 전류가 흐르지 않는다.

ㄱ. 실험 과정 (다)에서 스위치를 닫으면 A는 전류가 흐르지 않고 B는 전류가 흐르므로 전기 전도도는 A가 B보다 작다. 따라서 A는 부도체이고 B는 도체이다.

ㄴ. 자유 전자는 도체인 B가 부도체인 A보다 많다.

ㄷ. 전지의 연결 방향을 바꾸면 다이오드에는 전류가 흐르지 않으므로 A와 B에는 모두 전류가 흐르지 않는다.

365

답 ②

전기 전도도가 도체와 부도체의 중간 정도이고, 트랜지스터, 발광 다이오드(LED), 태양 전지 등을 만드는 기본 소재가 되는 A는 반도체이다.

366

답 ①

②, ③, ④, ⑤ 컴퓨터의 중앙 처리 장치, 태양 전지, 압력 센서, 발광 다이오드 등은 모두 반도체를 활용한 장치이다.

오답 피하기 ① 정전기 제거 패드는 금속(도체)으로 만들어 손끝을 통해 정전기가 빠져 나가도록 한다.

개념 더하기 물질의 전기적 성질을 활용하는 예

구분		활용
도체	피뢰침	끝이 뾰족한 금속으로 된 막대기로, 높은 건물에 세워 벼락의 피해를 막는다.
	정전기 제거 패드	전도성이 뛰어난 소재로 만들어 정전기에 의한 화재 발생을 방지한다.
	전선	전기 부품이나 전기 장치를 연결한다.
부도체	절연 장갑	전기 작업 시 전기가 통하지 않도록 한다.
	반도체 기판의 코팅	반도체 기판의 회로를 보호하고 오작동을 막아 준다.
	전선 피복	도선 외부로 전류가 흐르는 것을 막는다.
반도체	태양 전지	p형 반도체와 n형 반도체의 접합부에 빛을 쪼이면 외부 회로에 전류가 흐르게 된다.
	터치스크린	손가락 움직임에 의한 전류의 변화를 감지해 전기 신호로 변환한다.
	적외선 센서	적외선을 감지하여 전기 신호로 변환한다.
	압력 센서	센서에 가해지는 압력을 감지해 전기 신호로 변환한다.

그 외에도 인공지능, 자율주행, 로봇, 우주 항공 산업, 사물 인터넷 등의 첨단 기술 분야에서 다양하게 이용되고 있다.

367

답 ①

ㄱ. 발광 다이오드는 첨가하는 원소에 따라 방출되는 빛의 색이 다르며, 영상 표현 장치에 이용된다.

오답 피하기 ㄴ. 다이오드는 한쪽 방향으로만 전류를 흐르게 한다. 회로에 연결한 발광 다이오드에서 빛이 방출되었다면, 반대 방향으로 연결한 경우에는 발광 다이오드에서 빛이 방출되지 않는다.

ㄷ. 발광 다이오드는 전기 신호를 빛으로 변환하고, 태양 전지는 빛을 받으면 전압을 발생시킨다.

368

서술형 해결 전략

STEP 1 문제 포인트 파악

규산염 사면체의 결합 구조를 바탕으로 규산염 광물의 특징을 파악할 수 있어야 한다.

STEP 2 관련 개념 모으기

❶ 규산염 사면체의 구조는?
➡ 중심부에 있는 규소 원자 1개가 산소 원자 4개와 공유 결합 하고 있다.

❷ 규산염 사면체의 결합 구조에 따른 특징은?
➡ 규산염 사면체 사이에서 공유하는 산소의 개수에 따라 다양한 결합 구조가 나타나며, 이러한 결합 구조에 따라 풍화에 강한 정도와 깨짐이나 쪼개짐이 다르게 나타난다.

결합 구조	특징
독립형 구조	규산염 사면체가 독립적으로 존재하며, 잘 깨지고 풍화에 약하다.
단사슬 구조	규산염 사면체가 한 줄로 길게 결합한 형태이며, 기둥 모양으로 결정이 형성된다.
복사슬 구조	규산염 사면체가 두 줄로 길게 결합한 형태이며, 기둥 모양으로 결정이 형성된다.
판상 구조	규산염 사면체가 얇은 판 모양으로 결합한 형태이며, 판 모양으로 쌓인 부분을 따라 얇게 쪼개진다.
망상 구조	규산염 사면체가 입체적으로 결합한 형태이며, 풍화에 강하다.

예시 답안 ㉠ 규소, ㉡ 산소, (가)는 기둥 모양으로 결정이 형성되며, (나)는 판 모양으로 쌓인 부분을 따라 쪼개짐이 나타난다.

채점 기준	배점(%)
㉠과 ㉡이 무엇인지 쓰고, (가)와 (나)의 특징을 주어진 단어를 모두 사용하여 옳게 설명한 경우	100
㉠과 ㉡이 무엇인지만 옳게 쓴 경우	30

369

서술형 해결 전략

STEP 1 문제 포인트 파악

생명체를 구성하는 핵산과 단백질의 특징을 파악할 수 있어야 한다.

STEP 2 관련 개념 모으기

❶ 단백질의 구조적인 특징은?
➡ 기본 단위체가 아미노산이며, 수많은 아미노산이 공유 결합인 펩타이드결합으로 연결되어 있다.

❷ 핵산의 구조적인 특징은?
➡ 기본 단위체가 뉴클레오타이드이며, 수많은 뉴클레오타이드가 공유 결합으로 연결되어 있다.

❸ 핵산과 단백질의 공통점은?
➡ 수많은 기본 단위체가 결합한 물질이며, 탄소 화합물이다.

예시 답안 A: 핵산, B: 단백질, 수많은 기본 단위체가 결합해 만들어진다. 탄소 화합물이다.

채점 기준	배점(%)
A와 B가 무엇인지 쓰고, 기본 단위체의 결합이나 탄소 화합물 등 핵산과 단백질의 공통점을 옳게 설명한 경우	100
A와 B가 무엇인지만 옳게 쓴 경우	30

370

서술형 해결 전략

STEP 1 문제 포인트 파악

DNA의 기본 단위체와 이중나선구조에서 나타나는 구조적인 특징을 파악할 수 있어야 한다.

STEP 2 관련 개념 모으기

❶ DNA의 기본 단위체는?
➡ 인산, 당, 염기가 1 : 1 : 1로 결합한 뉴클레오타이드이다.

❷ DNA의 구조는?
➡ 두 가닥의 폴리뉴클레오타이드가 꼬여 있는 이중나선구조이다.

❸ DNA의 이중나선구조에서 나타나는 구조적인 특징은?
➡ 두 가닥의 폴리뉴클레오타이드가 결합할 때 한쪽 가닥의 아데닌(A)은 항상 다른 쪽 가닥의 타이민(T)과, 구아닌(G)은 항상 사이토신(C)과 상보적으로 결합한다.

예시 답안 ㉠ 뉴클레오타이드, DNA를 이루는 두 가닥의 폴리뉴클레오타이드에서 한쪽 가닥의 아데닌(A)은 다른 쪽 가닥의 타이민(T)과 상보적으로 결합하므로 (가) 부위에서 아데닌(A)의 개수와 타이민(T)의 개수는 같다.

채점 기준	배점(%)
㉠이 무엇인지 쓰고, DNA를 구성하는 염기의 상보적 결합을 바탕으로 아데닌(A)과 타이민(T)의 개수가 같다고 옳게 설명한 경우	100
㉠이 무엇인지만 옳게 쓴 경우	30

371

서술형 해결 전략

STEP 1 문제 포인트 파악

도체와 부도체의 특징을 구분할 수 있어야 한다.

STEP 2 자료 파악

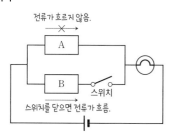

STEP 3 관련 개념 모으기

❶ 스위치를 열 때 전원 장치에 연결되는 것은?
➡ 스위치를 열면 전원 장치에는 A가 연결되고 전구에 불이 켜지지 않으므로 A는 전류가 흐르지 않는다. ➡ A는 부도체

❷ 스위치를 닫을 때 전원 장치에 연결되는 것은?
➡ 스위치를 닫으면 전원 장치에는 A와 B가 병렬로 연결되고 전구에 불이 켜지므로 B 쪽으로 전류가 흐른다. ➡ B는 도체

예시 답안 A는 부도체, B는 도체이다. 스위치를 열면 A와 전구가 연결되고 전구에는 불이 켜지지 않으므로 A는 전류가 흐르지 않는 부도체이다. 스위치를 닫으면 전구에 불이 켜지므로 B는 도체이다.

채점 기준	배점(%)
A와 B 물질의 종류를 옳게 쓰고, 그렇게 판단한 까닭을 옳게 설명한 경우	100
A와 B 물질의 종류만 옳게 쓴 경우	40

372

답 X: p형 반도체, Y: n형 반도체

X는 원자가 전자가 3개인 붕소(B)를 첨가해 양공이 생긴 p형 반도체, Y는 원자가 전자가 5개인 비소(As)를 첨가해 남는 전자가 생긴 n형 반도체이다.

373

서술형 해결 전략

STEP 1 문제 포인트 파악

반도체를 활용한 다양한 장치의 예를 파악할 수 있어야 한다.

STEP 2 관련 개념 모으기

❶ 전기 제품에 어댑터를 연결해 사용하는 까닭은?

➡ 전기 제품에 전류를 안정적으로 흐르게 하기 위해서 어댑터를 연결해 사용한다.

❷ 교류를 직류로 바꾸어 주는 반도체 소자는?

➡ 다이오드는 주기적으로 방향과 세기가 변하는 교류를 직류로 바꾸는 정류 작용을 한다.

예시 답안 다이오드, 전류를 한쪽 방향으로 흐르게 한다. 또는 정류 작용을 한다.

채점 기준	배점(%)
다이오드의 이름을 쓰고, 원리를 옳게 설명한 경우	100
다이오드의 원리만 옳게 설명한 경우	50
다이오드의 이름만 쓴 경우	30

374

답 ②

ㄴ. (나)는 규산염 사면체가 복사슬 구조로 결합한 것이며, 각섬석은 이러한 복사슬 구조를 갖는다.

오답 피하기 ㄱ. 규산염 사면체는 중심부에 있는 규소 원자 1개가 산소 원자 4개와 공유 결합 한 물질이다. 따라서 ㉠은 산소, ㉡은 규소이고, 산소(㉠)의 원자가 전자 수는 6이다.

ㄷ. 지각과 생명체를 구성하는 원소 중에서 가장 많은 양을 차지하는 것은 산소(㉠)이다.

375

답 ③

자료 분석하기 생명체 구성 물질의 특징

- (나)에는 탄소가 없다.
- 그림은 (가)~(다) 중 하나의 기본 단위체를 나타낸 것이다.

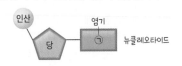

- DNA와 단백질은 탄소 화합물이고, 물은 탄소 화합물이 아니다. ➡ (나)는 물이다.
- 그림은 인산, 당, 염기(㉠)로 이루어진 뉴클레오타이드로, 핵산의 기본 단위체이다. ➡ ㉠은 DNA를 구성하는 염기이며, 아데닌(A), 구아닌(G), 사이토신(C), 타이민(T)이 해당한다.

ㄱ. (가)와 (다)는 핵산 또는 단백질이며, 핵산과 단백질은 모두 탄소를 포함하고 있는 탄소 화합물이다.

ㄴ. DNA를 구성하는 염기(㉠)에는 타이민(T)이 포함된다.

오답 피하기 ㄷ. 핵산과 단백질은 수많은 기본 단위체가 결합해 형성되지만 물(나)은 기본 단위체가 없다.

376

답 ③

자료 분석하기 도체와 부도체

- A는 전선의 피복이다. ➡ 부도체인 고무와 합성 수지 등으로 만들어져 외부로 전기가 통하지 않게 하고 내부의 전선이 손상되지 않도록 보호한다.
- B는 구리 도선이다. ➡ 도체인 구리로 만들어져 전선에 전류가 잘 흐르게 한다.
- 전기 전도도는 도체인 B가 부도체인 A보다 크다.

ㄱ. A는 전선 피복이고, B는 구리 도선이다. 전선 피복은 전기가 통하지 않는 부도체로 만들고, 구리 도선은 전류가 잘 흐르는 도체로 만들므로 전기 전도도는 A가 B보다 작다.

ㄷ. 절연 장갑은 전기 작업을 할 때 작업자의 손에 전기가 잘 통하지 않도록 하는 역할을 하므로, 전선 피복과 같이 절연 물질인 부도체로 만들어야 한다.

오답 피하기 ㄴ. 도체로 만든 B에는 전류가 잘 흐르지만, 부도체인 A에는 전류가 잘 흐르지 않는다.

377

답 ⑤

자료 분석하기 유기 발광 다이오드의 특성

(㉠)은/는 전기적으로 도체와 부도체의 중간 정도인 특성을 가지며, 그림과 같이 휘어지는 영상 표시 장치에 활용할 수 있다. (㉠)을/를 이용한 전기 소자 (㉡)을/를 만드는 데는 지각을 구성하는 원소 중 산소 다음으로 풍부한 (㉢)을/를 이용한다. 규소

반도체 / OLED / 접을 수 있는 스마트 기기

- 전기적으로 도체와 부도체의 중간 정도의 특성을 가지는 물질은 반도체이다.
- 반도체 소자 중에서 휘어지는 영상 표시 장치에 활용할 수 있는 것은 유기 발광 다이오드이다.
- 반도체 소자는 지각을 구성하는 원소인 규소(Si)를 재료로 만든다.

ㄱ. ㉠은 도체와 부도체의 중간 정도의 전기적 성질을 가지므로 반도체이다.

ㄴ. 유기 발광 다이오드는 얇고 가벼우며 잘 휘어지므로, 다양한 영상 표시 장치에 활용될 수 있다.

ㄷ. 규소(Si)는 지각을 구성하는 원소 중 두 번째로 많은 원소이며, 반도체를 만드는 재료로 이용된다.

1. 지구시스템

 09 지구시스템의 구성과 상호작용

378
답 태양계

지구는 태양의 중력에 묶여 공전하는 행성이므로 태양계의 구성
요소이면서 지구 자체가 여러 권역으로 구성된 하나의 시스템을
이룬다.

379
답 생물권

지구시스템은 기권, 지권, 수권, 생물권, 외권으로 구성되며, 각 권
역이 서로 영향을 주고받는다.

380
답 기온

기권은 높이에 따른 기온 분포를 기준으로 대류권, 성층권, 중간
권, 열권으로 구분된다.

381
답 대류권

대류권에서는 높이 올라갈수록 기온이 낮아지므로 대류 현상이
일어나고, 대기 중에 수증기가 많이 포함되어 있어 비나 눈 등의
기상 현상이 나타난다.

382
답 맨틀, 외핵

맨틀은 지권의 부피 중 약 80 %를 차지하여 부피가 가장 큰 층이
고, 외핵은 액체 상태의 철과 니켈로 이루어진 층이다.

383
답 혼합층

혼합층은 태양 에너지에 의해 가열되어 수온이 높고, 바람에 의해
혼합되어 깊이에 따른 수온 변화가 거의 없는 층이다.

384
답 광합성

광합성에 의해 이산화 탄소를 흡수하고 산소를 방출하며, 호흡에
의해 산소를 흡수하고 이산화 탄소를 방출한다.

385
답 ○

지구시스템의 에너지원을 양이 많은 것부터 나열하면 태양 에너
지>지구 내부 에너지>조력 에너지이다.

386
답 ×

지진과 화산 활동을 일으키고, 대륙을 움직이는 에너지원은 지구
내부 에너지이다.

387
답 ×

대기와 물을 순환시켜 날씨 변화를 일으키는 주된 에너지원은 태
양 에너지이다.

388
답 ○

기권에서 탄소는 기체 상태의 이산화 탄소로 존재하고, 수권에서
탄소는 이산화 탄소가 녹은 탄산 이온으로 존재한다.

389
답 ○

해수에 녹은 탄산 이온은 해수 중의 칼슘 이온과 결합하여 고체
상태의 탄산염(탄산칼슘)이 되어 가라앉아 석회암이 된다.

390
답 지권-기권

화산 폭발은 지권의 현상이고, 이로 인해 대기로 다량의 수증기와
이산화 탄소가 방출되는 것은 기권에 주는 영향이다.

391
답 수권-기권

바다에서 물이 증발하는 것은 수권의 현상이고, 이로 인해 태풍이
발생하는 것은 기권에 주는 영향이다.

392
답 생물권-기권

생물이 광합성을 하는 것은 생물권의 현상이고, 이로 인해 대기
중에 산소가 증가하기 시작한 것은 기권에 주는 영향이다.

393 답 ③

ㄱ. 태양계는 태양과 태양 주위를 공전하는 천체 및 이들이 차지하는 공간으로, 구성 천체들이 상호작용 하는 하나의 시스템을 이룬다.

ㄴ. 지구시스템은 기권, 지권, 수권, 생물권, 외권으로 구성된다.

오답 피하기 ㄷ. 지구시스템 중 수권, 생물권은 태양계의 다른 행성에 존재하지 않는다. 단단한 표면으로 이루어진 지구시스템의 권역은 지권으로, 수성, 금성, 화성에도 단단한 암석 표면이 존재한다.

394 답 ③

ㄱ. 수권은 육수와 해수로 구분되며, 육수는 빙하, 지하수, 강과 호수의 지표수 등으로 구성된다.

ㄷ. ©은 생물권, @은 외권이다. 지구상의 생명체는 외권에 속하는 태양으로부터 안정적으로 에너지를 공급받아 생명 활동에 이용하고 있다.

오답 피하기 ㄴ. 지각, 맨틀, 내핵은 고체 상태이지만 외핵은 액체 상태이다.

395 필수 유형 답 ②

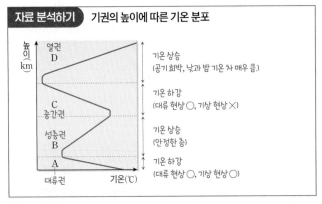

자료 분석하기   기권의 높이에 따른 기온 분포

ㄷ. D(열권)는 공기가 매우 희박하므로 낮에는 온도가 매우 높고, 밤에는 온도가 매우 낮아 낮과 밤의 온도가 가장 크다.

오답 피하기 ㄱ. 열권인 D의 상층은 기권의 상부에 해당하므로 높이 약 1000 km이다.

ㄴ. 비나 눈 등의 기상 현상은 대기 중에 수증기 함량이 많고 대류 현상이 일어나는 A(대류권)에서 나타난다.

396

예시 답안 A에서는 지표가 방출하는 복사 에너지를 주로 흡수하고, B에서는 태양으로부터 오는 복사 에너지를 주로 흡수하기 때문이다.

채점 기준	배점(%)
A층에서는 지표 복사 에너지를 주로 흡수하고, B층에서는 태양 복사 에너지를 주로 흡수한다(오존층의 자외선 흡수)는 의미로 설명한 경우	100
A층에서 기온이 낮아지고 B층에서 기온이 높아지는 까닭을 부분적으로 옳게 설명한 경우	50

397 답 ③

ㄱ. 기권을 구성하는 기체는 질소와 산소가 약 99 %를 차지하고, 나머지는 아르곤과 이산화 탄소 등이 소량 분포한다.

ㄴ. 태양으로부터 오는 대전 입자(전기를 띠는 입자)는 지구 자기장에 붙잡혀 운동하면서 양극으로 이동하고, 양극 지방의 상공에서는 대전 입자가 열권으로 하강하다가 기체 입자와 부딪히면 빛을 내게 되는데, 이를 오로라라고 한다.

오답 피하기 ㄷ. 대류권과 중간권에서는 높이 올라갈수록 기온이 낮아지므로 대류가 일어나지만, 성층권과 열권에서는 높이 올라갈수록 기온이 높아지므로 대류가 일어나지 않는다.

398 답 ②

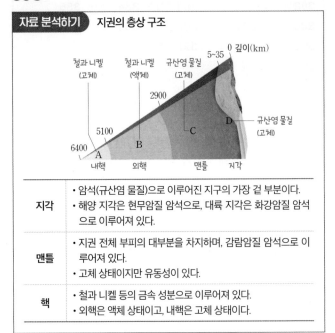

자료 분석하기   지권의 층상 구조

지각	• 암석(규산염 물질)으로 이루어진 지구의 가장 겉 부분이다. • 해양 지각은 현무암질 암석으로, 대륙 지각은 화강암질 암석으로 이루어져 있다.
맨틀	• 지권 전체 부피의 대부분을 차지하며, 감람암질 암석으로 이루어져 있다. • 고체 상태이지만 유동성이 있다.
핵	• 철과 니켈 등의 금속 성분으로 이루어져 있다. • 외핵은 액체 상태이고, 내핵은 고체 상태이다.

ㄷ. A(내핵)와 B(외핵)는 철과 니켈로 이루어져 있고, C(맨틀)는 규산염 물질로 이루어져 있으므로 구성 물질의 차이는 A와 B 사이가 B와 C 사이보다 작다.

오답 피하기 ㄱ. A는 고체 상태이고, B는 액체 상태이다.

ㄴ. C와 D(지각)는 모두 규산염 물질로 이루어져 있지만 C가 D보다 하부층을 이루므로 밀도는 C가 D보다 크다.

399 답 ①

ㄱ. B는 해수에 의해 기권과 차단되어 있으므로 기권과의 물질 교환은 A(대륙 지각)가 B(해양 지각)보다 활발하다.

오답 피하기 ㄴ, ㄷ. C(맨틀)는 지권 부피의 약 80 %를 차지하며, 규산염 물질로 이루어져 있다.

400 답 ②

ㄴ. 지구의 표면 중 바다가 차지하는 비율은 약 70 %이므로 육수가 차지하는 면적에 비해 해수의 면적이 매우 크다. 따라서 태양으로부터 흡수하는 열에너지의 양도 A(해수)가 B(육수)보다 많다.

오답 피하기 ㄱ. 지하수, 빙하, 강물과 호수는 B에 속한다.

ㄷ. 빙하는 수권에 속하므로 대륙 빙하의 녹는 양이 증가하더라도 수권(A+B)의 양은 증가하지 않고 일정하다.

401
답 ③

자료 분석하기 해수의 층상 구조

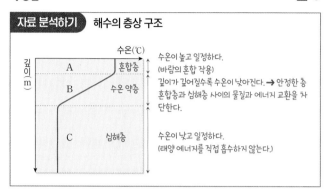

ㄱ. A(혼합층)는 바람에 의해 해수가 혼합되어 수온이 일정해지므로 바람이 강할수록 두께가 두꺼워진다.

ㄴ. A는 태양 에너지를 직접 흡수하므로 계절에 따른 수온 변화가 나타나지만, C(심해층)는 태양 에너지를 직접 흡수하지 않으므로 계절에 따른 수온 변화가 거의 없다.

오답 피하기 ㄷ. B(수온 약층)는 깊이가 깊어질수록 수온이 낮아지는 안정한 층이므로 물의 대류가 일어나기 어렵다. 따라서 B가 발달할수록 A와 C 사이의 물질 교환은 일어나기 어려워진다.

402
답 ⑤

ㄱ. 생물권은 지구상의 모든 생명체를 말한다.

ㄴ. 생명체는 지권의 표면, 수권의 해저 부근, 기권에 이르기까지 넓은 영역에 분포한다.

ㄷ. 광합성으로 생성된 산소가 대기로 방출되면 기권의 조성이 변하게 된다.

403

예시 답안 생명체는 수권에서 출현하여 지권으로 분포 영역이 확대되었고, 그 후 기권에도 생명체가 살 수 있게 되었다.

채점 기준	배점(%)
수권→지권→기권 순으로 설명한 경우	100
수권→지권→기권 순으로 설명하지 않은 경우	0

404
답 ㉠ 외권, ㉡ 태양

외권은 지구를 둘러싸고 있는 기권 바깥의 영역으로, 태양을 비롯한 여러 천체들을 포함한다. 특히 태양은 지구에 태양 에너지를 공급하여 식물의 광합성 등에 이용되며, 지구 생명체의 에너지 근원이 된다.

405
답 ⑤

ㄱ. 에너지원은 A(태양 에너지)>B(지구 내부 에너지)>조력 에너지 순으로 많다.

ㄴ. B는 지구 탄생 과정에서 지구 내부에 축적된 열과 방사성 원소의 붕괴열로 이루어진다.

ㄷ. 조력 에너지는 지구와 달 또는 태양 사이에서 작용하는 인력에 의해 생기는 에너지로 밀물과 썰물을 일으킨다.

406
답 A: 광합성, 날씨 변화, 해류 발생 등, B: 지진, 화산 활동, 지구 자기장 형성 등

태양 에너지는 식물의 광합성, 물의 순환에 의한 비나 눈 등의 날씨 변화, 바람에 의한 해류 발생 등을 일으킨다. 지진과 화산 활동은 지구 내부에 축적된 에너지가 한꺼번에 방출되는 현상이고, 지구 내부 에너지에 의해 외핵 물질이 움직이면서 지구 자기장이 형성되었다.

407
답 ③

자료 분석하기 물의 순환

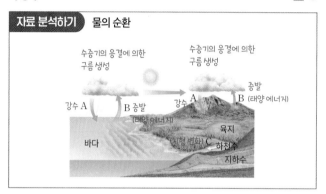

ㄱ. A는 비나 눈이 내리는 강수 과정이므로 대기 중의 수증기가 응결하여 구름이 생기는 과정을 거쳐 일어난다.

ㄷ. A에 의해 육지의 지표로 이동한 물은 하천수나 지하수가 되어 바다로 이동(C)하는데, 이 과정에서 암석의 풍화와 침식이 일어나 지형이 변화한다.

오답 피하기 ㄴ. B는 지표의 물이 증발하여 대기로 이동하는 과정이므로 태양 에너지에 의해 일어난다.

408
답 ①

ㄱ. A는 식물이 태양 에너지를 저장하는 광합성이고, E는 식물이 땅속에 매몰되어 화석 연료가 되는 과정이므로 A와 E에 의해 태양 에너지는 지권에 저장된다.

오답 피하기 ㄴ. B(호흡), C(화석 연료 연소), D(화산 활동)에 의해 이산화 탄소가 대기로 이동하므로 B, C, D는 기권의 탄소가 증가하는 과정이다.

ㄷ. D는 화산 활동이므로 지구 내부 에너지에 의해 일어난다.

409

예시 답안 기권의 이산화 탄소가 수권의 해수에 녹아 탄산 이온이 되고, 해수 중의 칼슘 이온과 결합하여 탄산염이 되면 해저에 가라앉아 쌓여 지권의 석회암이 된다.

채점 기준	배점(%)
탄소의 이동 권역과 존재 형태를 모두 옳게 설명한 경우	100
탄소의 존재 형태를 옳게 설명한 경우	70
탄소의 이동 권역을 옳게 설명한 경우	30

410

답 ㉠기권, ㉡생물권, ㉢수권, ㉣지권

㉠ 화석 연료를 연소하거나 화산 활동이 일어나면 이산화 탄소가 방출되므로 탄소는 지권 → 기권으로 이동한다.

㉡ 생물이 호흡을 하면 이산화 탄소가 방출되므로 탄소는 생물권 → 기권으로 이동한다.

㉢, ㉣ 대기 중의 이산화 탄소가 해수에 녹으면 탄산 이온이 되고, 칼슘 이온과 결합하여 가라앉으면 석회암이 되므로 탄소는 기권 → 수권 → 지권으로 이동한다.

411

답 ①

ㄱ. 화산 활동이 일어날 때 화산재가 방출되는 것은 지권에서의 현상이고, 화산재가 대기로 방출된 것은 기권에 주는 영향이다.

오답 피하기 ㄴ. 강물이 흐르는 것은 수권에서의 현상이고, 이로 인해 지형이 변하는 것은 지권에 주는 영향이다.

ㄷ. (가)는 지구 내부 에너지에 의해 일어나고, (나)와 (다)는 태양 에너지에 의해 일어난다.

412 필수 유형

답 ②

지구시스템의 상호작용

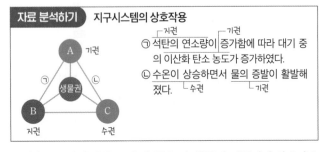

㉠ 석탄의 연소량이 증가함에 따라 대기 중의 이산화 탄소 농도가 증가하였다.

㉡ 수온이 상승하면서 물의 증발이 활발해졌다.

ㄴ. '식물 뿌리에 의한 풍화 작용'은 지권(B)과 생물권의 상호작용에 해당한다.

오답 피하기 ㄱ. A는 기권, B는 지권, C는 수권이다.

ㄷ. '바람에 의한 해류의 발생'은 기권(A)과 수권(C)의 상호작용에 해당한다.

1등급 완성 문제 ●96쪽~97쪽

413 ③	414 ③	415 ①	416 ③	417 ②
418 ④	419 해설 참조		420 해설 참조	
421 해설 참조				

413

답 ③

A는 높이 올라갈수록 기온이 낮아지므로 중간권이고, B는 중간권 아래에 있는 성층권이다.

ㄱ. A에서는 공기의 대류가 일어나고, B에서는 공기의 대류가 일어나기 어려우므로 상하 방향의 대기 운동은 A가 B보다 활발하다.

ㄴ. B에서 높이에 따라 기온이 상승하는 것은 태양으로부터 오는 자외선을 흡수하기 때문이다. 따라서 B에서 높이에 따른 기온 분포는 지권보다 외권의 영향을 더 크게 받는다.

오답 피하기 ㄷ. 구름은 수증기를 많이 포함한 공기가 상승할 때 발생한다. A는 공기 중에 수증기가 거의 없어 구름이 발생하기 어렵고, B는 공기의 상승이 일어나지 않아 구름이 발생하기 어렵다. 구름을 포함한 기상 현상은 대류권에서 나타난다.

기권의 층상 구조

열권	• 높이 올라갈수록 기온이 높아진다. • 공기가 매우 희박하므로 낮에는 기온이 매우 높고, 밤에는 기온이 매우 낮다. → 낮과 밤의 기온 차가 가장 크다.
중간권	• 높이 올라갈수록 기온이 낮아진다. • 대류는 일어나지만 수증기가 거의 없어 기상 현상은 나타나지 않는다.
성층권	• 높이 올라갈수록 기온이 높아진다. • 오존층이 형성되어 있어 태양으로부터 오는 자외선을 흡수한다. • 대류가 일어나지 않는 안정한 층이다.
대류권	• 높이 올라갈수록 기온이 낮아진다. → 지표로부터의 열 흡수 • 지표의 가열로 낮에는 기온이 높고, 지표의 냉각으로 밤에는 기온이 낮다. • 대류와 기상 현상이 활발하다.

414

답 ③

ㄱ. A는 지표의 암석과 토양을 포함하는 지각으로, 대륙 지각은 해양 지각보다 두께가 두껍다.

ㄴ. C(외핵)와 D(내핵)는 철과 니켈로 이루어져 있고, B(맨틀)는 규산염 물질로 이루어져 있으므로 C의 평균 밀도는 B보다 D에 가깝다.

오답 피하기 ㄷ. A~D는 구성 물질의 종류와 상태에 따라 구분한 것으로, 각 층의 경계에서 밀도가 크게 증가한다.

415

답 ①

해수의 연직 수온 분포

[실험 과정]

(가) 소금물을 채운 수조에 수면으로부터 각각 깊이가 1, 3, 5, 7, 9 cm에 온도계를 설치하고, A 온도를 측정한다.

(나) 전등을 켜고 15분이 지났을 때 온도를 측정한다. 태양 에너지의 영향

(다) 전등을 켠 상태에서 수면을 향해 선풍기로 3분 동안 바람을 일으킨 후 온도를 측정한다. 바람의 영향 B

[실험 결과]

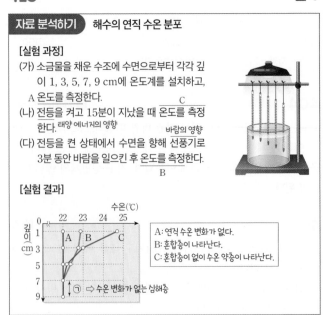

A: 연직 수온 변화가 없다.
B: 혼합층이 나타난다.
C: 혼합층이 없이 수온 약층이 나타난다.

㉠ ⇒ 수온 변화가 없는 심해층

ㄱ. ㉠은 (가), (나), (다)를 통틀어 온도 변화가 없는 구간이므로 태양 에너지나 바람의 영향을 직접 받지 않는 '심해층'에 해당한다.

오답피하기 ㄴ. (나)는 전등을 켜서 수면에 열을 공급한 경우이므로 수면 부근에서 수온이 높고, 혼합층의 발달이 미약한 C에 해당한다.

ㄷ. 전등은 태양 에너지, 선풍기는 바람을 가정한 실험이므로 태양 에너지와 바람에 의해 연직 수온이 어떻게 변하는지를 알아보는 실험이다.

416
답 ③

ㄱ. 화산 활동이 일어나면 이산화 탄소가 대기로 방출되는데, 이는 A에 해당한다.

ㄴ. B는 대기 중의 이산화 탄소가 해수에 녹아 탄산 이온이 되는 과정이고, D는 탄산 이온과 칼슘 이온이 결합하여 탄산염이 되었다가 해저에 가라앉아 석회암이 되는 과정이다.

오답피하기 ㄷ. C는 광합성에 의해 대기 중의 이산화 탄소가 유기물로 되는 과정이다.

417
답 ②

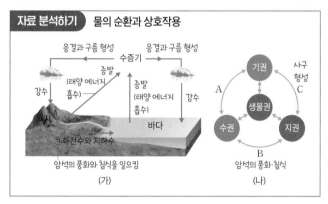

자료 분석하기 물의 순환과 상호작용

(가) / (나)

ㄴ. 하천수와 지하수가 바다로 이동하는 동안 바닥과 주변의 암석을 풍화·침식시키는데, 이는 수권과 지권의 상호작용(B)에 해당한다.

오답피하기 ㄱ. 건조 지대에서 부는 바람은 모래를 운반하여 쌓아 사구를 만든다. 따라서 '바람에 의한 사구 형성'은 C의 예이다.

ㄷ. 지표의 물이 태양 에너지를 흡수하면 증발하여 대기로 이동하고, 응결 과정에서 흡수한 태양 에너지를 방출하며, 비나 눈이 내려 물이 지표로 되돌아온다. 따라서 (가)의 주된 에너지원은 태양 에너지이다.

418
답 ④

㉠은 수권 – 기권, ㉡은 수권 – 지권, ㉢은 지권 – 기권에 의한 상호작용의 예이다. 따라서 A는 수권, B는 기권, C는 지권이다.

ㄴ. 태풍은 기권의 현상이고, 해일은 수권의 현상이므로 '태풍에 의한 해일 발생'은 기권(B)과 수권(A)의 상호작용에 해당한다.

ㄷ. 숲은 생물권에 속하고, 토양은 지권에 속하므로 '숲의 면적 감소에 의한 토양 성분 변화'는 생물권과 지권(C)의 상호작용에 해당한다.

오답피하기 ㄱ. A는 수권이다.

419

서술형 해결 전략

STEP 1 문제 포인트 파악

2월과 8월의 혼합층의 두께, 수온 약층의 두께는 어떤 차이를 보이는지 비교하여 해석할 수 있어야 한다.

STEP 2 자료 파악

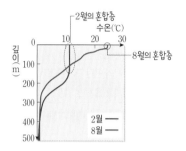

STEP 3 관련 개념 모으기

❶ 혼합층의 수온과 두께에 영향을 미치는 요인은?
→ 혼합층은 햇빛에 의해 가열되어 수온이 높고, 바람에 의해 혼합되어 수심에 따른 수온이 일정하게 나타난다.

❷ 수온 약층과 심해층에서 수온 분포의 특징은?
→ 수온 약층에서는 수심이 깊어질수록 수온이 급격히 낮아지고, 심해층에서는 수심이 깊어지더라도 수온이 거의 일정하다.

2월에는 혼합층이 해수면에서 수심 약 200 m까지의 구간에서 나타나고, 수심 약 350 m까지 수온 약층이 발달한다. 8월에는 혼합층이 해수면에서 수심 약 20 m까지의 구간에서 매우 얇게 나타나고, 수심 약 350 m까지 수온 약층이 발달한다. 이는 우리나라는 겨울철이 여름철보다 해수면에 도달하는 태양 에너지의 양이 적고, 바람이 강하게 불기 때문이다.

예시답안 2월에는 8월보다 혼합층의 두께가 두껍게 발달하고, 수온 약층의 두께는 얇다. 이는 2월에는 8월보다 해수면에 도달하는 태양 에너지의 양이 적고, 바람이 강하게 불기 때문이다.

채점 기준	배점(%)
층상 구조를 옳게 비교하고, 그 까닭을 옳게 설명한 경우	100
층상 구조를 옳게 비교한 경우	60
층상 구조에 차이가 생긴 까닭을 옳게 설명한 경우	40

420

서술형 해결 전략

STEP 1 문제 포인트 파악

물의 순환과 날씨 변화를 일으키는 데 관여하는 에너지원이 무엇인지 판단할 수 있어야 한다.

STEP 2 관련 개념 모으기

❶ 물의 순환 과정과 에너지원은?
→ 지표의 물은 태양 에너지에 의해 증발하여 대기로 이동하고, 비나 눈으로 지표에 내린 뒤 하천수나 지하수가 되어 바다로 이동한다.

❷ 파도가 생기는 까닭은?
→ 파도는 주로 해수면 위에서 부는 바람에 의해 발생하고, 바람은 태양 에너지가 지표를 불균등하게 가열시켜 생긴다.

(가)의 지하수는 태양 에너지에 의해 증발한 지표의 물이 비나 눈으로 내려 바다로 이동하는 순환 과정의 한 단계에 해당한다. 또한 (나)의 파도는 지표가 태양 에너지를 불균등하게 흡수하여 생기는 바람에 의해 발생한다.

예시답안 태양 에너지, 지하수는 태양 에너지에 의해 생기는 물의 순환 과정 중 한 단계에 해당하고, 파도는 태양 에너지에 의해 생기는 바람에 의해 발생하기 때문이다.

채점 기준	배점(%)
(가)와 (나)에 관여한 에너지를 옳게 쓰고, 판단 근거를 옳게 설명한 경우	100
(가)와 (나)에 관여한 에너지의 판단 근거를 옳게 설명한 경우	70
(가)와 (나)에 관여한 에너지를 옳게 쓴 경우	30

421

서술형 해결 전략

STEP 1 문제 포인트 파악
화석 연료가 연소될 때 탄소의 이동을 설명하고, 얼음 면적이 감소하는 경우 수권과 지권에는 어떤 영향이 생기는지 판단할 수 있어야 한다.

STEP 2 자료 파악

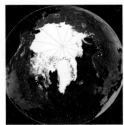 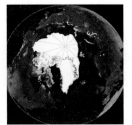

1980년 10월   2020년 10월

40년 만에 북극해 얼음 면적이 매우 감소했음을 알 수 있다.

STEP 3 관련 개념 모으기
❶ 지구 온난화의 발생 원인은?
→ 화석 연료의 사용량이 증가함에 따라 대기 중 이산화 탄소 농도가 상승하기 때문이다.
❷ 북극해 얼음 면적이 감소할 때 해수면 높이와 육지 면적의 변화 경향은?
→ 얼음이 녹은 물은 바다로 유입되므로 얼음 면적이 감소하면 해수면은 상승하고, 육지 면적은 감소한다.

지구 온난화는 인간 활동의 증가로 화석 연료의 사용량이 증가하여 생긴다. 화석 연료의 사용량이 증가하면 지권에서 기권으로 이동하는 탄소(이산화 탄소)의 양이 증가하기 때문이다. 지구 온난화로 북극해 얼음 면적이 감소하면 바다로 유입되는 물이 증가하여 수권에서는 해수면이 상승하고, 지권에서는 육지 면적이 감소한다.

예시답안 화석 연료의 연소로 지권에서 기권으로 이동하는 탄소(이산화 탄소)가 증가하였기 때문이다. 북극해의 얼음 면적이 감소하면 수권에서는 해수면이 상승하고, 지권에서는 육지 면적이 감소한다.

채점 기준	배점(%)
탄소의 이동 과정과 얼음 면적 변화의 영향을 옳게 설명한 경우	100
탄소의 이동 과정과 얼음 면적 변화의 영향을 부분적으로 옳게 설명한 경우	50

10 지권의 변화와 판 구조론

개념 확인 문제   ● 99쪽

422 ○	423 ×	424 ○	425 ×	426 ○
427 ×	428 ○	429 ㉠ 해구, ㉡ 해령, ㉢ 변환 단층		
430 ㉠×, ㉡○, ㉢○, ㉣×, ㉤○			431 ○	432 ○

422
답 ○
화산대와 지진대의 분포는 대체로 일치하며, 판의 경계를 따라 나타난다.

423
답 ×
지각과 맨틀의 윗부분을 포함하여 단단한 암석으로 이루어진 부분을 암석권, 암석권 아래에서 맨틀 대류가 일어나는 부분을 연약권이라고 한다.

424
답 ○
수렴형 경계에서는 맨틀 대류의 하강부가 나타나고, 발산형 경계에서는 맨틀 대류의 상승부가 나타난다.

425
답 ×
보존형 경계에서는 화산 활동이 일어나지 않는다. 해구와 나란하게 호상열도가 형성되는 곳은 수렴형 경계이다.

426
답 ○
판의 경계를 판의 상대적인 이동에 따라 나타내면 수렴형 경계, 발산형 경계, 보존형 경계로 구분할 수 있다.

427
답 ×
발산형 경계에서는 해령과 열곡이 발달하고, 보존형 경계에서는 변환 단층이 발달한다.

428
답 ○
태평양 주변부에는 판의 경계가 있으므로 대서양 주변부보다 지진과 화산 활동이 활발하게 일어난다.

429
답 ㉠ 해구, ㉡ 해령, ㉢ 변환 단층
두 해양판이 수렴하면 해구와 호상열도가 발달하고, 두 해양판이 서로 멀어지면 해령과 열곡이 발달한다. 두 해양판이 서로 어긋나면 변환 단층이 발달한다.

430
답 ㉠×, ㉡○, ㉢○, ㉣×, ㉤○
수렴형(섭입형) 경계에서는 화산 활동이 일어나지만 대륙판과 대륙판이 수렴하여 충돌하는 경우에는 화산 활동이 일어나지 않는다. 발산형 경계에서는 화산 활동이 일어나지만 보존형 경계에서는 화산 활동이 일어나지 않는다.

431
답 ○

다량의 화산재가 대기로 방출되면 햇빛이 차단되므로 지구 기온이 일시적으로 하강한다.

432
답 ○

해저에서 지진이 발생할 때 해수면에 생긴 파동은 해안으로 이동하는 동안 점차 진폭이 커지므로 해안가에서는 해일로 발달하는 경우가 있다.

기출 분석 문제
● 100쪽 ~ 104쪽

433 ⑤   434 ③   435 ②   436 ①
437 A: 호상열도, C: 변환 단층   438 ②   439 ①
440 ④   441 ③   442 ⑤   443 ③
444 해설 참조   445 ④, ⑤   446 ②   447 ⑤
448 ②   449 해설 참조   450 ④   451 ④
452 ②   453 ④   454 해설 참조   455 ③
456 ②   457 해설 참조   458 ⑤

433
답 ⑤

ㄱ. 화산 활동이 일어나면 화산 쇄설물, 화산 가스, 용암 등 지구 내부의 물질이 방출된다.

ㄴ. (가)와 (다)는 급격하게 일어나는 지각 변동이고, (나)는 오랜 세월에 걸쳐 매우 느리게 일어나는 지각 변동이다.

ㄷ. (가), (나), (다)는 판의 운동에 의해 일어나는 현상이므로 지구 내부 에너지에 의해 일어난다.

434
답 ③

ㄱ. 지진은 특정한 지역에서 자주 발생하며, 긴 띠 모양으로 분포하여 지진대를 형성한다.

ㄴ. 지진대와 화산대의 분포는 대체로 일치하므로 화산 활동이 일어나는 지역은 지진도 자주 발생한다.

오답 피하기 ㄷ. 태평양 주변부에는 판의 경계가 있으므로 대서양 주변부보다 지진, 화산 활동 등의 지각 변동이 활발하게 일어난다.

435
답 ②

ㄴ. C(연약권)는 암석권 아래의 깊이 약 100 km ~ 400 km에 해당하는 부분으로, 맨틀 물질이 부분적으로 용융되어 있어 유동성이 있으므로 대류가 일어난다.

오답 피하기 ㄱ. A(대륙판)는 대륙 지각을 포함하고, B(해양판)는 해양 지각을 포함하므로 평균 밀도는 A가 B보다 작다.

ㄷ. 암석권은 10여 개의 크고 작은 조각으로 이루어져 있으며, 각각의 조각을 판이라고 한다.

436
답 ①

자료 분석하기   판의 세 가지 경계

(가) 발산형 경계 — 열곡, 해령
(나) 보존형 경계 — 변환 단층
(다) 수렴형 경계 — 해구, 섭입대

ㄱ. (가)는 두 해양판이 서로 멀어지는 발산형 경계이므로 해령과 열곡이 발달한다.

오답 피하기 ㄴ. 발산형 경계에서는 맨틀 대류가 상승하지만 (나)는 보존형 경계이므로 맨틀 대류가 상승하지 않는다.

ㄷ. 변환 단층은 보존형 경계인 (나)에서 발달한다. (다)는 수렴형 경계이므로 변환 단층이 발달하지 않는다.

437
답 A: 호상열도, C: 변환 단층

해구에서 해양판이 섭입하면서 생성된 마그마가 분출하여 해구와 나란하게 화산섬들이 분포된 지형을 호상열도라고 한다. 해령과 해령 사이 구간에는 두 판이 서로 어긋나면서 단층이 발달하는데, 이를 변환 단층이라고 한다.

438
답 ②

ㄴ. B는 해저에 솟아있는 해저 산맥에 해당하므로 해령이다. 해령의 중앙부에는 열곡을 따라 마그마가 분출하여 새로운 해양 지각이 생성된다.

오답 피하기 ㄱ. A는 수렴형 경계에서 해양판이 섭입하면서 마그마가 발생하여 형성된다.

ㄷ. A는 맨틀 대류의 하강부이고, B는 맨틀 대류의 상승부이므로 화산 활동이 활발하게 일어나지만 C는 맨틀 대류의 상승부나 하강부가 아니므로 화산 활동이 일어나지 않는다.

439
답 ①

ㄱ. 지진과 화산 활동은 판의 상대적인 운동에 의해 판의 경계에서 일어난다.

ㄴ. 맨틀 대류의 상승부에서는 열곡을 따라 마그마가 분출하여 새로운 판이 생성된다.

오답 피하기 ㄷ. 대륙판과 대륙판의 발산형 경계에서는 마그마가 분출하여 새로운 판이 생성된다.

ㄹ. 해양판은 대륙판보다 밀도가 크므로 두 판이 수렴하면 해양판이 대륙판 아래로 섭입한다.

440 필수 유형

답 ④

자료 분석하기 판의 경계와 특징

구분	판의 경계	두 판의 이름	지형
A	수렴형 (충돌형)	유라시아판, 인도-오스트레일리아판	히말라야산맥
B	수렴형 (섭입형)	필리핀판, 태평양판	마리아나 해구, 호상열도
C	보존형	태평양판, 북아메리카판	산안드레아스 단층
D	수렴형 (섭입형)	나스카판, 남아메리카판	페루-칠레 해구, 안데스산맥
E	발산형	남아메리카판, 아프리카판	대서양 중앙 해령

ㄴ. B에서는 태평양판(해양판)이 필리핀판(해양판) 아래로 섭입 하므로 화산 활동에 의해 화산섬들이 해구와 나란히 배열된 호상 열도가 형성되었다.

ㄷ. D(페루 – 칠레 해구)에서는 오래된 해양판이 소멸하고, E(대 서양 중앙 해령)에서는 새로운 해양판이 생성된다.

오답 피하기 ㄱ. A는 대륙판과 대륙판의 충돌대, B는 해양판과 해 양판의 섭입대, D는 해양판과 대륙판의 섭입대가 형성되어 있으 므로 수렴형 경계는 A, B, D이다.

441

답 ③

ㄱ. 밀도가 큰 물 위에 밀도가 작은 나무판자가 떠 있는 모습이므 로 나무판자는 판, 물은 연약권에 해당한다.

ㄴ. 나무판자는 A로부터 멀어지는 방향으로 이동하므로 A는 발 산형 경계에 해당하며, 가열된 물이 A로 상승하는 것과 같이 고 온의 마그마가 상승하여 새로운 판이 생성된다.

오답 피하기 ㄷ. 가열 기구를 통해 가열된 물은 가벼워져서 위로 떠 오르고, 수면에서는 양옆으로 퍼져나가면서 냉각되어 가라앉는 대류가 일어난다. 이와 마찬가지로 연약권 내에서 하부의 온도가 상부의 온도보다 높아지면 맨틀 대류가 일어나 판이 수평 방향으 로 이동하게 된다.

442

답 ⑤

ㄱ. 섭입하는 해양판이 녹아 마그마가 생성되므로 A 부근에서는 화산 활동이 일어난다.

ㄴ. B(해구)에서는 해양판이 섭입하면서 소멸한다.

ㄷ. 섭입대를 따라 지진이 발생하므로 A에서 B로 갈수록 진원의 깊이가 얕아진다.

443

답 ③

ㄱ. (가)는 해양판과 대륙판의 경계에서 해양판이 섭입하므로 해 구가 발달한다.

ㄴ. 판의 경계에서는 모두 지진이 자주 발생한다. (가)와 (나)는 판의 경계이므로 지진이 자주 발생한다.

오답 피하기 ㄷ. 수렴형 경계 중 섭입형 경계에서는 화산 활동이 일 어나지만 충돌형 경계에서는 화산 활동이 일어나지 않는다. 따라 서 (가)에서는 화산 활동이 일어나지만 (나)에서는 화산 활동이 일어나지 않는다.

444

예시 답안 습곡 산맥, 대륙판인 인도-오스트레일리아판과 유라시아판이 충돌하 면서 솟아올라 두 판의 경계에 습곡 산맥인 히말라야산맥이 형성되었다.

채점 기준	배점(%)
공통적으로 형성되는 지형과 실제로 형성된 예와 형성 과정을 모두 옳게 설명한 경우	100
실제로 형성된 예와 형성 과정을 옳게 설명한 경우	70
습곡 산맥만 쓴 경우	30

445

답 ④, ⑤

일본 해구, 알류샨 열도, 안데스산맥은 수렴형 경계에서 형성되었 으므로 맨틀 대류의 하강부에서 형성된 지형이고, 대서양 중앙 해 령과 동아프리카 열곡대는 발산형 경계에서 형성되었으므로 맨틀 대류의 상승부에서 형성된 지형이다.

446

답 ②

ㄴ. A에는 열곡대가 발달하므로 A에서 B로 갈수록 지형의 고도 가 높아진다.

오답 피하기 ㄱ. 판은 맨틀 대류의 방향을 따라 이동하므로 이 지역 에서 판의 이동 방향으로 판단한 맨틀 대류는 수평 방향으로 서로 멀어진다. 따라서 A는 맨틀 대류의 상승부이다.

ㄷ. 산안드레아스 단층은 변환 단층의 예이다. 이 지역은 대륙판 의 발산형 경계이므로 동아프리카 열곡대가 그 예에 해당한다.

447

답 ⑤

ㄱ. 해령(A)에서는 화산 활동에 의해 새로운 해양 지각이 생성되 고, 생성된 해양 지각은 판의 이동에 의해 해령으로부터 멀어지므 로 해양 지각의 연령은 B가 A보다 많다.

ㄴ. A는 두 판이 서로 멀어지는 경계이므로 해령이다. 해령에서 는 중앙부의 열곡을 따라 마그마가 분출하여 화산 활동이 활발하 게 일어난다.

ㄷ. 대서양 중앙부에는 A와 같은 해령(대서양 중앙 해령)이 남북 방향으로 길게 발달한다.

448

답 ②

ㄴ. A, B, C는 해령을 거의 수직으로 절단하고 있으며, B는 해령과 해령 사이의 구간에 해당하므로 두 판이 서로 엇갈려 이동하면서 지진이 자주 발생한다.

오답 피하기 ㄱ. A, B, C는 맨틀 대류의 상승부나 하강부가 아니므로 화산 활동이 일어나지 않는다.

ㄷ. (A+B+C)는 해령을 절단하는 구간이지만 판과 판이 서로 어긋나게 이동하면서 경계를 이루는 것은 B이다. 따라서 변환 단층은 B 구간만 해당된다.

449

예시 답안 B에서는 두 판이 서로 어긋나게 이동하지만, A와 C에서는 단층을 경계로 접해 있는 두 판의 이동 방향과 속도가 거의 같기 때문이다.

채점 기준	배점(%)
A와 C에서 판의 이동 방향과 B에서 판의 이동 방향을 모두 옳게 설명한 경우	100
A와 C에서 판의 이동 방향과 B에서 판의 이동 방향을 부분적으로 옳게 설명한 경우	50

450

답 ④

ㄴ. A와 B 사이에서는 화산 활동에 의해 일본 열도가 형성되었는데, 이를 호상열도라고 한다.

ㄷ. B에서 A 쪽으로 가면서 섭입대가 형성되어 있으므로 진원의 깊이는 A에서 B로 갈수록 얕아진다.

오답 피하기 ㄱ. ㉠은 대륙판인 유라시아판이다. 태평양판이 유라시아판 아래로 섭입하는 것은 태평양판의 밀도가 유라시아판보다 더 크기 때문이다.

451

답 ④

자료 분석하기 판의 경계와 지각 변동

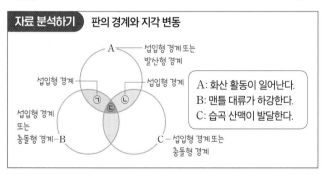

A ─ 섭입형 경계 또는 발산형 경계
섭입형 경계 ─ 섭입형 경계
섭입형 경계 또는 충돌형 경계 ─ B
C ─ 섭입형 경계 또는 충돌형 경계

A: 화산 활동이 일어난다.
B: 맨틀 대류가 하강한다.
C: 습곡 산맥이 발달한다.

ㄴ. 안데스산맥은 해양판이 대륙판 아래로 섭입하는 섭입대에서 형성되었으므로, 화산 활동이 활발하고 습곡 산맥이 발달한다.

ㄷ. 판의 경계에서는 모두 지진이 자주 발생한다. A, B, C는 판의 경계에서 나타나는 특징이므로 '지진 발생'은 ㉢에 해당한다.

오답 피하기 ㄱ. ㉠은 화산 활동이 일어나고, 맨틀 대류가 하강하므로 섭입형 경계에서 나타나는 특징이다. 두 판이 서로 어긋나게 이동하는 것은 보존형 경계이다.

452

답 ②

자료 분석하기 판의 경계와 지각 변동

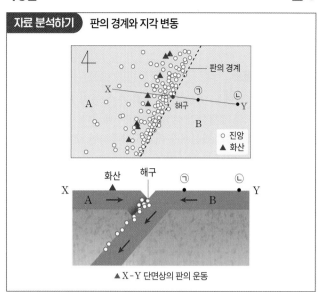

판의 경계
X ─ A ─ 해구 ─ ㉠ ─ ㉡ ─ Y ─ B
○ 진앙 ▲ 화산

화산 해구 ㉠ ㉡
X ─ A → ← B ─ Y
▲ X-Y 단면상의 판의 운동

ㄴ. 이 지역에서는 섭입대를 따라 지진이 발생하므로 판의 경계에 해구가 발달한다. 해양 지각은 해구 쪽으로 이동하여 해구에서 소멸하므로 해양 지각의 연령은 ㉠이 ㉡보다 많다.

오답 피하기 ㄱ. 섭입대에서는 밀도가 큰 판이 섭입한다. 따라서 판의 밀도는 B가 A보다 크다.

ㄷ. 화산섬은 맨틀 대류의 하강부인 섭입대에서 마그마가 분출하여 형성되었다.

453

답 ④

ㄴ. C에서는 해양판이 대륙판 쪽으로 수렴하므로 밀도가 큰 해양판이 대륙판 아래로 섭입한다.

ㄷ. A는 해령이므로 새로운 해양판이 생성되고, C는 해구이므로 오래된 해양판이 소멸된다.

오답 피하기 ㄱ. A(해령)와 C(해구) 부근에서는 화산 활동이 활발하게 일어나지만 B에서는 화산 활동이 일어나지 않는다.

454

예시 답안 히말라야산맥에서는 밀도가 작은 두 대륙판이 충돌하므로 대륙판이 맨틀 깊은 곳까지 들어가지 않으므로 마그마가 생성되기 어렵다. 그러나 안데스산맥에서는 밀도가 큰 해양판이 대륙판 아래로 섭입하므로 해양판이 맨틀 깊은 곳까지 들어가 마그마가 생성되어 화산 활동이 일어난다.

채점 기준	배점(%)
히말라야산맥과 안데스산맥을 이루는 두 판의 종류를 옳게 비교하여 화산 활동을 설명한 경우	100
히말라야산맥과 안데스산맥을 이루는 두 판의 종류만 쓴 경우	50

455

답 ③

ㄱ. A는 나스카판과 남아메리카판이 섭입형 경계를 이룬다.

ㄷ. 대서양 주변부에는 판의 경계가 거의 없으므로 지각 변동이 거의 일어나지 않지만 대서양 중앙부에는 남북 방향을 따라 해령과 변환 단층이 발달하므로 지각 변동이 활발하다.

오답 피하기 ㄴ. A에서는 나스카판이 남아메리카판 아래로 섭입하
므로 화산 활동은 판의 경계를 기준으로 서쪽보다 동쪽에서 활발
하게 일어난다.

456 필수 유형   답 ②

ㄴ. 화산 가스 중에는 이산화 황, 황화 수소 등이 포함되어 있어
대기 중 수증기와 결합하면 산성비가 되어 내린다.

오답 피하기 ㄱ. 다량의 화산재가 대기에 체류하면 햇빛이 차단되어
지구 기온이 일시적으로 낮아진다.

ㄷ. 용암은 화산 주변 지역에 큰 영향을 주지만 화산재는 대기로
퍼져 넓은 지역에 피해를 준다.

457

예시 답안 온천을 관광 자원으로 활용하거나 가열된 지하수를 난방과 온수로 이
용할 수 있으며, 지열 발전을 하여 전기 에너지를 얻을 수 있다.

채점 기준	배점(%)
온천, 난방, 온수, 지열 발전 중 2가지를 옳게 설명한 경우	100
온천, 난방, 온수, 지열 발전 중 1가지만 옳게 설명한 경우	50

458   답 ⑤

ㄱ. 진원에서 지진파가 지표로 전파되면 지반이 진동하면서 산사
태가 생기고, 건물 등의 구조물이 붕괴되는 피해가 발생한다.

ㄴ. 해저에서 지진이 발생할 때는 해수면에 파동이 생겨 해안으로
전파되면서 지진 해일로 발달한다.

ㄷ. 지하에서 발생한 지진파는 지구 내부의 암석층을 통과하여 관
측소에 도달하므로 지진파를 분석하면 지구 내부 구조나 지하자
원 탐사를 할 수 있다.

1등급 완성 문제   ● 105쪽 ~ 107쪽

459 ⑤	460 ②	461 ①	462 ⑤	463 ④
464 ③	465 ①	466 ③	467 ③	468 ②
469 해설 참조		470 해설 참조		
471 해설 참조				

459   답 ⑤

ㄱ. B와 C의 경계에는 동태평양 해령이 있다.

ㄴ. 지진은 주로 판의 경계에서 발생하므로 진앙의 분포는 대체로
판의 경계를 따라 나타난다.

ㄷ. A와 B의 경계에서는 진원의 깊이가 300 km 이상인 지진이
발생하지만 B와 C의 경계에서는 진원의 깊이가 100 km 이내인
지진만 발생한다. 따라서 진원의 평균 깊이는 A와 B의 경계가 B
와 C의 경계보다 깊다.

460   답 ②

자료 분석하기   판의 경계와 지각 변동

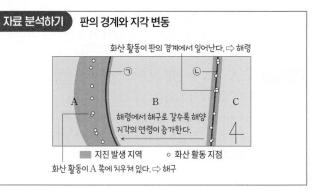

ㄴ. ㉠은 해구이므로 A에는 섭입대가 형성된다. 섭입대를 따라
지진이 발생하므로 ㉠ 부근에서는 판의 두께보다 깊은 수백 km
까지 지진이 발생한다. ㉡은 해령이므로 판의 두께인 약 100 km
이내의 깊이에서 지진이 발생한다. 따라서 진원의 평균 깊이는
㉠ 부근이 ㉡ 부근보다 깊다.

오답 피하기 ㄱ. ㉠은 해구이므로 발산형 경계에서 형성되는 열곡대
가 나타나지 않는다.

ㄷ. 해령에서는 새로운 해양 지각이 생성되고, 해구에서는 오래된
해양 지각이 소멸하므로 판 B를 이루는 지각의 연령은 ㉠ 부근이
㉡ 부근보다 많다.

461   답 ①

ㄱ. (가)는 두 대륙판의 충돌형 경계이고, (나)는 해양판과 대륙판
의 수렴형 경계이므로 두 판의 밀도 차는 (가)가 (나)보다 작다.

오답 피하기 ㄴ. (가)와 (나) 모두 수렴형 경계이므로 맨틀 대류의
하강부에 해당한다.

ㄷ. (가)는 충돌형 경계이므로 화산 활동이 일어나지 않지만 (나)
는 섭입형 경계이므로 안데스산맥 주변에서 화산 활동이 활발하
게 일어난다.

462   답 ⑤

ㄱ. X−X′ 단면을 보면 A가 B 아래로 섭입하므로 판의 밀도는
A가 B보다 크다.

ㄴ. 섭입형 경계에서는 섭입대를 따라 지진이 발생하므로 밀도가
작은 판 쪽에서 지진이 자주 발생한다. B는 A보다 밀도가 작으므
로 지진은 B에서 자주 발생한다.

ㄷ. 크라카타우 화산이 속한 지점은 판의 경계와 나란하게 화산섬
이 나열되어 있으므로 크라카타우 화산은 호상열도에 해당한다.

463   답 ④

ㄴ. A는 남아메리카판에 위치하고, C는 아프리카판에 위치하므
로 해령으로부터 점점 멀어진다. 따라서 A와 C 사이의 거리는 점
점 증가할 것이다.

ㄷ. 해령으로부터 멀어질수록 해양 지각의 연령이 증가하므로 A
는 ㉢, B는 ㉡, C는 ㉠에 해당한다. ㉠과 ㉡ 사이에는 해령이 있
으므로 ㉡과 ㉢ 사이보다 화산 활동이 활발하게 일어난다.

ㄱ. A는 해령으로부터 가장 멀리 있으므로 해양 지각 연령은 ㉢에 해당한다.

464
답 ③

ㄱ. (가)는 대륙판이 갈라지면서 좁고 긴 열곡대가 형성된 모습이므로 동아프리카 열곡대는 (가)에 해당한다.

ㄷ. (가)와 (나) 모두 발산형 경계이므로 맨틀 대류의 상승부에 해당하여 화산 활동이 활발하게 일어난다.

ㄴ. 태평양에서 해령은 남동쪽에 위치하며, 동태평양 해령이라고 한다.

465
답 ①

자료 분석하기 보존형 경계

ㄱ. 변환 단층은 두 판의 경계에 나타난다. ㉠과 ㉡은 변환 단층에 대해 서로 다른 곳에 위치하므로 서로 다른 판에 속한다.

ㄴ. 변환 단층은 맨틀 대류의 상승부나 하강부가 아니므로 화산 활동이 일어나지 않는다.

ㄷ. ㉡이 속한 판의 상대적인 이동 방향은 북서쪽이고, ㉠이 속한 판의 상대적인 이동 방향은 남동쪽이다.

466
답 ③

A는 두 판이 수렴하는 경계인데, 마리아나 해구가 흐름도에 이미 제시되어 있으므로 히말라야산맥이고, B는 나머지 하나에 해당하므로 동태평양 해령이다.

ㄱ. 히말라야산맥과 산안드레아스 단층에서는 화산 활동이 일어나지 않고, 마리아나 해구와 동태평양 해령에서는 화산 활동이 일어난다. 따라서 ㉠에는 '판의 경계 부근에서 화산 활동이 일어나는가?'가 들어갈 수 있다.

ㄴ. A(히말라야산맥)에서는 두 대륙판인 유라시아판과 인도 – 오스트레일리아판이 충돌형 경계를 이룬다.

ㄷ. B(동태평양 해령)에서는 맨틀 대류의 상승부가 있다.

467
답 ③

ㄱ. 대류권은 공기의 대류가 활발하지만 성층권은 공기의 대류가 일어나기 어려우므로 화산재가 성층권에 도달하면 대류권보다 오랫동안 체류하여 피해를 준다.

ㄴ. 화산 가스는 수증기가 대부분을 차지하지만 이산화 탄소, 이산화 황, 황화 수소 등이 포함되어 있어 산성비가 내릴 수 있다.

ㄷ. 스메루 화산은 인도 – 오스트레일리아판이 유라시아판 아래로 섭입하는 곳에 위치하므로 수렴형 경계에서 일어났다.

468
답 ②

자료 분석하기 판의 이동 속도에 따른 판의 경계

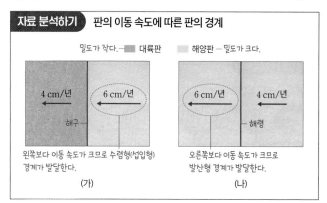

ㄴ. (나)는 두 판의 이동 속도 차에 의해 발산형 경계인 해령이 형성된다. 해령에서는 화산 활동이 일어나 해양 지각이 생성된다.

ㄱ. (가)는 두 판의 이동 속도 차에 의해 수렴형 경계가 형성되는데, 해양판이 대륙판 아래로 섭입하므로 진앙은 대륙판 쪽에 많이 분포한다.

ㄷ. (가)에서는 해구가 발달하고, (나)에서는 해령이 발달한다.

469

서술형 해결 전략

STEP 1 문제 포인트 파악

지진과 화산의 분포를 해석하여 (가)와 (나)가 판의 세 가지 경계 중 어느 것에 해당하는지 판단할 수 있어야 한다.

STEP 2 관련 개념 모으기

❶ 섭입형 경계에서 지진의 분포는?
→ 섭입대를 따라 지진이 발생하므로 해구를 경계로 밀도가 작은 판 쪽에 넓게 분포한다.

❷ 발산형 경계와 보존형 경계에서 지각 변동의 차이점은?
→ 발산형 경계에서는 지진과 화산 활동이 일어나지만, 보존형 경계에서는 지진만 발생하고 화산 활동은 일어나지 않는다.

A, B는 해양판이므로 만약 (가) 또는 (나)가 섭입형 경계라면 지진의 분포는 해구에만 국한되지 않고, 해구를 경계로 밀도가 작은 판 쪽에 넓게 분포해야 한다. 따라서 (가)와 (나)는 해구가 아니라 해령 또는 변환 단층이다. 해령에서는 지진과 화산 활동이 일어나지만, 변환 단층에서는 화산 활동이 일어나지 않고 지진만 발생한다. 따라서 (가)는 변환 단층, (나)는 해령이다. 해령에서는 두 판이 서로 멀어지고, 변환 단층에서는 두 판이 서로 어긋나게 이동한다.

판의 경계에만 지진이 집중되므로 수렴형(섭입형) 경계가 아니며, 발산형 경계 또는 보존형 경계이다. 발산형 경계에서는 화산 활동이 일어나므로 (나)는 발산형 경계(해령)이고, 보존형 경계에서는 화산 활동이 일어나지 않으므로 (가)는 보존형 경계(변환 단층)이다.

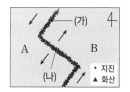

채점 기준	배점(%)
판의 이동 방향을 옳게 그리고, (가)와 (나)의 판 경계를 옳게 판단한 경우	100
(가)와 (나)의 판 경계만 옳게 판단한 경우	60
판의 이동 방향만 옳게 그린 경우	40

470

서술형 해결 전략

STEP 1 문제 포인트 파악
두 대륙판이 이동하는 방향으로부터 어떤 판의 경계가 형성되는지 판단할 수 있어야 한다.

STEP 2 관련 개념 모으기
❶ 충돌형 경계에서 형성되는 지형은?
➡ 두 대륙판이 충돌하면 지층이 높이 솟아올라 습곡 산맥이 만들어진다.
❷ 대륙판의 발산형 경계에서 형성되는 지형은?
➡ 대륙판이 양쪽에서 잡아당겨지면서 판이 갈라져 좁고 긴 열곡대가 만들어진다.
❸ 수렴형 경계와 발산형 경계에서 맨틀 대류의 특징은?
➡ 수렴형 경계에서는 맨틀 대류가 하강하고, 발산형 경계에서는 맨틀 대류가 상승한다.

(가)는 두 대륙판이 수렴하여 충돌형 경계를 이루고, (나)는 대륙판이 갈라지는 발산형 경계를 이룬다. 충돌형 경계에서는 지층이 솟아올라 습곡 산맥이 형성되고, 대륙판의 발산형 경계에서는 판이 갈라지면서 좁고 긴 열곡대가 형성된다.
충돌형 경계에서는 맨틀 대류가 하강하고, 발산형 경계에서는 맨틀 대류가 상승한다.

예시 답안 (가)에서는 습곡 산맥이 형성되고, (나)에서는 열곡대가 형성된다. (가)에서는 맨틀 대류가 하강하고, (나)에서는 맨틀 대류가 상승한다.

채점 기준	배점(%)
형성되는 지형과 맨틀 대류의 특징을 모두 옳게 설명한 경우	100
형성되는 지형과 맨틀 대류의 특징을 부분적으로 옳게 설명한 경우	50

471

서술형 해결 전략

STEP 1 문제 포인트 파악
해령을 축으로 양쪽으로 멀어지는 화살표를 그린 후 화살표가 서로 어긋나는 부분은 어디인지 판단할 수 있어야 한다.

STEP 2 관련 개념 모으기
❶ 해령에서 판의 이동 방향은?
➡ 해령에서는 새로운 판이 생성되어 양쪽으로 멀어지므로 두 판이 서로 멀어지는 방향으로 이동한다.
❷ 변환 단층에서 판의 이동 방향은?
➡ 변환 단층에서는 두 판이 서로 멀어지거나 가까워지지 않고, 어긋나게 이동한다.

해령에서는 두 판이 서로 멀어지는 방향으로 이동하므로 해령과 해령 사이 구간에서는 서로 다른 두 판이 어긋나게 이동하여 판이 생성되거나 소멸되지 않고, 보존되는 경계를 형성한다. A~D 중 이에 해당하는 구간은 B−C 구간이다.

예시 답안 보존형 경계는 B−C 구간에서 나타난다. 이 구간에서는 두 판이 서로 어긋나게 이동하기 때문이다.

채점 기준	배점(%)
보존형 경계 구간을 옳게 쓰고, 판단 근거를 옳게 설명한 경우	100
보존형 경계 구간과 판단 근거를 부분적으로 옳게 설명한 경우	50

실전 대비 평가 문제 ━━━━━━ ● 108쪽 ~ 113쪽

472 ③	**473** ①	**474** ⑤	**475** ④	**476** ③
477 ①	**478** ①	**479** ②	**480** ①	**481** ②
482 ②	**483** ①	**484** ①	**485** ②	**486** ③
487 ③	**488** 해설 참조		**489** 해설 참조	
490 해설 참조		**491** 해설 참조		
492 해설 참조		**493** 해설 참조		**494** ④
495 ②	**496** ③	**497** ⑤		

472
답 ③

ㄱ. A(대류권)에서는 지표에서 증발한 물을 저장하고, 비나 눈 등의 강수에 의해 다시 지표로 물을 순환시킨다. 따라서 수권과의 상호작용이 가장 활발한 층은 A이다.
ㄴ. A(대류권)에서는 지표의 가열과 냉각에 의해 낮과 밤의 기온 차가 생기지만 D(열권)에서는 공기가 희박하여 낮에는 기온이 매우 높아지고, 밤에는 기온이 매우 낮아진다. 따라서 낮과 밤의 기온 차는 D가 A보다 크게 나타난다.

오답 피하기 ㄷ. 높이 올라갈수록 공기의 밀도는 점진적으로 감소하므로 A(대류권)와 B(성층권)의 경계에서도 밀도는 점진적으로 변한다. A와 B에서 온도 분포가 다른 것은 지표로부터 흡수하는 열과 자외선 흡수의 영향 때문이며, 공기의 밀도와는 관련이 없다.

473
답 ①

자료 분석하기 기권과 지권의 층상 구조

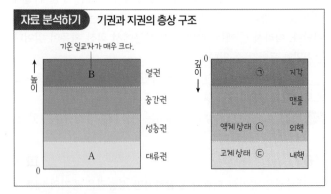

ㄱ. A(대류권)에서는 높이 올라갈수록 기온이 낮아지는데, 이는 태양 에너지가 지권의 지각(㉠)에서 흡수되어 기권으로 열을 전달하기 때문이다. 따라서 A의 연직 기온 분포에 가장 큰 영향을 주는 (나)의 층은 ㉠이다.

오답 피하기 ㄴ. B(열권)는 태양 에너지를 직접 흡수하므로 높이 올라갈수록 기온이 상승한다.

ㄷ. ㉡은 액체 상태의 외핵이고, ㉢은 고체 상태의 내핵이다.

474
답 ⑤

ㄱ. 바람이 강할수록 혼합층이 두껍게 형성되므로 바람은 B가 C보다 강하다.

ㄴ. A는 해수면과 깊이 150 m에서의 수온이 거의 같으므로 두 깊이 사이에서 물질 교환이 일어날 수 있지만, C는 수온 약층이 뚜렷하게 발달하므로 두 깊이 사이에서 물질 교환이 일어나기 어렵다.

ㄷ. 깊이 약 150 m에서는 심해층이 나타나므로 깊이 150 m보다 깊은 곳은 태양 에너지의 직접적인 영향을 거의 받지 않는다.

475
답 ④

ㄴ. 판은 맨틀 대류에 의해 움직이는데, 맨틀 대류는 방사성 원소의 붕괴열과 지구 탄생 과정에서 생성되어 지구 내부로부터 지표로 방출되는 열에 의해 일어난다. 따라서 판을 움직이는 에너지원은 B(지구 내부 에너지)이다.

ㄷ. 화석 연료는 광합성을 통해 태양 에너지를 흡수한 생물이 지층에 매몰되어 생성되므로 화석 연료의 연소에 의한 열에너지는 C(태양 에너지)가 전환된 것이다.

오답 피하기 ㄱ. 밀물과 썰물은 지구와 태양 또는 달의 인력에 의해 생기므로 에너지원은 A(조력 에너지)이다. 지진 해일은 해저에서 생기는 지진이나 화산 활동에 의해 일어나므로 에너지원은 B(지구 내부 에너지)이다.

476
답 ③

ㄱ. A는 육지에 내린 비나 눈이 하천수나 지하수가 되어 바다로 이동하는 과정이며, 이 과정에서 암석의 풍화와 침식이 일어나므로 지형의 변화가 일어난다.

ㄴ. B는 지표의 물이 태양 에너지에 의해 증발하여 대기로 이동하는 과정이므로 태양 에너지가 수권에서 기권으로 이동한다.

오답 피하기 ㄷ. C는 대기 중의 수증기가 응결하여 구름이 형성되는 과정이므로 물이 증발할 때 흡수된 태양 에너지가 방출된다.

477
답 ①

자료 분석하기 │ 탄소의 순환

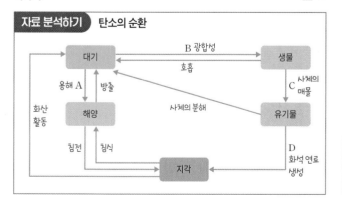

ㄱ. A는 대기 중의 이산화 탄소가 해수에 녹아 탄산 이온이 되는 과정이다.

오답 피하기 ㄴ. B는 식물이 광합성을 하여 이산화 탄소가 생물체 내로 이동하는 과정이므로 태양 에너지에 의해 일어난다.

ㄷ. 석회암은 해수에 녹은 탄산 이온이 칼슘 이온과 결합하여 탄산염으로 해저에 퇴적되어 만들어지므로 이산화 탄소는 대기 → 해양 → 지각을 거쳐 석회암에 저장된다.

478
답 ①

ㄱ. (가)는 기권과 지권의 상호작용이고, (나)는 수권과 지권의 상호작용이므로 A는 지권, B는 기권, C는 수권이다.

오답 피하기 ㄴ. 지하수는 수권에 속하고, 석회 동굴은 지권에 속하므로 A와 C의 상호작용으로 생긴다.

ㄷ. 용암 분출과 지형 변화가 모두 지권에 속하므로 A 내에서 일어나는 현상이다.

479
답 ②

ㄷ. C는 두 해양판이 경계를 이루면서 맨틀 대류가 하강하므로 섭입대가 있다. 섭입대를 따라 해양판이 섭입하면서 마그마가 발생하므로 화산 활동은 C의 동쪽에서 활발하게 일어난다.

오답 피하기 ㄱ. A는 해령이고, B는 판의 경계가 아니므로 지진은 A에서 자주 발생한다.

ㄴ. 해령에서는 화산 활동에 의해 새로운 해양 지각이 생성되고, 생성된 해양 지각은 맨틀 대류에 의해 해령으로부터 멀어지므로 해령으로부터 멀어짐에 따라 해양 지각의 연령이 증가한다. 따라서 A에서 B로 갈수록 해양 지각의 연령이 증가한다.

480
답 ①

ㄱ. A에서는 히말라야산맥이 형성되었고, B에서는 안데스산맥이 형성되었다.

오답 피하기 ㄴ. A는 충돌형 경계이므로 화산 활동이 일어나지 않지만 B는 섭입형 경계이므로 화산 활동이 일어난다.

ㄷ. 충돌형 경계에서는 판이 지하 깊이 섭입하지 않으므로 지진 발생의 깊이가 300 km 이내이지만, 섭입형 경계에서는 판이 지하 깊이 섭입하므로 지진이 깊이 300 km 이상에서도 발생한다. 따라서 지진 발생의 평균적인 깊이는 A가 B보다 얕다.

481
답 ②

ㄷ. A(유라시아판)는 대륙판이고, B(필리핀판)는 해양판이므로 B가 A 아래로 섭입하면서 지진은 주로 A에서 발생한다.

오답 피하기 ㄱ. B와 C의 경계에서는 B 쪽에서 화산 활동이 일어나므로 C가 B 아래로 섭입한다.

ㄴ. 보존형 경계에서는 화산 활동이 일어나지 않는다. A와 C(태평양판)의 경계에서는 A 쪽에서 화산 활동이 일어나므로 수렴형(섭입형) 경계를 이룬다.

482
답 ②

자료 분석하기 수렴형 경계와 지각 변동

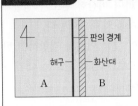

- 판의 경계 부근에서 지진이 자주 발생한다.
- 판의 경계를 기준으로 동쪽에 화산 활동이 일어나는 화산대가 분포한다.
  └ 판의 밀도는 A>B이다.

ㄴ. 판의 경계 부근에서 지진이 발생하고, 판의 경계와 나란하게 인접한 지역에 화산대가 있으므로 판의 경계는 수렴형 경계이고, 판의 경계를 따라 남북 방향으로 해구가 분포한다.

오답 피하기 ㄱ. A, B가 모두 대륙판이면 화산 활동이 일어나지 않는다. 판의 경계를 기준으로 동쪽에서 화산 활동이 일어나므로 판의 밀도는 A가 B보다 크다. 따라서 A는 해양판, B는 대륙판 또는 해양판이다.

ㄷ. 판의 경계가 해구이므로 오래된 해양 지각이 소멸한다. 따라서 A에서는 판의 경계에 가까워질수록 지각의 나이가 많아진다.

483
답 ①

ㄱ. 북아메리카판에서는 판의 경계와 나란하게 화산섬이 나열되어 있는데, 이를 호상열도라고 한다. 이때 판의 경계는 섭입형 경계인 해구이다.

오답 피하기 ㄴ. 호상열도는 섭입형 경계에서 형성되므로 이 지역은 판의 경계(해구)에서 오래된 해양 지각이 소멸한다.

ㄷ. 섭입형 경계에서는 밀도가 작은 판 쪽에서 화산 활동이 일어나므로 판의 밀도는 북아메리카판이 태평양판보다 작다.

484
답 ①

ㄱ. 열곡대는 맨틀 대류의 상승부에서 나타난다. B는 열곡대에 속하므로 맨틀 대류의 상승부이다.

오답 피하기 ㄴ. 습곡 산맥은 수렴형 경계에서 형성되는 지형이다. B에서는 발산형 경계에서 형성되는 열곡대가 발달하므로 습곡 산맥은 분포하지 않는다.

ㄷ. 열곡대에서는 판이 갈라져 서로 멀어지는 방향으로 이동하므로 열곡대 양쪽에 위치한 A와 C 사이의 거리는 점점 멀어진다.

485
답 ②

ㄴ. A는 새로운 해양 지각이 생성되는 해령이고, B는 해령으로부터 멀리 떨어진 대륙이므로 A에서 B로 갈수록 해양 지각의 나이가 증가한다.

오답 피하기 ㄱ. A는 판의 경계인 해령이고, B는 판의 경계가 아니므로 지진은 A에서 자주 발생한다.

ㄷ. 태평양 주변부에는 해구가 발달하고, 대서양 주변부에는 해구가 거의 없다. 그림은 대양 주변부에 해구가 없으므로 대서양에 잘 발달하는 해저 지형이다.

486
답 ③

자료 분석하기 판의 경계와 지각 변동

ㄱ. ㉠은 해령과 해령 사이에서 두 판이 서로 어긋나므로 보존형 경계인 변환 단층이다. 변환 단층에서는 지진이 자주 발생하지만 화산 활동은 일어나지 않는다.

ㄷ. C과 D 사이의 해구에서는 C가 속한 해양판이 D 쪽으로 섭입하므로 화산 활동은 D 부근에서 활발하게 일어난다.

오답 피하기 ㄴ. 해령에서 생성된 해양 지각은 시간이 지남에 따라 해령으로부터 멀어진다. 따라서 A에서는 인접한 두 해양 지각이 막 생성되었으므로 연령 차가 작지만, B에서는 해령에서 생성된 후 이동해 온 시간이 다르므로 인접한 두 해양 지각의 연령 차가 크다.

487
답 ③

ㄱ. 지진은 지구 내부 에너지가 지층에 축적되었다가 일시에 급격하게 방출되는 현상이다.

ㄴ. 해저에서 지진이 발생할 때 지반의 운동에 의해 해수면에 생긴 파동이 해안으로 전파되는 경우가 있는데, 이를 지진 해일이라고 한다. 따라서 '해일의 발생'은 ㉡에 해당한다.

오답 피하기 ㄷ. 대기로 방출된 다량의 화산재가 햇빛을 차단하면 기후 변화가 일어날 수 있고, 화산재가 지표에 가라앉아 오랜 세월이 지나면 토양이 비옥해진다. 따라서 ㉢과 ㉣에 공통적으로 영향을 주는 화산 분출물은 화산재(화산 쇄설물)이다.

488

서술형 해결 전략

STEP 1 문제 포인트 파악

기권을 높이에 따른 기온 분포를 기준으로 구분하여 각 층의 특징을 판단할 수 있어야 한다.

STEP 2 관련 개념 모으기

❶ 기권을 높이에 따른 기온 분포를 기준으로 구분하면?
→ 대류권, 성층권, 중간권, 열권으로 구분할 수 있다.

❷ 기권에서 공기의 대류가 일어날 수 있는 환경은?
→ 높이 올라갈수록 기온이 낮아지는 층에서 공기의 대류가 일어난다.

❸ 기권에서 기상 현상이 나타나는 환경은?
→ 공기 중에 수증기가 포함된 대류권에서 기상 현상이 나타난다.

기권은 높이 올라갈수록 기온이 낮아지는 대류권과 중간권, 기온이 높아지는 성층권과 열권이 있다. 대류권과 중간권에서는 모두 대류 현상이 일어나지만 기상 현상은 대류권에서만 나타난다. 기상 현상은 공기 중의 물이 상태 변화를 하면서 일어나는데, 중간권에서는 수증기가 거의 없으므로 기상 현상이 나타나기 어렵다.

예시 답안 A: 대류권, B: 중간권, 중간권에는 수증기가 거의 없기 때문이다.

채점 기준	배점(%)
A, B의 명칭과 ㉠의 까닭을 모두 옳게 설명한 경우	100
A, B의 명칭과 ㉠의 까닭을 부분적으로 옳게 설명한 경우	50

489

서술형 해결 전략

STEP 1 문제 포인트 파악
해수를 깊이에 따른 수온 분포를 기준으로 구분하여 각 층의 특징을 판단할 수 있어야 한다.

STEP 2 관련 개념 모으기
❶ 해수를 깊이에 따른 수온 분포를 기준으로 구분하면?
➡ 혼합층, 수온 약층, 심해층으로 구분할 수 있다.
❷ 혼합층이 형성될 수 있는 환경은?
➡ 혼합층은 태양 에너지에 의해 가열되고 바람에 의해 혼합되어 수온이 높고 수심에 따른 수온 변화가 없는 층이다. 혼합층은 바람이 강하게 불수록 두껍게 형성된다.

예시 답안 ㉠ B, ㉡ A, 전등이 방출한 에너지는 대부분 수면 부근에서 흡수되므로 10분 후의 온도 분포는 B와 같이 수면 부근의 온도가 상승한다. 그 후 부채질을 하면 바람에 의한 혼합 작용으로 A와 같이 수면 부근에서 온도가 일정한 혼합층이 형성된다.

채점 기준	배점(%)
A와 B를 옳게 고르고, 판단의 근거를 옳게 설명한 경우	100
판단의 근거만 옳게 설명한 경우	70
A, B만 옳게 고른 경우	30

490

서술형 해결 전략

STEP 1 문제 포인트 파악
지구시스템에서 일어나는 상호작용의 특징을 이해하고, 지구시스템의 현상을 상호작용의 관점에서 설명할 수 있어야 한다.

STEP 2 관련 개념 모으기
❶ 지구시스템에서 일어나는 상호작용의 연쇄적 변화란 무엇인가?
➡ 지구시스템의 한 권역에서 일어나는 변화는 연쇄적으로 다른 권역에 영향을 주고, 그 영향은 다시 원래의 권역으로 되돌아오는 현상을 말한다.
❷ 곡류천이 형성되는 과정은?
➡ 강물이 흐를 때 양쪽 면의 유속이 달라 각각 퇴적과 침식이 일어나 지형이 더욱 휘어지면서 형성된다.
❸ 곡류천이 형성되는 과정에서 상호작용하는 권역은?
➡ 강물과 지형 사이의 변화이므로 수권과 지권 사이에 일어나는 상호작용이다.

예시 답안 강물은 강의 지형을 따라 이동한다. 강물의 유속이 변하면 강의 측면에서는 퇴적과 침식이 일어나 곡류천이 만들어지는데, 이는 수권이 지권에 영향을 주는 ㉠의 관점에 해당한다. 한편 강의 지형이 휘어져 원래의 지형과 달라지면 강물이 흐르는 방향과 유속도 변하게 되는데, 이는 지권이 수권에 다시 영향을 주는 ㉡의 관점에 해당한다.

채점 기준	배점(%)
㉠과 ㉡의 관점에 따라 옳게 설명한 경우	100
㉠과 ㉡의 관점을 부분적으로 옳게 설명한 경우	50

491

서술형 해결 전략

STEP 1 문제 포인트 파악
판의 수렴형 경계를 섭입형과 충돌형으로 구분하고, 각각의 경계에서 일어나는 지각 변동의 특징을 설명할 수 있어야 한다.

STEP 2 관련 개념 모으기
❶ 수렴형 경계를 판의 종류에 따라 구분하면?
➡ 대륙판과 대륙판이 수렴하는 충돌형 경계와 해양판과 해양판(또는 대륙판)이 수렴하는 섭입형 경계로 구분할 수 있다.
❷ 충돌형 경계에서 일어나는 지각 변동의 특징은?
➡ 지진은 자주 발생하지만 화산 활동은 일어나지 않으며, 습곡 산맥이 형성된다.
❸ 섭입형 경계에서 일어나는 지각 변동의 특징은?
➡ 지진과 화산 활동이 활발하게 일어나고, 해구와 나란하게 습곡 산맥이 형성된다.

예시 답안 (가)와 (나)에서는 모두 지진이 자주 발생한다. (가)에서는 판의 경계를 따라 습곡 산맥이 분포하지만 화산 활동은 일어나지 않으며, (나)에서는 판의 경계 부근에서 화산 활동은 일어나지만 습곡 산맥은 분포하지 않는다.

채점 기준	배점(%)
지진, 화산 활동, 습곡 산맥을 모두 옳게 비교하여 설명한 경우	100
지진, 화산 활동, 습곡 산맥 중 2가지만 옳게 비교하여 설명한 경우	60
지진, 화산 활동, 습곡 산맥 중 1가지만 옳게 비교하여 설명한 경우	30

492

서술형 해결 전략

STEP 1 문제 포인트 파악
판의 경계 주변에 분포하는 지각의 연령 분포를 판단할 수 있어야 한다.

STEP 2 관련 개념 모으기
❶ 발산형 경계와 수렴형 경계에서 형성되는 해저 지형은?
➡ 발산형 경계에서는 해령이 형성되고, 수렴형 경계에서는 해구가 형성된다.
❷ 해령 주변에서 해양 지각의 연령 분포는?
➡ 해령에서는 새로운 판이 생성되어 해령의 양쪽으로 이동하므로 해령을 경계로 해양 지각의 나이가 대칭적으로 분포한다.
❸ 해구 주변에서 해양 지각의 연령 분포는?
➡ 해구에서는 오래된 해양 지각이 소멸하므로 해양 지각의 나이 차이가 크게 나타난다.

예시 답안 (가)는 서로 다른 시기에 형성된 두 해양 지각이 해구에서 수렴하지만, (나)는 해령에서 거의 같은 시기에 형성된 두 해양 지각이 서로 멀어지기 때문이다.

채점 기준	배점(%)
(가)가 (나)보다 지각의 나이 차이가 큰 까닭을 옳게 설명한 경우	100
(가)가 (나)보다 지각의 나이 차이가 큰 까닭을 부분적으로 옳게 설명한 경우	50

493

STEP 1 문제 포인트 파악
화산 활동이 지구 기온 변화에 영향을 준다는 사실을 이해하고, 화산 분출물이 기온 변화에 영향을 주는 과정에 대해 설명할 수 있어야 한다.

STEP 2 관련 개념 모으기
❶ 화산 분출물이란?
➡ 용암, 화산 가스, 화산 쇄설물 등 화산 활동이 일어날 때 분출되는 물질이다.
❷ 화산 쇄설물의 종류는?
➡ 입자의 크기에 따라 화산진, 화산재, 화산암괴로 구분한다.
❸ 화산 쇄설물이 지구 기온에 미치는 영향은?
➡ 화산진이나 화산재가 대기 중에 체류하면 햇빛을 차단하므로 지표에 도달하는 햇빛의 양이 감소하여 기온이 하강한다.

예시 답안 지구 기온은 낮아졌을 것이다. 화산이 폭발할 때 방출된 다량의 화산재가 대기에 체류하면서 햇빛을 차단하여 지표에 도달하는 햇빛의 양이 감소하였기 때문이다.

채점 기준	배점(%)
지구 기온 변화와 원인을 옳게 설명한 경우	100
지구 기온 변화와 원인을 부분적으로 옳게 설명한 경우	50

494   답 ④

ㄴ. 높이 약 20 km~30 km에서 기체 농도가 가장 높으므로 이 기체는 오존이다. 오존은 자외선을 흡수하므로 지표에 도달하는 자외선의 양은 오존 농도가 낮은 ㉠이 ㉡보다 많다.
ㄷ. ㉠은 오존층이 없는 시기이므로 기온 분포는 현재의 대류권을 포함하여 높이 올라갈수록 기온이 낮아지는 층과 현재의 열권을 포함하여 높이 올라갈수록 기온이 상승하는 층으로 단순하게 나타난다. 그러나 ㉡ 시기에는 대류권, 성층권, 중간권, 열권으로 복잡한 층을 이룬다. 따라서 높이에 따른 기온 분포로 기권을 구분한다면 층의 개수는 ㉡이 ㉠보다 많다.
오답 피하기 ㄱ. 오존 농도가 높은 ㉡ 시기에 A층에서는 높이 올라갈수록 기온이 상승하여 대류가 일어나지 않는다.

495   답 ②

ㄴ. 깊이 100 m에서는 계절에 따른 수온 변화가 거의 일어나지 않지만 해수면에서는 여름에 수온이 높고, 겨울에 수온이 낮아지므로 해수면과 깊이 100 m 사이의 수온 연교차는 여름이 겨울보다 크다.
오답 피하기 ㄱ. 여름에는 혼합층의 두께가 약 20 m이지만 겨울에는 혼합층의 두께가 80 m보다 두껍다.
바람이 강할수록 혼합층의 두께가 두꺼우므로 바람은 겨울이 여름보다 강하게 분다.
ㄷ. 혼합층 내에서는 바람에 의해 해수의 연직 혼합이 잘 일어난다. 겨울에는 혼합층의 두께가 80 m 이상이므로 해수면과 깊이 80 m 사이 해수의 연직 혼합은 겨울이 여름보다 활발하다.

496   답 ③

수렴형 경계와 지각 변동

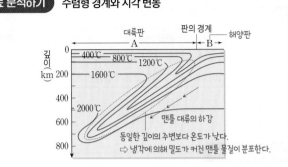

ㄱ, ㄴ. 판의 경계에서 A 쪽으로 비스듬하게 온도가 낮은 영역이 나타나는데, 이는 냉각에 의해 밀도가 커진 맨틀 물질이 하강하기 때문이다. 즉, 이 지역은 섭입대가 있는 곳으로, 섭입대의 기울어진 방향을 보면 B가 A 아래로 섭입한다. 따라서 A는 대륙 지각을 포함하는 대륙판이고, B는 해양 지각을 포함하는 해양판이다. 대륙 지각은 해양 지각보다 두꺼우므로 지각의 평균 두께는 A가 B보다 두껍다.
오답 피하기 ㄷ. B가 A 아래로 섭입하면서 섭입대를 따라 지진이 발생하므로 진앙의 분포는 A가 B보다 많다.

497   답 ⑤

판의 이동과 지각 변동

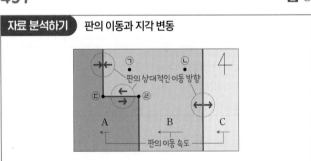

ㄱ. A와 B 사이에서 판의 이동 속도가 B>A이므로 두 판 사이에 남북 방향으로 수렴형 경계가 형성된다. 한편 판의 밀도는 B>A이므로 B가 A 아래로 섭입하면서 A에서 화산 활동이 일어난다.
ㄴ. 판의 이동 속도가 B>C이므로 B와 C 사이에는 발산형 경계인 해령이 형성된다. 해양 지각은 해령에서 해구 쪽으로 갈수록 나이가 증가하므로 ㉠이 ㉡보다 나이가 많다.
ㄷ. A와 B 사이에서 판의 이동 속도가 B>A이므로 동서 방향의 경계 ㉢-㉣에서는 A와 B가 어긋나게 이동한다. 따라서 이 구간에서는 보존형 경계인 변환 단층이 형성되며, 판이 생성되거나 소멸되지 않는다.

2. 역학 시스템

 중력과 물체의 운동

> **개념 확인 문제** ● 115쪽
>
> **498** 4 m/s **499** 서쪽 **500** 3 m/s² **501** ○ **502** ○
> **503** × **504** 아래 **505** 점점 증가하는
> **506** ㉠ 등속 직선, ㉡ 자유 낙하 **507** ㉠ A=B, ㉡ A>B
> **508** ㉠ 수평, ㉡ 중력 **509** 지구 중심

498

답 4 m/s

$$속력 = \frac{이동\ 거리}{걸린\ 시간} = \frac{12\ m}{3\ s} = 4\ m/s$$

499

답 서쪽

속도의 크기가 6 m/s에서 0으로 감소했으므로 가속도 방향은 속도의 방향과 반대인 서쪽이다.

500

답 3 m/s²

$$가속도\ 크기 = \left| \frac{나중\ 속도 - 처음\ 속도}{걸린\ 시간} \right| = \left| \frac{0 - 6\ m/s}{2\ s} \right| = 3\ m/s²$$

501

답 ○

높은 곳에 있는 물은 중력을 받아 낮은 곳으로 흐른다.

502

답 ○

구름 속 얼음 알갱이가 커지면 중력에 의해 지면으로 떨어지면서 눈이나 비와 같은 강수 현상이 일어난다.

503

답 ×

달이나 인공위성이 지구 주위를 공전하는 것처럼 지구 표면을 벗어나더라도 중력은 역학 시스템에서 중요한 역할을 한다.

504

답 아래

지표면 근처에 있는 물체는 연직 아래 방향으로 중력을 받는다.

505

답 점점 증가하는

자유 낙하 운동을 하는 물체는 일정한 중력을 받아 속도와 가속도 방향이 같아서 속력이 점점 증가하는 운동을 한다.

506

답 ㉠ 등속 직선, ㉡ 자유 낙하

수평 방향으로 던진 물체는 수평 방향으로 힘을 받지 않아 등속 직선 운동을, 연직 방향으로 중력을 받아 자유 낙하 운동을 한다.

507

답 ㉠ A=B, ㉡ A>B

두 물체는 연직 방향으로 같은 높이만큼 자유 낙하 운동을 하는 것과 같으므로 수평면에 도달하는 데 걸린 시간은 A=B이다. 한편 두 물체는 수평 방향으로 같은 시간 동안 등속 직선 운동을 하는 것과 같으므로 수평 방향 이동 거리는 A>B이다.

508

답 ㉠ 수평, ㉡ 중력

뉴턴은 지구는 둥글기 때문에 물체를 수평 방향으로 충분히 빠르게 던지면 물체에 중력이 작용해 물체가 땅에 닿지 않고 지구 주위를 원운동 할 것이라는 결론을 내렸다.

509

답 지구 중심

달은 지구 중심 방향으로 중력을 받아 지구 주위를 일정한 속력으로 원운동 한다.

기출 분석 문제 ● 116쪽 ~ 120쪽

510 ② **511** ③ **512** ② **513** ② **514** ③
515 해설 참조 **516** ③ **517** ③
518 해설 참조 **519** ⑤ **520** 해설 참조
521 ② **522** ④ **523** ④ **524** 해설 참조
525 ③ **526** ② **527** ① **528** ③
529 해설 참조 **530** ①

510

답 ②

$$가속도 = \frac{나중\ 속도 - 처음\ 속도}{걸린\ 시간} = \frac{15\ m/s - 10\ m/s}{3\ s} = \frac{5}{3}\ m/s²$$

511

답 ③

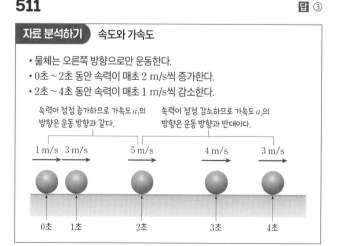

자료 분석하기 속도와 가속도

- 물체는 오른쪽 방향으로만 운동한다.
- 0초~2초 동안 속력이 매초 2 m/s씩 증가한다.
- 2초~4초 동안 속력이 매초 1 m/s씩 감소한다.

속력이 점점 증가하므로 가속도 a_1의 방향은 운동 방향과 같다. 속력이 점점 감소하므로 가속도 a_2의 방향은 운동 방향과 반대이다.

1 m/s 3 m/s 5 m/s 4 m/s 3 m/s

0초 1초 2초 3초 4초

ㄱ. 0초부터 4초까지 물체의 운동 방향은 변하지 않고 일정하다.

ㄴ. 2초~4초 동안 속도의 크기가 감소하므로 가속도 a_2의 방향은 운동 방향과 반대이다.

오답 피하기 ㄷ. $a_1 = \dfrac{5 \text{ m/s} - 1 \text{ m/s}}{2 \text{ s}} = 2 \text{ m/s}^2$, $a_2 = \dfrac{3 \text{ m/s} - 5 \text{ m/s}}{2 \text{ s}}$

$= -1 \text{ m/s}^2$이다. 따라서 $\dfrac{a_1}{a_2}$의 크기는 2이다.

512
답 ②

제시된 글은 지구의 중력에 대한 설명이다.

ㄴ. 지표면 근처에서 한 물체에 작용하는 중력의 크기는 일정하다.

오답 피하기 ㄱ, ㄷ. 중력은 벽에 붙어 있는 물체나 위로 올라가는 물체, 낙하하는 물체 등 지표면 근처의 모든 물체에 연직 아래 방향으로 작용한다.

513
답 ②

ㄴ. 물체에 작용하는 중력의 방향은 연직 아래 방향이므로 물체의 운동 방향과 물체에 작용하는 중력의 방향은 같다.

오답 피하기 ㄱ. 지표면 근처에 있는 모든 물체에는 중력이 작용한다.

ㄷ. (나)에서 물체의 속력은 일정하게 증가하므로 같은 시간 동안 물체가 이동한 거리는 점점 증가한다. 같은 시간 동안 이동한 거리가 일정한 물체는 등속 직선 운동을 하는 물체이다.

514
답 ③

자료 분석하기 자유 낙하 운동

중력 가속도가 9.8 m/s^2이므로 자유 낙하 운동을 하는 물체의 속력은 1초마다 9.8 m/s씩 증가한다.

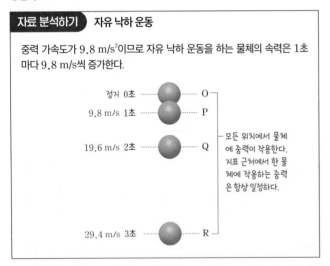

ㄷ. 물체에 중력이 알짜힘으로 작용한다. 중력의 방향은 연직 아래 방향이므로 운동 방향과 같다.

오답 피하기 ㄱ. 자유 낙하 운동을 하는 물체의 속력은 일정하게 증가한다. 따라서 물체의 속력은 P에서가 Q에서보다 작다.

ㄴ. 물체에 작용하는 중력의 크기는 질량과 중력 가속도의 곱이다. 중력 가속도는 일정하므로 물체에 작용하는 중력의 크기는 O에서와 R에서가 같다.

515

0초일 때 물체는 정지해 있으므로 속력이 0이다. 중력 가속도가 9.8 m/s^2이므로 물체의 속력은 1초마다 9.8 m/s씩 증가한다.

예시 답안 중력 가속도가 9.8 m/s^2이므로 물체의 속력이 매초 9.8 m/s씩 증가하기 때문이다.

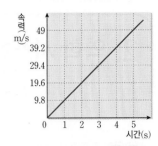

채점 기준	배점(%)
그래프 세로축에 속력 값을 표기해 시간과 비례하는 그래프를 옳게 그리고, 그 까닭을 옳게 설명한 경우	100
그래프 세로축에 속력 값을 표기하지 않고 시간과 비례하는 그래프를 그리고, 그 까닭을 옳게 설명한 경우	80
그래프 세로축에 속력 값을 표기해 시간과 비례하는 그래프를 옳게 그렸으나, 그 까닭을 옳게 설명하지 않은 경우	50
그래프 세로축에 속력 값을 표기하지 않고 시간과 비례하는 그래프를 그리고, 그 까닭을 옳게 설명하지 않은 경우	30

516
답 ③

시간에 따른 속력 그래프 아랫부분의 넓이는 이동 거리와 같다. 0초일 때 물체의 위치는 지점 O, 3초일 때 물체의 위치는 지점 R이므로 물체가 O에서 R까지 이동한 거리는 0초~3초까지의 그래프 아랫부분의 넓이와 같다. 따라서 $\dfrac{1}{2} \times 3 \text{ s} \times 29.4 \text{ m/s} = 44.1 \text{ m}$이다.

517
답 ③

ㄱ. 물체가 운동하는 동안 가속도는 항상 중력 가속도로 같다.

ㄷ. 물체는 연직 방향으로 자유 낙하 운동을 하므로 연직 방향의 속력은 p에서가 q에서보다 작다.

오답 피하기 ㄴ. 수평 방향으로 물체에 작용하는 힘은 0이므로 물체는 수평 방향으로 등속 직선 운동을 한다. 따라서 수평 방향의 속력은 p와 q에서 같다.

518

수평 방향으로 던진 물체는 수평 방향으로는 힘을 받지 않는다. 따라서 물체는 수평 방향으로 등속 직선 운동, 즉 속력이 일정한 운동을 한다. 한편 물체는 운동하는 동안 연직 아래 방향으로 중력을 받는다. 따라서 물체는 연직 방향으로 자유 낙하 운동, 즉 속력이 일정하게 증가하는 운동을 한다.

예시 답안 · 수평 방향: 속력이 일정한 운동을 한다.
· 연직 방향: 속력이 일정하게 증가하는 운동을 한다.

채점 기준	배점(%)
수평 방향과 연직 방향 속력 변화를 모두 옳게 설명한 경우	100
수평 방향으로 등속 직선 운동, 연직 방향으로 속력이 일정하게 증가하는 운동이라고 설명한 경우에도 정답 인정	100
수평 방향과 연직 방향 속력 변화 중 1가지만 옳게 설명한 경우	50
수평 방향 속력 변화를 옳게 설명하지 않고, 연직 방향 속력 변화를 자유 낙하 운동이라고 설명한 경우	40

519

자료 분석하기 수평 방향으로 던진 물체의 운동

물체는 P에서 Q까지 5 m/s의 일정한 속력으로 운동하다가 Q에서 수평 방향으로 5 m/s의 속력으로 던진 운동을 한다.

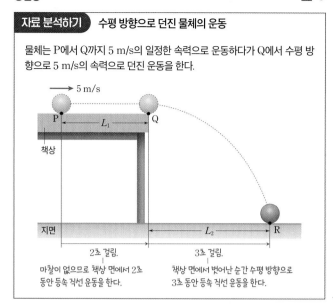

2초 걸림.
마찰이 없으므로 책상 면에서 2초 동안 등속 직선 운동을 한다.

3초 걸림.
책상 면에서 벗어난 순간 수평 방향으로 3초 동안 등속 직선 운동을 한다.

P에서 Q까지 물체는 2초 동안 속력이 5 m/s로 일정한 운동을 한다. 또, Q에서부터 물체는 수평 방향으로 5 m/s의 속력으로 던진 물체와 같은 운동을 한다. 따라서 Q에서 R까지 물체는 수평 방향으로 3초 동안 속력이 5 m/s로 일정한 운동을 한다. 따라서 $L_1 + L_2 = 5 \text{ m/s} \times (2 \text{ s} + 3 \text{ s}) = 25 \text{ m}$이다.

520

0초~4초까지 수평 방향으로 속력이 20 m/s로 일정한 운동, 연직 방향으로 1초마다 속력이 9.8 m/s씩 증가하는 운동을 한다.

예시 답안

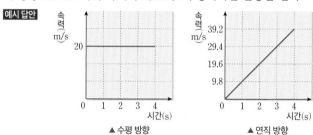

▲ 수평 방향   ▲ 연직 방향

	채점 기준	배점(%)
수평 방향	그래프 세로축에 속력 값을 표기하고, 시간축과 나란한 형태로 0초~4초까지 옳게 그린 경우	50
	그래프 세로축에 속력 값을 표기하고, 시간축과 나란한 형태이지만 0초~4초 범위가 아닌 경우	40
	그래프 세로축에 속력 값을 표기하지 않고, 시간축과 나란한 형태로 0초~4초까지 옳게 그린 경우	30
	그래프 세로축에 속력 값을 표기하지 않고, 시간축과 나란한 형태이지만 0초~4초 범위가 아닌 경우	25
연직 방향	그래프 세로축에 속력 값을 표기하고, 시간에 비례하는 형태로 0초~4초까지 옳게 그린 경우	50
	그래프 세로축에 속력 값을 표기하고, 시간에 비례하는 형태이지만 0초~4초 범위가 아닌 경우	40
	그래프 세로축에 속력 값을 표기하지 않고, 시간에 비례하는 형태로 0초~4초까지 옳게 그린 경우	30
	그래프 세로축에 속력 값을 표기하지 않고, 시간에 비례하는 형태이지만 0초~4초 범위가 아닌 경우	25

521 필수 유형

자료 분석하기 자유 낙하 운동과 수평 방향으로 던진 물체의 운동

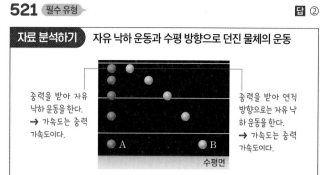

중력을 받아 자유 낙하 운동을 한다.
→ 가속도는 중력 가속도이다.

중력을 받아 연직 방향으로는 자유 낙하 운동을 한다.
→ 가속도는 중력 가속도이다.

A와 B의 가속도는 모두 중력 가속도와 같다. 따라서 $a_A = a_B$이다. 한편 B는 연직 방향으로 자유 낙하 운동, 즉 A와 같은 운동을 하므로 수평면에 도달하는 데 걸린 시간 $t_A = t_B$이다.

522

④ 질량이 같은 A, B에 작용하는 중력의 크기는 같다.

오답 피하기 ①, ③ A, B는 같은 높이에서 연직 방향으로 자유 낙하 운동을 동시에 시작하므로 수평면에 동시에 도달한다.
② 수평 방향으로 발사된 B는 수평 방향으로 등속 직선 운동 한다.
⑤ 수평면에 도달하는 순간 A와 B의 연직 방향 속력은 같고, B는 수평 방향 속력도 있다. 따라서 수평면에 도달하는 순간의 속력은 B가 A보다 크다.

523

ㄴ, ㄷ. A와 B에는 중력이 연직 아래 방향으로 작용하며, 질량이 A가 B의 2배이므로 작용하는 중력의 크기도 A가 B의 2배이다.

오답 피하기 ㄱ. A와 B는 같은 높이에서 운동을 시작하였으므로 P에서 연직 방향의 속력은 같다. 따라서 $v_A = v_B$이다.

524

예시 답안 T는 B가 수평 방향으로 25 m 이동하는 동안 걸린 시간과 같으므로 $T = \dfrac{25 \text{ m}}{10 \text{ m/s}} = 2.5$ s이다. 따라서 $v = 10 \text{ m/s}^2 \times 2.5 \text{ s} = 25 \text{ m/s}$이다.

채점 기준	배점(%)
T와 v를 풀이 과정과 함께 모두 옳게 구한 경우	100
풀이 과정이 없이 T와 v만 옳게 구한 경우	50

525 필수 유형

자료 분석하기 수평 방향으로 던진 속력에 따른 운동

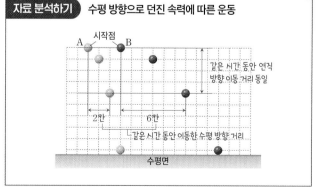

시작점
A   B

같은 시간 동안 연직 방향 이동 거리 동일

2칸   6칸

같은 시간 동안 이동한 수평 방향 거리

수평면

ㄱ. A와 B의 가속도는 중력 가속도로 같다.

ㄴ. A와 B는 수평 방향으로 등속 직선 운동을 한다. 같은 시간 동안 수평 방향으로 이동한 거리는 B가 A의 3배이므로 시작점에서 수평 방향의 속력은 B가 A의 3배이다.

오답 피하기 ㄷ. A와 B는 연직 방향으로 동시에 자유 낙하 운동을 시작하므로 운동하는 동안 연직 방향 속력은 같다.

526
답 ②

ㄷ. A와 C의 수평 방향 속력 비 A : C=v : $2v$=1 : 2이다. 따라서 같은 시간 동안 A와 C가 수평 방향으로 이동한 거리의 비 L_1 : L_2=1 : 2이다.

오답 피하기 ㄱ. A~C는 동시에 운동을 시작했고, 연직 방향으로 자유 낙하 운동을 하며, 가속도는 물체의 질량에 관계없이 중력 가속도로 같으므로, A~C는 수평면에 동시에 도달한다.

ㄴ. A~C의 가속도가 중력 가속도로 같으므로 가속도의 비 A : B : C=1 : 1 : 1이다.

527
답 ①

자료 분석하기 수평 방향으로 던진 속력에 따른 운동

• A~C는 연직 방향으로 자유 낙하 운동을 하며, 연직 방향 이동 거리는 A>B>C이다. → 수평면에 도달하는 데 걸린 시간은 A>B>C이다.
• A~C는 수평 방향으로 등속 직선 운동을 하며, 수평 방향 이동 거리는 A=B=C이다. → 같은 거리를 이동하는 데 걸린 시간이 A>B>C이다.

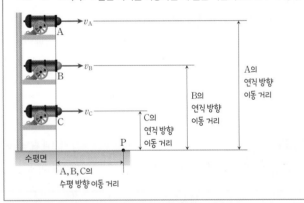

ㄱ. 세 대포알의 가속도는 중력 가속도로 같으므로, 높은 곳에서 쏜 대포알일수록 P점까지 도달하는 데 걸린 시간이 길다. 따라서 P점에 동시에 도달하기 위해서는 A, B, C 순서로 쏘아야 한다.

오답 피하기 ㄴ. 연직 방향으로 자유 낙하 운동을 한 시간이 길수록 연직 방향의 속력이 크다. 따라서 P점에 도달한 순간 연직 방향 속력은 가장 높은 곳에서 쏜 대포알 A가 가장 크고, 가장 낮은 곳에서 쏜 대포알 C가 가장 작다.

ㄷ. 대포알은 수평 방향으로 등속 직선 운동을 하며, P점까지의 수평 거리를 이동하는 데 걸린 시간이 짧을수록 수평 방향 속력이 크다. 따라서 $v_A < v_B < v_C$이다.

528
답 ③

ㄱ. A~C의 질량은 같으므로 발사하는 순간 A~C에 작용하는 중력의 크기 또한 같다.

ㄴ. 같은 높이에서 수평 방향으로 발사한 속력이 점점 커질수록 점점 더 먼 곳에 떨어진다. 그리고 특정한 속력으로 발사하면 포탄이 지면에 떨어지기 전에 처음 발사한 위치로 돌아와 계속해서 원운동 한다. 따라서 발사하는 순간의 속력은 C가 A보다 크다.

오답 피하기 ㄷ. C에는 항상 지구 중심을 향하는 방향으로 중력이 작용한다.

529

같은 높이에서 수평 방향으로 쏜 속력이 점점 커질수록 점점 더 먼 곳에 떨어진다. 따라서 대포알을 특정한 속력으로 쏘면 대포알이 지면에 떨어지기 전에 처음 발사한 위치로 돌아와 원운동 하게 된다.

예시 답안 A<B<C<D, 대포알을 같은 높이에서 수평 방향으로 쏜 속력이 클수록 지면의 더 먼 곳까지 가서 떨어지기 때문이다.

채점 기준	배점(%)
속력을 옳게 비교하고, 그 까닭을 수평 방향 속력과 대포알이 떨어진 지점까지의 거리를 들어 옳게 설명한 경우	100
속력을 옳게 비교하고, 그 까닭을 옳게 설명하지 않은 경우	30

530
답 ①

ㄱ. 사과에 작용하는 중력의 방향은 연직 아래 방향이므로, 사과에 작용하는 중력의 방향과 사과의 운동 방향은 같다.

오답 피하기 ㄴ. 달에 작용하는 중력의 방향은 지구 중심을 향하는 방향으로, 달의 운동 방향과 같지 않다.

ㄷ. 사과에 작용하는 중력은 운동 방향과 같으므로 사과는 떨어지는 동안 속력이 증가한다.

1등급 완성 문제 ━━━━━━━━━━ ● 121쪽 ~ 123쪽

531 ①	532 ④	533 ④	534 ⑤	535 ②
536 ③	537 ③	538 ③	539 ①	540 ④
541 해설 참조		542 해설 참조		
543 해설 참조				

531
답 ①

ㄱ. 질량이 더 큰 A에 작용하는 중력의 크기가 더 크다.

오답 피하기 ㄴ. 질량이 있는 물체에는 중력이 작용한다. 따라서 나무에 매달려 있는 사과 P에도 중력이 작용한다.

ㄷ. 지표면 근처에서 낙하하는 물체의 가속도는 중력 가속도로 일정하다.

532
답 ④

ㄱ. 물체에 작용하는 중력의 크기는 질량에 비례하므로 A가 B의 2배이다.

ㄷ. A와 B의 처음 속력은 0으로 같고, 가속도의 크기도 중력 가속도로 같으므로 수평면에 도달하는 순간의 속력은 A와 B가 같다.

오답 피하기 ㄴ. A와 B를 같은 높이에서 동시에 놓았으므로 수평면에 동시에 도달한다.

533
답 ④

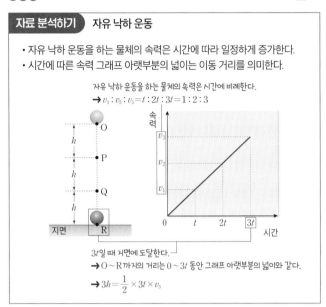

- 자유 낙하 운동을 하는 물체의 속력은 시간에 따라 일정하게 증가한다.
- 시간에 따른 속력 그래프 아랫부분의 넓이는 이동 거리를 의미한다.

ㄱ. 물체가 낙하하는 동안 가속도는 중력 가속도로 일정하므로 물체의 속력은 시간에 비례하여 증가한다. 따라서 $v_1 : v_2 : v_3 = t : 2t : 3t = 1 : 2 : 3$이다.

ㄷ. (나)에서 시간 $0 \sim 2t$까지 그래프 아랫부분의 넓이는 $\frac{1}{2} \times 2t \times 2v = 2vt$이고, Q점은 O점에서 $2h = 3vt$만큼 떨어진 지점에 있으므로 $2t$인 순간 (가)에서 물체는 P점과 Q점 사이에 있다.

오답 피하기 ㄴ. t일 때 물체의 속력을 v라 하면, $3t$일 때 물체의 속력은 $3v$이다. (나)와 같은 시간에 따른 속력 그래프 아랫부분의 넓이는 이동 거리를 의미하므로, 물체가 O점에서 R점까지 낙하한 높이는 $3h = \frac{1}{2} \times 3t \times 3v = \frac{9}{2}vt$이다. 따라서 $h = \frac{3}{2}vt$이다. (나)에서 시간 $0 \sim t$까지 그래프 아랫부분의 넓이는 $\frac{1}{2}vt$이고, P점은 O점에서 $h = \frac{3}{2}vt$만큼 떨어진 지점에 있으므로 t인 순간 (가)에서 물체는 O점과 P점 사이에 있다.

534
답 ⑤

p, q에서 물체에 작용하는 중력의 방향은 연직 아래 방향, 즉 $-y$ 방향으로 같다. 물체는 연직 방향으로 자유 낙하 운동을 하므로 y축 방향 속도의 크기는 p에서가 q에서보다 작다.

535
답 ②

ㄴ. A가 2초 동안 수평 방향으로 이동한 거리는 20 m이므로 1초 동안 이동한 거리는 10 m이다. 한편 1초 동안 A와 B가 연직 방향으로 이동한 거리는 같다. 따라서 B를 가만히 놓은 순간으로부터 1초가 지났을 때 A와 B 사이의 거리는 10 m이다.

오답 피하기 ㄱ. A는 수평 방향으로 속력 v로 2초 동안 20 m만큼 등속 직선 운동을 했다. 따라서 $v = \dfrac{20 \text{ m}}{2 \text{ s}} = 10 \text{ m/s}$이다.

ㄷ. A는 연직 방향으로 자유 낙하 운동을 한다. 따라서 A를 던진 순간부터 p에서 만날 때까지 A의 연직 방향 속력은 B와 같다.

536
답 ③

ㄷ. 수평 방향으로 발사한 쇠구슬은 수평 방향으로 등속 직선 운동을 한다. 따라서 수평면에 도달할 때까지 걸린 시간 t 동안 v의 속력으로 발사한 쇠구슬은 수평 방향으로 vt만큼 이동하고, $2v$의 속력으로 발사한 쇠구슬은 수평 방향으로 $2vt$만큼 이동한다. 따라서 $l_1 + l_2 = vt + 2vt = 3vt$이다.

오답 피하기 ㄱ. 물체를 수평 방향으로 던진 속력에 관계 없이 물체는 연직 방향으로 자유 낙하 운동을 한다. 따라서 수평면에 도달할 때까지 걸린 시간이 같다. 즉, $t = t_1 = t_2$이다.

ㄴ. 자유 낙하 운동을 하는 물체는 매초 중력 가속도의 크기만큼 속력이 증가한다. 따라서 V에 관계없이 수평면에 도달하는 순간 쇠구슬의 연직 방향 속력은 gt이다.

537
답 ③

ㄱ. A와 B의 가속도는 중력 가속도로 같고, A를 가만히 놓는 순간과 B를 수평 방향으로 던지는 순간 연직 방향의 속력은 A와 B가 모두 0이므로 P에서 연직 방향의 속력은 A와 B가 같다.

ㄴ. 수평 방향의 속력은 C가 B의 2배이므로 같은 시간 동안 수평 방향 이동 거리는 C가 B의 2배이다. $L_1 + L_2 = 2L_1$이므로 $L_1 = L_2$이다.

오답 피하기 ㄷ. C에 작용하는 중력의 방향은 연직 아래 방향이므로 C의 운동 방향과 같지 않다.

538
답 ③

- A, B, C는 모두 연직 방향으로 자유 낙하 운동을 한다. 따라서 연직 방향 속력은 낙하한 시간에 비례한다.
- A, B, C는 모두 수평 방향으로 등속 직선 운동을 한다. 따라서 같은 시간 동안 수평 방향 이동 거리는 시작점에서의 속력에 비례한다.

p점에서 A, B의 연직 방향 속력 비가 2 : 1이므로 낙하하는 데 걸린 시간은 A가 B의 2배이다.
→ A의 낙하 시간은 $2 \times \dfrac{20 \text{ m}}{4 \text{ m/s}} = 10 \text{ s}$이다.

B, C를 같은 높이에서 수평 방향으로 발사했으므로 B, C가 수평면에 도달하는 데 걸린 시간은 같다.
→ $\dfrac{20 \text{ m}}{4 \text{ m/s}} = \dfrac{10 \text{ m}}{v_C}$이므로 $v_C = 2 \text{ m/s}$이다.

B, C를 같은 높이에서 수평 방향으로 발사했으므로 B, C가 p점에 도달할 때까지 걸린 시간은 같다. B, C는 수평 방향으로 등속 직선 운동을 하므로 $\dfrac{20 \text{ m}}{4 \text{ m/s}} = \dfrac{10 \text{ m}}{v_\text{C}}$에서 $v_\text{C} = 2$ m/s이다. 따라서 B, C가 p점에 도달하는 데 걸린 시간은 5초이다. A, B의 가속도는 중력 가속도로 같으므로 연직 방향 속력은 낙하한 시간에 비례한다. 중력 가속도를 g, A가 p점에 도달하는 데 걸린 시간을 t_A라 하면 p점에서 연직 방향 속력 비 A : B = 2 : 1 = $gt_\text{A} : g \times 5$ s이다. 따라서 $t_\text{A} = 10$초이다. A는 수평 방향으로 10초 동안 20 m 이동했으므로 $v_\text{A} = 2$ m/s이다. 따라서 $v_\text{A} : v_\text{C} = 1 : 1$이다.

539 　　　　　　　　　답 ①

ㄱ. 발사한 위치로부터 A가 B보다 더 가까운 곳에 떨어졌으므로 $v_\text{A} < v_\text{B}$이다.

오답 피하기 ㄴ. 질량은 A가 B보다 크므로 A에 작용하는 중력의 크기는 B보다 크다.

ㄷ. 대포알에 작용하는 중력의 방향은 지구 중심을 향하는 방향이므로 B에 작용하는 중력의 방향은 A와 같지 않다.

540 　　　　　　　　　답 ④

ㄱ. A가 원운동을 하는 동안 지구와 A 사이의 거리는 일정하므로 A에 작용하는 중력의 크기는 일정하다.

ㄷ. 질량은 A가 B보다 크고, 지구로부터의 거리는 A와 B가 같다. 따라서 A에 작용하는 중력의 크기는 B보다 크다.

오답 피하기 ㄴ. A, B에 작용하는 중력의 방향은 각각 지구 중심을 향하는 방향이므로 A와 B에 작용하는 중력의 방향은 같지 않다.

541

서술형 해결 전략

STEP 1 **문제 포인트 파악**
수평 방향으로 던진 물체가 운동하는 동안 어떤 물리량이 위치에 관계없이 일정한지를 알 수 있어야 한다.

STEP 2 **관련 개념 모으기**
❶ 물체가 운동하는 동안 위치에 관계없이 같은 물리량은?
　→ 수평 방향 속력이 같다.
　→ 가속도가 중력 가속도로 같다.
❷ 물체의 운동 여부와 관련이 없이 일정한 물리량은?
　→ 지표면 근처에 있는 물체에는 일정한 크기와 방향의 중력이 작용한다.
　→ 물체의 운동과 관계없이 물체의 질량은 일정하다.

예시 답안 수평 방향의 속력, 물체에 작용하는 중력의 크기, 물체에 작용하는 중력의 방향, 물체의 질량, 물체의 가속도 등

채점 기준	배점(%)
p와 q에서 같은 물리량을 3가지 이상 옳게 설명한 경우	100
수평 방향의 운동량, 역학적 에너지를 포함한 경우에도 정답 인정	100
p와 q에서 같은 물리량을 2가지만 옳게 설명한 경우	60
p와 q에서 같은 물리량을 1가지만 옳게 설명한 경우	30

542

서술형 해결 전략

STEP 1 **문제 포인트 파악**
수평 방향으로 던진 물체가 시간에 따라 연직 방향으로 속력이 어떻게 변하는지를 파악할 수 있어야 한다.

STEP 2 **관련 개념 모으기**
❶ 물체는 연직 방향으로 어떤 운동을 하는가?
　→ 연직 방향으로 중력이 작용하므로 속력이 일정하게 증가하는 운동을 한다.
❷ 연직 방향 이동 거리와 걸린 시간은 어떤 관계가 있는가?
　→ A～C는 연직 방향의 처음 속력이 0이므로, 같은 시간 동안 낙하한 거리가 같다. 또, 낙하 시간이 길수록 더 긴 거리를 낙하한다.

예시 답안 물체를 수평 방향으로 던진 순간부터 수평면에 도달할 때까지 연직 방향으로 이동한 거리는 B와 C가 같고, A가 가장 작기 때문에 수평면에 동시에 도달하기 위해서는 B, C를 동시에 던진 뒤 A를 던져야 한다.

채점 기준	배점(%)
연직 방향 이동 거리를 근거로 하여 A, B, C를 던진 순서를 옳게 설명한 경우	100
낙하 시간이 B, C가 A보다 길다는 것을 들어 A, B, C를 던진 순서를 옳게 설명한 경우	80
B, C를 동시에 던진 뒤 A를 던진다고만 설명한 경우	40

543

서술형 해결 전략

STEP 1 **문제 포인트 파악**
같은 시간 동안 수평 방향 이동 거리로 속력을 비교할 수 있어야 한다.

STEP 2 **자료 파악**

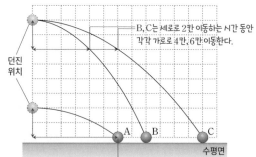

B, C는 세로로 2칸 이동하는 시간 동안 각각 가로로 4칸, 6칸 이동한다.

던진 위치

A는 세로로 2칸 이동하는 시간 동안 가로로 6칸 이동한다.

수평면

A　B　C

STEP 3 **관련 개념 모으기**
❶ 출발 지점에서 세로로 2칸 이동하는 동안 걸린 시간이 같은 까닭은?
　→ A～C 모두 정지 상태에서 출발해 같은 거리만큼 이동하기 때문이다.
❷ 수평 방향 속력을 비교할 수 있는 방법은?
　→ 세로로 2칸 이동할 때 가로로 몇 칸 이동했는지를 비교한다.

예시 답안 $v_\text{B} < v_\text{A} = v_\text{C}$, 물체를 던진 순간부터 연직 방향으로 2칸을 이동하는 데 걸린 시간은 A, B, C가 같다. 연직 방향으로 2칸 이동하는 동안 수평 방향으로 이동한 거리는 A가 6칸, B가 4칸, C가 6칸이다. 따라서 $v_\text{B} < v_\text{A} = v_\text{C}$이다.

채점 기준	배점(%)
속력 비교를 옳게 하고, 그 까닭을 옳게 설명한 경우	100
속력 비교만 옳게 하고, 그 까닭을 설명하지 않은 경우	40

12 충돌과 안전

544
답 ㉠ 관성, ㉡ 질량

관성은 물체가 현재의 운동 상태를 계속 유지하려는 성질로, 질량이 클수록 크다.

545
답 등속 직선

물체에 힘이 작용하지 않으면 정지해 있는 물체는 계속 정지해 있고, 운동하는 물체는 등속 직선 운동을 한다.

546
답 48 kg·m/s

운동량은 질량과 속도의 곱이다. 따라서 운동량의 크기는 4 kg × 12 m/s = 48 kg·m/s이다.

547
답 ㉠ (가), ㉡ (다)

(가) 1000 kg × 36 km/h = 1000 kg × 10 m/s = 10000 kg·m/s

(나) 60 kg × 10 m/s = 600 kg·m/s

(다) 15000 kg × 0 = 0

548
답 ○

운동량의 크기는 질량과 속도의 크기의 곱이므로 질량이 같을 때 운동량의 크기는 속도의 크기에 비례한다.

549
답 ✕

운동량 변화량과 충격량은 같다.

550
답 ✕

충격량의 크기는 힘의 크기와 힘을 받는 시간의 곱이다. 따라서 물체가 받는 충격량이 같을 때 충돌 시간이 길수록 물체가 받는 평균 힘의 크기는 작다.

551
답 ○

운동량 변화량은 충격량이므로 운동량과 충격량의 단위는 같다.

552
답 ○

두 물체가 충돌할 때, 두 물체가 주고받는 충격량의 크기는 같다. 따라서 두 물체의 운동량 변화량의 크기 또한 같다.

553
답 ㉠ 길게, ㉡ 작게

자동차가 충돌할 때 자동차에 장착된 에어백은 운전자가 충격을 받는 시간을 길게 함으로써 운전자에게 가해지는 평균 힘을 작게 하여 피해를 줄인다.

554
답 ③

ㄱ. 달리던 사람이 돌부리에 걸리면 계속 운동하려는 관성 때문에 몸이 앞으로 쏠려 넘어진다.

ㄴ. 버스가 갑자기 정지하면 승객들은 계속 운동하려는 관성 때문에 몸이 앞으로 쏠린다.

오답 피하기 ㄷ. 타자가 공을 멀리 보내기 위해 방망이를 끝까지 휘두르는 것은 공에 힘을 가한 시간을 길게 하여 충격량을 크게 해 공이 날아가는 운동량을 더 크게 하기 위한 것이다.

555
답 ⑤

ㄱ. 물체가 자신의 운동 상태를 유지하려는 성질을 관성이라고 한다.

ㄷ. 관성에 따라 정지해 있는 물체는 계속 정지 상태를 유지하려고 한다.

오답 피하기 ㄴ. 관성은 물체의 질량이 클수록 크게 나타난다.

556

예시 답안 A, B의 운동량이 같으므로 $mv_A = 3mv_B$이다. 따라서 $\dfrac{v_A}{v_B} = 3$이다.

채점 기준	배점(%)
운동량이 질량과 속력의 곱임을 이용해 속력의 비를 풀이 과정과 함께 옳게 구한 경우	100
속력의 비만 옳게 쓴 경우	40

557
답 ①

ㄱ. 운동량의 크기는 질량과 속력의 곱과 같으므로 2 kg × 5 m/s = 10 kg·m/s이다.

오답 피하기 ㄴ. 충격량의 크기는 힘과 그 힘을 작용한 시간의 곱과 같으므로 20 N × 1 s = 20 N·s이다.

ㄷ. 물체가 받은 충격량은 운동량 변화량과 같다. 물체는 운동량과 같은 방향으로 충격량을 받으므로 q에서 물체의 운동량의 크기는 $10 \text{ kg·m/s} + 20 \text{ kg·m/s} = 30 \text{ kg·m/s}$이다. 따라서 $2 \text{ kg} \times v = 30 \text{ kg·m/s}$에서 $v = 15 \text{ m/s}$이다.

558 필수 유형 답 ②

운동량과 시간에 따른 힘 그래프

- 물체에 가한 충격량만큼 운동량이 변한다. 즉, 충격량은 운동량 변화량과 같다.
- 시간에 따른 힘 그래프 아랫부분의 넓이는 충격량과 같다.

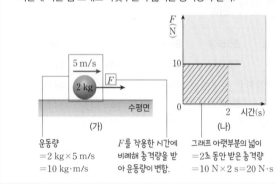

운동량
$= 2 \text{ kg} \times 5 \text{ m/s}$
$= 10 \text{ kg·m/s}$

F를 작용한 시간에 비례해 충격량을 받아 운동량이 변함.

그래프 아랫부분의 넓이
$=$2초 동안 받은 충격량
$= 10 \text{ N} \times 2 \text{ s} = 20 \text{ N·s}$

0초일 때 물체의 운동량의 크기는 $2 \text{ kg} \times 5 \text{ m/s} = 10 \text{ kg·m/s}$이다. 시간에 따른 힘 그래프 아랫부분의 넓이는 물체가 받은 충격량을 의미하므로 0초부터 2초까지 물체가 받은 충격량의 크기는 $10 \text{ N} \times 2 \text{ s} = 20 \text{ N·s}$이고, 이는 운동량 변화량의 크기와 같다. 따라서 물체는 0초~2초 동안 운동량이 20 kg·m/s만큼 증가하여 2초일 때 운동량의 크기는 30 kg·m/s이다. 따라서 2초일 때 물체의 속력은 $\dfrac{30 \text{ kg·m/s}}{2 \text{ kg}} = 15 \text{ m/s}$이다.

559 답 ④

ㄱ. 시간에 따른 힘 그래프 아랫부분의 넓이는 물체가 받은 충격량을 의미한다. 따라서 0초부터 1초까지 스톤이 받은 충격량의 크기는 $\dfrac{1}{2} \times 1 \text{ s} \times 10 \text{ N} = 5 \text{ N·s}$이다.

ㄷ. 0초부터 4초까지 스톤이 받은 충격량의 크기는 $\dfrac{1}{2} \times 4 \text{ s} \times 10 \text{ N} = 20 \text{ N·s}$이다. 정지해 있던 스톤의 처음 운동량은 0이므로 4초일 때 운동량의 크기는 20 kg·m/s이다.

ㄴ. 물체가 받은 충격량은 운동량 변화량과 같다. 시간에 따른 힘 그래프 아랫부분의 넓이, 즉 충격량은 0초~2초일 때보다 0초~3초일 때가 더 크므로 운동량은 2초일 때가 3초일 때보다 작다. 따라서 속력 또한 2초일 때가 3초일 때보다 작다.

560 답 ②

(가) 운동량의 크기는 질량과 속력의 곱과 같으므로 $5 \text{ kg} \times 10 \text{ m/s} = 50 \text{ kg·m/s}$이다.

(나) 정지해 있던 물체의 운동량은 0이고, 물체에 가한 충격량은 운동량 변화량과 같다. 따라서 물체의 운동량의 크기는 가한 충격량의 크기와 같은 $15 \text{ N} \times 4 \text{ s} = 60 \text{ N·s} = 60 \text{ kg·m/s}$이다.

(다) 물체의 처음 운동량의 크기는 $4 \text{ kg} \times 20 \text{ m/s} = 80 \text{ kg·m/s}$이고, 운동 방향과 반대 방향으로 힘을 가했으므로 물체에 가한 충격량의 크기만큼 운동량이 감소해 $80 \text{ kg·m/s} - 5 \text{ N} \times 5 \text{ s} = 55 \text{ kg·m/s}$가 된다. 따라서 운동량의 크기는 (가)<(다)<(나)이다.

561 답 ①

자유 낙하 운동과 운동량

자유 낙하 운동을 하는 물체는 운동하는 동안 일정한 중력을 받는다. 따라서 물체는 '중력×낙하 시간'인 충격량을 받아 운동량이 점점 증가한다.

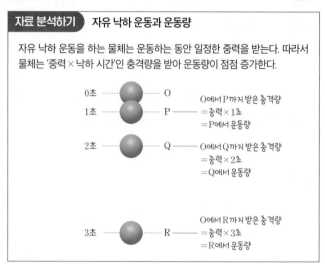

0초 ······ O
1초 ······ P — O에서 P까지 받은 충격량
$=$충력×1초
$=$P에서 운동량

2초 ······ Q — O에서 Q까지 받은 충격량
$=$충력×2초
$=$Q에서 운동량

3초 ······ R — O에서 R까지 받은 충격량
$=$충력×3초
$=$R에서 운동량

ㄴ. 물체에 작용하는 중력의 크기는 일정하다. P부터 Q까지 운동하면서 중력을 받은 시간과 Q부터 R까지 운동하면서 중력을 받은 시간은 1초로 같으므로 받은 충격량의 크기 또한 같다.

ㄱ. 물체는 중력을 받으며 낙하하므로 중력이 작용하는 시간에 비례하는 충격량을 받아 운동량이 점점 증가한다. 따라서 물체의 운동량의 크기는 Q에서가 P에서보다 크다.

ㄷ. O부터 Q까지 운동하는 동안 중력을 2초 동안 받고, O부터 R까지 운동하는 동안 중력을 3초 동안 받는다. 따라서 R까지 운동하면서 받은 충격량, 즉 운동량 변화량은 Q까지 운동하면서 받은 충격량의 1.5배이다. O에서 물체의 운동량은 0이므로 R에서 운동량의 크기는 Q에서의 1.5배이다.

562 답 ②

ㄴ. 운동량의 크기는 질량과 속력의 곱과 같으므로 물체의 속력은 2초일 때가 4초일 때보다 크다.

ㄱ. 1초일 때 물체의 운동량의 크기는 10 kg·m/s이고 물체의 질량은 5 kg이므로 속력은 2 m/s이다.

ㄷ. 3초부터 5초까지 물체의 운동량 변화량의 크기는 10 kg·m/s이므로, 물체가 받은 충격량의 크기는 10 N·s이다.

563

운동량 변화량은 충격량과 같고, 충격량은 힘과 힘을 작용한 시간의 곱과 같다. 물체에 작용하는 알짜힘을 F라 하면 $3 \text{ kg} \times 5 \text{ m/s} - 3 \text{ kg} \times 2 \text{ m/s} = F \times 2 \text{ s}$이므로 $F = 4.5 \text{ N}$이다.

채점 기준	배점(%)
운동량 변화량을 통해 충격량을 구하고, 충격량과 걸린 시간을 통해 알짜힘을 옳게 구한 경우	100
알짜힘만 옳게 쓴 경우	40

564
답 ④

ㄱ. 방망이를 끝까지 휘두르면 방망이와 야구공이 접촉하는 시간, 즉 방망이가 야구공에 힘을 가하는 시간이 길어진다.

ㄷ. 야구공에 가하는 충격량이 커지면 야구공이 방망이를 떠나는 순간의 운동량이 커진다. 운동량의 크기는 질량과 속력의 곱이므로 운동량이 커지면 야구공이 방망이를 떠나는 순간의 속력이 커져 야구공을 더 멀리까지 보낼 수 있다.

오답 피하기 ㄴ. 야구공에 가하는 충격량은 야구공의 운동량 변화량과 같다.

565
답 ③

ㄱ. A, B가 서로 주고받은 충격량의 크기는 같고, 방향은 반대이다.

ㄴ. A와 B가 서로에게 가한 충격량의 방향은 서로 반대이므로, 밀고 난 뒤 운동 방향은 서로 반대이다.

오답 피하기 ㄷ. 정지해 있던 A와 B는 서로를 미는 동안 운동량 변화량의 크기가 같다. 질량은 A가 B보다 크므로 밀고 난 뒤 속력은 A가 B보다 작다.

566
답 ③

ㄱ. 충돌 과정에서 A와 B가 주고받는 충격량의 크기는 같다.

ㄴ. A는 B로부터 받은 충격량만큼 운동량이 감소하고, B는 A로부터 받은 충격량만큼 운동량이 증가한다. 즉, A의 운동량 감소량과 B의 운동량 증가량은 같다.

오답 피하기 ㄷ. 운동량의 크기는 질량과 속력의 곱과 같다. 질량은 A가 B보다 크고, A의 운동량 감소량과 B의 운동량 증가량이 같으므로 A의 속력 감소량은 B의 속력 증가량보다 작다.

567
답 ④

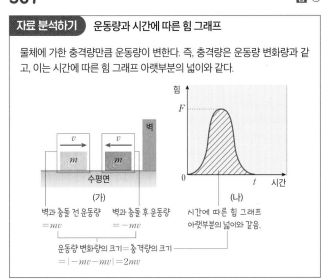

물체에 가한 충격량만큼 운동량이 변한다. 즉, 충격량은 운동량 변화량과 같고, 이는 시간에 따른 힘 그래프 아랫부분의 넓이와 같다.

벽과 충돌 전 운동량 = mv 벽과 충돌 후 운동량 = -mv

시간에 따른 힘 그래프 아랫부분의 넓이와 같음.

운동량 변화량의 크기 = 충격량의 크기 = |-mv-mv| = 2mv

ㄱ. 벽과 충돌 전 물체의 운동량의 크기는 mv이고, 충돌 후 운동량의 크기는 mv이다. 충돌 후 운동 방향은 충돌 전과 반대이므로 운동량 변화량의 크기는 $|-mv-mv|=2mv$이다.

ㄷ. 충돌할 때 두 물체가 주고받은 충격량의 크기는 같다. 따라서 물체가 벽으로부터 받은 충격량의 크기는 벽이 물체로부터 받은 충격량의 크기와 같다.

오답 피하기 ㄴ. (나)에서 빗금 친 부분의 면적은 물체가 받은 충격량의 크기이다. 물체가 받은 충격량의 크기는 운동량 변화량의 크기와 같으므로 (나)에서 빗금 친 부분의 면적은 $2mv$이다.

568

예시 답안 물체가 벽과 충돌 전 운동량은 $2mv$이고 충돌 후 운동량은 $-mv$이다. 따라서 물체가 벽으로부터 받은 충격량의 크기는 $|-mv-2mv|=3mv$이다. 물체가 벽과 시간 T 동안 충돌하므로 물체가 벽으로부터 받은 평균 힘의 크기는 $\dfrac{3mv}{T}$이다.

채점 기준	배점(%)
운동량 변화량을 통해 충격량을 구하고, 충격량과 걸린 시간을 통해 평균 힘의 크기를 옳게 구한 경우	100
충격량이나 평균 힘의 크기 중 1가지만 풀이 과정과 함께 옳게 구한 경우	50
충격량의 크기와 평균 힘의 크기만 옳게 쓴 경우	40

569
답 ①

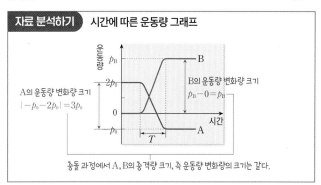

A의 운동량 변화량 크기 $|-p_0-2p_0|=3p_0$

B의 운동량 변화량 크기 $p_B-0=p_B$

충돌 과정에서 A, B의 충격량 크기, 즉 운동량 변화량의 크기는 같다.

ㄱ. 충돌 과정에서 운동량 변화량의 크기는 A와 B가 같다. A의 운동량 변화량의 크기는 $|-p_0-2p_0|=3p_0$이고 B의 운동량 변화량의 크기는 $p_B-0=p_B$이므로 $p_B=3p_0$이다.

오답 피하기 ㄴ. 충돌 후 A, B의 속력을 각각 v_A, v_B라고 하면, 충돌 후 A의 운동량의 크기는 $p_0=mv_A$이고 B의 운동량의 크기는 $3p_0=3mv_B$에서 $p_0=mv_B$이다. 따라서 $v_A=v_B$이다.

ㄷ. 충돌 과정에서 B의 운동량 변화량의 크기는 $3p_0$이고, B가 A로부터 힘을 받은 시간은 T이다. 따라서 충돌 과정에서 B가 A로부터 받은 평균 힘의 크기는 $\dfrac{3p_0}{T}$이다.

570

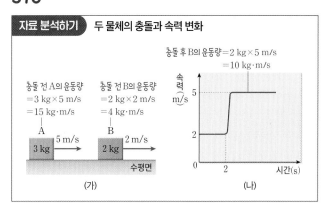

충돌 후 B의 운동량 = 2 kg × 5 m/s = 10 kg·m/s

충돌 전 A의 운동량 = 3 kg × 5 m/s = 15 kg·m/s

충돌 전 B의 운동량 = 2 kg × 2 m/s = 4 kg·m/s

(가)

(나)

B가 받은 충격량의 크기와 A가 받은 충격량의 크기는 같고 방향
은 서로 반대이다. 따라서 B의 운동량 증가량과 A의 운동량 감소
량은 같다. (나)에서 B의 운동량 증가량은 2 kg×(5 m/s−2 m/s)
=6 kg·m/s이므로 A는 운동량이 6 kg·m/s만큼 감소한다. 충돌
전 A의 운동량은 3 kg×5 m/s=15 kg·m/s이므로 충돌 후 A의
운동량은 9 kg·m/s이다. A의 질량은 3 kg이므로 충돌 후 A의
속력은 3 m/s이다.

예시답안 B의 운동량 증가량은 A의 운동량 감소량과 같으므로 A의 운동량은
6 kg·m/s만큼 감소한다. 따라서 충돌 후 A의 운동량은 9 kg·m/s가 되어 A
의 속력은 3 m/s가 된다.

채점 기준	배점(%)
B의 운동량 증가량으로부터 A의 운동량 감소량을 구하고, 이를 통해 충돌 후 A의 운동량을 구해 A의 속력을 옳게 구한 경우	100
B의 운동량 증가량을 언급하지 않고 곧바로 A의 운동량을 구해 A의 속력을 옳게 구한 경우	80
A의 속력만 옳게 쓴 경우	40

571
답 ④

ㄴ. 달걀을 같은 높이에서 가만히 놓았으므로 달걀의 속력은 마룻
바닥에 충돌하기 직전과 방석에 충돌하기 직전이 같다.

ㄷ. (나)에서 그래프가 시간 축과 이루는 면적은 A와 B가 같고,
힘을 받은 시간은 A가 B보다 작다. 따라서 물체가 받은 평균 힘
의 크기는 A가 B보다 크다. 즉, 달걀이 마룻바닥으로부터 받은
평균 힘의 크기는 방석으로부터 받은 평균 힘의 크기보다 크다.

오답 피하기 ㄱ. 달걀이 힘을 받는 시간은 마룻바닥에서가 방석에서
보다 작다. 따라서 방석에 떨어진 달걀이 받은 힘을 나타낸 것은
B이다.

572

예시답안 계속 운동하려는 관성 때문에 앞으로 튀어 나갈 수 있다.

채점 기준	배점(%)
계속 운동하려는 관성과, 이 성질 때문에 앞으로 튀어 나갈 수 있다는 것을 포함하여 옳게 설명한 경우	100
계속 운동하려는 관성이 있다는 내용이나, 앞으로 튀어 나갈 수 있다는 내용 중 1가지만 포함하여 설명한 경우	50
관성이 있다고만 설명한 경우	30

573
답 ②

ㄴ. 자동차가 충돌할 때 범퍼가 찌그러지면서 충돌 시간을 길게
한다.

오답 피하기 ㄱ. 사고가 나서 사람이 핸들 등에 충돌할 때 받는 충격
량의 크기는 충돌 직전 사람의 운동량의 크기와 같다. 즉, 에어백
이 사람이 받는 충격량의 크기를 변화시키는 것은 아니다.

ㄷ. 같은 충격량을 받더라도 에어백과 범퍼는 충돌 시간을 길게
해 주는 안전장치이다. 에어백은 사고가 나서 사람이 핸들 등에
부딪칠 때 충돌 시간을 길게 하여 사람이 받는 평균 힘의 크기를
줄여 준다. 범퍼는 자동차가 충돌할 때 충돌 시간을 길게 하여 자
동차가 충돌 과정에서 받는 평균 힘의 크기를 줄여 준다.

574 필수 유형
답 ④

자료 분석하기 안전장치가 가질 요건

같은 충격량을 받더라도 충돌 시간이 길수록 충돌 과정에서 받는 평균 힘의
크기가 작기 때문에 충돌 사고 시에 받는 피해를 줄일 수 있다.

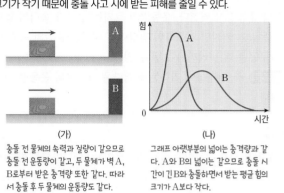

(가)	(나)
충돌 전 물체의 속력과 질량이 같으므로 충돌 전 운동량이 같고, 두 물체가 벽 A, B로부터 받은 충격량 또한 같다. 따라서 충돌 후 두 물체의 운동량도 같다.	그래프 아랫부분의 넓이는 충격량과 같다. A와 B의 넓이는 같으므로 충돌 시간이 긴 B와 충돌하면서 받는 평균 힘의 크기가 A보다 작다.

ㄱ. 시간에 따른 힘 그래프 아랫부분의 넓이는 충격량과 같다. (나)
에서 A와 B가 시간 축과 이루는 면적이 같으므로 A, B로부터 물
체가 받은 충격량의 크기는 같다.

ㄷ. 같은 충격량을 받더라도 충돌 시간을 길게 한 B가 충돌 과정
에서 받는 평균 힘을 더 작게 하므로 장대높이뛰기에서 착지용 매
트를 만드는 재질로 A보다 B가 적절하다.

오답 피하기 ㄴ. 충돌 전 질량과 속력이 같은 두 물체의 운동량이 같
다. 한편 두 물체가 벽 A, B로부터 받은 충격량은 같으므로 두 물
체의 운동량 변화량 또한 같다. 따라서 충돌 후 두 물체의 운동량
은 같다.

1등급 **완성 문제** ━━━━━━━━━━ ● 131쪽 ~ 133쪽

575 ④	576 ⑤	577 ⑤	578 ⑤	579 ②
580 ②	581 ①	582 ③	583 ①	584 ⑤

585 해설 참조 **586** 해설 참조

587 해설 참조

575
답 ④

ㄴ. A에는 연직 아래로 중력과 B를 아래로 당기는 힘의 합력이
작용하므로 B에 연직 아래로 작용하는 힘의 크기보다 크다. 따라
서 A가 B보다 먼저 끊어진다.

ㄷ. B를 연직 아래로 빠르게 당기면 추가 계속 정지해 있으려는
관성 때문에 B가 A보다 먼저 끊어진다.

오답 피하기 ㄱ. B를 아래로 천천히 당기면 A에는 연직 아래로 추
에 작용하는 중력과 B를 아래로 당기는 힘의 합력이 작용한다. 한
편 B에는 연직 아래로 B를 당기는 힘만 작용한다. 따라서 B를 천
천히 당길 때 A에 연직 아래로 작용하는 힘의 크기는 B에 연직
아래로 작용하는 힘의 크기보다 크다.

576
답 ⑤

ㄱ. A의 운동량의 크기는 $1 \text{ kg} \times 1 \text{ m/s} = 1 \text{ kg·m/s}$이고, B의 운동량의 크기는 $3 \text{ kg} \times 2 \text{ m/s} = 6 \text{ kg·m/s}$이고, C의 운동량의 크기는 $2 \text{ kg} \times 3 \text{ m/s} = 6 \text{ kg·m/s}$이다. 따라서 운동량의 크기는 A가 가장 작다.

ㄴ. 질량이 클수록 관성이 크다. 따라서 관성은 B가 가장 크다.

ㄷ. A~C 모두 등속 직선 운동을 하므로 물체에 작용하는 알짜힘은 0이다.

577
답 ⑤

물체 A~C는 정지 상태에서 출발하므로 빨대를 빠져나오는 순간의 운동량이 곧 운동량 변화량과 같다. 그리고 운동량 변화량은 충격량과 같다. 따라서 A~C에 관한 다음과 같은 식이 성립한다.

• A: $2m \times v_A = F \times 2t$
• B: $m \times v_B = 3F \times t$
• C: $3m \times v_C = 2F \times 0.5t$

따라서 $v_A = \dfrac{Ft}{m}$, $v_B = \dfrac{3Ft}{m}$, $v_C = \dfrac{Ft}{3m}$이다. 즉, $v_C < v_A < v_B$이다.

578
답 ⑤

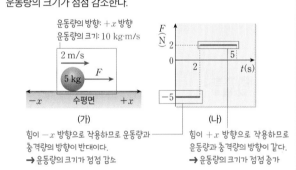

자료 분석하기 시간에 따른 힘 그래프와 운동량

• 운동하는 물체가 운동 방향과 같은 방향으로 일정한 충격량을 받는 동안 운동량의 크기가 점점 증가한다.
• 운동하는 물체가 운동 방향과 반대 방향으로 일정한 충격량을 받는 동안 운동량의 크기가 점점 감소한다.

운동량의 방향: $+x$ 방향
운동량의 크기: 10 kg·m/s

힘이 $-x$ 방향으로 작용하므로 운동량과 충격량의 방향이 반대이다.
➡ 운동량의 크기가 점점 감소

힘이 $+x$ 방향으로 작용하므로 운동량과 충격량의 방향이 같다.
➡ 운동량의 크기가 점점 증가

충격량은 힘과 힘을 작용한 시간의 곱과 같다. 따라서 힘의 크기가 일정할 때 충격량의 크기는 작용한 시간에 비례하고, 충격량의 방향은 힘의 방향과 같다.

• 0초~2초: 물체의 운동량은 $5 \text{ kg} \times 2 \text{ m/s} + (-5 \text{ N}) \times t = 10 - 5t$이다. 즉, 이 구간에서 그래프는 10에서 시작하여 기울기가 -5인 일차함수 형태이고, $t = 2 \text{ s}$일 때 운동량이 0이다.

• 2초~5초: 물체의 운동량은 $0 + 2 \text{ N} \times (t - 2 \text{ s}) = 2t - 4$이다. 즉, 이 구간에서 그래프는 $t = 2 \text{ s}$일 때 0에서 시작하는 기울기가 2인 일차함수 형태이고, $t = 5 \text{ s}$일 때 운동량은 6 kg·m/s이다.

579
답 ②

ㄴ. 실험 과정 (나)에서 A와 충돌하면서 받은 충격량의 크기는 $2t_0 \times 0.9F_0 = 1.8F_0 t_0$이고, 실험 과정 (다)에서 B와 충돌하면서 받은 충격량의 크기는 $0.8t_0 \times 2F_0 = 1.6F_0 t_0$이다. 따라서 힘 센서가 받은 충격량의 크기는 실험 과정 (나)에서가 (다)에서보다 크다.

오답 피하기 ㄱ. 속력이 0이 될 때까지 걸린 시간은 A가 B보다 크므로 A의 결과 그래프는 ㉡이다.

ㄷ. 그래프가 시간 축과 이루는 면적은 충격량의 크기와 같다. 따라서 그래프가 시간 축과 이루는 면적은 A의 그래프, 즉 ㉡이 더 크다.

580
답 ②

벽과 충돌한 뒤 힘 센서의 속력은 0이므로 힘 센서의 운동량도 0이다. 따라서 힘 센서가 받은 충격량의 크기는 벽과 충돌 직전 힘 센서의 운동량의 크기와 같다.

• A: $m \times v_A = 1.8F_0 t_0$ • B: $m \times v_B = 1.6F_0 t_0$

따라서 $\dfrac{v_B}{v_A} = \dfrac{8}{9}$이다.

581
답 ①

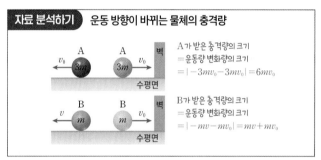

자료 분석하기 운동 방향이 바뀌는 물체의 충격량

A가 받은 충격량의 크기
= 운동량 변화량의 크기
$= |-3mv_0 - 3mv_0| = 6mv_0$

B가 받은 충격량의 크기
= 운동량 변화량의 크기
$= |-mv - mv_0| = mv + mv_0$

ㄱ. 벽에 충돌하기 전 운동량의 크기는 A는 $3mv_0$, B는 mv_0으로 A가 B의 3배이다.

오답 피하기 ㄴ. 시간에 따른 힘 그래프가 시간 축과 이루는 면적은 충격량과 같으므로 A가 받은 충격량의 크기는 $5S = 6mv_0$에서 $S = \dfrac{6}{5}mv_0$이다. 따라서 B가 받은 충격량의 크기는 $2S = \dfrac{12}{5}mv_0 = mv_0 + mv$에서 $v = \dfrac{7}{5}v_0$이다.

ㄷ. A, B가 벽으로부터 힘을 받는 시간이 t_0으로 같고, 물체가 벽으로부터 받은 충격량의 크기는 A가 B의 $\dfrac{5}{2}$배이므로 물체가 벽으로부터 받은 평균 힘의 크기는 A가 B의 $\dfrac{5}{2}$배이다.

582
답 ③

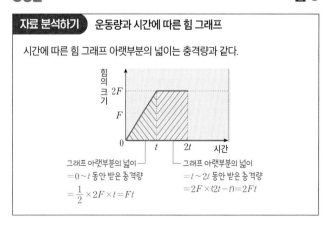

자료 분석하기 운동량과 시간에 따른 힘 그래프

시간에 따른 힘 그래프 아랫부분의 넓이는 충격량과 같다.

그래프 아랫부분의 넓이
= $0 \sim t$ 동안 받은 충격량
= $\dfrac{1}{2} \times 2F \times t = Ft$

그래프 아랫부분의 넓이
= $t \sim 2t$ 동안 받은 충격량
= $2F \times (2t - t) = 2Ft$

시간에 따른 힘 그래프 아랫부분의 넓이는 충격량과 같다. 따라서 0부터 t까지 물체가 받은 충격량의 크기는 $2F t \times \frac{1}{2} = F t$이고, 0부터 $2t$까지 물체가 받은 충격량의 크기는 $F t + 2F t = 3F t$이다. $p_1 = F t$이고 $p_2 = 3F t$이므로 $\frac{p_1}{p_2} = \frac{1}{3}$이다.

583
답 ①

ㄱ. 안전모 안쪽은 안전모 외부에서 충돌이 있을 때 충돌 시간을 길게 할 수 있는 구조로 만든다. 이에 따라 충돌 시 머리에 작용하는 평균 힘의 크기를 감소시켜 머리를 보호한다.

오답 피하기 ㄴ. 자동차가 충돌하거나 급정거할 때 자동차에 탄 사람은 계속 운동하려는 관성 때문에 앞으로 튀어 나가 크게 다칠 수 있다. 안전띠는 이때 사람이 앞으로 튀어 나가는 것을 방지해 주는 장치로, 관성 자체를 사라지게 하는 것은 아니다.

ㄷ. 물체가 바닥과 충돌하기 직전과 충돌이 끝난 직후 운동량의 차이, 즉 운동량 변화량이 충격량과 같다. 따라서 뽁뽁이 포장 여부와 내부 물체가 받는 충격량의 크기를 줄이는 것과는 관계가 없다. 다만 뽁뽁이 포장을 하면 같은 충격량을 받더라도 충돌 시간을 길게 하여 물건이 충돌 과정에서 받는 평균 힘의 크기를 감소시켜 내부 물체의 파손을 막을 수 있다.

584
답 ⑤

ㄴ. 멀리뛰기 선수가 바닥에 착지하는 것을 몸과 바닥이 충돌하는 상황으로 볼 수 있다. 이때 무릎을 굽히면서 착지하면 선수가 같은 충격량을 받더라도 힘을 받는 시간이 길어져 평균 힘의 크기가 작아진다.

ㄷ. 자동차가 충돌할 때 사람이 부풀어진 에어백에 충돌하면 사람이 같은 충격량을 받더라도 힘을 받는 시간이 길어져 사람이 받는 평균 힘의 크기가 작아진다.

오답 피하기 ㄱ. 야구 선수가 방망이를 끝까지 휘두르면 공에 힘을 작용하는 시간이 길어서 공이 받는 충격량의 크기가 커져 공을 더 멀리 보낼 수 있다.

585

서술형 해결 전략

STEP 1 문제 포인트 파악
에어백 A, B의 시간에 따른 힘 그래프를 비교하여 차이점을 파악하고, 이를 근거로 어느 에어백이 더 안전한지 알아야 한다.

STEP 2 관련 개념 모으기
❶ 시간에 따른 힘 그래프에서 그래프와 시간 축이 이루는 면적의 의미는?
→ 인체 모형이 충돌 시 받은 충격량으로, 인체 모형이 에어백에 충돌할 때부터 정지할 때까지의 운동량 변화량과 같다.
❷ 그래프 A, B에서 인체 모형에 작용하는 평균 힘의 크기를 비교하면?
→ 시간에 따른 힘 그래프에서 인체 모형이 받은 평균 힘의 크기는 충격량의 크기를 충돌 시간으로 나눈 값으로, A가 B보다 크다.

예시 답안 B, 그래프와 시간 축이 이루는 면적, 즉 충격량의 크기는 A와 B가 같지만 인체 모형이 힘을 받는 시간은 A가 B보다 작으므로 인체 모형이 받는 평균 힘의 크기는 A가 B보다 크다. 따라서 B가 A보다 더 안전하다.

채점 기준	배점(%)
B를 고르고, 그 까닭을 평균 힘의 크기가 더 작기 때문이라는 내용을 포함하여 옳게 설명한 경우	100
B를 고르고, 그 까닭을 충돌 시간이 더 길기 때문이라고 설명한 경우에도 정답 인정	100
B만 쓴 경우	30

586

서술형 해결 전략

STEP 1 문제 포인트 파악
착지할 때 무릎을 구부리면 어떤 효과가 있는지를 파악해야 한다.

STEP 2 관련 개념 모으기
❶ 무릎을 구부리지 않을 때와 구부릴 때 충격량을 비교하면?
→ 무릎을 구부리는 것과 상관 없이 착지할 때 받는 충격량은 같다.
❷ 무릎을 구부리지 않을 때와 구부릴 때 몸이 힘을 받는 시간을 비교하면?
→ 무릎을 구부리지 않고 착지할 때보다 무릎을 구부리고 착지할 때 몸이 힘을 받는 시간이 길어져 착지하면서 받는 평균 힘의 크기가 작아진다.

예시 답안 • 유도 경기 중 선수가 넘어질 때 낙법을 사용해 몸을 접촉하는 시간을 길게 하여 몸에 가해지는 평균 힘의 크기를 감소시킨다.
• 럭비 선수가 착용하는 머리 보호대는 충돌 시 충격을 받는 시간을 길게 하여 머리가 받는 평균 힘의 크기를 감소시킨다.
• 장대높이뛰기 경기에서 선수가 착지하는 매트는 충돌 시 충격을 받는 시간을 길게 하여 선수가 받는 평균 힘의 크기를 감소시킨다.

채점 기준	배점(%)
충돌 시간을 길게 하여 힘을 줄이는 예시를 2가지 옳게 설명한 경우	100
충돌 시간을 길게 하여 힘을 줄이는 예시를 1가지만 옳게 설명한 경우	50

587

서술형 해결 전략

STEP 1 문제 포인트 파악
물체의 질량이 일정할 때 운동량 변화량, 즉 충격량은 질량과 속도 변화량의 곱과 같다는 것을 그래프와 연결지어 파악해야 한다.

STEP 2 자료 파악

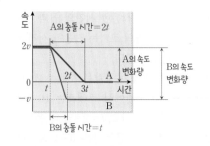

예시 답안 A, B의 질량을 m이라 하면 A, B의 운동량 변화량의 크기는 각각 $2mv$, $3mv$이므로 평균 힘의 크기 비 $F_A : F_B = \frac{2mv}{2t} : \frac{3mv}{t} = 1 : 3$이다.

채점 기준	배점(%)
그래프를 통해 운동량 변화량을 구하고, 이를 이용해 평균 힘의 크기 비를 옳게 구한 경우	100
평균 힘의 크기 비만 옳게 쓴 경우	40

588 ⑤	**589** ③	**590** ⑤	**591** ④	**592** ⑤
593 ①	**594** ④	**595** ①	**596** ⑤	**597** ②
598 ③	**599** ③	**600** ③	**601** ⑤	**602** ④
603 ②	**604** 5 : 4 : 1		**605** 해설 참조	
606 해설 참조		**607** 해설 참조		**608** ④
609 ②	**610** ④	**611** ③		

588
답 ⑤

경사면을 따라 내려오는 물체는 가속도가 일정한 운동을 한다. P 점에서 물체의 속력은 2 m/s이므로 가속도의 크기는 $\frac{2 \text{ m/s}}{2 \text{ s}} =$ 1 m/s²이다. Q점에서 물체의 속력을 v라고 하면, 1 m/s² $= \frac{v-0}{5 \text{ s}}$ 에서 $v = 5$ m/s이다.

589
답 ③

ㄷ. 물체를 놓는 지점의 높이가 클수록 더 긴 시간을 자유 낙하 하 므로 수평면에 도달하는 순간 물체의 속력이 크다. 따라서 수평면 에 도달하는 순간의 속력은 B가 C보다 크다.

오답 피하기 ㄱ. A와 B의 질량이 같으므로 물체에 작용하는 중력의 크기는 A와 B가 같다.

ㄴ. 물체를 놓는 지점의 높이가 클수록 수평면에 도달할 때까지 걸리는 시간이 길다. 따라서 $t_A = t_C < t_B$이다.

590
답 ⑤

사과는 지구의 중력을 받아 나무에서 지표면으로 떨어지고, 달은 지구의 중력을 받아 지구 주변을 공전한다. 즉, (가), (나)의 현상 은 모두 중력이 원인이다.

ㄱ, ㄴ, ㄷ. 구름에서 커진 얼음 알갱이는 중력의 영향으로 지표면 으로 떨어져 비나 눈과 같은 강수 현상을 일으킨다. 강수 현상으 로 지표면에 도달한 물은 높은 곳에서 낮은 곳으로 흐르며 개천이 나 강을 이루기도 하고, 이는 바다로 흐른다. 강이나 바다에서 증 발한 물은 다시 구름이 되며, 중력의 영향으로 지구상의 물이 순 환한다. 이러한 물의 순환은 중력의 영향을 받으면서 지표면에서 살아가는 생명체의 생명활동에 중요하게 쓰인다.

591
답 ④

ㄱ. B가 낙하하는 동안 수평 방향 속력은 일정하다. 따라서 A가 p를 지나는 순간 B의 수평 방향 속력은 v이다.

ㄷ. A, B에 작용하는 중력의 방향은 연직 아래 방향으로 같다.

오답 피하기 ㄴ. A와 B의 연직 방향의 처음 속력은 0으로 같고, 가 속도의 크기는 중력 가속도로 같으므로 A와 B가 같은 시간 동안 연직 방향으로 이동한 거리는 같다. 따라서 A가 p를 지나는 순간, B의 높이는 h이다.

592
답 ⑤

- A, B는 연직 방향으로 자유 낙하 운동을 하므로, A와 B 모두 수평면에 도달할 때까지 걸린 시간은 3초이다.
- A, B는 수평 방향으로 등속 직선 운동을 하며, 3초 동안 B가 이동한 수평 거리는 A의 2배이므로 B의 수평 방향 속력도 A의 2배이다.

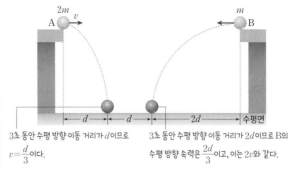

3초 동안 수평 방향 이동 거리가 d이므로 $v = \frac{d}{3}$이다.

3초 동안 수평 방향 이동 거리가 $2d$이므로 B의 수평 방향 속력은 $\frac{2d}{3}$이고, 이는 $2v$와 같다.

ㄱ. A와 B가 지면에 도달할 때까지 걸린 시간은 3초로 같고, B의 수평 방향 이동 거리는 A의 2배이므로 B의 수평 방향 속력은 A 의 2배인 $2v$이다.

ㄴ. A와 B가 3초 동안 수평 방향으로 이동한 거리는 각각 d, $2d$ 이므로 1초 동안 A, B는 수평 방향으로 각각 $\frac{d}{3}$, $\frac{2}{3}d$만큼 이동 하고, 연직 방향으로 이동한 거리는 같다. 한편 A, B를 던진 지점 사이의 거리는 $d + d + 2d = 4d$이다. 따라서 1초가 지났을 때 A, B 사이의 거리는 $4d - \left(\frac{d}{3} + \frac{2d}{3} \right) = 3d$이다.

ㄷ. 질량은 A가 B의 2배이므로 A에 작용하는 중력의 크기는 B 의 2배이다.

593
답 ①

ㄱ. 물체에 작용하는 중력의 방향은 연직 아래 방향이므로 A에 작용하는 중력의 방향은 a에서와 b에서가 같다.

오답 피하기 ㄴ. 수평면으로부터의 높이는 a가 c보다 높으므로 A가 a에 도달한 이후에 B가 c에 도달한다.

ㄷ. 수평면으로부터의 높이는 b와 d가 같으므로 연직 방향 속력 은 A와 B가 같다. A와 B는 수평 방향으로 등속 직선 운동을 하 고, 수평 방향으로 이동한 거리는 A가 B보다 작으므로 수평 방향 속력은 A가 B보다 작다. 따라서 b에서 A의 속력은 d에서 B의 속력보다 작다.

594
답 ④

ㄱ, ㄷ. 수평 방향으로 발사한 속력이 클수록 포탄은 더 먼 곳에 떨어진다. 그리고 포탄을 발사한 속력이 점점 커지다 어떤 특정한 속력이 되면 포탄은 지구를 한 바퀴 돌아 처음 쏜 위치에 도달해 지구 주위를 원운동 한다. 따라서 $v_A < v_B$이고, v_C보다 작은 속력 으로 쏜 포탄은 원운동을 하지 않고 지면에 떨어진다.

오답 피하기 ㄴ. 질량이 있는 물체에는 중력이 작용한다. C에는 지 구 중심 방향으로 중력이 작용하기 때문에 C는 지구 주위를 원운 동 할 수 있는 것이다.

595
답 ①

접시가 놓인 천을 빠르게 당기면 접시는 계속 정지해 있으려는 관성 때문에 천을 따라 움직이지 않고 그 자리에 있다.

ㄱ. 버스가 갑자기 출발하면 승객들은 계속 정지해 있으려는 관성 때문에 몸이 뒤로 쏠린다.

오답 피하기 ㄴ. 높이뛰기 선수가 착지하는 매트는 같은 충격량을 받더라도 충돌 시간을 길게 하여 선수가 착지 과정에서 받는 평균 힘의 크기를 줄여 사고를 방지한다.

ㄷ. 타자가 공을 칠 때 방망이를 끝까지 휘두르면 방망이와 공이 충돌하는 시간을 길게 하여 야구공에 가하는 충격량을 크게 해 공을 더 멀리 보낼 수 있다.

596
답 ⑤

물체가 받은 충격량은 힘과 힘을 작용한 시간의 곱과 같다. 따라서 A, B, C가 받은 충격량은 다음과 같다.

- A가 받은 충격량$=6\,\text{N}\times4\,\text{s}=24\,\text{N·s}$
- B가 받은 충격량$=5\,\text{N}\times2\,\text{s}=10\,\text{N·s}$
- C가 받은 충격량$=12\,\text{N}\times1\,\text{s}=12\,\text{N·s}$

물체가 받은 충격량은 물체의 운동량 변화량과 같은데, A~C는 모두 처음에 정지 상태였으므로 처음 운동량은 0이다. 따라서 힘을 작용한 시간이 끝난 뒤 물체의 운동량의 크기는 물체가 받은 충격량의 크기와 같다. 한편 운동량의 크기는 질량과 속력의 곱과 같으므로 A, B, C의 속력은 다음과 같다.

- $v_A = \dfrac{24\,\text{kg·m/s}}{2\,\text{kg}} = 12\,\text{m/s}$
- $v_B = \dfrac{10\,\text{kg·m/s}}{1\,\text{kg}} = 10\,\text{m/s}$
- $v_C = \dfrac{12\,\text{kg·m/s}}{3\,\text{kg}} = 4\,\text{m/s}$

따라서 $v_C < v_B < v_A$이다.

597
답 ②

자료 분석하기 시간에 따른 힘 그래프

- 시간에 따른 힘 그래프 아랫부분의 넓이는 충격량과 같다.
- 물체가 받은 충격량의 크기는 운동량 변화량의 크기와 같다.

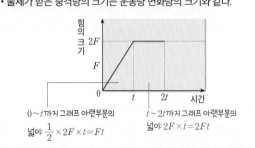

0~t까지 그래프 아랫부분의 넓이: $\dfrac{1}{2}\times2F\times t=Ft$

t~$2t$까지 그래프 아랫부분의 넓이: $2F\times t=2Ft$

충격량은 운동량 변화량과 같은데, (가)의 물체는 처음에 정지 상태이므로 운동량이 0이다. 따라서 물체가 받은 충격량과 물체의 운동량은 같다. 한편 시간에 따른 힘 그래프 아랫부분의 넓이는 물체에 가한 충격량과 같으므로, 이는 (가)의 물체의 운동량과 같다.

ㄷ. 질량이 일정할 때 운동량과 속력은 비례하므로 $2t$일 때 물체의 속력은 t일 때의 3배이다.

오답 피하기 ㄱ. 0~t까지 그래프 아랫부분의 넓이, 즉 t일 때 운동량은 Ft이다.

ㄴ. 0~$2t$까지 그래프 아랫부분의 넓이, 즉 $2t$일 때 운동량은 $3Ft$이다.

598
답 ③

자료 분석하기 시간에 따른 힘 그래프와 충격량

- 그래프와 시간 축이 이루는 면적은 방망이가 야구공에 가한 충격량의 크기와 같다.
- 야구공에 가한 충격량이 클수록 야구공의 운동량 변화량이 크다.
- 야구공이 방망이에 같은 운동량으로 날아온다면 방망이에서 공이 떠나는 순간의 운동량이 클수록 운동량 변화량이 큰 것이다.

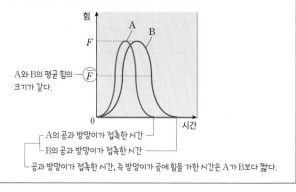

ㄱ. (나)에서 공과 방망이가 접촉한 시간, 즉 방망이가 공에 힘을 가한 시간은 A가 B보다 짧다.

ㄷ. 방망이를 끝까지 휘두르는 것의 그래프는 방망이와 공이 접촉하는 시간이 더 긴 B이다.

오답 피하기 ㄴ. 공에 가한 평균 힘의 크기는 A, B가 같고, 공에 힘을 가한 시간은 A가 B보다 짧으므로 평균 힘과 시간의 곱인 충격량의 크기는 A가 B보다 작다.

599
답 ③

A가 충돌 과정에서 받은 충격량의 크기는 A의 운동량 변화량의 크기와 같은 $|-mv-3mv|=4mv$이다. A와 B가 충돌 과정에서 주고받은 충격량의 크기는 같으므로 B가 A로부터 받은 충격량의 크기 I_0도 $4mv$이다.

충돌 전 B는 정지해 있었으므로 B가 받은 충격량의 크기와 충돌 후 B의 운동량은 같다. 따라서 $4mv=2mv_0$에서 $v_0=2v$이다.

600
답 ③

A의 질량을 m이라고 하면, A, B의 운동량 변화량의 크기는 다음과 같다.

- A: $|-2m-4m|=6m(\text{kg·m/s})$
- B: $|4\,\text{kg}\times2\,\text{m/s}-0|=8\,\text{kg·m/s}$

한편 운동량 변화량의 크기는 충격량의 크기와 같고, 충돌 과정에서 A가 B로부터 받은 충격량의 크기는 B가 A로부터 받은 충격량의 크기와 같다. 따라서 $6m=8$에서 $m=\dfrac{4}{3}(\text{kg})$이다.

601
답 ⑤

ㄴ. 시간에 따른 힘 그래프와 시간 축이 이루는 면적은 A가 B로부터 받은 충격량의 크기와 같고, A와 B가 충돌하면서 주고받은 충격량의 크기는 같으므로 B가 A로부터 받은 충격량의 크기도 $4\ N\cdot s$이다.

ㄷ. B는 A와 충돌하면서 운동 방향과 같은 방향의 충격량을 받으므로 충돌 후 B의 운동량은 충격량만큼 증가한 $1\ kg \times 1\ m/s + 4\ N\cdot s = 5\ kg\cdot m/s$이다. 따라서 충돌 후 A의 속력은 $\dfrac{6\ kg\cdot m/s}{2\ kg}$ $= 3\ m/s$, B의 속력은 $\dfrac{5\ kg\cdot m/s}{1\ kg} = 5\ m/s$로 B가 A의 $\dfrac{5}{3}$배이다.

오답 피하기 ㄱ. A는 B와 충돌하면서 운동 방향과 반대 방향의 충격량을 받는다. 충돌 후 A의 운동량은 충격량만큼 감소한 $2\ kg \times 5\ m/s - 4\ N\cdot s = 6\ kg\cdot m/s$이다.

602
답 ④

ㄱ. A, B는 벽에 충돌한 후 정지했으므로 벽에 충돌하기 전 운동량의 크기는 벽으로부터 받은 충격량의 크기와 같다. 그래프가 시간 축과 이루는 면적은 충격량과 같으므로 벽에 충돌하기 전 운동량의 크기는 A가 B보다 작다. 질량은 A와 B가 같으므로 벽에 충돌하기 전 물체의 속력은 A가 B보다 작다.

ㄷ. 충돌할 때 A가 벽으로부터 받은 평균 힘의 크기는 $\dfrac{2S}{t}$이고, B가 벽으로부터 받은 평균 힘의 크기는 $\dfrac{3S}{2t}$이다. 따라서 물체가 벽으로부터 받은 평균 힘의 크기는 A가 B보다 크다.

오답 피하기 ㄴ. 그래프가 시간 축과 이루는 면적은 A가 B보다 작으므로 벽으로부터 받은 충격량의 크기는 A가 B보다 작다.

603
답 ②

ㄴ. 에어백이 운전자가 받는 피해를 줄이는 것, 안전모 안쪽의 푹신한 재질, 에어 매트 등은 모두 충돌할 때 힘을 받는 시간을 길게 하여 충돌에 따른 피해를 줄이기 위한 방법들이다.

오답 피하기 ㄱ. 제시된 방법들이 관성을 작게 하는 것은 아니다. 물체의 관성은 질량이 작을수록 작다.

ㄷ. 제시된 방법들이 운동량의 크기를 증가시키는 것은 아니다. 운동량의 크기는 질량과 속력에 각각 비례한다.

604
답 5 : 4 : 1

행성에서 자유 낙하 운동을 하는 물체의 가속도는 그 행성의 중력 가속도와 같고, 물체에 작용하는 중력의 크기는 질량과 중력 가속도의 곱과 같다. 행성 A~C에서 자유 낙하 운동을 하는 물체의 질량은 같으므로 중력의 크기 비는 중력 가속도의 비와 같다. 한편 일정한 방향으로 운동하는 물체의 가속도 크기는 단위 시간당 속력 변화량과 같다. 따라서 중력의 크기 비는 다음과 같다.

$$F_A : F_B : F_C = \dfrac{0.5\ m/s - 0}{0.1\ s} : \dfrac{0.4\ m/s - 0}{0.1\ s} : \dfrac{0.1\ m/s - 0}{0.1\ s} =$$

$5 : 4 : 1$

605

서술형 해결 전략

STEP 1 문제 포인트 파악
수평 방향으로 던진 물체가 수평 방향으로 이동한 거리를 낙하 시간과 관련지어 이해할 수 있다.

STEP 2 관련 개념 모으기
❶ A와 B가 수평면에 도달하는 데 걸리는 시간을 비교하면?
➡ A와 B는 연직 방향으로 자유 낙하 운동을 하므로 더 높은 곳에서 운동한 A가 걸리는 시간이 더 크다.
❷ A와 B가 수평 방향으로 이동한 거리를 비교하면?
➡ A와 B가 같은 지점에 도달하였으므로 수평 방향 이동 거리는 같다.
❸ A와 B를 던진 속력을 비교하면?
➡ A와 B는 수평 방향으로 등속 직선 운동을 한다. 따라서 같은 거리를 이동하는 데 걸린 시간이 짧은 B의 속력이 A의 속력보다 크다.

예시 답안 $v_A < v_B$, 던진 지점의 높이는 A가 B보다 크므로 수평면에 도달할 때까지 걸린 시간은 A가 B보다 크다. 수평면에 도달할 때까지 수평 방향 이동 거리는 A와 B가 같으므로 B를 A보다 빠른 속력으로 던져야 한다.

채점 기준	배점(%)
속력 비교를 옳게 하고, 그 까닭을 수평면에 도달하는 데 걸린 시간과 수평 방향 이동 거리를 들어 옳게 설명한 경우	100
속력 비교만 옳게 쓴 경우	40

606

서술형 해결 전략

STEP 1 문제 포인트 파악
시간에 따른 힘 그래프 아랫부분의 넓이로 충격량을 구해 운동량을 비교할 수 있어야 한다.

STEP 2 자료 파악

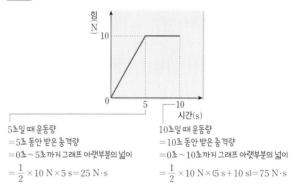

5초일 때 운동량
=5초 동안 받은 충격량
=0초~5초까지 그래프 아랫부분의 넓이
$= \dfrac{1}{2} \times 10\ N \times 5\ s = 25\ N\cdot s$

10초일 때 운동량
=10초 동안 받은 충격량
=0초~10초까지 그래프 아랫부분의 넓이
$= \dfrac{1}{2} \times 10\ N \times (5\ s + 10\ s) = 75\ N\cdot s$

STEP 3 관련 개념 모으기
❶ 물체가 전동기로부터 받은 충격량과 속력 관계는?
➡ 받은 충격량만큼 운동량이 증가하므로 충격량과 속력은 비례한다.

예시 답안 시간에 따른 힘 그래프 아랫부분의 넓이로 충격량을 구하면 0초~5초일 때 $25\ N\cdot s$이고, 0초~10초일 때 $75\ N\cdot s$이다. 충격량은 운동량 변화량과 같고 0초일 때 물체는 정지해 있으므로 속력 비 $\dfrac{v_2}{v_1} = \dfrac{75}{25} = 3$이다.

채점 기준	배점(%)
시간에 따른 힘 그래프 아랫부분의 넓이를 이용해 물체의 운동량을 구하고, 이를 통해 속력 비를 옳게 구한 경우	100
속력 비만 옳게 쓴 경우	40

607

서술형 해결 전략

STEP 1 문제 포인트 파악

충격량이 같을 때 평균 힘의 크기를 줄이는 방법을 파악해야 한다.

STEP 2 관련 개념 모으기

❶ 물풍선이 받는 평균 힘의 크기를 줄이려면?
　➡ 물풍선이 정지할 때까지 걸린 시간이 길어지도록 물풍선을 받는다.

❷ 물풍선을 받는 시간을 길게 하려면?
　➡ 물풍선이 운동하는 방향으로 손을 내리면서 물풍선을 받는다.

B가 물풍선을 받을 때 물풍선에 가한 충격량은 물풍선이 B에 도착하는 순간의 운동량과 같다. 물풍선에 같은 충격량을 가하더라도 물풍선을 받는 동안 물풍선에 가하는 평균 힘의 크기가 작아지면 물풍선이 터지지 않을 수 있다. 즉, 물풍선의 운동량이 0이 되기까지의 시간을 길게 하면 물풍선이 터지지 않을 수 있다.

예시 답안 B가 물풍선을 받을 때 손을 물풍선이 떨어지는 방향으로 내리면서 받으면 물풍선이 손으로부터 힘을 받는 시간이 길어짐에 따라 물풍선이 받는 평균 힘의 크기는 감소하여 터지지 않을 수 있다.

채점 기준	배점(%)
손을 내리면서 물풍선을 받을 때 평균 힘의 크기가 작아진다는 내용을 포함하여 옳게 설명한 경우	100
손을 내린다는 방법 이외에도 물풍선을 감싸 안고 바닥으로 쓰러지며 받는다는 등 평균 힘의 크기를 작게 하는 옳은 방법을 까닭과 함께 설명한 경우에도 정답 인정	100
물풍선을 받는 방법만 옳게 설명한 경우	50
물풍선에 작용하는 평균 힘의 크기를 작게 한다고만 설명한 경우	40

608

답 ④

자료 분석하기 자유 낙하 운동

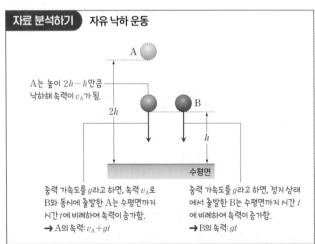

A는 높이 $2h-h$만큼 낙하해 속력이 v_A가 됨.

중력 가속도를 g라고 하면, 속력 v_A로 B와 동시에 출발한 A는 수평면까지 시간 t에 비례하여 속력이 증가함.
　➡ A의 속력: v_A+gt

중력 가속도를 g라고 하면, 정지 상태에서 출발한 B는 수평면까지 시간 t에 비례하여 속력이 증가함.
　➡ B의 속력: gt

ㄴ. A는 정지 상태에서 출발해 B와 같은 높이에 도달하는 데 이동 거리가 h이고, B 또한 정지 상태에서 출발해 수평면에 도달하는 데 이동 거리가 h이다. 따라서 A가 B와 같은 높이에 도달하는 데 걸린 시간과 B가 수평면에 도달하는 데 걸린 시간은 같다.

ㄷ. A가 B와 같은 높이에 도달한 순간의 속력을 v_A, 중력 가속도를 g, 이 순간부터 걸린 시간을 t라 하면, A의 속력은 v_A+gt이고, B의 속력은 gt이다. 즉, B가 운동을 시작하는 순간부터 A가 수평면에 도달할 때까지 A, B는 항상 v_A만큼의 속력 차가 있다.

오답 피하기 ㄱ. 높이 h인 지점에서 A의 속력은 0이 아니고, B의 속력은 0이다. A와 B 모두 매초 중력 가속도의 크기만큼 속력이 증가하므로 A가 B보다 수평면에 먼저 도달한다.

609

답 ②

A가 수평면에 도달하는 데 1초가 걸렸고, 이 순간의 속력이 10 m/s이므로 중력 가속도는 $\dfrac{10\ \text{m/s}-0}{1\ \text{s}}=10\ \text{m/s}^2$이다. B는 연직 방향으로 자유 낙하 운동을 한다. 수평면에서 B의 연직 방향 속력이 5 m/s이므로 B가 수평면에 도달할 때까지 걸린 시간은 0.5초이다. B의 연직 방향 속력을 시간에 따라 나타낸 그래프는 다음과 같다.

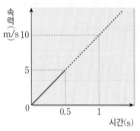

시간에 따른 속력 그래프 아랫부분의 넓이는 이동 거리와 같으므로 h는 0초~0.5초일 때 그래프 아랫부분의 넓이와 같다. 따라서 $h=\dfrac{1}{2}\times 0.5\ \text{s}\times 5\ \text{m/s}=\dfrac{5}{4}\ \text{m}$이다.

한편 B는 수평 방향으로 등속 직선 운동을 하므로 0.5초 동안 수평 방향으로 이동한 거리 $R=2\ \text{m/s}\times 0.5\ \text{s}=1\ \text{m}$이다.

따라서 $h+R=\dfrac{9}{4}\ \text{m}$이다.

610

답 ④

ㄱ. A와 B를 같은 높이에서 가만히 놓았으므로 수평면에 도달하는 순간의 속력은 A와 B가 같다.

ㄷ. 충격량은 운동량의 변화량과 같으므로 수평면으로부터 받은 충격량의 크기는 A가 B보다 작다.

오답 피하기 ㄴ. 수평면에 도달하는 순간의 속력은 A와 B가 같고 질량은 A가 B보다 작으므로 이때 운동량의 크기는 A가 B보다 작다. 따라서 X는 B의 운동량을 시간에 따라 나타낸 것이고 Y는 A의 운동량을 시간에 따라 나타낸 것이다.

611

답 ③

A와 B가 충돌할 때, A는 B와 충돌한 뒤 정지했으므로 A가 B로부터 받은 충격량의 크기는 mv이다. B의 질량을 m_B라고 하면, B가 A로부터 받은 충격량의 크기는 A가 B로부터 받은 충격량의 크기와 같으므로 $mv=m_B v$에서 $m_B=m$이다. B가 C에 충돌한 뒤 한 덩어리가 된 B와 C의 속력을 v_0이라고 하면, C가 B로부터 받은 충격량의 크기는 mv_0이다. B가 C로부터 받은 충격량의 방향은 C가 B로부터 받은 충격량의 방향과 반대이고 크기는 같으므로 $-(mv_0-mv)=mv_0$에서 $v_0=\dfrac{1}{2}v$이다. 따라서 B가 C로부터 받은 충격량의 크기는 $mv-m\left(\dfrac{1}{2}v\right)=\dfrac{1}{2}mv$이다.

3. 생명 시스템

 생명 시스템에서의 화학 반응

개념 확인 문제 ● 141쪽

612 ○	613 ○	614 ○	615 ×	616 ×
617 ㉡	618 ㉠	619 ㉠안, ㉡커진다		620 ×
621 ○	622 ○	623 ×	624 ○	

612
답 ○

생명 시스템은 생명체가 외부 환경 요소 및 다른 생명체와 상호작용 하며 생명활동을 수행하는 체계이다.

613
답 ○

생명 시스템은 세포 → 조직 → 기관 → 개체의 유기적인 구성 단계를 갖는다. 따라서 세포는 생명 시스템을 구성하는 기본 단위이다.

614
답 ○

핵에는 유전물질인 DNA가 있으며, 핵은 세포의 생명활동을 조절한다.

615
답 ×

골지체는 세포 내에서 만들어진 단백질을 세포 밖으로 분비하는 데 관여하며, 라이보솜은 아미노산을 연결해 단백질을 합성한다.

616
답 ×

엽록체에서는 빛에너지를 흡수해 포도당을 합성하는 광합성이 일어나고, 마이토콘드리아에서는 생명활동에 필요한 에너지를 생성하는 세포호흡이 일어난다.

617
답 ㉡

산소와 같이 크기가 작은 물질은 세포막의 인지질 2중층을 직접 통과해 확산한다.

618
답 ㉠

포도당과 같이 크기가 커서 세포막을 직접 통과하기 이려운 물질은 세포막을 관통하는 막단백질을 통해 확산한다.

619
답 ㉠안, ㉡커진다

입자의 크기가 커서 세포막을 통과할 수 없는 용질의 농도가 세포 안이 세포 밖보다 높으면 삼투에 의해 세포 안(㉠)으로 이동하는 물의 양이 많으므로 세포의 부피가 커진다(㉡).

620
답 ×

물질을 합성하는 반응에서는 에너지가 흡수되고, 물질을 분해하는 반응에서는 에너지가 방출된다.

621
답 ○

효소는 화학 반응이 일어나는 데 필요한 최소한의 에너지인 활성화에너지를 낮추어 화학 반응이 빠르게 일어나도록 하는 생체촉매이다.

622
답 ○

효소는 자신의 입체 구조에 맞는 특정 반응물과만 결합해 작용한다.

623
답 ×

효소는 생명체 밖에서도 작용할 수 있으므로 다양한 분야에 활용될 수 있다.

624
답 ○

효소는 생명체 밖에서도 작용할 수 있으므로 식품, 의약품, 생활용품 등 다양한 분야에 활용된다.

기출 분석 문제 ● 142쪽 ~ 146쪽

625 ④	626 ①	627 ①	628 해설 참조	
629 ④	630 ③	631 ④	632 해설 참조	
633 ①	634 ③	635 해설 참조		636 ①
637 ①	638 ④	639 해설 참조		640 ③
641 ⑤	642 해설 참조		643 ③	644 ②

625
답 ④

ㄱ. 생명 시스템은 생명체가 외부 환경 요소 및 다른 생명체와 상호작용 하며 생명활동을 수행하는 체계이므로 ㉠에는 생명체와 외부 환경 요소와의 상호작용이 포함된다.

ㄴ. ⓐ는 생명 시스템의 기본 단위인 세포이다.

오답 피하기 ㄷ. ⓑ는 하나의 독립된 생명체인 개체이다. 생명 시스템에서 생명 유지에 필요한 화학 반응이 일어나는 기능적 단위는 세포(ⓐ)이다.

626 답 ①

① 핵은 유전물질인 DNA가 있어 세포의 생명활동을 조절하며, 동물 세포와 식물 세포에 모두 있다.

오답 피하기 ② 골지체는 단백질을 세포 밖으로 분비하는 데 관여한다.

③ 소포체는 라이보솜에서 합성한 단백질을 운반한다.

④ 엽록체에서는 빛에너지를 흡수해 포도당을 합성하는 광합성이 일어난다.

⑤ 라이보솜은 아미노산을 연결해 단백질을 합성한다.

627 답 ①

자료 분석하기 **동물 세포의 구조**

A 핵
B 골지체
C 마이토콘드리아

· A는 핵이다. ➡ 유전물질인 DNA가 있으며, 세포의 생명활동을 조절한다.
· B는 골지체이다. ➡ 세포 내에서 합성된 단백질을 세포 밖으로 분비하는 데 관여한다.
· C는 마이토콘드리아이다. ➡ 생명활동에 필요한 에너지를 생성하는 세포호흡이 일어난다.
· 핵(A), 골지체(B), 마이토콘드리아(C)는 동물 세포와 식물 세포에 모두 있다.
· 엽록체, 세포벽 등이 없으므로 이 세포는 동물 세포이다.

ㄱ. 핵(A)에는 유전정보를 저장하고 있는 유전물질인 DNA가 있으며, DNA는 핵산에 속한다.

오답 피하기 ㄴ. 골지체(B)는 세포 내에서 합성한 단백질을 세포 밖으로 분비하는 데 관여한다. 유전정보에 따라 아미노산을 연결해 단백질을 합성하는 세포소기관은 라이보솜이다.

ㄷ. 마이토콘드리아(C)는 동물 세포와 식물 세포에 모두 있으므로 마이토콘드리아(C)를 통해 이 세포가 동물 세포임을 알 수 없다. 이 세포는 세포벽, 엽록체 등이 없으므로 동물 세포이다.

628

A는 소포체, B는 엽록체, C는 마이토콘드리아, D는 세포막, E는 세포벽이다. 엽록체(B)와 세포벽(E)은 동물 세포에는 없고 식물 세포에만 있으므로 이 세포는 식물 세포이다.

예시 답안 무궁화의 세포, 엽록체(B)는 빛에너지를 흡수해 광합성을 하여 포도당을 만든다. 세포벽(E)은 세포의 형태를 유지하고 세포를 보호한다.

채점 기준	배점(%)
무궁화의 세포를 쓰고, 엽록체(B)와 세포벽(E)의 기능을 모두 옳게 설명한 경우	100
무궁화의 세포를 쓰고, 엽록체(B)와 세포벽(E) 중 1가지의 기능만 옳게 설명한 경우	70
무궁화의 세포만 쓴 경우	30

629 답 ④

A는 포도당을 합성하는 광합성(㉠)이 일어나는 엽록체, B는 유전정보에 따라 아미노산을 연결해 단백질(㉡)을 합성하는 라이보솜, C는 라이보솜(B)에서 합성한 단백질(㉡)을 운반하는 소포체, D는 세포벽이다.

ㄴ. 라이보솜(B)에서 합성하는 단백질(㉡)은 수많은 아미노산이 펩타이드결합으로 연결된 물질이다.

ㄷ. 엽록체(A), 라이보솜(B), 소포체(C), 세포벽(D) 중 동물 세포인 사람의 근육세포에 있는 세포소기관은 라이보솜(B)과 소포체(C)이다. 엽록체(A)와 세포벽(D)은 동물 세포에는 없고, 식물 세포에는 있다.

오답 피하기 ㄱ. ㉠은 엽록체에서 일어나며, 빛에너지를 흡수해 포도당을 합성하는 광합성이다.

630 답 ③

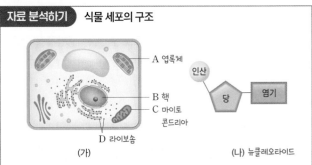

자료 분석하기 **식물 세포의 구조**

A 엽록체
B 핵
C 마이토콘드리아
D 라이보솜
(가)

인산
당
염기
(나) 뉴클레오타이드

· A는 엽록체이다. ➡ 빛에너지를 흡수해 포도당을 합성하는 광합성이 일어난다.
· B는 핵이다. ➡ 유전물질인 DNA가 있으며, 세포의 생명활동을 조절한다. DNA의 기본 단위체는 뉴클레오타이드이다.
· C는 마이토콘드리아이다. ➡ 포도당을 분해하는 세포호흡이 일어나 생명활동에 필요한 에너지를 생성한다.
· D는 라이보솜이다. ➡ 아미노산을 연결해 단백질을 합성한다.

③ 마이토콘드리아(C)에서는 포도당을 분해하여 생명활동에 필요한 에너지를 생성하는 세포호흡이 일어난다. 포도당의 합성은 엽록체(A)에서 일어난다.

오답 피하기 ① 엽록체(A)에서는 빛에너지를 흡수해 포도당을 합성하는 광합성이 일어난다.

② (나)는 핵산의 기본 단위체인 뉴클레오타이드로, 핵(B)에는 핵산인 DNA가 있다.

④ 라이보솜(D)에서 단백질이 합성될 때 기본 단위체인 아미노산이 펩타이드결합으로 연결되는 반응이 일어난다.

⑤ 이 세포는 엽록체(A)가 있으므로 식물 세포인 은행나무의 공변세포이다.

631 답 ④

㉡은 친수성 부분과 소수성 부분을 모두 가지므로 인지질이며, ㉠은 단백질이다.

ㄴ. 세포막을 구성하는 단백질(㉠)은 인지질 2중층에 파묻혀 있거나 관통하고 있으며, 그중 일부는 물질이 이동할 수 있는 통로로 작용한다.

ㄷ. 세포 안과 밖은 물이 풍부하므로 인지질에서 물 분자와 잘 결합하는 성질이 있는 친수성(ⓐ) 부분이 세포막의 바깥쪽에 배열되고, 물 분자와 잘 결합하지 않는 성질이 있는 소수성(ⓑ) 부분이 안쪽으로 서로 마주 보고 배열되어 인지질 2중층이 형성된다.

오답 피하기 ㄱ. ⓐ는 친수성, ⓑ는 소수성이다.

632

㉠은 친수성인 인지질의 머리가 모여 있는 부분이고, ㉡은 소수성인 인지질의 꼬리가 모여 있는 부분이다.

예시 답안 ㉠은 물 분자와 잘 결합하는 친수성 부분이고, ㉡은 물 분자와 잘 결합하지 않는 소수성 부분이다.

채점 기준	배점(%)
주어진 단어를 모두 사용하여 ㉠과 ㉡ 부분의 특성을 모두 옳게 설명한 경우	100
㉠은 친수성 부분, ㉡은 소수성 부분이라고만 설명한 경우	30

633
답 ①

ㄱ. A는 소수성 부분이 서로 마주 보고 배열되어 인지질 2중층을 형성하는 인지질이고, B는 인지질 2중층에 파묻혀 있거나 관통하고 있는 막단백질이다.

오답 피하기 ㄴ. 산소, 이산화 탄소와 같이 크기가 작은 물질이나 지용성 물질은 인지질 2중층을 직접 통과하여 이동할 수 있으며, 포도당, 아미노산과 같이 크기가 큰 물질이나 전하를 띠는 이온은 막단백질(B)을 통해 세포막을 이동한다.

ㄷ. 인지질(A)에서 ㉠은 물 분자와 잘 결합하는 친수성 머리, ㉡은 물 분자와 잘 결합하지 않는 소수성 꼬리이다. 따라서 물 분자와의 결합력은 머리(㉠) 부분이 꼬리(㉡) 부분보다 크다.

634
답 ③

ㄱ, ㄴ. A와 B는 모두 농도가 높은 쪽에서 농도가 낮은 쪽으로 이동하므로 세포막을 통해 확산한다. 산소와 같이 크기가 작은 물질이나 지용성 물질은 세포막의 인지질 2중층을 직접 통과해 확산할 수 있지만, 포도당과 같이 크기가 큰 물질이나 전하를 띠는 이온은 세포막을 관통하는 막단백질을 통해 확산한다. 따라서 A는 산소이고, B는 포도당이다.

오답 피하기 ㄷ. 세포막을 통한 산소(A)와 포도당(B)의 이동은 모두 확산에 해당한다. 삼투는 입자의 크기가 커서 세포막을 통과할 수 없는 용질의 농도가 세포 안팎에서 다를 때, 물 분자가 세포막을 통해 용질의 농도가 낮은 쪽에서 높은 쪽으로 이동하는 현상이다.

635

모세혈관에서 허파꽈리로 이산화 탄소가 이동(㉠)하는 것과 신경 세포 안으로 나트륨 이온이 이동(㉡)하는 것은 모두 물질이 농도가 높은 쪽에서 낮은 쪽으로 이동하는 확산에 해당한다.

예시 답안 ㉠에서는 이산화 탄소가 세포막의 인지질 2중층을 직접 통과해 확산하고, ㉡에서는 나트륨 이온이 세포막에 있는 막단백질을 통해 확산한다.

채점 기준	배점(%)
인지질 2중층을 직접 통과해 이동하는 것과 막단백질을 통해 이동하는 것을 포함하여 ㉠과 ㉡에서 세포막을 통해 물질이 이동하는 방식의 차이점을 옳게 설명한 경우	100
세포막을 통해 물질이 이동하는 방식을 ㉠과 ㉡ 중 1가지만 옳게 설명한 경우	50

636
답 ①

ㄱ. 적혈구를 적혈구 안보다 용질의 농도가 높은 용액에 넣으면 물 분자가 적혈구 안에서 밖으로 이동해 적혈구의 부피가 작아진다. 따라서 (가)는 적혈구를 10 % 소금물에 넣었을 때의 변화이다.

오답 피하기 ㄴ. 적혈구를 적혈구 안보다 용질의 농도가 낮은 용액에 넣으면 물 분자가 적혈구 밖에서 안으로 이동해 적혈구의 부피가 커진다. 따라서 (나)는 적혈구를 증류수에 넣었을 때의 변화이다.

ㄷ. (가)와 (나)는 모두 물 분자가 세포막을 통해 용질의 농도가 낮은 쪽에서 높은 쪽으로 이동하는 삼투가 일어난 결과이다.

637 필수 유형
답 ①

자료 분석하기 식물 세포에서 일어나는 삼투

세포막 세포벽
(가)　　　　　　　(나)

• 입자의 크기가 커서 세포막을 통과할 수 없는 용질의 농도가 세포 안팎에서 다를 때, 물 분자가 세포막을 통해 용질의 농도가 낮은 쪽에서 높은 쪽으로 이동하는 삼투가 일어난다.
• (가): 세포 밖으로 빠져나가는 물의 양이 많다. → 식물 세포를 세포 안보다 용질의 농도가 높은 용액에 넣었을 때이며, 세포막이 세포벽에서 분리된다.
• (나): 세포 안으로 들어오는 물의 양이 많다. → 식물 세포를 세포 안보다 용질의 농도가 낮은 용액에 넣었을 때이며, 세포의 부피가 커진다.

ㄱ. (가)와 (나)에서 모두 삼투가 일어나 세포막을 통한 물의 출입이 일어났다.

오답 피하기 ㄴ. (가)는 식물 세포를 세포 안보다 용질의 농도가 높은 용액에 넣었을 때이다.

ㄷ. (나)는 식물 세포를 세포 안보다 용질의 농도가 낮은 용액인 증류수에 넣었을 때이다.

638
답 ④

ㄱ. 적양파의 표피 조각을 세포 안보다 용질의 농도가 낮은 용액인 증류수에 넣으면 세포 안으로 들어오는 물의 양이 많아 세포의 부피가 커진다. 따라서 ㉠의 관찰 결과는 ⓑ이다.

ㄴ. 적양파의 표피 조각을 세포 안보다 용질의 농도가 높은 용액인 10 % 소금물에 넣으면 세포 밖으로 빠져나가는 물의 양이 많아 세포막이 세포벽에서 분리된다. 따라서 ㉡의 관찰 결과는 ⓐ이다.

오답 피하기 ㄷ. ⓐ에서는 세포 밖으로 빠져나가는 물의 양이 많고, ⓑ에서는 세포 안으로 들어오는 물의 양이 많으므로 세포 안으로 들어온 물의 양은 ⓑ에서가 ⓐ에서보다 많다.

개념 더하기 **식물 세포에서 일어나는 삼투**

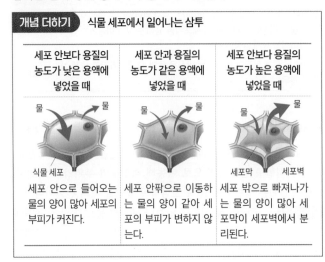

세포 안보다 용질의 농도가 낮은 용액에 넣었을 때	세포 안과 용질의 농도가 같은 용액에 넣었을 때	세포 안보다 용질의 농도가 높은 용액에 넣었을 때
식물 세포		세포막 세포벽
세포 안으로 들어오는 물의 양이 많아 세포의 부피가 커진다.	세포 안팎으로 이동하는 물의 양이 같아 세포의 부피가 변하지 않는다.	세포 밖으로 빠져나가는 물의 양이 많아 세포막이 세포벽에서 분리된다.

639

(가)에서는 크고 복잡한 물질인 포도당이 작고 간단한 물질인 이산화 탄소와 물로 분해되고, (나)에서는 작고 간단한 물질인 아미노산이 크고 복잡한 물질인 단백질로 합성된다.

예시 답안 (가)는 물질을 분해하는 반응이고, (나)는 물질을 합성하는 반응이다. (가)에서는 에너지가 방출되고, (나)에서는 에너지가 흡수된다.

채점 기준	배점(%)
(가)는 물질을 분해하는 반응, (나)는 물질을 합성하는 반응이라고 쓰고, (가)와 (나)에서 일어나는 에너지의 출입을 비교하여 옳게 설명한 경우	100
(가)는 물질을 분해하는 반응, (나)는 물질을 합성하는 반응이라고만 쓴 경우	50

640
답 ③

ㄱ. ㉠은 화학 반응이 일어나는 데 필요한 최소한의 에너지인 활성화에너지이다.

ㄷ. 생성물의 에너지가 반응물의 에너지보다 작으므로 이 화학 반응은 물질을 분해하는 반응이며, 물질을 분해하는 반응이 일어날 때에는 에너지가 방출된다.

오답 피하기 ㄴ. 효소는 활성화에너지를 낮추어 화학 반응이 빠르게 일어나도록 하므로 효소가 없으면 활성화에너지(㉠)의 크기가 커진다.

641
답 ⑤

화학 반응이 끝난 후 효소는 반응 전과 같은 상태가 되므로 ㉡과 ㉢은 모두 효소인 카탈레이스이며, ㉠은 화학 반응이 끝난 후 다른 물질로 변하므로 반응물인 과산화 수소이다.

ㄴ. 효소인 카탈레이스(㉡)의 주성분은 기본 단위체가 아미노산인 단백질이다.

ㄷ. 화학 반응이 끝난 후 카탈레이스(㉢)는 반응 전과 같은 상태가 되므로 새로운 반응물과 결합해 다시 반응에 이용될 수 있다.

오답 피하기 ㄱ. 화학 반응이 일어나는 데 필요한 최소한의 에너지인 활성화에너지를 낮추는 물질은 효소인 카탈레이스(㉡, ㉢)이다.

642

감자즙에는 과산화 수소를 물과 산소로 분해하는 효소인 카탈레이스가 들어 있다.

예시 답안 홈 2, 홈 1에 넣은 증류수에는 효소가 없어 과산화 수소가 거의 분해되지 않으며, 홈 2에 넣은 감자즙에는 카탈레이스가 들어 있어 과산화 수소를 산소와 물로 빠르게 분해하여 거품이 발생했다. 감자즙에 들어 있는 카탈레이스는 에탄올과 결합하지 않으므로 홈 3에서도 거품이 발생하지 않았다.

채점 기준	배점(%)
홈 2를 쓰고, 홈 1~3의 실험 결과를 효소와 관련지어 옳게 설명한 경우	100
홈 2만 쓴 경우	30

---

643 **필수 유형**
답 ③

자료 분석하기 **효소의 작용 실험**

> [실험 과정]
> (가) 시험관 A와 B에 과산화 수소수를 각각 3 mL씩 넣는다.
> (나) A는 그대로 두고, B에만 감자 조각을 넣은 후 거품이 발생하는지 관찰한다.
> (다) 향에 불을 붙였다 끈 후 남은 불씨를 A와 B에 각각 넣고 불씨의 변화를 관찰한다.
>
> [실험 결과]
> (나)의 결과 B에서만 거품이 발생했다.

- 감자에는 과산화 수소를 물과 산소로 분해하는 카탈레이스가 들어 있으므로 감자를 넣은 B에서 카탈레이스에 의해 과산화 수소 분해 반응이 빠르게 일어나 산소가 발생한다. ➡ B에서는 과산화 수소 분해 결과 생성된 산소에 의해 거품이 발생한다.
- A에서는 과산화 수소 분해 반응이 거의 일어나지 않으므로 (다)에서 불씨를 시험관 A와 B에 넣으면 A에서는 불씨가 꺼지고, B에서는 산소에 의해 불씨가 살아난다.

ㄱ. 감자에는 카탈레이스가 들어 있다.

ㄷ. 화학 반응이 끝난 후 효소는 반응 전과 같은 상태가 되므로 새로운 반응물과 결합해 다시 화학 반응을 촉매할 수 있다. 따라서 거품 발생이 끝난 B에는 카탈레이스가 존재하므로 과산화 수소수를 더 넣으면 다시 과산화 수소 분해 반응이 일어나 거품이 발생한다.

오답 피하기 ㄴ. (다)의 결과 A의 불씨는 꺼지고, B의 불씨는 살아난다.

644
답 ②

ㄴ. 섬유소를 분해하는 효소(㉠)는 화학 반응의 활성화에너지를 낮추어 섬유소를 분해하는 반응을 촉매한다.

오답 피하기 ㄱ. 효소는 자신의 입체 구조에 맞는 특정 반응물과만 결합해 작용한다. 따라서 단백질은 섬유소를 분해하는 효소(㉠)에 의해 분해되지 않는다.

ㄷ. 효소는 생명체 밖에서도 작용할 수 있기 때문에 다양한 분야에 활용될 수 있다.

![1등급 완성 문제] ● 147쪽 ~ 149쪽

645 ②	646 ③	647 ⑤	648 ④	649 ③
650 ①	651 ②	652 ③	653 ①	654 ①
655 해설 참조		656 해설 참조		
657 해설 참조				

645

답 ②

자료 분석하기 세포소기관의 특징

구분	⊙	ⓛ	ⓒ	특징(⊙~ⓒ)
골지체 A	×	○	○	• 포도당을 합성한다. ⊙ • 동물 세포에 존재한다. ⓛ • 소포체에서 전달된 단백질을 세포 밖으로 분비하는 데 관여한다. ⓒ
소포체 B	×	○	×	
엽록체 C	○	×	×	

(○: 있음, ×: 없음.)
(가)　　　　　　　　(나)

• 포도당을 합성하는 세포소기관은 엽록체이다.
• 골지체와 소포체는 동물 세포에 존재하지만 엽록체는 동물 세포에 존재하지 않는다.
• 소포체에서 전달된 단백질을 세포 밖으로 분비하는 데 관여하는 세포소기관은 골지체이다.
➡ ⊙은 '포도당을 합성한다.', ⓛ은 '동물 세포에 존재한다.', ⓒ은 '소포체에서 전달된 단백질을 세포 밖으로 분비하는 데 관여한다.'이고, A는 골지체, B는 소포체, C는 엽록체이다.

ㄴ. 소포체(B)는 라이보솜에서 합성한 단백질을 운반한다.

오답 피하기 ㄱ. 엽록체(C)에서는 빛에너지를 흡수해 포도당을 합성하는 광합성이 일어난다.

ㄷ. 엽록체(C)는 식물 세포에는 존재하지만 동물 세포에는 존재하지 않는다.

646

답 ③

A는 소포체, B는 핵, C는 라이보솜이다.

ㄱ. ⊙은 두 가닥의 폴리뉴클레오타이드가 꼬여 있는 이중나선구조로, 유전정보를 저장하고 자손에게 전달하는 DNA이며, 핵(B)에는 DNA가 있다.

ㄴ. 라이보솜(C)은 작고 간단한 물질인 아미노산을 연결해 크고 복잡한 물질인 단백질을 합성하는데, 이 반응에서는 에너지가 흡수된다.

오답 피하기 ㄷ. 라이보솜(C)에서 합성된 호르몬과 같은 단백질은 소포체(A), 골지체를 거쳐 세포 밖으로 분비된다.

647

답 ⑤

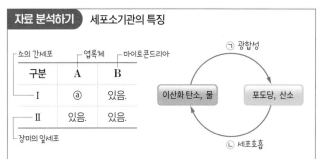

자료 분석하기 세포소기관의 특징

구분	A	B
I	ⓐ	있음.
II	있음.	있음.

소의 간세포 ─ 엽록체 ─ 마이토콘드리아

장미의 잎세포

• 소의 간세포에는 마이토콘드리아는 있지만 엽록체는 없으며, 장미의 잎세포에는 엽록체와 마이토콘드리아가 모두 있다. ➡ A는 엽록체, B는 마이토콘드리아이고, I은 소의 간세포, II는 장미의 잎세포이며, ⓐ는 '없음.'이다.
• 이산화 탄소와 물을 포도당으로 합성하는 ⊙은 광합성이며, 엽록체에서 일어난다.
• 포도당을 이산화 탄소와 물로 분해하는 ⓛ은 세포호흡이며, 마이토콘드리아에서 일어난다.

ㄱ. 소의 간세포(I)와 장미의 잎세포(II)에는 모두 마이토콘드리아가 있으므로 소의 간세포(I)와 장미의 잎세포(II)에서는 모두 세포호흡(ⓛ)이 일어난다.

ㄴ. 엽록체(A)에서는 빛에너지를 흡수해 포도당을 합성하는 광합성이 일어난다.

ㄷ. 소의 간세포(I)는 동물 세포이므로 세포벽이 없다. 따라서 소의 간세포(I)에서 세포벽의 유무는 '없음.(ⓐ)'이다.

648

답 ④

ㄱ. ⊙은 동물 세포인 사람의 신경세포와 식물 세포인 시금치의 공변세포에 모두 있는 라이보솜이다. 라이보솜(⊙)은 아미노산을 연결해 단백질을 합성한다.

ㄷ. 모든 세포는 세포막으로 둘러싸여 있으며, 세포막은 인지질 2중층 구조로 이루어져 있다. 따라서 사람의 신경세포와 시금치의 공변세포에는 모두 인지질 2중층 구조가 있다.

오답 피하기 ㄴ. ⓛ은 (가)와 (나) 중 한 세포에만 있으므로 시금치의 공변세포에만 있는 세포벽 또는 엽록체이다. 따라서 ⓛ이 있는 (가)는 시금치의 공변세포이고, (나)는 사람의 신경세포이다.

649

답 ③

C는 수많은 기본 단위체가 결합한 물질이면서 세포막의 구성 성분이 아니므로 핵산이며, B는 수많은 기본 단위체가 결합한 물질이면서 세포막의 구성 성분이므로 단백질이고, A는 세포막의 구성 성분인 인지질이다.

ㄱ. 인지질(A)은 세포막에서 소수성 부분이 마주 보고 배열되어 2중층 구조를 이룬다.

ㄴ. 동물 세포와 식물 세포의 핵에는 모두 DNA와 같은 핵산(C)이 있다.

오답 피하기 ㄷ. 단백질(B)은 세포막에서 물질의 이동 통로 역할을 하므로 '세포막에서 물질의 이동 통로 역할을 하는가?'는 (가)에 해당하지 않는다.

650

답 ①

ㄱ. A는 세포막의 인지질 2중층을 직접 통과해 확산하므로 산소이고, B는 막단백질을 통해 확산하는 포도당이다.

오답 피하기 ㄴ. 확산은 물질이 농도가 높은 쪽에서 낮은 쪽으로 이동하는 현상이다. A와 B는 모두 ㉠에서 ㉡으로 확산하므로 A와 B의 농도는 모두 ㉠에서가 ㉡에서보다 높다.

ㄷ. 산소(A), 이산화 탄소 등과 같이 크기가 작은 물질은 세포막의 인지질 2중층을 직접 통과해 이동한다.

651

답 ②

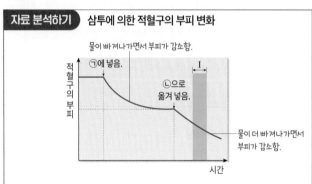

자료 분석하기 삼투에 의한 적혈구의 부피 변화

물이 빠져나가면서 부피가 감소함.

㉠에 넣음.

㉡으로 옮겨 넣음.

적혈구의 부피

물이 더 빠져나가면서 부피가 감소함.

시간

- 적혈구를 ㉠에 넣은 후 적혈구의 부피가 감소했으므로 ㉠은 적혈구 안보다 농도가 높은 소금물이다.
- 적혈구를 ㉡에 옮겨 넣은 후 적혈구의 부피가 더 감소했으므로 ㉡은 ㉠보다 농도가 높은 소금물이다.

ㄴ. I에서 적혈구의 부피가 감소한 것은 삼투가 일어나 물이 적혈구 안에서 밖으로 빠져나갔기 때문이다.

오답 피하기 ㄱ. 적혈구를 ㉠에 넣자 적혈구 밖으로 물이 빠져나가 적혈구의 부피가 감소하다 일정해졌다. 이 적혈구를 ㉡으로 옮겨 넣었을 때 적혈구 밖으로 물이 더 빠져나가 적혈구의 부피가 더 감소했으므로 소금물의 농도는 ㉠이 ㉡보다 낮다.

ㄷ. ㉠은 적혈구 안보다 농도가 높은 소금물이므로 적혈구를 ㉠에 넣은 직후 단위 부피당 물 분자의 수는 ㉠에서가 적혈구 안에서보다 적다.

652

답 ③

자료 분석하기 효소와 활성화에너지

ⓐ 반응물

효소 X

＋

반응물(ⓐ)이 분해됨.

(가)

효소가 없을 때의 활성화에너지 ㉠

효소가 있을 때의 활성화에너지 ㉡

반응물과 생성물의 에너지 차이 ㉢

에너지

반응물

생성물

반응의 진행

(나)

- ⓐ는 반응이 일어나면 다른 물질로 바뀌므로 반응물이며, 반응 결과 ⓐ는 작고 간단한 물질로 분해된다.
- 효소가 없을 때의 활성화에너지는 ㉠+㉡이고, 효소가 있을 때의 활성화에너지는 ㉡이다.
- ㉢은 반응물과 생성물의 에너지 차이로, 효소의 유무와 관계없이 같다.

ㄱ, ㄴ. 효소 X는 반응물 ⓐ와 결합하여 ⓐ를 분해하는 반응을 촉매한다.

오답 피하기 ㄷ. 효소 X가 있을 때의 활성화에너지는 ㉡이다.

653

답 ①

ㄱ. A에서는 거품이 발생하지 않았으므로 ㉠은 효소가 없는 증류수이고, B에서는 과산화 수소가 물과 산소로 분해되는 반응이 일어나 산소에 의해 거품이 발생했으므로 ㉡은 카탈레이스가 들어 있는 소의 간 조각이다.

오답 피하기 ㄴ. 카탈레이스와 결합하는 반응물은 과산화 수소이며, 카탈레이스는 증류수와 반응하지 않는다. 따라서 거품 발생이 끝난 B에 증류수(㉠)를 넣어도 거품은 다시 발생하지 않는다.

ㄷ. 효소는 반응의 활성화에너지를 낮추므로 과산화 수소가 분해되는 반응의 활성화에너지는 카탈레이스가 있는 B에서가 카탈레이스가 없는 A에서보다 낮다.

654

답 ①

ㄱ. ㉠과 ㉡을 비롯한 효소는 세포 밖에서 작용할 수 있어 효소 세제나 소변 검사지 등 다양한 분야에 활용된다.

오답 피하기 ㄴ. ㉠과 ㉡은 모두 화학 반응의 활성화에너지를 낮추어 화학 반응이 빠르게 일어나도록 해 주는 효소이다.

ㄷ. ㉠과 ㉡을 비롯한 효소는 화학 반응이 끝난 후 반응 전과 같은 상태가 되므로 화학 반응에 의해 다른 물질로 전환되지 않는다.

655

서술형 해결 전략

STEP 1 문제 포인트 파악

세포소기관을 중심으로 동물 세포와 식물 세포의 구조를 이해하고, 각 세포소기관의 주요 기능을 파악할 수 있어야 한다.

STEP 2 관련 개념 모으기

❶ 동물 세포와 식물 세포에 모두 있는 세포소기관은?
→ 핵, 라이보솜, 소포체, 골지체, 마이토콘드리아, 세포막 등은 동물 세포와 식물 세포에 모두 있다.

❷ 식물 세포에는 있지만 동물 세포에는 없는 세포소기관은?
→ 엽록체와 세포벽은 식물 세포에는 있지만 동물 세포에는 없다.

❸ 마이토콘드리아의 주요 기능은?
→ 포도당을 분해해 생명활동에 필요한 에너지를 생성하는 세포호흡이 일어난다.

❹ 엽록체의 주요 기능은?
→ 빛에너지를 흡수해 포도당을 합성하는 광합성이 일어난다.

예시 답안 (가), 마이토콘드리아(가)는 포도당을 분해해 생명활동에 필요한 에너지를 생성하고, 엽록체(나)는 빛에너지를 흡수해 포도당을 합성한다.

채점 기준	배점(%)
(가)를 쓰고, 마이토콘드리아에서 포도당의 분해와 에너지의 생성이 일어나는 것과 엽록체에서 포도당의 합성과 빛에너지의 흡수가 일어나는 것을 모두 옳게 설명한 경우	100
(가)만 쓴 경우	30

656

STEP 1 문제 포인트 파악

식물 세포를 농도가 서로 다른 용액에 넣었을 때 삼투에 의한 물의 이동과 식물 세포의 부피 변화를 파악할 수 있어야 한다.

STEP 2 관련 개념 모으기

❶ 삼투란?
→ 입자의 크기가 커서 세포막을 통과할 수 없는 용질의 농도가 세포 안 팎에서 다를 때, 물 분자가 세포막을 통해 용질의 농도가 낮은 쪽에서 높은 쪽으로 이동하는 현상이다.

❷ 식물 세포를 세포 안보다 용질의 농도가 낮은 용액에 넣으면?
→ 세포 안으로 들어오는 물의 양이 많아 세포의 부피가 커진다.

❸ 식물 세포를 세포 안과 용질의 농도가 같은 용액에 넣으면?
→ 세포 안팎으로 이동하는 물의 양이 같아 세포의 부피가 변하지 않는다.

❹ 식물 세포를 세포 안보다 용질의 농도가 높은 용액에 넣으면?
→ 세포 밖으로 빠져나가는 물의 양이 많아 세포막이 세포벽에서 분리된다.

예시 답안 설탕 용액 A는 식물 세포 (가)보다 농도가 높다. 식물 세포를 세포 안 보다 용질의 농도가 높은 용액에 넣으면 물이 세포 안에서 밖으로 이동해 세포 막이 세포벽에서 분리되기 때문이다.

채점 기준	배점(%)
설탕 용액 A는 식물 세포 (가)보다 농도가 높다고 쓰고, 세포 안보다 용질의 농도가 높은 용액에 식물 세포를 넣었을 때 일어나는 변화를 주어진 단어를 모두 사용하여 옳게 설명한 경우	100
설탕 용액 A는 식물 세포 (가)보다 농도가 높다고만 쓴 경우	30

657

STEP 1 문제 포인트 파악

화학 반응에서의 에너지 변화를 바탕으로 효소의 유무를 파악할 수 있어야 한다.

STEP 2 관련 개념 모으기

❶ 활성화에너지란?
→ 화학 반응이 일어나는 데 필요한 최소한의 에너지이다.

❷ 효소가 화학 반응을 촉매하는 원리는?
→ 화학 반응의 활성화에너지를 낮추어 화학 반응이 빠르게 일어나도록 한다.

❸ 활성화에너지와 반응 속도의 관계는?
→ 활성화에너지가 높으면 반응물이 많은 양의 에너지를 가져야만 반응 이 일어나고, 활성화에너지가 낮으면 반응물이 적은 양의 에너지를 가 져도 반응이 일어난다. 따라서 활성화에너지가 낮을 때가 높을 때보다 반응 속도가 더 빠르다.

(가)일 때가 (나)일 때보다 활성화에너지가 높으므로 (가)는 효소 가 없을 때, (나)는 효소가 있을 때의 에너지 변화이다.

예시 답안 (나), 효소의 작용으로 활성화에너지가 낮아졌기 때문이다.

채점 기준	배점(%)
(나)를 쓰고, 효소의 작용에 의한 활성화에너지의 감소를 옳게 설명한 경우	100
(나)만 쓴 경우	30

14 세포 내 정보의 흐름

개념 확인 문제 ● 151쪽

658 ○	659 ×	660 ○	661 ○
662 ㉠ RNA, ㉡ 전사, ㉢ 번역		663 ×	664 ○
665 ×	666 ㉠ C, ㉡ A, ㉢ U, ㉣ A		667 GGC

658
답 ○

고양이의 털 무늬나 사람의 머리카락 색깔 등은 모두 DNA에 저장된 유전정보에 의해 결정되는 유전형질이다.

659
답 ×

하나의 DNA에는 수많은 유전자가 각각 정해진 위치에 있다.

660
답 ○

유전자에는 특정 단백질의 아미노산서열에 대한 유전정보가 저장되어 있다.

661
답 ○

유전자에 저장된 유전정보에 따라 합성된 단백질의 작용으로 형질이 나타난다.

662
답 ㉠ RNA, ㉡ 전사, ㉢ 번역

세포 내에서 단백질이 만들어질 때 DNA의 유전정보가 RNA(㉠)로 옮겨지는 전사(㉡)가 일어난 뒤, RNA(㉠)의 정보를 이용해 단백질을 합성하는 번역(㉢)이 일어난다.

663
답 ×

DNA에서는 연속된 3개의 염기인 3염기조합이 1개의 아미노산을 지정한다.

664
답 ○

전사가 일어날 때 전사에 사용되는 DNA 가닥의 아데닌(A)은 RNA의 유라실(U)로 전사된다.

665
답 ×

RNA에서는 연속된 3개의 염기인 코돈이 1개의 아미노산을 지정한다.

666
답 ㉠ C, ㉡ A, ㉢ U, ㉣ A

전사에 사용되는 DNA 가닥의 아데닌(A), 구아닌(G), 사이토신(C), 타이민(T)은 각각 RNA의 유라실(U), 사이토신(C), 구아닌(G), 아데닌(A)으로 전사된다. 따라서 ㉠은 사이토신(C), ㉡은 아데닌(A), ㉢은 유라실(U), ㉣은 아데닌(A)이다.

667
답 GGC

RNA의 연속된 3개의 염기가 1개의 아미노산을 지정하므로 아미노산 ㉠, ㉡, ㉢, ㉣은 각각 코돈 AUG, AAA, GGC, UCA에 의해 지정된다.

채점 기준	배점(%)
㉠~㉢이 무엇인지 쓰고, (가)에서 유전자에 의해 효소가 합성되고 (나)에서 효소의 작용으로 색소가 만들어지는 것을 모두 옳게 설명한 경우	100
㉠~㉢이 무엇인지만 옳게 쓴 경우	30

671
답 ④

ㄱ. ㉠에 저장된 유전정보에 따라 ㉡이 합성되므로 ㉠은 멜라닌 합성 효소 유전자이며, 유전자는 DNA의 특정한 위치에 있다.

ㄴ. ㉡은 멜라닌 합성 효소 유전자(㉠)에 저장된 유전정보에 따라 합성된 멜라닌 합성 효소이며, 멜라닌 합성 효소 유전자(㉠)에는 멜라닌 합성 효소(㉡)의 아미노산서열에 대한 유전정보(ⓐ)가 저장되어 있다.

오답 피하기 ㄷ. 이 동물의 자손의 털 색깔이 검은색을 나타내는 것은 멜라닌 합성 효소 유전자(㉠)가 자손에게 전달되어 자손에서도 멜라닌 합성 효소가 합성되었기 때문이다.

672
답 ⑤

㉠은 단백질의 아미노산서열에 대한 유전정보가 저장된 유전자, ㉡은 유전자에 의해 만들어진 효소이다.

ㄴ. 헤모글로빈 유전자의 염기서열이 변하여 만들어진 돌연변이 헤모글로빈(ⓐ)은 정상 헤모글로빈과 아미노산서열이 달라 구조가 서로 다르다.

ㄷ. 유전자는 DNA의 특정 부위이며, 이 DNA의 염기서열이 달라지면 정상적인 단백질이 만들어지지 않아 (가), (나)와 같은 유전병이 나타날 수 있다.

오답 피하기 ㄱ. ㉠은 유전자이다.

개념 더하기 낫모양적혈구빈혈증

헤모글로빈 유전자의 염기 1개가 바뀌는 이상이 발생한 결과 단백질의 아미노산서열이 정상 헤모글로빈과 달라져 돌연변이 헤모글로빈이 만들어지고, 돌연변이 헤모글로빈에 의해 적혈구가 낫 모양으로 변한다. → 낫모양적혈구는 정상 적혈구에 비해 산소를 운반하는 능력이 떨어져 빈혈을 일으킨다.

기출 분석 문제 ● 152쪽 ~ 155쪽

668 ③	669 ④	670 해설 참조	671 ④
672 ⑤	673 ④	674 ②	675 ③
676 해설 참조		677 ①	678 ②
679 해설 참조		680 해설 참조	681 ②
682 ②	683 ④	684 ①	

668
답 ③

ㄱ. ㉠은 유전정보가 저장되어 있는 유전자이다. 부모로부터 물려받는 유전형질은 DNA의 유전자(㉠)에 저장되어 있는 유전정보에 의해 결정된다.

ㄷ. 사람의 머리카락 색깔은 부모로부터 물려받은 유전자(㉠)에 의해 결정되는 유전형질이다.

오답 피하기 ㄴ. ㉡은 유전자(㉠)에 저장된 유전정보에 따라 합성되는 단백질이며, 단백질(㉡)의 기본 단위체는 아미노산이다.

669
답 ④

④ 유전자 1과 2에 의해 서로 다른 단백질 ⓐ와 ⓑ가 합성되므로 유전자 1과 2에는 서로 다른 유전정보가 저장되어 있다.

오답 피하기 ① ㉠은 DNA이며, DNA(㉠)는 두 가닥의 폴리뉴클레오타이드가 꼬여 있는 이중나선구조이다.

② 유전자 1과 2는 모두 DNA에 있으므로 DNA가 자손에게 전달될 때 유전자 1과 2도 모두 자손에게 전달될 수 있다.

③ 유전자 1과 2에 저장된 유전정보에 따라 각각 단백질 ⓐ와 ⓑ가 합성되며, 단백질 ⓐ와 ⓑ의 작용으로 특정 형질이 나타난다.

⑤ 유전자 1에는 단백질 ⓐ의 아미노산서열에 대한 유전정보가 저장되어 있다.

670

예시 답안 ㉠ 붉은 색소 합성 효소 유전자, ㉡ 붉은 색소 합성 효소, ㉢ 붉은 색소, (가)에서 붉은 색소 합성 효소 유전자(㉠)에 저장되어 있는 유전정보에 따라 붉은 색소 합성 효소(㉡)가 만들어진다. (나)에서 붉은 색소 합성 효소(㉡)의 작용으로 붉은 색소(㉢)가 만들어진다.

673
답 ④

자료 분석하기 세포 내 유전정보의 흐름

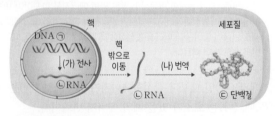

· ㉠은 이중나선구조의 DNA이고, ㉡은 단일 가닥 구조의 RNA이다. → (가)는 DNA의 유전정보가 RNA로 옮겨지는 전사이다.

· 전사는 DNA가 들어 있는 핵 안에서 일어나며, 전사된 RNA는 핵 밖의 세포질로 이동한다.

· ㉢은 폴리펩타이드가 입체 구조를 이루고 있는 단백질이다. → (나)는 RNA의 정보를 이용해 단백질을 합성하는 번역이다.

88 바른답·알찬풀이

ㄴ. (가)는 DNA(㉠)의 유전정보가 RNA(㉡)로 옮겨지는 전사
이다.

ㄷ. (나)는 라이보솜에서 RNA(㉡)의 정보를 이용해 단백질(㉢)
이 합성되는 번역이다.

오답 피하기 ㄱ. ㉢은 단백질이다.

674
답 ②

(가)는 아미노산이 펩타이드결합으로 연결되어 있는 단백질, (다)는
두 가닥의 폴리뉴클레오타이드로 구성된 DNA이고, (나)는 RNA
이다.

ㄴ. DNA(다)의 유전부호는 연속된 3개의 염기가 1개의 아미노
산을 지정하는 3염기조합이다.

오답 피하기 ㄱ. 유전자는 형질에 대한 유전정보가 저장되어 있는
DNA(다)의 특정 부위이다.

ㄷ. 세포 내에서 유전정보는 DNA(다) → RNA(나) → 단백질(가)
순으로 흐른다.

675
답 ③

전사에서는 DNA의 염기서열이 RNA의 염기서열로 바뀌고, 번
역에서는 RNA의 염기서열이 단백질의 아미노산서열로 바뀌므
로 (나)는 전사이고, (가)는 번역이다. 따라서 ㉢은 DNA, ㉠은
RNA, ㉡은 단백질이다.

ㄷ. DNA를 이루는 두 가닥의 폴리뉴클레오타이드에서 한쪽 가
닥의 아데닌(A)은 항상 다른 쪽 가닥의 타이민(T)과 상보적으로
결합하므로 DNA(㉢)를 구성하는 아데닌(A)의 개수와 타이민
(T)의 개수는 같다.

오답 피하기 ㄱ. 번역(가)에서 RNA(㉠)의 염기서열은 단백질(㉡)
의 아미노산서열로 바뀌므로 ⓐ는 아미노산이다.

ㄴ. 번역(가)은 세포질에 있는 라이보솜에서 일어난다.

676

(가)에서는 4가지, (나)에서는 4^2=16가지, (다)에서는 4^3=64가
지의 유전부호가 만들어진다.

예시 답안 (다), (가)~(다)에서 만들어지는 유전부호의 최대 가짓수는 각각 4가
지, 16가지, 64가지이다. 단백질을 만드는 데 이용되는 아미노산은 약 20종류
이므로 DNA의 유전부호가 20가지 이상이어야 한다. 따라서 실제 DNA의 유
전부호에 해당하는 것은 (다)이다.

채점 기준	배점(%)
(다)를 쓰고, 아미노산이 약 20종류이므로 DNA의 유전부호가 20가지 이상이어야 한다고 옳게 설명한 경우	100
(다)만 쓴 경우	30

677
답 ①

ㄱ. 염기로 유라실(U)이 있는 (가)는 RNA의 유전부호인 코돈이
고, 염기로 타이민(T)이 있는 (나)는 DNA의 유전부호인 3염기
조합이다.

오답 피하기 ㄴ. 유라실(U)은 RNA의 염기이므로 DNA의 염기인
㉠은 유라실(U)이 아니다.

ㄷ. 코돈(가)과 3염기조합(나)은 모두 연속된 3개의 염기가 1개의
아미노산을 지정하는 유전부호이다.

678
답 ②

ㄴ. 전사된 RNA의 염기서열이 DNA 가닥 Ⅰ의 염기서열에 상보
적이므로 DNA 가닥 Ⅰ이 전사에 사용된 가닥이며, 전사에 사용
된 DNA 가닥의 아데닌(A), 구아닌(G), 사이토신(C), 타이민(T)
은 각각 RNA의 유라실(U), 사이토신(C), 구아닌(G), 아데닌(A)
으로 전사된다. 따라서 ㉠은 DNA 가닥 Ⅰ의 AGT에 상보적인
UCA이다.

오답 피하기 ㄱ. ⓐ는 연속된 3개의 염기로 이루어진 DNA의 유전
부호이므로 3염기조합이다. 코돈은 RNA의 유전부호이다.

ㄷ. DNA 가닥 Ⅱ는 전사에 사용되지 않은 가닥이다.

679

전사에 사용되는 DNA 가닥의 아데닌(A), 구아닌(G), 사이토신
(C), 타이민(T)은 각각 RNA의 유라실(U), 사이토신(C), 구아닌
(G), 아데닌(A)으로 전사된다. 따라서 전사에 사용된 DNA 가닥
의 염기서열은 TACTTTCCGAGT이다.

예시 답안 2개, 전사에 사용된 DNA 가닥의 아데닌(A)은 RNA 가닥의 유라실
(U)에 상보적이므로 RNA를 구성하는 유라실(U)의 개수와 같기 때문이다.

채점 기준	배점(%)
아데닌(A)의 개수를 쓰고, 그 까닭을 전사에 사용된 DNA 가닥의 염기와 RNA의 염기 간의 상보적인 관계와 관련지어 옳게 설명한 경우	100
아데닌(A)의 개수만 옳게 쓴 경우	30

680

예시 답안 4개, RNA의 유전부호인 코돈은 연속된 3개의 염기가 1개의 아미노
산을 지정하며, 이 RNA는 4개의 코돈으로 이루어져 있으므로 이 RNA가 번
역되어 만들어진 폴리펩타이드를 구성하는 아미노산은 4개이다.

채점 기준	배점(%)
아미노산의 개수를 쓰고, 그 까닭을 코돈의 개수와 관련지어 옳게 설명한 경우	100
아미노산의 개수만 옳게 쓴 경우	30

681
답 ②

ㄴ. (가)는 DNA의 유전정보가 RNA로 전달되는 전사이고, (나)
는 RNA의 정보를 이용해 단백질을 합성하는 번역이다.

오답 피하기 ㄱ. 3염기조합은 연속된 3개의 염기로 이루어지므로 2개
의 염기로 이루어진 ㉠은 3염기조합이 아니다.

ㄷ. 전사(가)는 DNA가 있는 핵 안에서 일어나고, 번역(나)은 라
이보솜이 있는 세포질에서 일어난다.

682

답 ②

자료 분석하기 전사와 번역에 의한 단백질 합성

	코돈	아미노산
DNA T T G C T G A G C	GAC	ⓐ
A A C G A C (가) TCG	AGC	ⓑ
RNA U U G (나) A G C	CGA	ⓒ
	CUG, UUG	ⓓ

* DNA를 이루는 두 가닥의 폴리뉴클레오타이드에서 한쪽 가닥의 아데닌(A)은 항상 다른 쪽 가닥의 타이민(T)과, 구아닌(G)은 항상 사이토신(C)과 상보적으로 결합한다. → (가)는 DNA의 다른 쪽 가닥의 AGC에 상보적인 TCG이다.
* DNA의 아래쪽 가닥이 RNA의 염기서열에 상보적이므로 이 가닥이 전사에 사용된 가닥이다. → (나)는 DNA의 GAC에 상보적인 CUG이다.
* RNA의 코돈 UUG, CUG, AGC는 각각 아미노산 ⓓ, ⓓ, ⓑ를 지정한다.

ㄴ. (나)는 CUG이므로 (나)에서 구아닌(G)의 개수는 1개이다.

오답 피하기 ㄱ. (가)는 TCG이다.

ㄷ. ⊙은 ⓓ이다.

683 필수 유형

답 ④

자료 분석하기 전사와 번역에 의한 단백질 합성

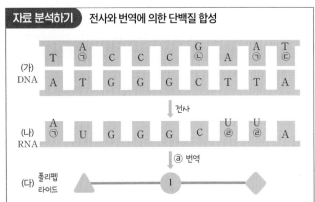

* (가)는 DNA, (나)는 RNA, (다)는 폴리펩타이드이며, ⓐ는 RNA의 정보를 이용해 단백질을 합성하는 번역이다.
* ㉢은 RNA에만 있으므로 유라실(U)이다.
* ㉡은 구아닌(G) 또는 사이토신(C)만 가능하므로 구아닌(G)이다. 이는 RNA의 사이토신(C)에 상보적이므로 (가)의 위쪽 가닥이 전사에 사용된 DNA 가닥이다.
* ㉠은 유라실(U, ㉢)에 상보적인 아데닌(A)이고, ㉣은 타이민(T)이다.

ㄱ. 번역(ⓐ)은 라이보솜에서 일어나며, 라이보솜은 각 코돈이 지정하는 아미노산을 연결하여 폴리펩타이드를 합성한다.

ㄷ. DNA에서 한쪽 가닥의 아데닌(A, ㉠)은 다른 쪽 가닥의 타이민(T, ㉣)과 결합한다.

오답 피하기 ㄴ. I은 코돈 GGC에 의해 지정되는 아미노산이다.

684

답 ①

(나)는 유라실(U)이 있으므로 RNA이다. 따라서 RNA(나)의 염기서열에 상보적인 (다)가 전사에 사용된 DNA 가닥이고, (가)는 전사에 사용되지 않은 DNA 가닥이다.

ㄱ. 전사에 사용된 DNA 가닥(다)의 ㉠은 RNA(나)의 AAUGGC에 상보적인 TTACCG이다.

오답 피하기 ㄴ. (가)는 전사에 사용되지 않은 DNA 가닥이다.

ㄷ. RNA의 유전부호는 연속된 3개의 염기로 이루어진 코돈이다. 따라서 (나)는 7개의 코돈으로 이루어져 있다.

1등급 완성 문제

● 156쪽 ~ 157쪽

685

답 ③

ㄱ. ㉠은 단백질의 아미노산서열에 대한 유전정보를 저장하고 있는 유전자이며, 유전자에는 염기서열의 형태로 유전정보가 저장되어 있다.

ㄴ. ㉡은 붉은 색소가 합성되는 반응을 촉매하는 효소이다.

오답 피하기 ㄷ. (가) 과정에서 전사 → 번역 순으로 유전정보의 흐름이 일어나 효소(㉡)가 만들어진다.

686

답 ②

ㄴ. 염기로 타이민(T)이 있으므로 그림에 제시된 염기서열은 유전자의 염기서열이다. 유전자로부터 단백질이 만들어지는 과정(가)에서 전사와 번역이 일어난다.

오답 피하기 ㄱ. 헤모글로빈 유전자의 염기서열이 변해 정상 헤모글로빈과 입체 구조가 다른 돌연변이 헤모글로빈이 만들어지고, 이로 인해 낫모양적혈구가 형성되므로 ㉠은 TT가 아니다.

ㄷ. 정상 헤모글로빈 유전자와 돌연변이 헤모글로빈 유전자는 염기서열이 서로 다르며, 이로 인해 정상 헤모글로빈과 돌연변이 헤모글로빈은 아미노산서열이 서로 다르다.

687

답 ④

세포 내에서 유전정보는 DNA, RNA, 단백질 순으로 전달되므로 ㉠은 DNA, ㉡은 RNA, ㉢은 단백질이며, ⓐ는 RNA의 정보를 이용해 단백질을 합성하는 번역이다. A는 핵, B는 라이보솜, C는 소포체이다.

ㄱ. 핵(A)에서는 DNA(㉠)의 유전정보가 RNA(㉡)로 옮겨지는 과정인 전사가 일어난다. 따라서 핵(A)에는 DNA(㉠)와 RNA(㉡)가 모두 있다.

ㄴ. 라이보솜(B)은 RNA의 정보를 이용해 단백질(㉢)을 합성하며, 합성된 단백질은 소포체(C)를 통해 이동한다.

오답 피하기 ㄷ. 단백질(㉢)에는 유전부호가 없으며, 코돈은 RNA(㉡)의 유전부호이다.

688

답 ①

ㄱ. (가)는 DNA의 유전정보가 RNA로 옮겨지는 전사이다.

오답 피하기 ㄴ. DNA에서 아래쪽 가닥의 염기서열이 RNA의 염기서열에 상보적이므로 이 가닥이 전사에 사용된 가닥이다. 따라서 ㉠의 염기서열은 전사에 사용된 DNA 가닥의 GAT에 상보적인 CUA이다.

ㄷ. 아미노산 ⓐ를 지정하는 코돈은 전사에 사용된 DNA 가닥의 AGG에 상보적인 UCC이다.

689

답 ⑤

DNA와 전사된 RNA의 염기서열

구분	아데닌(A)	구아닌(G)	사이토신(C)	㉠유라실(U)	㉡타이민(T)
(가)	25	10	20	ⓐ 15	0
(나)	15	20	ⓑ 10	ⓒ 0	25
(다)	25	10	20	ⓓ 0	15

(단위: 개)

- DNA를 이루는 두 가닥의 폴리뉴클레오타이드에서 한쪽 가닥의 아데닌(A)은 항상 다른 쪽 가닥의 타이민(T)과, 구아닌(G)은 항상 사이토신(C)과 상보적으로 결합한다. → DNA를 이루는 두 가닥 중 한 가닥의 아데닌(A), 구아닌(G), 사이토신(C), 타이민(T)의 개수는 각각 다른 가닥의 타이민(T), 사이토신(C), 구아닌(G), 아데닌(A)의 개수와 같다.
- DNA가 전사되어 만들어진 RNA 가닥의 염기서열은 전사에 사용되는 DNA 가닥의 염기서열에 상보적이다. → 전사에 사용되는 DNA 가닥의 아데닌(A), 구아닌(G), 사이토신(C), 타이민(T)의 개수는 각각 RNA 가닥의 유라실(U), 사이토신(C), 구아닌(G), 아데닌(A)의 개수와 같다.
- ㉠과 ㉡은 타이민(T) 또는 유라실(U)인데 타이민(T)은 DNA에만 있고, 유라실(U)은 RNA에만 있으며, ㉡은 세 가닥 중 두 가닥에 있으므로 ㉠은 유라실(U), ㉡은 타이민(T)이다. → 타이민(T, ㉡)이 있는 (나)와 (다)가 DNA이고, (가)는 RNA이다. DNA에는 유라실(U, ㉠)이 없으므로 ⓒ와 ⓓ는 모두 0이다.
- RNA(가)의 사이토신(C) 개수와 DNA 가닥 중 (나)의 구아닌(G)의 개수가 같으므로 (나)가 전사에 사용된 DNA 가닥이다. → RNA(가)의 유라실(U)과 구아닌(G)의 개수는 각각 전사에 사용된 DNA 가닥(나)의 아데닌(A)과 사이토신(C)의 개수와 같으므로 ⓐ는 15, ⓑ는 10이다.

ㄱ. ㉠은 유라실(U)이다.

ㄴ. ⓐ+ⓑ+ⓒ+ⓓ=15+10+0+0=25이다.

ㄷ. (가)는 RNA, (나)는 전사에 사용된 DNA 가닥, (다)는 전사에 사용되지 않은 DNA 가닥이다.

690

답 ③

전사와 번역

염기	아데닌 (A)	구아닌 (G)	사이토신 (C)	타이민 (T)
개수	48	60	ⓐ 60	? 48

(단위: 개)

(가)

구분	㉠	㉡	㉢
I	10	10	?
II	15	15	10

(단위: 개)

(나)

- DNA를 이루는 두 가닥의 폴리뉴클레오타이드에서 한쪽 가닥의 아데닌(A)은 항상 다른 쪽 가닥의 타이민(T)과, 구아닌(G)은 항상 사이토신(C)과 상보적으로 결합하므로 DNA를 구성하는 아데닌(A)의 개수는 타이민(T)의 개수와 같고, 구아닌(G)의 개수는 사이토신(C)의 개수와 같다. → ⓐ는 60이고, 타이민(T)의 개수는 48이다.
- 유전자 x는 216개의 염기로 이루어져 있으므로 유전자 x가 전사되어 만들어진 RNA는 108개의 염기로 이루어져 있다. → 이 RNA에는 36개의 코돈이 존재한다.
- 단백질 II는 총 40개의 아미노산으로 이루어져 있으므로 II는 36개의 코돈으로 이루어진 RNA가 번역되어 만들어질 수 없다.

ㄱ. ⓐ는 60이다.

ㄷ. 단백질 I과 II를 구성하는 ㉠~㉢의 개수가 서로 다르므로 I과 II는 아미노산서열이 서로 다르다. 따라서 I과 II는 입체 구조가 서로 다르다.

오답 피하기 ㄴ. 유전자 x에 의해 만들어지는 단백질의 아미노산 개수는 40개가 될 수 없으므로 유전자 x에 의해 만들어지는 단백질은 I이다.

[691~692]

STEP 1 **문제 포인트 파악**

DNA의 구조적인 규칙성을 바탕으로 유전자의 염기서열을 파악하고, 유전자에 의해 만들어지는 폴리펩타이드에서 펩타이드결합의 개수를 파악할 수 있어야 한다.

STEP 2 **관련 개념 모으기**

❶ DNA 이중나선구조의 구조적인 규칙성은?
→ DNA를 이루는 두 가닥의 폴리뉴클레오타이드에서 한쪽 가닥의 아데닌(A)은 항상 다른 쪽 가닥의 타이민(T)과, 구아닌(G)은 항상 사이토신(C)과 상보적으로 결합한다.

❷ DNA의 유전부호는?
→ DNA의 유전부호는 연속된 3개의 염기가 1개의 아미노산을 지정하는 3염기조합이다.

❸ 단백질이 만들어지는 과정은?
→ DNA를 이루는 두 가닥 중 한 가닥이 전사에 사용되어 RNA가 만들어진다. 전사된 RNA의 코돈 순서에 따라 각 코돈이 지정하는 아미노산이 펩타이드결합으로 연결되어 폴리펩타이드가 만들어지고, 이 폴리펩타이드가 구부러지고 접혀 단백질이 만들어진다.

691

예시 답안 GATGCGTGTTGTGGCTC, ㉠이 아데닌(A)에 상보적인 타이민(T)이므로 ㉡은 아데닌(A)이다. 따라서 (가)에 상보적인 염기서열이 CTACGCACAACACCGAG이므로 (가)의 염기서열은 GATGCGTGTTGTGGCTC이다.

채점 기준	배점(%)
(가)의 염기서열을 쓰고, 그 까닭을 DNA를 이루는 두 가닥 사이에서 염기 간 상보적인 관계를 바탕으로 설명한 경우	100
(가)의 염기서열만 옳게 쓴 경우	50

692

예시 답안 6개, DNA의 유전부호인 3염기조합은 연속된 3개의 염기가 1개의 아미노산을 지정하고, 이 DNA의 한 가닥은 7개의 3염기조합으로 이루어져 있으므로 이 DNA로부터 만들어지는 폴리펩타이드는 7개의 아미노산이 6개의 펩타이드결합으로 연결되기 때문이다.

채점 기준	배점(%)
6개를 쓰고, 그 까닭을 유전부호는 3개 염기로 이루어져 있다는 것과 제시된 DNA로부터 만들어지는 폴리펩타이드가 7개의 아미노산으로 이루어져 있다는 것을 언급하여 옳게 설명한 경우	100
6개만 쓴 경우	40

693

서술형 해결 전략

STEP 1 문제 포인트 파악
전사에 의해 DNA의 유전정보가 RNA로 옮겨지는 과정에서 염기서열의 변화를 파악할 수 있어야 한다.

STEP 2 관련 개념 모으기
❶ DNA를 구성하는 두 가닥에서 염기의 개수는?
→ DNA를 이루는 두 가닥의 폴리뉴클레오타이드에서 한쪽 가닥의 아데닌(A)은 항상 다른 쪽 가닥의 타이민(T)과, 구아닌(G)은 항상 사이토신(C)과 상보적으로 결합하므로 DNA를 이루는 두 가닥 중 한 가닥의 아데닌(A), 구아닌(G), 사이토신(C), 타이민(T)의 개수는 각각 다른 가닥의 타이민(T), 사이토신(C), 구아닌(G), 아데닌(A)의 개수와 같다.
❷ 전사 과정에서 염기의 변화는?
→ 전사에 사용되는 DNA 가닥의 아데닌(A), 구아닌(G), 사이토신(C), 타이민(T)은 각각 RNA의 유라실(U), 사이토신(C), 구아닌(G), 아데닌(A)으로 전사된다. 따라서 전사에 사용된 DNA 가닥의 아데닌(A), 구아닌(G), 사이토신(C), 타이민(T)의 개수는 각각 전사된 RNA의 유라실(U), 사이토신(C), 구아닌(G), 아데닌(A)의 개수와 같다.

DNA 가닥 Ⅱ에 있는 사이토신(C)의 개수가 RNA ㉠에 있는 구아닌(G)의 개수보다 많으므로 두 가닥의 염기서열은 상보적이지 않다. 따라서 전사에 사용된 DNA 가닥은 Ⅰ이다.

예시 답안 DNA 가닥 Ⅱ의 염기서열에서 타이민(T)이 RNA ㉠의 염기서열에서 유라실(U)로 바뀌어 있으며, 나머지 염기서열은 모두 같다.

채점 기준	배점(%)
Ⅱ의 염기서열에서 타이민(T)만 유라실(U)로 바꾸면 ㉠의 염기서열이 된다는 것을 옳게 설명한 경우	100
Ⅱ에는 타이민(T)이 있고, ㉠에는 유라실(U)이 있다고만 설명한 경우	50

694 ③	**695** ⑤	**696** ⑤	**697** ③	**698** ①
699 ③	**700** ⑤	**701** ③	**702** ③	**703** ⑤
704 ④	**705** ⑤	**706** ②	**707** ③	**708** ①
709 ①	**710** 해설 참조		**711** 해설 참조	
712 ⓑ	**713** 해설 참조		**714** ⓐ DNA, ⓑ RNA	
715 해설 참조		**716** ㉠구아닌(G), ㉡타이민(T), ㉢유라실(U)		
717 해설 참조		**718** ③	**719** ③	**720** ⑤
721 ①				

694 답 ③

ㄱ. 생명 시스템은 세포 → 조직 → 기관 → 개체의 유기적인 구성 단계를 가지므로 ㉠은 조직, ㉡은 기관이다.
ㄷ. 모든 세포는 인지질과 단백질로 이루어진 세포막으로 둘러싸여 있으므로 기관(㉡)에는 인지질과 단백질이 있다.

오답 피하기 ㄴ. 생명 시스템을 구성하는 기본 단위는 세포이다.

695 답 ⑤

㉠은 라이보솜, ㉡은 골지체, ㉢은 핵이다.
ㄱ. 라이보솜(㉠)에서는 유전정보에 따라 아미노산을 연결해 단백질을 합성하는 번역이 일어난다.
ㄴ. 골지체(㉡)는 인슐린과 같이 세포 내에서 만들어진 단백질을 세포 밖으로 분비하는 데 관여한다.
ㄷ. 핵(㉢)에는 유전물질인 DNA가 들어 있으며, DNA에는 인슐린 유전자를 포함한 다양한 유전자가 있다.

696 답 ⑤

ㄱ. (가)는 마이토콘드리아이다. 마이토콘드리아(가)에서 세포호흡이 일어나 생명활동에 필요한 에너지가 생성된다.
ㄴ. (나)는 엽록체이다. 엽록체(나)에서 물과 이산화 탄소를 이용해 포도당을 합성하는 광합성이 일어난다.
ㄷ. 동물 세포에는 엽록체가 없고, 식물 세포에는 엽록체가 있으므로 엽록체(나)의 유무를 기준으로 동물 세포와 식물 세포를 구분할 수 있다.

697 답 ③

A는 인지질, B는 단백질이다.
ㄱ. 단백질(B)은 수많은 아미노산이 펩타이드결합으로 연결되어 만들어진 폴리펩타이드가 입체 구조를 이루고 있는 물질이다.
ㄷ. ⓐ는 인지질 2중층 구조이며, 모든 세포의 세포막은 인지질 2중층 구조로 되어 있다.

오답 피하기 ㄴ. ㉠은 인지질의 친수성 부분이고, ㉡은 소수성 부분이다. 따라서 ㉠이 ㉡보다 물 분자와 잘 결합한다.

698 답 ①

ㄱ. A는 인지질 2중층을 직접 통과하여 확산하는 산소, B는 막단백질을 통해 확산하는 포도당이므로 분자의 크기는 산소(A)가 포도당(B)보다 더 작다.

오답 피하기 ㄴ. 포도당(B)과 같이 크기가 큰 물질이나 나트륨 이온과 같이 전하를 띠는 이온은 막단백질을 통해 확산한다.

ㄷ. 확산은 물질이 농도가 높은 쪽에서 낮은 쪽으로 이동하는 현상이므로 산소(A)와 포도당(B)은 모두 농도가 높은 쪽에서 낮은 쪽으로 이동한다.

699 답 ③

자료 분석하기 삼투에 의한 식물 세포의 부피 변화

세포막이 세포벽에서 분리된 상태

세포의 부피가 커진 상태

(가)   (나)

• 식물 세포를 세포 안보다 용질의 농도가 높은 용액에 넣었을 때: 세포 밖으로 빠져나가는 물의 양이 많아 세포막이 세포벽에서 분리된다. → (가)
• 식물 세포를 세포 안보다 용질의 농도가 낮은 용액에 넣었을 때: 세포 안으로 들어오는 물의 양이 많아 세포의 부피가 커진다. → (나)

ㄱ. (가)는 식물 세포를 세포 안보다 농도가 높은 설탕 용액에 넣어서 세포 밖으로 물이 빠져나가 세포막이 세포벽에서 분리된 상태이다.

ㄴ. 식물 세포를 설탕 용액 A에 넣었다가 B로 옮겼을 때 세포 안으로 물이 들어와 세포의 부피가 커졌으므로 설탕 용액의 농도는 A가 B보다 높다.

오답 피하기 ㄷ. (가)는 세포 안보다 농도가 높은 설탕 용액 A에 식물 세포를 넣어 삼투에 의해 세포막이 세포벽에서 분리된 상태이다. 이러한 (가)의 식물 세포를 증류수에 넣으면 증류수가 세포 안보다 용질의 농도가 낮으므로 세포 밖에서 안으로 물이 들어온다.

700 답 ⑤

ㄱ. ⓐ는 단백질의 기본 단위체인 아미노산이고, 생명체에는 약 20종류의 아미노산(ⓐ)이 있다.

ㄴ. ㉠은 작고 간단한 물질인 아미노산을 크고 복잡한 물질인 단백질로 합성하는 반응이므로 에너지가 흡수되는 반응이며, ㉡은 크고 복잡한 물질인 단백질을 작고 간단한 물질인 아미노산으로 분해하는 반응이므로 에너지가 방출되는 반응이다.

ㄷ. ㉠과 ㉡은 모두 효소에 의해 촉매되는 물질대사이다.

701 답 ③

(가)는 화학 반응 A가 생명체 밖에서 일어나는 경우, (나)는 생명체 내에서 일어나는 경우이고, ㉠은 반응물, ㉡은 생성물, ㉢은 효소이다.

ㄱ. 반응이 끝나 생성물과 분리된 효소(㉢)는 다시 반응물(㉠)과 결합할 수 있다.

ㄴ. 효소(㉢)는 화학 반응의 활성화에너지를 낮추므로 활성화에너지는 효소가 관여하는 (나)에서가 (가)에서보다 낮다.

오답 피하기 ㄷ. 효소(㉢)의 작용으로 (나)에서가 (가)에서보다 화학 반응이 더 빠르게 일어나므로 단위 시간당 생성물(㉡)의 생성량은 (나)에서가 (가)에서보다 많다.

702 답 ③

감자에는 과산화 수소를 산소와 물로 분해하는 반응을 촉매하는 카탈레이스가 들어 있다. 과산화 수소가 카탈레이스에 의해 산소와 물로 분해되면 생성된 산소에 의해 거품이 발생한다. 따라서 ⓐ는 산소, ⓑ는 효소이다.

ㄱ. ㉠은 감자즙 속 카탈레이스에 의해 과산화 수소가 분해되어 산소(ⓐ)가 생성되는 반응이 일어난 홈 1이다.

ㄴ. 반응이 끝난 후 효소는 다시 반응물과 결합할 수 있으므로 (라)에서 ㉠의 효소(ⓑ)와 과산화 수소가 결합한다.

오답 피하기 ㄷ. 이 실험에서 감자즙을 넣은 홈 1에서는 산소가 생성되는 반응이 일어났지만, 가열한 감자즙을 넣은 홈 2에서는 이 반응이 일어나지 않았다. 따라서 이를 통해 감자즙 속 효소(ⓑ)는 가열하면 원래의 기능을 수행하지 못함을 알 수 있다.

703 답 ⑤

세포 내에서 유전정보는 DNA, RNA, 단백질 순으로 전달되므로 ㉠은 DNA, ㉡은 RNA, ㉢은 단백질이다.

ㄴ. 유전자 x에는 염기서열의 형태로 효소 X의 아미노산서열에 대한 정보가 저장되어 있다.

ㄷ. 효소 X의 작용으로 일어나는 물질대사의 결과 유전자 x에 의해 결정되는 특정한 형질이 나타난다.

오답 피하기 ㄱ. 효소 X의 주성분은 단백질(㉢)이다.

704 답 ④

DNA의 유전부호는 3개의 염기로 이루어진 3염기조합이고, RNA의 유전부호는 3개의 염기로 이루어진 코돈이므로 '3개의 염기가 유전부호로 작용하는가?'는 (가)이다. 따라서 ㉠은 RNA이고, ㉡은 단백질이다.

ㄱ. 코돈은 RNA(㉠)의 유전부호이다.

ㄴ. 전사가 일어나면 RNA(㉠)가 만들어지므로 '전사가 일어나 만들어지는가?'는 (나)에 해당한다.

오답 피하기 ㄷ. 번역은 RNA(㉠)의 정보를 이용해 단백질(㉡)을 합성하는 과정이므로 번역에 의해 RNA(㉠)에서 단백질(㉡)로 유전정보의 흐름이 일어난다.

705 답 ⑤

㉠은 DNA, ㉡은 RNA, ㉢은 단백질이다.

ㄱ. (가)는 핵 안에서 일어나며, DNA(㉠)의 유전정보가 RNA(㉡)로 옮겨지는 전사이다.

ㄴ. (나)는 세포질의 라이보솜에서 일어나며, RNA(㉡)의 정보를 이용해 단백질(㉢)이 합성되는 번역이다.

ㄷ. 핵산과 단백질은 각각 기본 단위체인 뉴클레오타이드와 아미노산이 반복적으로 결합해 형성된다.

706

답 ②

자료 분석하기 전사와 번역

(가)	폴리펩타이드 X		ⓒ─ⓑ─ⓐ─ⓓ─ⓔ		
(나)	코돈	UCC	UAC	AUG	ACG	AGG
	아미노산	ⓐ	ⓑ	ⓒ	ⓓ	ⓔ

- 폴리펩타이드 X의 아미노산서열이 ⓒ─ⓑ─ⓐ─ⓓ─ⓔ이므로 번역에 이용된 RNA의 염기서열은 AUGUACUCCACGAGG이다.
- 전사에 사용된 DNA 가닥의 염기서열은 TACATGAGGTGCTCC 이므로 전사에 사용되지 않은 DNA 가닥의 염기서열은 ATGTACTC CACGAGG이다.

ㄷ. 유전자 x에서 전사에 사용된 DNA 가닥의 염기서열이 TACATGAGGTGCTCC이고, 전사에 사용되지 않은 DNA 가닥의 염기서열이 ATGTACTCCACGAGG이므로 전사에 사용되지 않은 DNA 가닥에 염기서열이 ATGTAC인 부위가 있다.

오답 피하기 ㄱ. 유라실(U)은 RNA를 구성하는 염기로, DNA에는 유라실(U)이 없다.

ㄴ. X는 5개의 아미노산으로 구성되므로 X에는 4개의 펩타이드 결합이 있다.

707

답 ③

ㄱ. DNA를 이루는 두 가닥의 폴리뉴클레오타이드에서 한쪽 가닥의 타이민(T)은 항상 다른 쪽 가닥의 아데닌(A)과 상보적으로 결합한다. 따라서 ㉡에 있는 타이민(T)의 개수는 ㉠에 있는 아데닌(A)의 개수와 같으므로 6개이다.

ㄷ. 전사에 사용되는 DNA 가닥의 아데닌(A), 구아닌(G), 사이토신(C), 타이민(T)은 각각 RNA의 유라실(U), 사이토신(C), 구아닌(G), 아데닌(A)으로 전사된다. 전사에 사용되는 DNA 가닥 ㉠에 염기서열이 GGATAT인 부위가 있으므로 전사로 만들어진 RNA ㉢에는 염기서열이 CCUAUA인 부위가 있다.

오답 피하기 ㄴ. DNA의 유전부호는 3개의 염기가 1개의 아미노산을 지정하는 3염기조합이며, RNA의 유전부호는 3개의 염기가 1개의 아미노산을 지정하는 코돈이다. RNA ㉢은 21개의 염기로 구성되므로 RNA ㉢에는 7개의 코돈이 있다.

708

답 ①

(가)는 DNA이고, (나)는 RNA이다.

ㄱ. ㉠은 DNA와 RNA에 모두 있으므로 아데닌(A)이고, ㉡은 DNA에만 있는 타이민(T)이며, ㉢은 RNA에만 있는 유라실(U)이다.

오답 피하기 ㄴ. ⓐ는 핵 안에서 일어나는 전사이며, 라이보솜에서 일어나는 과정은 RNA를 이용해 단백질을 합성하는 번역이다.

ㄷ. DNA를 이루는 두 가닥의 폴리뉴클레오타이드에서 한쪽 가닥의 아데닌(A)은 항상 다른 쪽 가닥의 타이민(T)과 상보적으로 결합하므로 DNA (가)에서 아데닌(A, ㉠)의 개수는 타이민(T, ㉡)의 개수와 같다.

709

답 ①

자료 분석하기 전사와 번역

코돈	아미노산
UCC	ⓐ
UAC	ⓑ
AUG	ⓒ
ACG	ⓓ
AGG	ⓔ

- 세포 내에서 유전정보는 DNA, RNA, 단백질 순으로 전달되므로 (가)는 RNA이다.
- RNA의 염기서열 ACG는 DNA의 위쪽 가닥의 염기서열 TGC에 상보적이므로 DNA의 위쪽 가닥이 전사에 사용된 가닥이다. ➡ ㉠은 RNA의 UAC에 상보적인 ATG이다.
- ㉡을 지정하는 코돈은 전사에 사용되는 DNA 가닥의 AGG에 상보적인 UCC이다. ➡ ㉡은 ⓐ이다.

ㄱ. ㉠은 RNA의 UAC에 상보적인 ATG이다.

오답 피하기 ㄴ. ㉡은 전사에 사용되는 DNA 가닥의 AGG에 상보적인 RNA의 코돈 UCC에 의해 지정되는 ⓐ이다.

ㄷ. (가)는 핵 안에서 전사가 일어나 만들어진 RNA이며, RNA는 세포질로 이동한 뒤 번역에 이용된다.

710

서술형 해결 전략

STEP 1 문제 포인트 파악
세포의 구조를 바탕으로 유전정보의 흐름과 관련된 세포소기관의 주요 기능을 파악할 수 있어야 한다.

STEP 2 관련 개념 모으기
❶ 세포 내 유전정보의 흐름은?
→ 세포 내에서 유전정보는 DNA, RNA, 단백질 순으로 전달되며, DNA의 유전정보가 RNA로 옮겨지는 과정을 전사, RNA의 정보를 이용해 단백질이 합성되는 과정을 번역이라고 한다.
❷ 유전정보의 흐름이 일어나는 장소는?
→ 전사는 핵 안에서 일어나고, 번역은 세포질의 라이보솜에서 일어난다.
❸ 핵의 주요 기능은?
→ DNA가 있으며, 세포의 생명활동을 조절한다.
❹ 라이보솜의 주요 기능은?
→ 유전정보에 따라 아미노산을 연결해 단백질을 합성한다.

A는 라이보솜, B는 핵, C는 소포체, D는 골지체이며, (가)는 전사, (나)는 번역이다.

예시 답안 (가)가 일어나는 세포소기관: B, 핵, (나)가 일어나는 세포소기관: A, 라이보솜, 핵(B)은 세포의 생명활동을 조절하며, 라이보솜(A)은 아미노산을 연결해 단백질을 합성한다.

채점 기준	배점(%)
전사와 번역이 일어나는 세포소기관의 기호와 이름을 모두 쓰고, 핵과 라이보솜의 기능을 모두 옳게 설명한 경우	100
전사와 번역이 일어나는 세포소기관의 기호와 이름만 옳게 쓴 경우	40

711

STEP 1 문제 포인트 파악

삼투에 의해 물이 이동하는 방향을 이용하여 용액의 농도를 비교할 수 있어야 한다.

STEP 2 자료 파악

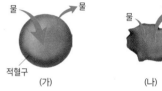

(가)　　　　　(나)

• (가): 세포 안으로 들어오는 물의 양이 많아 세포의 부피가 커졌다.
• (나): 세포 밖으로 빠져나가는 물의 양이 많아 세포의 부피가 작아졌다.

STEP 3 관련 개념 모으기

❶ 삼투란?
→ 입자의 크기가 커서 세포막을 통과할 수 없는 용질의 농도가 세포 안팎에서 다를 때, 물 분자가 세포막을 통해 용질의 농도가 낮은 쪽에서 높은 쪽으로 이동하는 현상이다.

❷ 적혈구를 세포 안보다 용질의 농도가 낮은 용액에 넣으면?
→ 삼투에 의해 세포 안으로 물이 들어와 적혈구의 부피가 커진다.

❸ 적혈구를 세포 안과 용질의 농도가 같은 용액에 넣으면?
→ 세포 안팎으로 이동하는 물의 양이 같아 적혈구의 부피가 변하지 않는다.

❹ 적혈구를 세포 안보다 용질의 농도가 높은 용액에 넣으면?
→ 삼투에 의해 세포 밖으로 물이 빠져나가 적혈구의 부피가 작아진다.

예시 답안 설탕 용액 ㉠, (가)에서는 설탕 용액 ㉠이 적혈구 안보다 용질의 농도가 낮아 적혈구 안으로 물이 들어왔고, (나)에서는 설탕 용액 ㉡이 적혈구 안보다 용질의 농도가 높아 적혈구 밖으로 물이 빠져나갔기 때문이다.

채점 기준	배점(%)
설탕 용액 ㉠을 쓰고, 물의 이동을 근거로 설탕 용액의 농도를 비교하여 옳게 설명한 경우	100
설탕 용액 ㉠만 쓴 경우	30

[712~713]

STEP 1 문제 포인트 파악

효소의 촉매 작용 원리를 바탕으로 세포 내에서 일어나는 물질대사의 특징을 파악할 수 있어야 한다.

STEP 2 관련 개념 모으기

❶ 효소란?
→ 생명체 내에서 화학 반응이 빠르게 일어나도록 도와주는 생체촉매이다.

❷ 활성화에너지란?
→ 화학 반응이 일어나는 데 필요한 최소한의 에너지이다.

❸ 효소의 촉매 작용 원리는?
→ 효소는 활성화에너지를 낮추어 화학 반응이 빠르게 일어나도록 한다.

712
답 ⓑ

㉠일 때의 활성화에너지는 ⓐ+ⓑ이고, ㉡일 때의 활성화에너지는 ⓑ이다. 효소는 화학 반응의 활성화에너지를 낮추므로 활성화에너지가 더 낮은 ㉡이 효소가 있을 때이고, ㉠이 효소가 없을 때이다.

713

예시 답안 ㉡, 세포 안에서 포도당이 분해될 때에는 효소가 작용하여 활성화에너지가 낮아지기 때문이다.

채점 기준	배점(%)
㉡을 쓰고, 효소가 작용해 활성화에너지가 낮아지기 때문이라고 옳게 설명한 경우	100
㉡만 쓴 경우	30

[714~715]

STEP 1 문제 포인트 파악

핵산의 구조적인 특징을 바탕으로 세포 내 유전정보 흐름에서 일어나는 현상을 파악할 수 있어야 한다.

STEP 2 자료 파악

(가)　　　　　　　　(나)

• 염기로 유라실(U)을 가지므로 (나)는 RNA의 구조를 나타낸 것이다. → ㉠은 RNA이다.
• Ⅰ은 RNA(㉠)의 정보를 이용해 단백질이 합성되는 번역이고, Ⅱ는 전사이다. → ⓐ는 DNA, ⓑ는 RNA이다.

STEP 3 관련 개념 모으기

❶ DNA와 RNA를 구성하는 염기의 차이는?
→ DNA를 구성하는 염기는 아데닌(A), 구아닌(G), 사이토신(C), 타이민(T)의 4종류이고, RNA를 구성하는 염기는 아데닌(A), 구아닌(G), 사이토신(C), 유라실(U)의 4종류이다.

❷ 세포 내에서 유전정보의 흐름은?
→ 세포 내에서 유전정보는 DNA, RNA, 단백질 순으로 전달되는데, DNA의 유전정보가 RNA로 옮겨지는 과정을 전사, RNA의 정보를 이용해 단백질이 합성되는 과정을 번역이라고 한다.

714
답 ⓐ DNA, ⓑ RNA

Ⅰ은 RNA(㉠)의 정보를 이용해 단백질을 합성하는 번역이고, Ⅱ는 DNA(ⓐ)의 유전정보가 RNA(ⓑ)로 옮겨지는 전사이다.

715

예시 답안 번역, RNA의 정보를 이용해 단백질이 합성된다.

채점 기준	배점(%)
번역을 쓰고, RNA의 정보를 이용해 단백질이 합성된다고 옳게 설명한 경우	100
번역만 쓴 경우	30

서술형 해결 전략

STEP 1 문제 포인트 파악
핵산의 구조적인 특징을 바탕으로 DNA와 RNA의 염기를 파악하고, RNA가 변역되어 만들어지는 폴리펩타이드의 아미노산 개수를 파악할 수 있어야 한다.

STEP 2 관련 개념 모으기
❶ DNA와 RNA를 구성하는 염기의 차이는?
→ DNA를 구성하는 염기는 아데닌(A), 구아닌(G), 사이토신(C), 타이민(T)의 4종류이고, RNA를 구성하는 염기는 아데닌(A), 구아닌(G), 사이토신(C), 유라실(U)의 4종류이다.
❷ 코돈이란?
→ RNA에서 1개의 아미노산을 지정하는 연속된 3개의 염기이다.
❸ 번역 과정은?
→ 라이보솜에서 RNA의 각 코돈이 지정하는 아미노산이 차례대로 펩타이드결합으로 연결되어 단백질(폴리펩타이드)이 합성된다.

716

답 ㉠ 구아닌(G), ㉡ 타이민(T), ㉢ 유라실(U)

㉠은 DNA(가)와 RNA(나)에 모두 있으므로 구아닌(G)이다. ㉡은 DNA(가)에만 있고 ㉢은 RNA(나)에만 있으므로 ㉡은 타이민(T), ㉢은 유라실(U)이다. ㉡과 ㉢을 제외한 DNA(가)와 RNA(나)의 염기서열이 같으므로 (가)는 전사에 사용되지 않은 DNA 가닥이다.

717

예시 답안 (나)가 7개의 코돈으로 이루어져 있으므로 폴리펩타이드 X는 7개의 아미노산으로 이루어진다.

채점 기준	배점(%)
RNA(나)가 7개의 코돈으로 이루어져 있으므로 폴리펩타이드 X가 7개의 아미노산으로 이루어졌다는 것을 옳게 설명한 경우	100
폴리펩타이드 X가 7개의 아미노산으로 이루어졌다고만 설명한 경우	50

718

답 ③

㉠은 골지체, ㉡은 마이토콘드리아, ㉢은 라이보솜이고, X는 기본 단위체가 아미노산인 단백질이다.
ㄱ. 골지체(㉠)는 세포 안에서 만들어진 단백질을 세포 밖으로 분비하는 데 관여한다.
ㄷ. 라이보솜(㉢)에서 단백질이 합성될 때 펩타이드결합(@)이 형성되는 물질대사가 일어나면서 아미노산이 연결된다.
오답 피하기 ㄴ. 마이토콘드리아(㉡)에서 세포호흡이 일어나면 포도당과 같은 양분이 분해되면서 양분 속 화학 에너지 중 일부는 생명활동에 필요한 에너지로 전환되고 나머지는 열에너지로 전환되어 방출된다. 빛에너지가 화학 에너지로 전환되는 반응은 엽록체에서 일어난다.

719

답 ③

ㄱ. (가)는 작고 간단한 물질을 크고 복잡한 물질로 합성하는 반응이며, 물질을 합성하는 반응에서는 에너지가 흡수된다.

ㄴ. A는 효소이고, B는 효소와 반응물이 결합한 상태이므로 B일 때 효소의 작용으로 화학 반응의 활성화에너지가 낮아진다.
오답 피하기 ㄷ. ㉠에서 ㉡을 뺀 값은 반응물과 생성물의 에너지 차이이므로 효소(A)가 없을 때와 있을 때가 같다.

720

답 ⑤

㉠은 염기로 타이민(T)을 갖는 DNA, ㉡은 기본 단위체인 아미노산이 펩타이드결합으로 연결되어 만들어진 단백질이므로 ㉢은 RNA이다.
ㄴ. 유전자에 저장된 유전정보에 따라 단백질이 합성되며, 단백질(㉡)의 작용으로 형질이 나타난다.
ㄷ. 번역은 RNA의 정보를 이용해 단백질이 합성되는 과정이므로 RNA(㉢)가 번역에 이용되어 단백질(㉡)이 만들어진다.
오답 피하기 ㄱ. 전사가 일어나면 DNA(㉠)의 유전정보에 따라 RNA(㉢)가 만들어진다.

721

답 ①

자료 분석하기 유전정보의 흐름과 단백질 합성

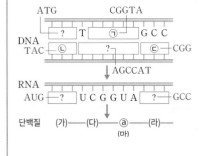

코돈	아미노산
AUG	(가)
CAC	(나)
UCG	(다)
GCC	?
GCU	(라)
GUA	(마)

• 전사에 사용되는 DNA 가닥의 타이민(T)은 RNA의 아데닌(A)에 상보적이다. → DNA에서 위쪽 가닥은 전사에 사용되지 않은 가닥이고, 아래쪽 가닥은 전사에 사용된 가닥이다.
• ㉠은 RNA의 CGGUA에서 유라실(U)을 타이민(T)으로 바꾼 CGGTA이고, ㉢은 DNA의 위쪽 가닥 GCC에 상보적인 CGG이다.
• 제시된 단백질이 합성될 때 (라)를 지정하는 RNA의 코돈은 GCC이다.
• (가)를 지정하는 코돈은 AUG이므로 ㉡은 RNA의 AUG에 상보적인 TAC이다.

ㄱ. @는 코돈 GUA에 의해 지정되는 (마)이다.
오답 피하기 ㄴ. DNA에서 전사에 사용된 가닥의 ㉢ 부위가 전사된 RNA의 코돈은 GCC이고, 이 코돈은 (라)를 지정한다. 따라서 코돈 GCC와 GCU는 모두 (라)를 지정한다.
ㄷ. ㉠은 CGGTA이고, ㉡은 TAC, ㉢은 CGG이다. 따라서 ㉠에서 구아닌(G)의 개수는 2이고, ㉡과 ㉢에서 사이토신(C)의 개수를 더한 값은 1+1=2이다.